KB007213

'레 바캉스' 가이드 북 컬렉션

PARIS

LES VACANCES

PROLOGUE

본 가이드 북에는 현지에서 꼭 소지하고 있어야 할 정보를 담아 두었습니다. 특히 레스토랑, 카페, 호텔, 쇼핑 정보의 경우, 꼭 가 보아야 할 곳만을 엄선하여 리스트를 제공합니다. 현지에서 레 바캉스 웹사이트를 이용하면, 각 도시에 대한 더 많은 레스토랑, 카페, 호텔, 쇼핑 정보를 추가로 얻을 수 있습니다. www.lesvacances.co.kr

변화가 많은 현지 사정으로 인해 간혹 가이드 북에 실린 정보 업 데이트가 늦어지는 경우가 있습니다. 특히 축제, 이벤트 정보는 수시로 바뀌기도 하지만, 출판 일정과 프로그램 진행 일정이 동 일하지 않은 관계로 많은 정보를 제공할 수가 없는 실정입니다. 세계 각국의 현재 뉴스와 축제, 이벤트 정보를 실시간으로 업데 이트하는 레 바캉스 웹사이트를 이용하면 보다 정확하고 다양한 정보를 얻을 수 있습니다.

현지 사정이나 레 바캉스의 귀책사유가 되지 않는 사유로 인해 발생한 직접적 또는 간접적 손해에 대해 레 바캉스는 법적 책임 을 지지 않음을 밝힙니다. 이는 본사에 정보를 제공하는 관광청, 관광공사, 관광사무소 등 비영리 기관에도 적용됩니다.

개선문

LES VACANCES
레 바캉스 가이드 북 컬렉션

파리 PARIS

2007년 10월 19일 초판 1쇄 인쇄
2007년 10월 26일 초판 1쇄 발행

Editorial
편집장 Editor-in-Chief | 정장진
편집 Editor | 김지현 신기연 권윤진 문정혜 표영소 김수희 외 30명

Photography
레 바캉스 자료 사진

Book Design
북 디자인 Designer | 김미연 김미자 김효정 외 5명
(주)초이스

Map Design
지도 디자인 Designer | 정명희 이연희 외 20명

펴낸 곳
(주)레 바캉스
주소 서울시 강남구 논현동 70-10 구산빌딩 7층
전화 02 546 9190 / 팩스 02 569 0408
웹사이트 **www.lesvacances.co.kr**

인쇄 연미술

레 바캉스 Les Vacances / 상표 출원번호 20037359 서비스표 출원번호 20033363

CONTENTS

INFORMATION

14p-79p

가는 방법, 기후, 축제·이벤트 및
각종 실용정보

SPECIAL

80p-125p

요리, 역사, 미술, 건축 등
문화 예술 정보

SERVICES

126p-183p

레스토랑, 카페, 호텔, 쇼핑 및
엔터테인먼트 정보

SIGHTS

184p-371p

구역별 시도 및 명소 정보

LES VACANCES

CONTENTS

INFORMATION

- **지리** ⋯⋯ **16**
  - 파리의 위치 · 행정 구분 ⋯ 16
  - 센느 강과 다리들 ⋯⋯ 19
  - 오늘의 파리가 만들어지기까지 ⋯⋯ 21
  - 도표로 보는 파리 ⋯⋯ 23

- **기후** ⋯⋯ **24**
  - 파리 기후의 특징 ⋯⋯ 24
  - 파리 기후 10년간 통계 ⋯ 25

- **가는 방법** ⋯⋯ **26**
  - 파리로 가는 방법 ⋯⋯ 26
  - 공항에서 시내 가기 ⋯⋯ 28

- **시내 교통** ⋯⋯ **32**
  - 파리의 대중교통 ⋯⋯ 32
  - 지하철 · RER · 트램 ⋯⋯ 33
  - 버스 ⋯⋯ 36
  - 택시 ⋯⋯ 38
  - 기차 ⋯⋯ 39
  - 파리에서 운전하기 ⋯⋯ 41
  - 센느 강의 유람선들 ⋯⋯ 43

- **축제 · 이벤트** ⋯⋯ **46**
  - 월별 주요 축제 · 이벤트 ⋯ 46

- **실용정보** ⋯⋯ **52**
  - 긴급 상황 발생 시 연락처 ⋯ 52
  - 대사관 연락처 ⋯⋯ 55
  - 관광안내소 ⋯⋯ 55
  - 전화 ⋯⋯ 56
  - 인터넷 ⋯⋯ 57
  - 우편 ⋯⋯ 57
  - 환전 · 은행 ⋯⋯ 59
  - 시차 ⋯⋯ 61
  - 전압 ⋯⋯ 61
  - 화장실 ⋯⋯ 61
  - VAT 환급 절차 ⋯⋯ 62

- 영업시간 ⋯⋯ 62
- 공휴일 ⋯⋯ 63

- **사회** ⋯⋯ **64**
  - 프랑스의 언어 ⋯⋯ 64
  - 파리의 언론 ⋯⋯ 66
  - 파리의 한국인 ⋯⋯ 67

- **간단한 프랑스 어 회화** ⋯⋯ **68**
  - 일반적인 표현들 ⋯⋯ 69
  - 교통(좌석 예약 · 기타 문의) ⋯⋯ 70
  - 관광 ⋯⋯ 73
  - 숙소 예약 ⋯⋯ 74
  - 쇼핑 ⋯⋯ 75
  - 시간 · 날짜 ⋯⋯ 76
  - 숫자 ⋯⋯ 77
  - 표지판 사인 ⋯⋯ 78
  - 긴급 상황 ⋯⋯ 79

SPECIAL

- **요리** ⋯⋯ **82**
  - 프랑스 요리의 발전 ⋯⋯ 82
  - 와인 ⋯⋯ 85

- **역사** ⋯⋯ **90**
  - 파리 역사의 시기별 특징 ⋯ 90

- **미술** ⋯⋯ **102**
  - 프랑스 미술의 시기별 특징⋯ 103

- **박물관** ⋯⋯ **108**
  - 박물관의 도시, 파리 ⋯⋯ 108

- **건축** ⋯⋯ **110**
  - 파리 건축의 시기별 특징 ⋯ 110

- **문학** ⋯⋯ **114**
  - 프랑스 문학의 시기별 특징 ⋯ 115

- **음악** ⋯⋯ **120**

프랑스 음악의 역사 ·············· 120

● 연극 · 오페라 **124**

SERVICES

● Eating & Drinking **128**
  레스토랑 ····················· 128
  카페 ························· 141
  바 & 나이트 ················· 146

● Accommodation ····· **150**
  숙박 ························· 150
  유스호스텔 ·················· 151
  호텔 ························· 152

● Shop & Services ····· **158**
  쇼핑 ························· 158
  뷰티 ························· 169

● Entertainment ··········· **172**
  극장 ························· 172
  스포츠 ······················ 175

SIGHTS

● 주요 명소 관람 요령 및
  파리 관광 주의점 ··········· **186**
  루브르 박물관 관람 요령 ··· 186
  오르세 박물관 관람 요령 ··· 187
  에펠 탑 관람 요령 ·········· 187
  베르사유 관람 요령 ·········· 187
  파리에서의 쇼핑 ············· 188
  파리에서 특히 주의해야 할 점들
  ····························· 189

● 1구역 노트르담 성당 ···· **192**
  노트르담 성당 인근 ········· 194
  노트르담 성당 ★★★ ······ 194
  생트 샤펠 ★★ ············· 199
  퐁 네프 교 ★ ·············· 200

콩시에르주리 ★ ·············· 201
파리 시청 ★ ················· 203
부키니스트 ★ ··············· 204
생 루이 섬 ★ ··············· 205
루브르 박물관 ★★★ ······· 207
소르본느 대학 인근 ·········· 241
뤽상부르 궁과 정원 ★★ ···· 241
소르본느 대학 ★ ············ 243
팡테옹 ★ ··················· 244
생테티엔느 뒤몽 성당 ★ ···· 246
클뤼니 중세 박물관 ★ ······ 246
몽파르나스 인근 ············· 248
몽파르나스 타워 ············· 249
카탈로뉴 광장 ··············· 249
몽파르나스 공동묘지 ★ ······ 249
카르티에 현대 예술 재단 ★
····························· 249

생 제르맹 데 프레 인근
····························· 250
생 쉴피스 성당 ★★ ········ 250
오데옹 극장 ················· 251
생 제르맹 데 프레 성당 ★★
····························· 252
들라크루아 박물관 ★ ······· 253

● 2구역 오페라, 레 알, 퐁피두
  ····························· **256**
오페라 인근 ················· 258
오페라 갸르니에 ★★ ········ 258
방돔 광장 ★ ················ 261
마들렌느 성당 ★ ············ 262
팔레 루아얄 ★ ·············· 263
코메디 프랑세즈 ············· 265
레 알, 퐁피두 인근 ·········· 265
퐁피두 센터 ★★★ ········· 265
레 알 ★ ···················· 269
생퇴스타슈 성당 ★ ·········· 270
샤틀레 광장과 샤틀레 극장 271

CONTENTS

● 3구역 마레, 바스티유 ······· **272**
마레, 바스티유 인근 ······· 274
보주 광장 ★ ······· 275
피카소 박물관 ★★ ······· 276
드농 서택(코나크 제 박물관)
······· 276
카르나발레 박물관 ★ ······· 277
바스티유 광장 ★ ······· 278
바스티유 오페라 ······· 279

● 4구역 몽마르트르 ······· **280**
몽마르트르 인근 ······· 282
사크레 쾨르 성당(성심 성당) ★★
······· 284
성 베드로 성당 ······· 285
테르트르 광장 ★★ ······· 286
에밀 구도 광장과 세탁선 ······· 287
몽마르트르 공동묘지 ······· 287

● 5구역 개선문 ······· **288**
개선문 인근 ······· 290
개선문 ★★ ······· 290
샹젤리제 가 ★★ ······· 292
엘리제 궁 ······· 293
콩코드 광장 ★★ ······· 293
오랑주리 미술관 ★★ ······· 295
기메 동양 박물관 ★ ······· 296
파리 시립 현대 미술관
(팔레 드 도쿄) ★★ ······· 297

● 6구역 에펠 탑, 앵발리드,
포부르 생 제르맹 ······· **300**
에펠 탑 인근 ······· 302
트로카데로 광장 ······· 302
샤이오 궁 ★★ ······· 303
에펠 탑 ★★★ ······· 304
앵발리드 인근 ······· 307
군사 학교와 샹 드 마르스 공원 ★
······· 307

앵발리드 ★★ ······· 307
포부르 생 제르맹 인근 ······· 310
마티뇽 관(총리 관저) ······· 310
마이욜 박물관 ······· 310
부르봉 궁(하원의사당) ······· 311
오르세 박물관 ★★★ ······· 312
로댕 박물관 ★★ ······· 334

● 파리 기타 명소 ······· **336**
불로뉴 숲 ★★ ······· 336
마르모탕-모네 인상주의
박물관 ★★ ······· 337
프랑스 국립 도서관 ······· 338
뱅센느 숲 ······· 338
뱅센느 성 ······· 339
아프리카 오세아니아
예술 박물관 ······· 340
벼룩시장 ······· 340
파리 하수도 박물관 ······· 341
몽수리 공원과 대학 기숙사촌
······· 342
페르 라셰즈 공동묘지 ★★
······· 343

● 파리 근교 ······· **344**
라 데팡스 ······· 344
베르사유 ★★★ ······· 346
보 르 비콩트 성 ★★ ······· 360
퐁텐느블로 성 ★ ······· 362
바르비종 ★ ······· 364
말메종 ······· 366
샹티이 성 ★★ ······· 367
지베르니 ★★ ······· 369
오베르 쉬르 와즈 ★★ ······· 370
디즈니랜드 파리 ······· 371

INDEX

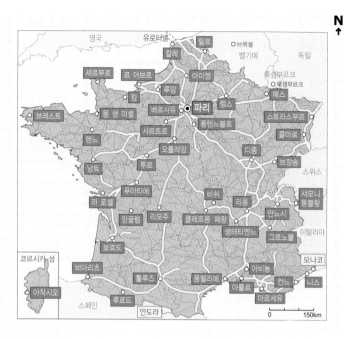

[프랑스 전도]

© Design Les Vacances 2007

▌파리 지도 이용법

명칭	기호	명칭	기호	명칭	기호
∘ 주요 명소		∘ 관광안내소	ⓘ	∘ 시장	⊠
∘ 명소 중요도	★★★	∘ 항구	🚢	∘ 백화점	🎁
∘ 지하철	Ⓜ	∘ 선착장	⛴	∘ 고속도로	580 (A 580)
∘ RER	RER	∘ 버스터미널	🚌	∘ 국도	152 (N 152)
∘ 기차역	🚇	∘ 공항	✈	∘ 지방도	751 (D 751)
∘ 박물관	🏛	∘ 레스토랑(R)	🍴1	∘ 철도노선	–■–■–
∘ 대학	🎓	∘ 카페(C)	☕1	∘ 트램노선	•◆•◆•
∘ 극장	🎭	∘ 마/나이트(N)	🍸1	∘ 묘지	⚰
∘ 우체국	🏤	∘ 호텔(H)	🏨1	∘ 좌표	A - Z, 1 - 11
∘ 전화국	☎	∘ 쇼핑(S)	🛍1	∘ 녹지	
∘ 성당	⛪	∘ 뷰티(B)	💄1	∘ 방위	N
∘ 주차장	Ⓟ	∘ 극장/공연장(T)	❇1		
∘ 병원	🏥	∘ 스포츠(Sp)	🏊1		

• 레 바캉스 시리즈, 〈파리〉편 참고문헌

단행본

Bernard Champigneulle, *Paris, architectures, sites et jardins*, Paris, Seuil, 1973. 640쪽.

Sous la direction de Francois Jean-Robert Masson, *Guide de Paris mystérieux*, Paris, Tchou, 1985. 764쪽.

Germain Bazin, *La Peinture au Louvre*, Paris, Somogy, 1957. 278쪽.

Le Savour Club, *Vins et Vignobles de France*, Paris, Larousse, 1997. 640쪽.

Ron Kalenuik, *Les Plaisirs de la Bonne Table 2*, Paris, Magnanimity, 1994. 800쪽.

Robert Rosenblum, *Les Peintures du Musée d'Orsay*, Paris, Éditions de La Martinière, 1995. 680쪽.

Lawrence Gowing, *Les Peintures du Louvre*, Paris, Éditions de La Martinière, 1995. 686쪽.

Laurence Madeline, *100 chefs-d'œuvre impressionnistes*, Paris, Scala, 1999. 144쪽.

Misnistere de la Culture et de la Communication, *Le Louvre, 7 visages d'un musée*, Paris, RMN, 1986. 368쪽.

Le Louvre, numéro spéciale de Connaissance des Arts, Paris, RMN, 1997. 122쪽.

André Chastel, *L'Art Français, Temps Modernes 1430-1620*, Paris, Flammarion, 1994. 336쪽.

J.M. Larbodière, *Reconnaître des façades, du moyen âge à nos jours à Paris*, Paris, Massin, 2000. 206쪽.

Valerie Bougault, Paris, *Montparnasse*, Paris, Terrail, 1996. 208쪽.

Pierre Francastel, *Histoire de la peinture française*, Paris, Denoel, 1955, 1990. 476쪽.

로저 프라이스, *혁명과 반동의 프랑스사*, 김경근, 서이자 역, 서울, 개마고원, 2002.

벌핀치, *그리스 로마 신화*, 이윤기 편역, 창해, 서울, 2002.

사전

Sous la direction de Jean-Loup Passek, *Dictionnaire du cinéma 1,2*, Paris, Larousse, 1996.

Sous la direction de Michel Laclotte, *Dictionnaire des grands peintres 1,2*, Paris, Larousse, 1988.

Sous la direction du professeur Roger Brunet, *L'Art religieux, abbayes, églises et cathédrales*, Paris, Larousse, 1978.

Le Petit Robert 2, Dictionnaire des noms propres, Paris, Le Robert, 1996.

월간미술, *세계 미술 용어 사전*, 월간미술, 서울, 1998.

안연희, *현대 미술 사전*, 미진사, 서울, 1999.

기타

Dictionnaire du Cinéma Larousse / Zodiaque Glossaire / Capital / L'expansion / Changer tout / Châteaux Forts Patrimoine Vivant Desclee de Brouzer / Gault Millau / Les Guides de L'Editions de Minuit / Paris-Banlieu Architectures domestiques 1919-1939 Dumod / Le nouvel Observateur Atlaseco 227 pay étudiés

• Contributors (알파벳순, 관광청 담당자 이름은 생략)

Château Royal d'Amboise
Office de Tourisme d'Ajaccio
Office de Tourisme d'Albi
Office de Tourisme d'Alsace
Office de Tourisme d'Amiens
Office de Tourisme d'Andorra
Office de Tourisme d'Annecy
Office de Tourisme d'Aquitaine
Office de Tourisme d'Arles
Office de Tourisme d'Auxerre
Office de Tourisme de Biarritz
Office de Tourisme de Bordeaux
Office de Tourisme de Bretagne
Office de Tourisme de Caen
Office de Tourisme de Calais
Office de Tourisme de Chambéry
Office de Tourisme de Colmar
Office de Tourisme de Dijon
Office de Tourisme de Honfleur
Office de Tourisme de Lille
Office de Tourisme de Lourdes

Office de Tourisme de Lyon
Office de Tourisme de Marseille
Office de Tourisme de Metz
Office de Tourisme de Monaco
Office de Tourisme de Mont St-Michel
Office de Tourisme de Montauban
Office de Tourisme de Montpellier
Office de Tourisme de Mulhouse
Office de Tourisme de Nantes
Office de Tourisme de Nice
Office de Tourisme de Nîmes
Office de Tourisme de Normandie
Office de Tourisme de Périgueux
Office de Tourisme de Perpignan
Office de Tourisme de Rennes
Office de Tourisme de Rouen, Normandie
Office de Tourisme de Senlis
Office de Tourisme de St-Malo
Office de Tourisme de Toulouse
Office de Tourisme de Tours
Ville de d'Avignon-JP Campomar

사랑을 기다리는 도시,
파리를 찾아서

"파리의 거리는 예기치 못한 일로 사람을 흥분시키는 생동감이 넘쳐흘렀다. ……나는 파리에 자주 오지만 올 때마다 꼭 흥분을 느낀다. 이 도시의 거리를 걸으면 무슨 모험이라도 하는 기분이 드는 것이다."

– 서머셋 모음의 〈달과 6펜스〉 중

파리는 작은 유럽이다. 유럽의 모든 것이 모여 있다. 섬나라인 영국과 대륙을 연결하고, 북구와 지중해를 연결하며 스페인을 건너 아프리카와 동구를 연결하는 곳이 파리다. 유럽의 다양한 문화가 만나고 헤어지는 중심, 그곳이 파리다. 모든 화가들은 파리로 몰려들었으며, 시인과 소설가는 파리에 집필실을 마련했다. 1만 곳이 넘는 파리 카페는 단순히 차를 마시는 곳이 아니라 미술과 문학의 새로운 사조가 만들어진 장소다.

파리는 이렇게 전 세계에서 몰려온 이들이 자신만의 공간을 가질 수 있는 곳이다. 가난한 유학생은 천장이 낮아 하루에도 몇 번씩 머리를 부딪치는 다락방을 가졌고, 세련된 여성에게는 하루 종일 둘러봐도 질리지 않는 쇼핑의 거리가 있다.

파리는 연인과 같은 도시다. 언제나 사랑한다는 말을 기다린다. 섬세한 손과 세심한 눈길을 바란다. 노트르담 성당, 에펠 탑, 개선문과 루브르 박물관은 전 세계에서 몰려온 수많은 사람들로 북적대지만, 파리가 이들 모두를 사랑하는 것은 아니다. 스쳐 지나가며 포도주나 몇 잔 마실 생각을 한 사람들, 혹은 사진이나 몇 장 찍고 말겠다는 마음을 가진 이들에게 파리는 아무 것도 보여주지 않으며 그들을 붙잡지 않는다. 노트르담 성당에 가면 꼽추 콰지모도의 슬픈 이야기를 들어야 한다. 수많은 어머니들이 몸을 기댄 채 기도를 드렸던 손때 묻은 차디찬 돌기둥을 쓰다듬어 봐야 한다. 에펠 탑에 오르면, 300m 정상에 올라 즉흥곡을 친 다음 에펠 탑 건립 반대 서명을 취소한 작곡가 구노의 음악을 떠올려주어야 한다.

"종이여 울려라, 센느 강은 흐르고 우리는 남는다. 인생은 왜 이토록 더디고 희망은 왜 이토록 격렬한가." 센느 강변을 걸으면서 아폴리네르의 시를 떠올리지 않으면 30개의 다리마다 서려있는 사연을 느낄 수 없다. 파리는 받은 사랑만큼 가슴을 열고 속내를 보여주는 도시다.

파리를 사랑할 사람들을 위해 만든 책, 레 바캉스 가이드 북 컬렉션의 〈파리〉 편은 총 4개의 섹션으로 구성된다. 〈Information〉에는 파리에 머물 때 유용하게 이용할 정보를 모아놓았다. 파리의 지리와 기후 외에, 가는 방법, 시내 교통, 주요 연락처, 축제를 비롯한 실용정보가 상세히 안내되어 있다. 〈Special〉은 프랑스 요리와 미술, 건축, 음악, 역사를 풍부한 해설을 통해 알려준다. 여행을 떠나기 전, 혹은 현지에서 틈틈이 읽으면 여행이 한층 흥미로울 것이다. 〈Services〉에서는 파리의 주요 레스토랑과 유명 카페, 호텔 및 쇼핑 리스트를 소개한다. 〈Sights〉는 파리 관광 명소에 대한 안내다. 역사의 현장이었던 곳에서부터 박물관, 성당을 비롯해 시민들의 일상과 관련된 흥미로운 곳까지 지도와 함께 상세히 소개한다.

에펠 탑과 센느 강

PARIS
INFORMATION

지리 16

기후 24

가는 방법 26

시내 교통 32

축제 · 이벤트 46

실용정보 52

사회 64

간단한 프랑스 어 회화 68

지 리

[파리 한가운데를 흐르는 센느 강과 파리에서 가장 화려한 다리로 꼽히는 알렉상드르 3세 교]

파리의 위치 · 행정 구분

파리는 위도 52°에 위치해 있고 프랑스 전체로 봐서는 북쪽에 자리잡고 있다. 프랑스 제2의 도시며 가장 큰 항구 도시인 남쪽의 마르세유 항으로부터는 약 800km 떨어져 있고, 제2의 항구인 노르망디 지방의 르 아브르 항에서는 약 150km 정도 떨어져 있다. 파리의 전체 인구는 약 250만 명이고 프랑스 어로 아롱디스망 Arrondissement이라 불리는 20개의 구로 나뉘어져 있다.

파리 시 일대는 '프랑스의 섬'이란 뜻의 일 드 프랑스Île de France라는 지방이다. 참고로 프랑스는 22개의 지방, 96개의 도로 구분되어 있고, 도 밑의 행정 단위는 코뮌Commune인데 약 3,600개나 된다. 우편번호, 자동차 번호 등은 모두 96개의 도를 알파벳 순으로 나열한 뒤 번호를 부여한 것으로 P로 시작되는 파리의 우편번호와 자동차 번호는 이 순서에 따라 모두 75로 시작된다. 파리의 구는 이 코뮌에 해당하는 가장 작은 행정 단위이다. 전 프랑스 대통령인 자크 시라크도 대통령에 당선되기 직전까지 파리 시장을 14년 동안 역임했었다.

[**파리의 위치**]

파리의 20개 구에는 고유명사 대신 일련번호만 부여되어 있다. 파리가 20개의 구로 구분된 것은 1859년 나폴레옹 3세의 제2제정 때이다. 제1구는 루브르 박물관 지역이며 이곳에서부터 출발해 시계 방향을 따라 번호가 부여되었다. 가장 부유한 지역은 불로뉴 숲이 있는 16구이며 북쪽과 동쪽에 위치한 18구, 19구, 13구 쪽이 상대적으로 빈곤한 지역이다. 파리 시의 모든 길과 광장에는 진한 청색 바탕에 흰 글씨로 거리 이름과 번지수를 적어 놓은 표지판이 부착되어 있다. 이 표지판은 어느 길, 어느 광장을 가든 동일한 크기에 동일한 디자인을 갖고 있다.

이런 행정 구역 이외에 파리 시에는 역사적으로 유래가 깊은 고유의 동네 이름들이 있다. 소르본느 일대는 라틴 어를 쓰는 학자와 학생들이 드나들던 곳이라고 해서 카르티에 라탱이라는 이름이 붙어 있고, 포부르 생 토노레나 몽테뉴 가는 고급 패션 샵들이 즐비한 동네이다. 방돔 광장은 고급 보석상 거리이고 오데옹은 서점과 출판사들이 많은 거리이다. 거리의 화가들이 모여 있는 몽마르트르 언덕은 카바레와 크고 작은 화랑들이 있는 곳이다.

프랑스 수도인 파리의 넓이는 106km² 정도 된다. 긴 지름이 12km이고 짧은 쪽이 9km인 타원형 도시 파리 한가운데로 센느 강이 흘러내려간다. 아폴리네르의 시로 유명한 미라보 다리, 가장 오래된 퐁 네프 다리, 바스티유 감옥을 헐어서 나온 돌로

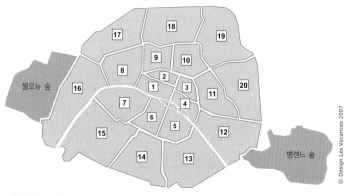

[파리의 20개 구]

건설한 콩코드 다리 등 31개의 다리가 파리 시 우안과 좌안을 연결하고 있다. 타원형 도시인 파리의 외곽으로는 페리페리크라고 하는 순환도로가 감싸고 있는데, 파리 시민들은 이 순환도로를 마레쇼라고 부른다. 마레쇼는 원수를 뜻하는 마레샬의 복수 명사인데 순환도로의 각 구간에 역대 프랑스 장군들의 이름이 붙어 있기 때문에 이런 이름을 갖게 되었다. 파리 시 서쪽과 동쪽에는 각각 불로뉴 숲과 뱅센느 숲이 자리잡고 있어 파리 시에 맑은 공기를 공급하는 역할을 한다.

센느 강 우안은 샹젤리제, 오페라, 엘리제 궁 등이 자리잡고 있는 지역으로 상업과 정치의 공간이고 좌안은 소르본느를 비롯한 파리 대학들과 아카데미 프랑세즈(프랑스 한림원), 그리고 출판사와 서점이 많이 있는 지적인 지역이다. 하지만 요즈음은 옛날에 비해 이런 구분이 많이 약화되었다.

센느 강 한가운데에는 노트르담 성당이 있는 라 시테라는 섬과 생 루이라는 작은 섬이 떠 있다. 노트르담 성당 앞 광장은 프랑스의 모든 도로가 출발하는 기점으로, 광장에 별 모양의 동판을 설치해 제로 포인트를 표시해 놓았다. 이 섬이 기원전 3세기경 켈트 족의 한 부족인 파리지 족이 처음 터를 잡고 살기 시작한 곳으로, 파리 시의 역사가 시작되는 지점이다. 파리는 역사가 약 2300년 정도 된 도시다. 파리는 지형상으로 파리 분지의 일부로 해발 180m인 몽마르트르 언덕이 가장 높은 곳일 정도로 평야 지대이다. 300m 높이의 에펠 탑을 지었을 때 파리 사람들이 놀라 반대를 한 것도 이해할 만한 일이다.

파리 사람들을 파리지엥이라고 부른다. 하지만 프랑스 인들 사이에서 파리지엥 하면 단순히 파리 시민을 가리키는 말이 아니라 프랑스 국적을 갖고 있으면서도 파리라고 하는 독특한 나라에 사는 별도의 국민을 지칭한다. 그 정도로 파리지엥은 프랑스에서도 각별한 사람들인데, 실제로 파리에 산다고 해서 모두 파리지엥이 되는 것이 아니라 파리를 즐길 줄 알고 속속들이 다 아는 사람만 파리지엥이 될 수 있다. 따라서 진정한 의미의 파리지엥은 파리에 사는 250만 명이 아니라 몇천 명에 지나지 않는다. 파리는 그만큼 깊고 오묘하며 살아 있는 동물과도 같은 도시이다. 19세기 소설가 발자크, 에밀 졸라, 모파상의 소설, 그리고 20세기 들어서는 줄리앙 그린이나 유명한 탐정 소설가 조르주 심농 등의 소설 속에 파리가 잘 묘사되었다. 파리의 독특한 매력은 많은 예술가와 작가들의 발길을 파리로 향하게 했고 18세기 이후 파리를 세계 문화 예술의 중심지로 만들어 놓았다.

[CHECK]

파리에서 번지수 찾기

[파리의 거리 표지판. 파리는 동쪽에서 서쪽, 센느 강 가까운 쪽에서 먼 쪽으로 갈수록 번지수가 커지므로 길 찾기가 수월하다.]

파리의 모든 길의 번지수는 센느 강이 흐르는 방향만 알면 해결이 가능하다. 센느 강은 동쪽에서 파리로 진입하여 서쪽으로 빠져나간다. 따라서 수평으로 놓인 길 즉, 동서를 가로지르는 길들은 모두 동쪽에서 서쪽으로 향하면서 번지수가 커진다. 샹젤리제는 롱 포앵에서 시작되는데, 이곳에서 1, 2번지가 시작되며 가장 큰 번지인 150번지는 개선문 근교에 위치한다. 모든 길은 시작하는 곳의 우측이 짝수, 좌측이 홀수이다. 따라서 샹젤리제는 길이 시작하는 롱 포앵에서 번지수가 커지는 개선문 방향으로 서서 보면, 상점들은 주로 짝수 쪽인 우측, 식당과 바는 좌측에 있다. 수평이 아닌 길은 더 간단하다. 즉 센느 강과 끼까운 곳이 번지수가 적은 곳(시작히는 곳)이다. 오페라 기는 센느 강 끼까운 곳에 1, 2번지가 있다.

파리의 모든 길은 이러한 공식으로 번지수를 정하였기 때문에 항상 센느 강의 위치와 흐르는 방향만 알면 원하는 곳을 쉽게 찾을 수 있다. 또한 파리는 모든 길에 고유명사와 번지수가 정확하게 표시되어 있고 지도도 정확해서 길 찾기가 수월하다.

센느 강과 다리들

다른 여러 도시와 마찬가지로 파리 역시 강을 끼고 발달한 도시다. 센느 강은 전체 길이가 780km 정도 된다. 부르고뉴, 샹파뉴, 일 드 프랑스, 노르망디 등의 지방을 거쳐 영불 해협으로 흘러드는, 프랑스에서 세 번째로 긴 강이다. 사행천(蛇行川)인 센느 강은 파리를 관통한 후 심하게 굽이치며 작은 지천들을 흡수해 파리 서부와 북부에 아름다운 풍광을 만들어 낸다. 이어 북프랑스의 공업 도시인 루앙을 거쳐 북해로 빠진다. 센느 강 유역에는 파리를 비롯하여 루앙과 제2의 항구 도시 르 아브르 등의 대도시가 있을 뿐만 아니라, 19세기 중반 이후 인상주의 화가들이 야외로 나가 직접 그림을 그리곤 했던 아르장퇴유, 부지발, 샤투 등 아름답고 작은 마을들이 자리잡고 있다. 반 고흐가 생의 마지막 몇 개월을 보낸 오베르 쉬르 와즈, 모네의 정원이 있는 지베르니 등이 모두 센느 강 인근의 작은 마을들이다. 지금 이 마

[루브르와 아카데미 프랑세즈를 잇는 예술의 다리. 유람선을 타면 각각의 다리들을 쉽게 감상할 수 있다.]

을들은 예술가들의 순례지가 되어 있다.

파리를 관통해서 흘러 내려가는 센느 강에는 좌안과 우안을 연결하는 대형 다리만 31개가 있다. 모양이 각각 다른 이 다리들은 대개 200년 정도의 역사를 갖고 있다. 역사가 가장 오래 되었으면서도 새로운 다리라는 뜻을 갖고 있는 퐁 네프 다리는 약 500년 정도의 역사를 자랑한다. 옛날에는 다리 위에 집이 몇 층씩 올라가 있었으며, 어떤 다리는 지나갈 때 통행료를 내기도 하였다. 사람만 건너다닐 수 있는 대표적인 인도교는 아카데미 프랑세즈와 루브르 박물관을 잇는 퐁 데 자르 즉, 예술의 다리이다.

우리에게 많이 알려진 다리로는 아폴리네르의 시로 유명한 미라보 다리, 영화나 문학 작품 속에 자주 등장하는 퐁 네프, 바스티유 감옥을 헐어서 나온 돌로 지은 콩코드 다리 등이 있다. 다리를 제대로 감상하기 위해서는 센느 강의 유람선을 타는 것이 가장 손쉬운 방법 중 하나다.

오늘의 파리가 만들어지기까지

파리가 지금과 같은 모습을 갖추기까지는 오랜 세월이 걸렸다. 19세기 중엽 파리 지사로 부임한 오스만 남작의 대대적인 도시 정비로 현재와 같은 모습을 갖추기 시작했고, 루브르 박물관 유리 피라미드를 비롯한 대부분의 현대식 건물들은 1980년 대 미테랑 대통령 때부터 시작된 파리 시 10대 공사의 결과다.

둘레가 35km 정도 되는 타원형 도시 파리는 모두 7차례에 걸쳐 도시 경계가 확장된다. 파리의 역사는 켈트 족의 한 부족인 파리지 족이 기원전 2~3세기 지금 노트르담 성당이 있는 섬에 처음 정착하며 시작된다. 당시 이들이 살던 곳을 로마 인들은 루테스라고 불렀다. 이들이 프랑스 인의 선조인 골Gaule 족인데, 이 이름은 로마 인들이 이들을 수탉에 비유해 라틴 어로 갈루스라고 부른 데에서 유래했다. 이수탉이 프랑스의 국조이며 따라서 프랑스 팀의 유니폼에는 늘 수탉이 그려져 있다. 이후 게르만 족의 이동, 바이킹 족의 침입 등으로 우여곡절을 겪으면서 중세인 13세기 초에 들어서면서, 서쪽으로는 지금의 루브르 박물관과 아카데미 프랑세즈까지, 그리고 동쪽으로는 샤틀레 극장 자리까지 참나무와 돌을 사용해 성벽을 쌓게 된다. 1980년대 공사 당시 루브르 지하에서 13세기 때 루이 필립이 세운 요새의 기초 부분이 발견되면서 자료로만 확인되었던 중세 성의 실체가 드러났다.

필립 오귀스트 이후 샤를르 5세 때는 북쪽으로 몽마르트르 언덕을 거쳐 생 드니 성당이 있는 곳까지, 그리고 동쪽으로 바스티유 성을 거쳐 뱅센느 성까지 길이 난다. 이로 미루어 이미 센느 강 우안이 도시로서의 면모를 확고하게 갖추었음을 알 수 있다. 샤를르 5세는 지금의 바스티유 광장, 생 드니 문, 그리고 생 마르탱 문을 잇는 지역에 새로운 성을 축조해 파리 시 경계를 확장한다. 당시 파리 인구는 약 15만명이었고 면적은 440ha에 달했다.

16세기 들어서도 파리는 확장을 계속했다. 루이 13세 당시 종교전쟁과 내란 및 강력하지 못한 왕권 등으로 궁정이 불안했지만, 루이 13세는 지금의 튈르리 정원과 오페라까지 파리 시내로 편입해 성을 구축했다. 이후 1682년 루이 14세가 왕궁을 베르사유로 옮겼지만 파리는 계속해서 발전한다. 파리에 대해 지속적으로 감시를 해야만 했던 루이 14세는 지금 파리에서 볼 수 있는 많은 기념물과 성당들을 건설한다. 후일 나폴레옹 무덤이 안치되는 앵발리드 돔 성당, 천문대, 빈민 구호를 위해 지어진 살페트리에르 병원, 생 드니 문과 생 마르탱 문 등이 대표적인 예다. 하지만 이때까지도 파리 시의 경계는 확정되지 않은 상태였다. 그러나 루이 16세 말기 징세 수입이 줄어 파리 시의 재정이 악화되자 이를 타개하기 위해 시 경계를 확장하게 된다. 이렇게 해서 세워진 것이 흔히 바리에르라고 불리는 57개의 울타리였다. 파리는 이 징세 울타리로 인해 이전 면적의 거의 10배에 달하는 크기로 일거에 확장되고 만다. 당연히 파리 시민들은 강하게 반발했고 왕비 마리 앙투아네트로 인해 가뜩이나 평판이 좋지 않았던 루이 16세의 인기를 더욱 악화시키고 만다.

프랑스 대혁명 이후 나폴레옹의 제1제정과 왕정복고를 거쳐 7월왕정으로 이어지는 시기는 산업혁명의 결과가 급속도로 확산되어 징세 청부인들이 만들어 놓은 파리 시 경계 외곽지대에 몽루즈, 보지라르, 파씨, 몽마르트르, 벨 빌 등의 신흥 인구 밀집 지대가 생기고, 이로 인해 도시 기능을 제대로 수행하기 위한 여러 시설들이 확충되었다. 19세기 프랑스의 최대 정객이었던 루이 아돌프 티에르는 이를 해결하기 위해 1845년 거의 지금의 파리와 비슷한 경계를 확정, 성곽을 짓고 시 외곽에는 대포의 사정거리를 벗어난 지점에 16개에 달하는 별도의 요새들을 배치하면서 파리 정비 계획을 마무리한다. 이들 마을들은 20세기 중엽까지도 파리에서 가난한 사람들이나 외국인 노동자들이 사는 동네들이었다. 이들 지역은 이제는 부유한 부르주아들이 거주하고 있는 곳으로 변모했다.

© Photo Les Vacances 2007

[루이 13세 때 파리로 편입된 튈르리 정원. 현대 조각가들의 작품이 전시된 조각 공원이다.]

이렇게 해서 파리는 7,800ha에 달하는 면적에 인구는 이미 100만을 넘은 대도시가 되었다. 그로부터 20년 후인 1866년에는 인구가 거의 두 배로 늘어나 180만을 넘어선다. 나폴레옹 3세의 제2제정 당시인 1859년 파리는 지금과 같은 20개의 구로 나뉘어지며 동시에 좁고 구불구불한 길들이 사라지고 대로 위주로 전체적인 도로가 정비된다. 많은 시인, 예술가들이 사라져가는 중세 파리의 모습을 안타까워했던 것은 물론이다. 오스만 때 건설된 대표적인 거리는 오페라 가, 오스만 가, 샹젤리제 가, 개선문 일대, 콩코드 광장 인근 등이고 파리 중앙 시장이었던 레 알과 하수도가 정비되는 것도 이때다. 대신 파리는 10만 대에 달하는 마차들이 오가는 번잡한 도시로 변하고 만다.

티에르가 축성한 파리 성곽과 외곽 지대의 요새들은 비록 패전하기는 했지만 1871년 프러시아와의 전쟁 당시 유용하게 사용되었다. 이 성곽은 1919년 제3공화국 당시 철거된다. 이미 철도는 물론이고 지하철이 놓이던 시대였고 항공기가 전쟁에 동원되던 시대인 까닭에 성은 무용지물이 되어 버린 때였다. 이어 1925년에서 1930년 사이 5년 동안 파리를 중심으로 동쪽과 서쪽에 자리잡고 있는 뱅센느 숲과 불로뉴 숲을 포함한 지금과 같은 파리 시 경계가 확정된다. 파리를 둘러싸고 있던 원형의 성곽 터에는 1973년, 페리페리크라는 순환도로가 건설되었다.

파리 시의 인구는 약 250만 명이다. 이 인구 수는 약 50년 전인 1945년에 비해 오히려 줄어들었다. 대신 파리 시 외곽에 새로운 신도시들이 속속 자리를 잡아가고 있고 이 일대를 프랑스의 섬이라는 뜻을 지닌 일 드 프랑스île de France라 부른다. 일 드 프랑스의 전체 인구는 1,000만 명 정도이다.

© Photo Les Vacances 2007

[파리 시민들의 휴식처인 뤽상부르 정원. 뒤로 보이는 뤽상부르 궁은 상원으로 쓰이고 있다.]

도표로 보는 파리

면 적	106km²
인 구	약 250만 명
언 어	프랑스 어
연간 관광객	약 6,900만 명 (2006년 집계)
화폐 단위	유로 (€)
특 징	• 파리는 정치 · 경제 · 교통 · 학술 · 문화의 중심지일 뿐만 아니라 세계의 문화 중심지로, 프랑스 사람들은 파리를 '빛의 도시' 라고 부른다. • 파리는 북부의 파리 분지 중앙부, 센느 강 중류변에 자리한다. • 파리 시의 행정 구역은 1~20구로 나뉘어져 있다. • 파리는 센느 강을 기준으로 우안Rive Droite과 좌안Rive Gauche으로 나뉜다. 우안은 전통적으로 정치, 경제 기능이 집중된 곳으로 정부기관, 사무실, 백화점, 주요 기차역 등이 집중해 있다. 반면 좌안은 교육 기능을 중심으로 발전해 왔다. 좌안의 카르티에 라탱(라틴 지구)에는 소르본느를 비롯한 대학 및 그랑 제콜, 연구소 등이 집중해 있다.

기 후

[센느 강. 여름에는 강변에 인공 해변이 설치되어 파리 시민들이 일광욕을 즐긴다.]

파리 기후의 특징

지중해 해안을 제외한 프랑스 전 지역은 대체로 대륙성 기후를 보이며 사계절이 뚜렷한 편이다. 프랑스 북부에 위치해 있는 파리 역시 사계절을 보인다. 하지만 한국처럼 혹한기와 혹서기도 없고, 여름철 집중 호우도 별로 없다.

봄은 흔히 파리를 관광하기 가장 좋은 계절로 꼽힌다. 대로변의 화단과 공원에는 꽃이 만발하고 사람들은 모두 카페 테라스로 나와 햇볕을 즐긴다. 하지만 소나기가 자주 내리고 맑은 날보다는 흐린 날이 더 많으며 5월이 되어도 날씨가 한국보다 쌀쌀한 편이다. 봄에 파리를 여행하는 사람들은 우산을 준비하는 것이 좋다.

파리의 여름은 덥기는 하지만 그리 습하지는 않다. 여름이 되면 파리 곳곳에 있는 분수대에서 시원한 물을 뿜어대는데 분수에 몸을 첨벙 담그는 이들도 있다. 물론 금지되어 있는 일이지만, 에펠 탑 앞의 트로카데로 광장 같은 곳에서는 개와 사람들이 함께 물 속에 들어가 첨벙거리는 모습을 볼 수도 있다. 센느 강변에는 인공 해변이 설치되어 많은 젊은이들이 모여 일광욕을 즐기기도 한다. 하지만 늦은 밤에는 가급적 센느 강변 쪽으로 가지 않는 것이 좋다. 종종 남자들만의 미팅 장소로 쓰이기도 하기 때문이다.

파리의 가을도 관광하기 좋은 계절이다. 흐리고 비 오는 날이 많지만, 대신 비에 젖어 우수에 찬 파리를 만날 수 있는 때이다. 비에 젖은 마로니에 낙엽을 밟으며 걷는 센느 강의 낭만은 누구와 걷느냐에 따라 달라지겠지만, 몸을 파고드는 습기에도 불구하고 오래 기억에 남을 것이다. 늦은 가을이면 파리 시내에도 마롱퀴라고 하는 군밤 장수들이 모습을 보이기 시작한다.

겨울에는 혹한의 추위는 없지만 습기 때문에 체감 온도는 더 떨어진다. 눈은 거의 오지 않고 대신 비가 많이 온다. 노엘이라 불리는 크리스마스와 연초에는 지하철 이외의 교통수단은 포기하는 것이 좋다. 수많은 인파들이 거리로 나와 산책과 쇼핑을 즐기기 때문이다. 샹젤리제 거리에 조명이 켜지며 파리의 밤을 밝히는 것도 파리 겨울의 멋진 풍경이다.

파리 기후 10년간 통계

PARIS	1월	2월	3월	4월	5월	6월	7월	8월	9월	10월	11월	12월	연평균 기온
최저 온도 (℃)	2	2.6	4.5	6.7	10.1	13.2	15.2	14.8	12.6	9.4	5.2	2.9	11.7℃
최고 온도 (℃)	6.3	7.9	11	14.5	18.4	21	23.9	23.6	20.8	16	10.1	7	
평균 강우일수	7	6	7	6	7	6	6	5	5	6	7	7	75일
10년간 최저 온도		−13.9℃					10년간 최고 온도				36.6℃		
연평균 강우량		111mm					고 도				75M		

＊ 파리를 비롯한 세계 각 도시들의 '실시간 날씨', '7일간 날씨' 및 '10년 평균 기후'
　 ⇨ 레 바캉스 웹사이트 참조

가는 방법

[파리에서 북쪽으로 23km떨어진 샤를르 드골 공항]

파리로 가는 방법

한국에서 가기

대한항공과 에어프랑스에서 서울–파리 간 직항편을 운항하고 있으며, 파리까지 약 11시간 소요된다. 아시아나 항공을 이용하면 프랑크푸르트나 런던을 경유해서 갈 수 있으며, 2008년 3월부터는 아시아나 항공에서도 직항편을 운항한다. 이외에도 유럽 항공사인 독일 항공(루프트한자Lufthansa), 네덜란드 항공KLM 등을 이용할 수 있다. 네덜란드 항공은 암스테르담에서, 독일 항공은 프랑크푸르트에서 갈아타고 파리로 들어갈 수 있다.

항공사별 연락처

- 대한항공 Korean Air • ☎ 1588–2001 • kr.koreanair.com
- 에어프랑스 Air France • ☎ (02)3483–1033 • www.airfrance.co.kr

영국에서 가기

영국에서 파리로 이동하는 가장 쉬운 방법은 런던에서 유로스타를 타고 파리 북역에 내리는 것이다. 항공편을 이용하면, 샤를르 드골 공항이나 오를리 공항으로 들어오게 된다. 고속버스의 경우, 파리로 들어오는 거의 모든 버스는 국제선, 국내선 상관없이 파리 시 동쪽 끝에 위치한 갈리에니 유로라인 버스터미널로 들어온다. (• 28, avenue du Général de Gaulle • 지하철 3호선 갈리에니(Gallieni 역)

항공편

영국에서 파리로 가는 항공편은 에어프랑스, 브리티쉬 항공, 브리티쉬 미들랜드 항공 등에서 운항한다. 이지젯, 라이언에어를 비롯한 저가 항공사에서도 파리 행 항공편을 운항하는데, 티켓을 빨리 발권할수록 더 저렴한 가격에 구입할 수 있다. 에어프랑스의 파리 행 항공편은 런던, 맨체스터, 버밍엄, 에든버러, 글래스고 등에서 매일 운항한다.

런던에서 파리까지는 2시간 10분 정도 소요되며, 저가 항공 티켓의 경우 일반 항공 요금의 20~50% 정도에 해당하는 가격으로 구입할 수 있다.

■ 항공사별 연락처

에어프랑스 • www.airfrance.com

브리티쉬 항공 • www.britishairways.com

브리티쉬 미들랜드 항공 • www.flybmi.com

이지젯 • www.easyjet.com

라이언에어 • www.ryan.com

기차편

■ 유로스타

도버 해협의 해저 터널을 통해 런던과 파리를 오가는 초고속 열차이다. 런던에서 파리까지 약 2시간 40분 정도로 소요 시간이 짧다는 것이 가장 큰 장점이다. 런던 세인트 팬크라스St. Pancras 역에서 탑승하며, 파리 북역(Gare du Nord)까시 언결된다. 운행횟수는 매일 약 20여 편, 편도 요금은 120~300유로 사이다. 26세 미만인 경우나 해당 구간 패스 소지자인 경우 할인 요금이 적용된다. 출발 시간 최소 30분 전에 도착해 수속을 해야 탑승 가능하다. 티켓은 역을 직접 방문하거나 웹사이트를 통해 예매할 수 있다. 열차 시간 및 요금에 대한 자세한 정보는 웹사이트 참조.

• www.eurostar.com

유로라인

런던 빅토리아 코치 역Victoria Coach Station에서 프랑스의 60여 개 도시로 운행하는 버스인 유로라인Eurolines을 이용하면 기차로 여행하는 것보다 많이 저렴하다. 성인 편도 요금은 파리까지 60유로, 릴르까지 56유로, 리옹까지 96유로, 그리고 보르도와 툴루즈까지는 106유로 정도이다. 15일, 30일 권 등의 유로라인 패스를 구입하면 해당 기간 동안 유럽 전역에서 자유롭게 버스를 이용할 수 있다. 승차권은 유로라인 사에서 직접 구매해도 되고, 한국 내 여행사에서 구매할 수도 있다.

• www.eurolines.com

■ 유로라인 패스 요금

Pass		비수기 (1/8~3/31, 11/4~12/17)	일반 (4/1~6/22, 9/11~11/3)	성수기 (1/1~7, 6/23~9/10, 12/18~31)
15일	26세 미만	169유로	199유로	279유로
	26세 이상	199유로	229유로	329유로
30일	26세 미만	229유로	259유로	359유로
	26세 이상	299유로	319유로	439유로

페리

야간선박을 이용해 1박을 해결할 수 있다는 장점이 있어 배낭여행객들이 많이 이용한다. 영국의 여러 항구와 유럽 각국을 연결하는 페리는 일일이 나열하기 어려울 정도로 다양하다. 가장 가까운 길은 영국의 도버와 프랑스의 칼레를 잇는 길이다. 쾌속선 호버크라프트는 일반 페리보다 소요되는 시간이 적은 편이나 대신 요금이 약간 비싸다. 도버에서 칼레 구간은 1시간 간격으로 페리가 운행된다.

• www.aferry.to / www.ferrysmart.co.uk

＊ 그 밖에 미국, 캐나다 등에서 파리로 가는 방법 / '항공권 구입' 및 '항공권 보는 방법' 등에 대한 더 자세한 정보 ⇨ 레 바캉스 웹사이트 참조

공항에서 시내 가기

파리에는 2개의 공항 즉, 북쪽의 루아시 샤를르 드골 공항과 남쪽의 오를리 공항이 있다. 공항에 도착하는 시간과 요일, 그리고 목적지에 따라 어떤 교통편을 이용할 것인지를 미리 정해 놓는 것이 좋다. 파리 주변 교통 정체가 심한 날인 월요일이나 금요일에 도착한다면, 짐이 많지 않은 이상 택시를 피하는 것이 좋다. 목적지에 따라 다르지만 공항버스를 이용해 시내로 진입한 이후, 그곳에서 목적지까지 택시를 이용하는 것이 좋은 방법이다. 단, 3인 이상이라면 목적지를 찾는 데 소요되는 시간과 어려움을 감안할 때 택시가 오히려 유리하다.

샤를르 드골Roissy-Charles de Gaulle 공항에서 시내 가기

루아시 샤를르 드골 공항은 파리에서 북쪽으로 23km 떨어진 지점에 위치하며 약자로는 CDG 또는 Paris CDG라고 쓴다. 공항에는 CDG1, CDG2, CDG T3 세 개의 청사가 있다. CDG T3은 전세기 전용이고 대부분의 여행객들은 CDG1과 2를 이용하게 되는데, 우리나라를 오가는 비행기는 CDG2를 이용한다. CDG2에는 A, B, C, D, E, F 6개의 터미널이 있는데, 파리에서 떠날 때는 항공편이 어느 터미널에서 출발하는지 미리 알아두는 것이 좋다. 각 청사 및 터미널 간에는 무료 셔틀버스가

© Photo Les Vacances 2007

[샤를르 드골 공항]

운행된다. CDG2의 TGV 역에서 초고속 열차인 TGV를 타면 보르도, 브뤼셀, 릴르, 낭트, 마르세유, 렌느 등 프랑스 각 도시들로 갈 수 있다.

샤를르 드골 공항 • 영어 안내(24시간) ☎ (01)4862-2280

지하철

■ 루아시레일 Roissyrail

파리와 근교를 연결하는 고속철인 RER의 B선으로, 05:24~23:58까지 15분 간격으로 운행된다. RER B선은 CDG1역과 CDG2(TGV)역, 북역Gare du Nord, 샤틀레 레 알Châtelet Les Halles 역, 생 미셸St-Michel 역, 당페르 로슈로Denfert Rochereau 역을 연결한다. CDG1 공항에서 RER을 이용하려면, 무료 셔틀버스(나베트Navette)를 타고 RER 역까지 이동하면 된다. CDG2에서는 RER 역으로 연결되는 통로를 이용한다. 북역까지 대략 35분, 샤틀레 레 알 역까지는 45분 정도 소요된다(요금 10유로 정도). 파리에서 CDG로 가는 기차는 첫 기차를 제외하고는 인포메이션의

커다란 물음표 기호가 있는 43번 플랫폼에서 타면 된다. 미리 항공권을 확인하여, 어느 역(CDG1 혹은 CDG2)에서 내려야 하는지 확인해 두는 것이 좋다. 러시아워에는 시내로 들어갈수록 혼잡해지기 때문에 무거운 짐을 들었다면 가급적 다른 교통편을 이용하는 것이 좋다.

루아시레일 문의(SNCF) · ☎ (01)5390-2020

버스

■ 에어프랑스 버스 Air France Bus

• 에어프랑스에서 운행하는 리무진 버스 · ☎ 0892-350-820

• 노선 / 운행시간 / 운행간격 / 요금

구 분	Bus 1	Bus 2	Bus 3	Bus 4
노 선	오를리Orly 공항 (Orly South Gate K-Orly Ouest-도착층 Gate E) → 몽파르나스 Montparnasse → 앵발리드Invalides	CDG 공항* → 포르트 마이요 Porte Maillot → 에투알Étoile	CDG 공항** → 오를리Orly 공항 (Orly Ouest-도착층 Gate E-Orly Sud Gate K)	CDG 공항** → 리옹 역Gare de Lyon → 몽파르나스 Montparnasse
운행시간	06:00~23:30	05:45~23:00	06:00~22:30	07:00~21:00
운행간격	15분	15분	30분	30분
요 금	편도 9유로 왕복 14유로	편도 13유로 왕복 20유로	편도 16유로	편도 14유로 왕복 22유로
	2세 미만은 무료, 2~11세 어린이는 50% 할인, 4인 이상의 단체는 15% 할인			

* Hall 2A-2C Gate 6 / Hall 2B-2D Gate 6 / Hall 2F 도착층 Gate 7
** Hall C Gate 2 / Hall B Gate 1 / Hall F 도착층 Gate 7

• 버스 정류장 위치

몽파르나스 정류장	Rue du Commandant Mouchotte(메리디앙Meridien 호텔 옆)
앵발리드 정류장	2, rue Robert Esnault Pelterie
포르트 마이요 정류장	Boulevard Gouvion St-Cyr
에투알 정류장	1, rue Carnot

• 티켓 판매소

CDG 공항	오를리 공항	파리 시내
Terminal 1 Gate 34 Terminal 2B/D Gate B1 Terminal 2A/C Gate C2 Terminal E/F	Orly Ouest 도착층 Gate D Orly Sud 도착층 Gate L	포르트 마이요Porte Maillot (에어프랑스 티켓 판매소 옆). 시내에서는 승차 시에 요금을 내면 된다.

택시

CDG에서 파리 중심가까지의 택시비는 30~50유로 정도이며, 수하물이 있을 경우 추가 요금이 붙는다. 공항에서 시내까지는 약 45분 정도 소요된다.

오를리Orly 공항에서 시내 가기

파리에서 남쪽으로 14km 떨어진 지점에 위치하고 있으며, Orly Sud(오를리 남쪽 터미널)와 Orly Ouest(오를리 서쪽 터미널)의 2개 터미널이 있다. 이 두 터미널은 무인 전동차로 연결되어 있지만 충분히 걸어갈 수 있는 가까운 거리에 있다. Orly Ouest는 국내선, Orly Sud는 국제선 터미널이다.

오를리 공항 • 영어 안내(06:30~21:30) ☎ (01)4975-1515

RER
■ 공항 셔틀버스 Navatte ADP
오를리 공항에서 출발하는 셔틀버스가 RER C선 퐁 드 렁지스Pont de Rungis 역까지 운행한다. 이곳에서 RER을 이용해 파리 중심가까지 이동할 수 있다. 요금은 6유로 선으로, 매일 05:45~23:10 사이 15~30분 간격으로 운행되며 파리 중심가까지 50분 정도 소요된다. RER C선은 오스테를리츠 역, 생 미셸, 앵발리드로 직행한다.

■ 오를리발 Orlyval
오를리 공항과 RER B선 앙토니Antony 역 간을 운행하는 모노레일의 일종. 매일 06:00~20:30 사이, 일요일에는 07:00~23:00 사이를 4~7분 간격으로 운행한다. 오를리발과 RER 승차권 요금을 합쳐 9유로 선이다.

버스
■ 오를리 버스 Orly bus
오를리 버스는 오를리 공항과 당페르 로슈로Denfert Rochereau 역 간을 운행하는 RATP 버스다. 매일 06:00~23:30 사이에 15분 간격으로 운행한다. 요금은 6유로 선.

■ 제트버스 Jetbus
지하철 7호선 남쪽 끝 빌쥐이프 루이 아라공Villejuif Louis Aragon 역과 공항을 연결하는 버스다. 06:00~22:15 사이에 12~15분 간격으로 운행된다. 요금은 5~6유로 선.

택시
택시로는 오를리 공항에서 파리 중심까지 약 35분 소요된다. 요금은 25유로 이상.

시내 교통

© Photo Les Vacances 2007

[개선문과 샹젤리제 가. 개선문이 서 있는 에투알 광장은 12개의 도로가 방사형으로 뻗어있는 파리 교통의 중심지다.]

파리의 대중교통

인구 250만 정도의 파리이지만 일 드 프랑스라 불리는 파리 인근 지역의 유동 인구는 수백만을 헤아리기 때문에 파리 역시 교통난을 겪는다. 따라서 파리에서는 지하철을 이용하는 것이 가장 편리하다. 급할 경우나 길을 잃었을 경우에는 택시를 이용할 수 있다. 파리 택시들은 개인 택시인 경우 하루 9시간, 회사 택시인 경우는 8시간만 근무를 하게 되어 있어 회차하는 차를 잡을 경우 간혹 승차 거부를 당할 수도 있다. 택시 뒷좌석에는 몇 시간 일했는지를 나타내는 미터기가 있다. 운전석 옆의 조수석에는 원칙적으로 승객을 태우지 않는다. 따라서 뒷좌석을 이용해야 하며 승차 인원이 3명이 넘으면 두 대의 차에 분승해야 한다. 요금은 미터기에 나오는 대로 주면 되지만 1유로나 50센트 정도는 팁으로 놓고 내리는 것이 관례다. 파리 택시에는 합승은 없다. 버스도 자주 운행하는 편인데, 두 대를 이어 만든 굴절버스가 많이 다닌다. 지하철 승차권으로 버스도 동시에 이용할 수 있다. 공항까지는 택시나 셔틀버스를 이용할 수도 있고 RER이라고 하는 도시 고속철을 이용할 수도 있다.

파리의 대중교통은 파리교통공단RATP(버스 노선, 지하철, 파리 고속전철 RER 및 트램을 운영)에 의해서 통합적으로 운영된다. 따라서 대부분의 경우 티켓이나 패스를 하나 구입하면, 모든 대중교통을 함께 이용할 수 있다. 파리와 그 근교는 파리 시청을 중심으로 동심원으로 표시해 거리에 따라 5개의 구역Zone으로 구분되며 1, 2구역이 파리 중심가에 해당한다.

RATP(파리대중교통공사) 안내센터

- 54, quai de la Rapée / 189, rue de Bercy • ☎ 3246(유료)
- www.ratp.fr • 월~금 08:00~18:30

지하철 · RER · 트램

지하철을 즐기라는 말을 자신 있게 할 수 있는 곳은 파리밖에 없을 것이다. 지름 10km 정도 되는 작은 원인 파리 시내의 지하와 지상으로 뻗어 있는 지하철은 21개 노선에 역만 무려 360개가 넘는다. 21개 노선 중 파리 시내 위주의 메트로(M으로 표시되어 있음)는 14개 노선이고, 파리 중앙부와 교외 신도시 지역을 연결하는 지역 간 고속 지하철(RER로 표시되어 있음) A, B, C, D, E 5개 노선이 별도로 있다. 파리 시내의 메트로만 따져도 총 연장 211.3km에 달하며, 하루 350만 명이 이용한다. 파리 시내에는 360여 개에 이르는 역이 산재해 있어서, 가장 많이 걸어도 3분 정도면 어디서도 지하철을 탈 수 있도록 되어 있다. 파리 지하철은 1900년에 뱅센느와 개선문을 연결하는 1호선이 개통되어, 역사가 100년이 넘었다. 지금 객차 수는 3,548대이며 소음을 줄이기 위해 고무 타이어를 장착한 전동차 1,059대가 운행 중이다. 이전에는 1등칸이 따로 있었으나 1991년에 폐지했다. 파리와 교외를 연결하는 RER의 경우 이층 객차가 운행 중인 곳이 있으며 출퇴근 시간에는 모든 역에 정차하지 않는 급행이 별도로 운행된다. 파리 시내의 메트로는 평균 100초 간격으로 운행되고 첫차는 새벽 5시 30분이며, 막차는 다음 날 1시 15분까지 있다. 파리 지하철은 파리 시내 대중교통을 총괄하는 RATP에서 운영하기 때문에 메트로 티켓으로 버스와 트램까지 함께 이용할 수 있다. 대중교통을 많이 이용하는 사람들은 주로 '카르트 도랑주(오렌지 카드)'라는 정기권을 구입해 이용한다. 관광객들에게는 '파리 비지트 패스'도 유용하다. 지하철은 05:30~01:15까지 운행되며, RER은 05:00~24:00까지 운행된다. 트램은 파리 시의 북측과 서측에 1개 노선씩 2개 노선이 운영 중이다.

지하철 요금 및 패스

효율적인 파리 관광을 위해서 파리 시내를 거미줄처럼 연결하는 지하철을 최대한 활용하는 것이 가장 좋은 방법이다. 아래에 소개하는 패스들은 지하철뿐 아니라 파리의 모든 대중교통을 함께 이용할 수 있어 편리하다.

지하철 요금

티켓 1~2구역 1.50유로, 카르네(티켓 1장짜리 10매 묶음) 11.10유로. 지하철 티켓 구입 시 매표소에서 다음과 같이 말하자. "Un billet/carnet s'il vous plaît. 앵 비에/카르네 실 부 플레(티켓 한 장/10매 묶음 주십시오)."

패스의 종류
■ 카르트 도랑주 (오렌지 카드 정기권 Carte d'Orange)

구입 시 여권 사진이 필요하며 1주일이나 1개월 단위로 구입해 자유롭게 탑승할 수 있다. 1주일권의 경우 구입한 주의 일요일까지만 사용할 수 있으므로 유의한다.

(단위 : 유로 €)

패스 종류	1~2구역	1~3구역	1~4구역	1~5구역	1~6구역
1주일	16.30	21.60	26.70	32.10	36.10
1개월	53.50	70.80	87.60	105.20	118.50

＊ 파리 시내 대부분의 구간은 1~2구간이며, 라 데팡스는 3구간, 베르사유, 오를리 공항은 4구간, 디즈니랜드, 샤를르 드골 공항은 5구간으로 분류된다.

■ 파리 비지트 패스 Paris Visite Pass

지하철, RER, 버스, 트램, 몽마르트르의 후니퀼레르(작은 등산 열차), 야간버스, 오를리발, 오를리 버스, 루아시 버스 등 모든 대중교통 수단을 무제한적으로 이용할 수 있다. 본 패스를 소지하고 있으면 쇼핑몰, 관광지 할인 혜택도 받을 수 있다.

(단위 : 유로 €)

구역	1일권		2일권		3일권		5일권	
	성 인	어린이	성 인	어린이	성 인	어린이	성 인	어린이
1~3	8.50	4.25	13.95	6.95	18.60	9.30	27.20	13.60
1~6	17.05	8.50	27.15	13.55	38.10	19.05	46.60	23.30

■ 모빌리스 Mobilis

하룻동안 파리 시내와 근교의 대중교통을 무제한 이용할 수 있다. 요금은 이용할 수 있는 구역Zone에 따라 5.30~18유로.

[CHECK]

파리 지하철 투어, 권장 라인 3곳 - 1, 4, 6호선

1호선은 역사가 가장 오래된 라인이면서 동시에 뱅센느 숲, 바스티유 광장, 루브르, 콩코드, 샹젤리제, 개선문, 라 데팡스 등 파리의 가장 중요한 지역을 통과하는 노선이다. 따라서 1일권을 구입해 자주 내렸다 타기만 하면 파리의 핵심을 모두 볼 수 있는 노선이다. 뿐만 아니라 젊은층 대상의 비교적 저렴한 의류 매장이 많은 사마리텐느 백화점이 있어 쇼핑도 편리하다. 가장 오래된 노선이지만 객차는 최신식으로 교체되어 있어 안락한 여행을 할 수 있다.

4호선은 국제 대학 기숙사촌 인근의 포르트 도를레앙 역에서부터 유명한 벼룩시장이 있는 클리냥쿠르 역까지 운행하는 노선이다. 노트르담 성당이 있는 라 시테 섬에 가볼 수 있으며, 유럽에서 가장 큰 기차역인 파리 북역과 동역을 경유한다. 뿐만 아니라 항상 젊은이들로 만원을 이루는 소르본느 대학 인근의 생 미셸 거리를 지나가기 때문에 학생들이 가장 많이 이용하는 노선이다.

6호선은 파리 순환선으로 개선문, 에펠 탑, 몽파르나스, 차이나타운, 나시옹 광장 등을 경유하는 노선이다. 이외에도 베르사유 등 파리 교외의 성관들은 물론이고 파리 디즈니랜드까지 모두 지역간 고속 전철인 RER로 관광할 수 있다.

파리 지하철역에 가면 어디서든지 쉽게 지하철 노선도를 얻을 수 있고 요금 체계 등을 설명하는 팸플릿도 무료로 얻을 수 있다.

파리 지하철 노선별 주요 볼거리

노선	명소 / 지하철 역
1호선	• 라 데팡스 / La Défense • 개선문 / Charles de Gaulles Étoiles • 콩코드 광장 / Concorde • 루브르 박물관 / Palais Royal-Musée du Louvre • 퐁피두 센터 / Châtelet Les Halles • 피카소 박물관 / St-Paul
2호선	• 개선문 / Charles de Gaulles Étoiles • 몽마르트르 언덕 / Anvers • 페르 라셰즈 묘지 / Père Lachaise
3호선	• 생 라자르 역 / St-Lazare • 프렝탕, 라파이에트 백화점, 한국인 면세점, 오페라 하우스 / Opéra • 갈리에니 유로라인 버스 터미널 / Gallieni
4호선	• 파리 최대의 벼룩시장 클리냥쿠르 / Porte de Clinancourt • 북역 / Gare du Nord • 동역 / Gare de l'Est • 바스티유 오페라 / Bastille • 오스테를리츠 역 / Gare d'Austerlitz
6호선	• 개선문 / Charles de Gaulles Étoiles • 에펠 탑 / Bir-Hakeim • 몽파르나스 역 / Gare Montparnasse • 지하 납골당 카타콤브 / Denfert Rochereau • 중국 슈퍼 밀집 지역 / Place d'Italie
7호선	• 라 빌레트 과학 공원 / Porte de la Villete • 루브르 박물관 / Palais Royal-Musée du Louvre • 퐁피두 센터 / Châtelet Les Halles • 퐁 네프 다리 / Pont Neuf • 로댕의 집 / Villejuif Louis Aragon
8호선	• 앵발리드 / Invalides • 라파이에트, 프렝탕 백화점 등 쇼핑가 / Chausée d'Antin
9호선	• 바토 무슈 타는 곳 / Alma Marceau
10호선	• 소르본느 대학 / Cluny La Sorbonne
11호선	• 퐁피두 센터 / Rambuteau
12호선	• 로댕 박물관, 대한민국 대사관 / Varenne
RER-A	• 디즈니랜드 / Marne-la-Vallée
RER-B	• 샤를르 드골 공항 / Aéroport Charles de Gaulles
RER-C	• 베르사유 궁 / Château de Versailles

버스

운행 구간이 짧아서 노선에 따라서는 목적지에 지하철보다 빨리 도착할 수 있을 뿐 아니라, 아름다운 거리 풍경도 감상할 수 있는 것이 장점이다. 우선 버스 노선도를 얻도록 한다. 지하철역, 버스 터미널, 관광안내소 등에서 무료로 얻을 수 있다. 그랑 플랑 드 파리Grand Plan de Paris라는 지도에는 버스 외에도 지하철, RER의 노선까지 잘 나와 있다. 버스 노선도에는 정류장 위치도 표기되어 있어, 어느 노선 버스가 어디로 지나가는지를 알 수 있다. 티켓은 기본 1.50유로로 운전사에게서 구입하며, 지하철 1, 2구역에서 사용하는 티켓과 동일하다. 티켓을 운전석 옆 자동 검표

[파리의 시내버스. 각 정류장에 상세 노선도가 붙어 있어 이용하기 편리하다.]

© Photo Les Vacances 2007

기에 각인시키고, 패스를 소지한 경우에는 운전사에게 보여 주면 된다. 장거리의 경우 티켓을 2장 사용해야 하는 경우가 있어, 관광객에게는 번거로울 때가 있다. 대부분의 관광객들은 모든 대중교통을 자유롭게 이용할 수 있는 카르트 도랑주, 파리 비지트 패스 등의 교통패스를 구입해 사용한다. 하차할 정류장이 가까워 오면 빨간색 버튼을 눌러 운전사에게 하차할 의사를 표시한다. 버튼을 누르면 운전석 위의 Arrêt Demandé(정차 요함) 사인에 불이 들어온다. 대부분의 버스는 06:30~20:30 까지 운행하고, 일부 노선의 버스는 00:30까지 운행하기도 한다. 절반 정도의 노선은 일요일과 공휴일에는 운행하지 않는다. 각 버스 정류장에는 정류장을 지나가는 버스들의 상세한 노선도가 붙어 있으며, 정류장에는 부근 거리나 광장의 이름이 붙어 있어 관광객에게 편리하다.

4월 중순부터 9월 중순까지는 특별 버스 서비스(Balabus, 관광 명소를 잇는 노선 버스)가 제공된다. 이 서비스는 일요일과 공휴일 12:00~21:00 사이에 라 데팡스 신 시가지의 신 개선문(그랑 다르슈Grand Arche)과 리옹 역 사이의 모든 관광 명소를 지나간다. 기본 버스 요금을 적용하며, 정차하는 버스 정류장에 'Balabus'라고 명

시되어 있다. 심야버스(녹탕뷔스Noctambus)는 18개 노선이 운행되며, 01:00~05:30 사이 샤틀레 광장Place du Châtelet(시청 인근)과 교외 사이를 운행하고, 일요일엔 운행량을 줄인다.

도심 버스 투어 Open Tour Bus

한국에서 운영하고 있는 시티투어 버스와 비슷한 개념이라 생각하면 된다. 이동하는 버스 안에서 파리 시내의 주요 명소들을 안내받을 수 있으며, 개인이 자율적으

© Photo Les Vacances 2007

[파리 시 주요 명소를 둘러볼 수 있는 도심 버스 투어]

로 시간을 할애하여 투어를 할 수 있다는 장점이 있다. 기본적으로 4개의 노선이 운영되고 있으며 투어패스 하나면 4개 노선 모두를 이용할 수 있다.

코스 명	주요 정차지	배차 간격
파리 그랜드 투어 Paris Grand Tour	미들렌느, 오페라, 루브르, 노트르담, 오르세, 콩코드, 샹젤리제, 에펠 탑, 앵발리드	4~10월 : 10~15분 간격 11~3월 : 25~30분 간격
바스티유~베르시 Bastille~Bercy	리옹 역, 생 폴, 바스티유, 오스테를리츠 역, 베르시 공원	30분 간격
몽마르트르~ 그랑 불르바르 Montmartre~ Grands Boulevards	몽마르트르, 북역, 동역, 그랑 불르바르	4~10월 : 15분 간격 11~3월 : 30분 간격
몽파르나스~ 생 제르맹 Montparnasse~ Saint-Germain	뤽상부르 정원, 앵발리드, 생 제르맹	4~10월 : 15분 간격 11~3월 : 20~25분 간격

패스 1일권은 25유로, 2일권은 28유로이다. 승차 시 구매하거나 관광안내소, RATP (파리교통공단), 관광 정보 센터, 호텔 등에서 손쉽게 구입할 수 있다.

• www.paris-opentour.com

택시

택시Taxi는 프랑스에서 딱시로 발음하지만 철자는 동일하다. 파리에는 약 25,000 대 정도의 택시가 운행 중이다. 파리의 택시 요금은 스페인, 포르투갈보다는 비싸고

[파리의 택시 요금 체계는 주행 시간대와 주행 지역에 따라 달라진다.]

스위스, 독일과는 엇비슷한 수준이다. 이탈리아의 경우에는 북부와 남부의 택시 요금 체계가 상이하지만 프랑스는 전국이 단일 요금 체계이다.

요금은 A, B, C 세 가지로 구분되어 있고 주행 시간대, 주행 지역, 콜택시일 경우 등에 따라 달라진다. 오전 7시에서 오후 7시까지가 정상 요금 시간으로 이 시간대 에 파리 시내에서 주행하면 A요금이 적용된다. 오전 7시 이전이나 오후 7시 이후 시간대이거나 파리를 벗어난 지역이면 요금이 B체계로 넘어가 비싸진다. 가장 비싼 요금 체계인 C요금은 오전 7시 이전이나 오후 7시 이후에 파리 지역을 벗어나는 경우 적용된다. 예를 들어 파리에서 샤를르 드골 공항으로 가는 경우, 평일 오전 7 시 이후에서 오후 7시 이전 시간대라면 파리에서는 A요금을, 파리를 벗어나면서부 터는 B요금이 적용된다. 주말에 파리에서 오전 7시 이후 오후 7시 이전에 공항으로 가게 되면 파리에서는 B요금을, 파리를 벗어난 지역에서는 C요금이 적용된다. 그 이외의 시간대에 이용하면 모두 C요금이 적용된다. 파리 택시의 미터기는 믿을 만 하며 요금 체계 변경은 운전사가 수동으로 작동한다. 운전 기사의 부당 요금 징수 를 컨트롤하기 위해 각종 장치가 마련되어 있어 안심하고 이용해도 된다. 택시 뒷

좌석 트렁크 위에는 하루의 근무 시작 시간, 1년 동안 일한 날짜 수, 지금 어떤 요금 체계로 주행 중인지를 나타내는 표지판이 달려 있어 부당 요금 징수는 거의 불가능하다. 다만 승객이 파리를 잘 모르는 경우 먼 곳으로 우회하는 고약한 운전사가 있을 수는 있다.

기차역이나 공항 등에서 탑승하거나, 트렁크에 짐을 싣는 경우 추가 요금을 받는다. 차내에 휴대하는 물품에는 별도의 요금이 붙지 않는다. 급할 경우나 시간을 엄수해야 하는 경우에는 콜택시를 이용하는 것이 편리하며 전화로 미리 예약을 할 수도 있다. 하지만 이 경우 택시 회사에 예약된 장소까지 오는 데 드는 비용을 추가로 지불해야 한다.

택시 회사 연락처

■ Taxi G7
- ☎ (01)4739-4739 • 24시간 영업 • 연중 무휴 • www.taxisg7.fr
■ Alpha Taxi
- ☎ (01)4585-8585 / 공항택시 ☎ (01)4585-4545
■ Taxi Bleus
- ☎ 0891-701-010 / 공항택시 ☎ 0825-166-666

[CHECK]

택시 이용 시 주의할 점

간혹 큰 개를 운전석 옆 좌석에 태우고 영업을 하는 기사들이 있는데, 개를 사랑하는 사람이므로 이용해도 무방하다. 또 드문 경우이긴 하지만 방탄 유리로 손님과 운전석을 갈라 놓은 택시도 있다. 이때는 돈을 구멍으로 밀어 넣어야 한다. 파리의 택시들은 법적으로 택시 정류장 근처 150m 내에서는 택시 정류장에서만 승객을 태울 수 있다. 택시 정류장에서 줄을 서서 기다리고 있는 승객들을 보호하기 위한 목적이다. 따라서 파리에서는 택시 정류장을 찾아 택시를 기다리는 것이 가장 좋은 방법이며, 택시 정류장이 보이지 않는 곳이라면 택시 정류장을 찾기보다는 사거리 근처에서 택시를 기다리는 것이 좋다.

기차

프랑스 국영 철도회사
SNCF (Société Nationale des Chemins de Fer)

시속 300km의 TGV는 매우 빠르고 편리하게 목적지까지 갈 수 있다는 장점이 있다. 철도망은 남동쪽의 항구 도시 마르세유에서 유로스타를 통해 영국까지, 또 스페인으로 연결되는 남서쪽의 보르도에서부터 벨기에 및 독일과의 국경 지대인 북쪽의 릴르까지 전국에 걸쳐 깔려 있다. TGV는 일반 기차와는 비교가 안 될 정도로 빠르

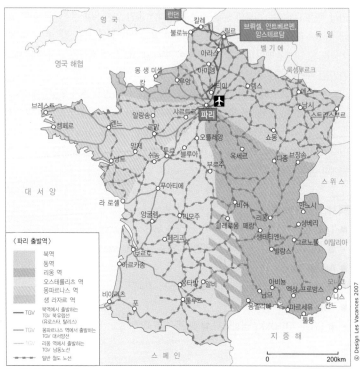

[프랑스 철도 노선도]

지만 대신 약간의 예약금을 내야 하며, 승객이 많은 시간대에는 추가 요금을 내야 한다. 티켓 구입은 기차역의 카운터 서비스(자동판매기)를 이용한다. 터치 스크린으로 각 기차 구간의 요금 및 시간을 확인할 수 있으며, 영어로도 안내가 된다. 다음 단계로 넘어가기 전에 취소하려면 빨간 버튼을 누르면 된다.

개찰은 없지만 플랫폼 통로에 있는 오렌지색의 각인기에서 날짜 찍는 것을 잊지 않도록 한다. 티켓은 날짜를 찍은 후 24시간 동안 유효하며, 그 범위 내에서라면 도중 하차도 가능하다. 야간열차의 경우 침대칸을 이용하려면 추가 요금을 지불하면 된다.

파리 기차 정보 안내 · ☎ (01)4582-0841 · www.sncf.fr
기차 예약 · ☎ (01)5390-2020

파리의 6개 기차역

모든 역에는 카페와 레스토랑, 은행과 환전소(성수기에는 오래 줄서야 함) 등 각종 편의시설이 구비되어 있어 이용이 편리하다. 북역과 리옹 역에는 관광안내소가 설치되어 있다.

북역 Gare du Nord (지하철 Gare du Nord 역)

칼레를 비롯한 프랑스 북부 지방과 독일, 스칸디나비아 반도, 벨기에, 네덜란드, 영국 등 북쪽 방면 열차들의 출발지다. 해저터널을 통과하여 파리와 런던을 2시간 40분 만에 주파하는 유로스타의 발착지이기도 하다.

동역 Gare de l'Est (지하철 Gare de l'Est 역)

프랑스 동부와 룩셈부르크, 독일, 오스트리아, 스위스 등 프랑스 동쪽의 유럽 지역으로 가는 모든 열차가 동역에서 출발한다.

생 라자르 역 Gare Saint-Lazare (지하철 St-Lazare 역)

노르망디 지방 등 북서부 지방 방면으로 가는 기차들의 출발지이며, 미국과 영국에서 오는 배들의 기착지를 연결해 주는 역이다. 마들렌느Madelaine 성당과 오페라 갸르니에Opéra Garnier에서 가깝다.

몽파르나스 역 Gare Montparnasse
(지하철 Montparnasse Bienvenue 역)

센느 강 남쪽의 몽파르나스 역은 브르타뉴 지방 등 프랑스 서부 지방과 남서부 방면행 TGV가 출발하는 곳이다.

오스테를리츠 역 Gare d'Austerlitz (지하철 Gare d'Austerlitz 역)

프랑스의 남서부 지방과 스페인, 포르투갈 방면 기차들이 출발한다.

리옹 역 Gare de Lyon (지하철 Gare de Lyon 역)

프랑스의 남동부 지방과 스위스, 이탈리아, 그리스 행 열차들의 기착지이다.

파리에서 운전하기

낮에는 주차 공간을 찾기가 쉽지 않으므로 파리에서의 운전은 피하는 것이 좋다. 그래도 운전을 해야 한다면, 파리 카느라는 주차 가드를 구입하면 된다. 담배 가게인 타바Tabac에서 16유로, 30.50유로로 두 종류의 카드를 판매한다. P라고 쓰여진 파란색 간판과 회색의 주차 미터기가 설치되어 있는 주차 공간을 찾아 주차한 후, 미터기에 카드를 넣는다. 2유로로 1시간에서 최대 2시간까지 주차할 수 있다. 파리 중심가에는 지하 주차장도 많다. 버스 전용 차선이나 Axe Rouge(빨간색 테두리가 쳐진 공간)에는 주차하지 않도록 한다. 이곳에 주차했다가 견인되었을 경우, 그 구의 임시 보관소에서 차를 찾으면 된다. 차에 이상이 있을 때는 SOS Dépannage(응급수리)(• ☎ (01)4707-9999)에 전화해서 24시간 수리를 받을 수 있다.

도로 정보 문의

고속도로 상황에 관한 정보를 얻고자 한다면 여러 언어로 방송이 되는 아래 서비스를 이용하면 된다.

■ ASFA • ☎ 0836-681-077 • www.autoroutes.fr

■ 교통 정보 • ☎ (01)5696-3333

자동차 렌탈 업체

[파리 시내의 표지판]

SNCF의 국철을 탈 계획이 있을 경우, Avis에서 기차표를 예약하면 195개의 기차역 어디서나 렌터카를 수령할 수 있다. 렌탈 업체는 대부분 일요일 휴무이나, 토요일 오후부터 영업하지 않는 곳도 있다. 'Kilométrage Illimité'는 주행 km에 제한이 없다는 뜻이니 알아 두도록 하자.

Avis • 샤를르 드골 공항 지점 ☎ 0820-611-620 • www.avis.com
Budget • 샤를르 드골 공항 지점 ☎ (01)4862-7022 • www.budget.com
Europcar • 파리 북역 지점 ☎ 0825-825-457 • www.europcar.com
Hertz • 샤를르 드골 공항 지점 ☎ 0825-889-775 • www.hertz.com
National-Citer • 샤를르 드골 공항 지점 ☎ (01)4862-6581 • www.citer.com

✱ 렌터카에 대한 보다 상세한 정보 ⇨ 레 바캉스 웹사이트 참조

센느 강의 유람선들

모양이 각기 다른 31개의 다리를 거느리고 있는 센느 강. 모든 도시가 강을 끼고 발달하지만 센느 강과 파리는 함께 해온 오랜 역사만큼이나 세계 최고의 아름다운 풍경을 만들어 낸다. 강으로는 세계에서 유일하게 유네스코 지정 세계문화유산에 등재될 정도다. 따라서 센느 강을 유람하는 것은 파리 관광의 빼놓을 수 없는 코스다. 현재 세 회사가 대형 유람선을 운행하고 있으며, 그 외에도 많은 군소 업체들이 크고 작은 다양한 유람선을 센느 강에 띄워 놓고 있다. 어느 유람선을 타든 파리 시의 명소들은 거의 다 볼 수 있다. 주요 명소는 노트르담 성당, 시테 섬, 에펠 탑, 루브

© Photo Les Vacances 2007

[센느 강 유람은 파리 관광의 **빼놓을 수 없는 코스다.**]

르와 오르세 박물관, 자유의 여신상, 알렉상드르 3세 교 등이다.

바토 무슈 Bateaux Mouches

파리에서 가장 크고 화려한 유람선을 보유한 회사로, 센느 강의 유람선을 보통 바토 무슈라고 부를 정도로 가장 대표적인 유람선이다. 지하철 알마 마르소 역을 나오면 어디서든지 쉽게 선착장을 볼 수 있나. 에펠 탑 근처의 알마 교 부근에서 출발하며, 소요 시간은 1시간 15분 정도다. 센느 강을 거슬러 올라가 퐁 네프 직전에서 시테 섬과 생 루이 섬의 오른쪽으로 지나가다가 섬 끝에서 다시 회전하여 섬의 반대편 쪽으로 내려가고, 자유의 여신상 앞 미라보 다리 직전에서 뱃머리를 돌려 다시 알마 교로 돌아오는 코스다. 일 년에 수백만 명이 승선을 한다고 한다. 2층으로 설계되어 있고 1층은 모두 유리로 덮여 있어 날씨에 관계 없이 유람이 가능하다.

- ☎ (01)4225-9610 • www.bateaux-mouches.fr • 10:00~23:00
- 성인 9유로(점심 제공 시 50~85유로로), 어린이 4유로

바토 파리지엥 Bateaux Parisiens

바토 무슈에 비해 규모는 작지만 에펠 탑 밑에 있다는 장점으로 많은 이들이 이용한다. 배에 오를 때 사진사가 마음대로 사진을 찍어 파는데 사지 않아도 무방하다.

- ☎ (01)4699-4313 • www.bateauxparisiens.com
- 오전 10시부터 시작해 30분 간격으로 운행 • 10유로

요트 드 파리 Yachts de Paris

이 회사에는 일반 유람선 대신 바다를 운항하는 진짜 요트를 센느 강에 띄워 놓았

© Photo Les Vacances 2007

[센느 강의 8개 지점에서 정차하는 바토뷔스. 자유롭게 타고 내릴 수 있어 편리하다.]

다. 노트르담 성당 위쪽에 있는 앙리 4세 포구에서 출발한다. 일반 유람선이 아닌 관계로 낮에는 운항하지 않고 해가 질 무렵부터 선상 디너를 즐기는 코스만 운영한다. 일반 유람보다 시간도 길고 식사가 포함되어 155유로 정도의 비싼 요금을 내야한다. 정장을 한 승무원들의 정중한 대접과 센느 강에 어른거리는 야경 등은 멋진 디너를 보장해 준다. 연인이나 신혼부부 등은 꼭 한 번 승선해 보라고 권하고 싶다.

- ☎ (01)4454-1470 • www.yachtsdeparis.fr

레 브데트 뒤 퐁 네프 Les Vedettes du Pont-Neuf

퐁 네프의 스타라는 이 유람선 회사는 규모는 작지만, 파리와 센느 강을 유람하는데에는 전혀 지장이 없다. 단, 배 안에 화장실이 없으니 주의한다.

- ☎ (01)4633-9838 • www.vedettesdupontneuf.com

레 바토뷔스 Les Batobus

일종의 보트 택시다. 센느 강의 8개 지점에 정차한다. Bourdonnais 선착장(지하철 투르 에펠 역/트로카데로 역), Solférino 선착장(지하철 뮈제 도르세 역), Malaquais 선착장(지하철 생 제르맹 데 프레 역), Montebello 선착장(지하철 노트르담 역), Hôtel de Ville 선착장(지하철 오텔 드 빌 역/퐁피두 역), Louvre 선착장(팔레 루아 얄–뮈제 뒤 루브르 역) 등.

- ☎ (01)4411–3399 • www.batobus.com
- 15~30분 간격으로 여름에는 10:00~21:30, 겨울에는 10:30~16:30까지 운행한다.
- 1일 패스는 12유로, 2일 패스는 14유로다.

레 브데트 드 파리 Les Vedettes de Paris

파리의 스타라는 이름의 이 회사는 테마 유람선 운영으로 유명하다. 가령 필바쿠스 유람은 포도주 유람인데, 포도주 박물관을 방문하는 코스가 포함되어 있다.

- ☎ (01)4418–1905 • www.vedettesdeparis.com

축제 · 이벤트

© Photo Les Vacances 2007

[관광객이 많이 몰리는 곳에서는 언제나 크고 작은 이벤트가 벌어진다.]

월별 주요 축제 · 이벤트

1월

파리 오트 쿠튀르 Paris Haute Couture

15구 포르트 드 베르사유 엑스포 전시장에서 열린다. 수백 명의 디자이너들이 참여하는 패션쇼로, 향후 6개월 간의 패션 경향을 살펴볼 수 있다.

- www.modeaparis.com

2월

자칫 우울해지기 쉬운 2월 파리 곳곳에서 특별 전시회 및 특별 콘서트가 벌어진다. 신문 판매대 등에서 구입할 수 있는 저렴한 공연 정보지 〈로피씨엘 데 스펙타클 L'Officiel des Spectacles〉과 〈파리스코프Pariscope〉를 참조하면 자세한 공연 정보들을 얻을 수 있다(매주 수요일에 발매되는 공연, 영화 정보지).

국제 농업 박람회 Salon International de l'Argiculture

2월 말에 포르트 드 베르사유Porte de Versailles 에서 열린다.

- www.salon-agriculture.com

3월

파리 펀페어 Foire du Trône

뱅센느 숲에 자리하고 있는 거대한 놀이공원, 푸아르 뒤 트론느Foire du Trône에서 축제가 벌어진다. 이 축제의 기원은 957년경으로 거슬러 올라가는데, 당시는 상인과 농장주 간에 본격적으로 물물교환이 이루어졌던 때이다(곡식과 포도주). 이를 기리기 위해 매해 행사가 펼쳐진다. 놀이공원 입장 시간은 일 12:00~01:00, 월~목 14:00~ 24:00, 금~토 14:00~01:00이다.

- ☎ (02)4627-5229

4월

파리 국제 마라톤 대회 Marathon de Paris

4월 초 샹젤리제 가에서 시작하여 포쉬 가까지 대략 2시간 30분 정도 걸리는 마라톤 코스를 달린다.

음악 분수 Grandes Eaux Musicales

4~10월 초까지 베르사유 궁전에서 펼쳐진다. 음악회는 왕정기의 복고적인 분위기를 연출해내기 위해 기획된 것으로, 프랑스 출신의 유명 작곡가들(쿠프랭, 샤르팡티에, 륄리)을 비롯하여 하이든, 모차르트 등의 음악이 연주된다. 음악이 연주되는 동안 궁전 내 모든 분수가 가동된다. 특히 넵튠 분수 앞에 서서 아름다운 궁전의 외관과 음악을 함께 감상해 보자. 매주 일요일 11:15~17:30 사이에는 라이브 공연이 펼쳐진다.

- ☎ (01)3083-7889 • www.chateauversaillespectacles.fr

5월

승전 기념일 축제

5월 초에 파리 곳곳에서 펼쳐진다. 1945년 5월 7일 독일 나치로부터 조건부 항복을 받아낸 것을 기념하기 위한 날이다. 샹젤리제 가에서 퍼레이드 행렬이 기획되고, 프랑스 렝스에서도 각종 행사가 펼쳐진다.

파리 장애물 경마 대회 Grand Steeplechase de Paris

파리 이포드롬므 도테이유Hippodrome d'Auteuil(오테이유 경기장)에서 열리는 이 행사는 험난한 코스와 엄청난 상금으로 유명한 경마 대회이다. 전 세계 경주마들이 참가할 수 있다. 대회 시작 전 웅장한 마차 행렬도 인기 있는 볼거리이다.

- www.france-galop.com

롤랑 가로스 프랑스 오픈 테니스
Tournoi de Roland Garros(The French Open)

5월 말~6월 초에 롤랑 가로스 테니스 경기장에서 펼쳐진다.

- ☎ (01)4743-4800 • www.frenchopen.org

6월

경마 대회 Courses de Galop

6월 첫째 주에는 프리 뒤 조키 클럽Prix du Jockey Club, 6월 둘째 주에는 프리 디안느 에르메스Prix Diane-Hermès 경마 대회가 파리 근교 샹티이 경마장에서 벌어진다. 경기가 벌어지는 날이면, 파리 북역에서 샹티이로 가는 기차가 증편된다.

- www.france-galop.com

파리 에어쇼
Salon International de l'Aeronautique et de l'Espace

6월 중순경 파리 도심에서 약 13km 떨어진 지점에 위치하고 있는 르 부르제Le Bourget 공항에서 펼쳐지며 격년제로 홀수년도에 개최된다.

- www.paris-air-show.com

쇼팽 축제 Festival Chopin

6월 중순~7월 중순까지 베르사유 궁에 자리하고 있는 오랑주리 뒤 파크 드 바가텔 Orangerie du Parc de Bagatelle에서 쇼팽을 기리는 음악회가 벌어진다.

- ☎ (01)4500-2219

음악 축제 Fête de la Musique

6월 말경 파리 시내 곳곳에서 음악 축제가 벌어진다. 러시아 민속 음악에서 쿠바의 살사에 이르기까지 다양한 장르의 음악을 들을 수 있다. 개방된 공간이라면 어느 곳에서든 음악 공연이 펼쳐지고, 바스티유 광장, 공화국 광장, 라 빌레트, 카르티에 라탱 등의 구역에서는 보다 더 활발한 연주를 관람할 수 있다. 파리 전역에 걸쳐 팝 에서 클래식까지 모든 종류의 음악이 공연된다. 형식도 길거리 축제에서 오페라 홀 에서의 공연까지 다양하다. 1990년대에 생긴 새로운 축제다.

- www.fetedelamusique.culture.fr

카페 갸르송들의 경주 Course des Garçons de Café

6월 마지막 주 일요일이나, 7월 첫째 주 일요일에 파리에서 벌어지는 독특한 경주 가운데 하나. 파리 시내 카페, 식당의 갸르송들이 무거운 쟁반을 들고, 파리 시청 앞에서 8km에 이르는 거리를 달리는 경주이다.

게이 페스티벌 Gay Pride

공화국 광장에서 바스티유 광장까지 게이들의 퍼레이드 공연이 펼쳐진다(뉴욕과 샌프란시스코에서도 비슷한 성격의 게이 퍼레이드가 펼쳐진다). 퍼레이드 공연에 뒤이어, 베르시Palais de Bercy에서 춤 축제가 벌어진다.

- www.gaypride.fr

7월

투르 드 프랑스(프랑스 일주 사이클 대회) Tour de France

사이클 대회로 매년 7월 프랑스에서 개최된다. 프랑스 전역을 돌아, 3주간의 장정을 끝낸 선수들은 마지막 코스인 샹젤리제로 개선한다. 이때 많은 관중들이 결승선에서 열광적으로 환호하며 3주간의 장정을 끝내는 선수들의 모습을 지켜보러 나온다.

- ☎ (01)4133-1500 • www.letour.fr

프랑스 혁명 기념일 Fête de la Bastille

7월 14일은 프랑스 혁명 기념일로, 샹젤리제 가에서 군사 퍼레이드가, 몽마르트르에서는 불꽃놀이가 펼쳐진다. 파리를 비롯해 프랑스의 가장 큰 축일이다.

파리 카르티에 데테 Paris Quartier d'Été

7월 중순에서 8월 중순 사이 4주간 카르티에 라탱 인근에서 팝 오케스트라 공연이 펼쳐진다. 뤼테스 경기장이나 혹은 소르본느 대학 쿠르 도뇌르Cour d'Honneur 공연상 수변에서는 연극, 재즈 공연이 멀어지고, 튈르리 정원에서는 퍼레이드 행렬을 구경할 수 있다.

- ☎ (01)4494-9800 • www.quartierdete.com

8월

프레타 포르테(국제 기성복 패션 쇼)
Salon International de Prêt à Porter

8월 말~9월 초 사이에 15구 포르트 드 베르사유 엑스포 전시장에서 열린다. 1월에 펼쳐지는 오트 쿠튀르 패션쇼와 비슷하다. 돌아올 봄에 유행하게 될 패션을 미리 감상할 수 있다.

- ☎ (01)4266-6444 • www.modeaparis.com

라 빌레트 재즈 페스티벌 La Villette Jazz Festival
파격적이고 실험적인 형식의 재즈 음악을 위주로 선보이는 음악 행사로 라 빌레트 공원에서 펼쳐진다.

© Photo Les Vacances 2007

[밤이 되면 환한 불빛을 밝히는 샹젤리제 가. 혁명 기념일에 군사 퍼레이드가 열리는 곳이자, 투르 드 프랑스의 종착점이기도 하다.]

9월

골동품 비엔날레 Biennale des Antiquaires
2년에 한 번, 대개 9월 셋째 주 경에 펼쳐지는 골동품 상인들과 애호가들의 축제. 고가구와 오래된 예술품들이 전시된다.

- ☎ (01)4451-7474 • www.biennaledesantiquaires.com

파리의 가을 축제 Festival d'Automne
1972년에 시작된 파리 가을 축제는 음악, 무용, 전시, 영화 등을 다루는 프랑스 최고 권위의 종합 예술제다. 9월 중순~12월까지 이어지며, 파리 전역에 자리하고 있는 갤러리, 성당, 콘서트 홀, 공연장, 공원에서 각종 행사들이 기획된다.

- ☎ (01)5345-1700 • www.festival-automne.com

10월

JVC 재즈 페스티벌 JVC Jazz Festival

1984년 처음 시작된 축제로 매년 가을 바타클링, 시갈, 올랭피아 등 유명 행사장에서 다양한 재즈 공연이 펼쳐진다.

• www.looproductions.com

국제 현대 예술 박람회 FIAC
(Foire Internationale d'Art Contemporain)

매년 10월 예술가와 미술 관계자, 미술품 수집가들이 모두 참석하는 세계적인 규모의 현대 예술 박람회다.

• www.fiacparis.com

11월

보졸레 누보 Beaujolais Nouveau 시판

11월 셋째 주 목요일, 부르고뉴 지방의 햇 포도주인 보졸레 누보 약 620만 병이 프랑스 전역의 카페와 슈퍼마켓은 물론, 비행기로 수송되어 전 세계에서 동시에 판매된다.

국제 사진 박람회 Paris Photo Fair

루브르 박물관의 카루젤에서 열리는 행사로 국제적으로 명성있는 사진 박람회 중 하나이다. 전 세계 일류 사진 작품들이 한 자리에 모인다.

• www.parisphoto.fr

12월

해양 선박전 Salon Nautique de Paris

12월 초 15구에 위치한 포르트 드 베르사유 엑스포 선시상에서 진행되는 해상 운송수단에 관한 전시회이다.

• www.salonnautiqueparis.com

생 실베스트르 축일 Fête de St. Sylvestre

12월 31일, 소르본느 대학 인근 카르티에 라탱 지역에서 자정이 되어 새해를 알리는 종이 울리면, 생 미셸 가와 샹젤리제 가에는 새해를 축하하기 위해 몰려나온 인파들로 북적거린다. 이날만큼은 모르는 사람과도 새해를 축하하는 가벼운 키스를 나눈다.

∗ 파리를 비롯한 세계 각 국가, 도시의 최신 뉴스 및 이벤트 정보 ⇨ 레 바캉스 웹사이트 참조

실용정보

[자전거를 타고 파리 구석구석을 돌아보는 자전거 투어]

긴급 상황 발생 시 연락처

긴급 전화

주화나 전화카드 없이 통화할 수 있는 번호다.

SAMU(의료/앰뷸런스 서비스) ☎ 15
경찰 ☎ 17
소방서 ☎ 18
여러 언어를 사용하는 유럽 긴급 전화 ☎ 115
성폭행 긴급 전화 ☎ 0800-059-595

SOS

파리 지역의 긴급 전화는 ☎ (01)4723-8080이고 매일 03:00~23:00 사이 연결

가능하다. 자원봉사 직원은 모두 영어가 가능한 사람들이다. 현장에서 일어나는 사건 처리, 병원 후송과 정신과 상담을 해 주기도 하며 SOS Médecins과 SOS Dentaire 의 자매 기관으로 연결해 주기도 한다. 긴급한 용건이 아닌 경우에도 실질적인 정보를 제공받을 수 있다.

긴급 의료 (병원, 약국)

병원 응급실

■ Hôpital d'Instruction des Armées du Val de Grâce
- 74, boulevard Port Royal 75005 • ☎ (01)4051-4000
■ Centre Hospitalier Sainte-Anne
- 1, rue Cabanis 75014 • ☎ (01)4412-3786
■ Hôpital Saint-Vincent de Paul
- 82, avenue Denfert Rochereau 75014 • ☎ (01)4048-8111
■ Hôpital Robert Debré
- 48, boulevard Sérurier 75019 • ☎ (01)4003-2000

약국

24시간 운영하는 몇 곳을 제외하고 보통 08:00~20:00 사이에 문을 연다.

■ Pharma Presto
- ☎ (01)4242-4250 • 24시간 근무
■ Pharmacies des Halles
- 10, boulevard de Sébastopol • ☎ (01)4272-0323 • 지하철 Châtelet 역
■ Dérhy / Pharmacie des Champs
- 84, avenue des Champs-Élysées • ☎ (01)4562-0241
- 지하철 George 역 • 24시간 근무
■ Matignon
- 2, rue Jean Mermoz • ☎ (01)4562-7916 • 지하철 Franklin Roosevelt 역
- 매일 08:30~02:00
■ Pharmacie Européenne de la Place de Clichy
- 6, place de Clichy • ☎ (01)4282-9104 • 지하철 Place de Clichy 역
- 24시간 근무

치아 관련 응급 사항 발생시

■ S.O.S Dentaire
- 87, boulevard du Port-Royal • ☎ (01)4337-5100 • 지하철 Port-Royal 역

SAMU

☎ 15(파리 이외의 지역에서는 ☎ (01)4567-5050)로 전화를 걸면, 24시간 대기하는 긴급 의료 서비스 직원이 전화를 받고 개인 앰뷸런스를 출동시킨다. 특정 병원을 언급하지 않으면, 무조건 가까운 병원으로 가는 것이 보통이다. 심각한 상황이 아니라면, SAMU 의사가 왕진을 하기도 한다.

간선도로 응급 상황

밝은 주황색의 긴급 전화기가 주요 간선도로에는 4km마다, 고속도로에는 1.5~2km마다 설치되어 있다.

신용카드 분실 시

아메리칸 익스프레스 American Express ☎ (01)4777-7000
마스터 카드 Master Card ☎ 0800-90-1387
비자 카드 Visa Card ☎ 0800-90-1179
다이너스 클럽 Diners Club ☎ 0810-314-159

신용카드 분실 시에는 현지의 카드 회사뿐 아니라 한국의 카드 발급처와 가족들에게 연락을 취해 이중으로 도난 및 분실 신고를 하는 것이 안전하다.

[CHECK]

카드사별 한국 연락처
■ 아메리칸 익스프레스 American Express
• ☎ 1588-8300 • www.americanexpress.co.kr
■ 마스터 카드 Master Card
• ☎ (02)398-2200 • www.mastercard.com/kr
■ 비자 카드 Visa Card
• ☎ 00798-11-908-8212 • www.visa-asia.com
■ 다이너스 클럽 Diners Club
• ☎ 1577-6200 • www.dinersclub.com

외교통상부 영사콜센터

해외에서 발생한 사고 신고 및 접수 등을 위해 24시간 비상 체제로 운영한다.
• ☎ 국제전화 접속번호 + 800-2100-0404(무료) / 800-3210-0404(유료)
• www.0404.go.kr

대사관 연락처

주한 프랑스 대사관

- 서울시 서대문구 합동 30번지 • ☎ (02)3149-4300 / F (02)3149-4310
- www.ambafrance-kr.org • 지하철 충정로역(3번 출구)

파리 주재 대한민국 대사관

- 125, rue de Grenelle 75007 • ☎ (01)4753-0101 / F (01)4753-0041
- 지하철 Varenne 역 • 월~금요일 09:30~12:30, 14:30~18:00

＊ 기타 '해외 주재 프랑스 대사관' 및 '프랑스 주재 해외 대사관'에 대한 정보
  ⇨ 레 바캉스 웹사이트 참조

관광안내소

주요 관광안내소는 아래 리스트를 참조한다. 길거리의 전자 게시판을 이용할 수도 있으며, 최신 전시회와 기타 문화 관련 정보는 잡지 〈Pariscope〉(www.pariscope. fr)와 〈L'Officiel des Spectacles〉를 참조하도록 한다.

중앙 관광안내소

- 25, rue de Pyramides 75001 • ☎ 0892-683-000 • www.parisinfo.com
- 지하철 Pyramides 역 • 6~10월 매일 09:00~19:00, 11~5월 월~토 10:00~ 19:00, 일요일 및 공휴일 11:00~19:00

지점별 관광안내소

리옹 역 지점
- ☎ 0892-683-000 • 지하철 Gare de Lyon 역 • 매일 08:00~18:00

루브르 지점
- Carrousel du Louvre, 99, rue de Rivoli 75001(튈르리 정원 동쪽 끝, 리볼리 가에 자리한다.) • ☎ 0892-683-000
- 지하철 Palais Royal-Musée du Louvre 역 • 매일 10:00~18:00
- 일 드 프랑스 지방에서 펼쳐지는 각종 행사와 공연 정보를 얻을 수 있다. 인터넷 이용도 가능하다.

북역 지점

- 18, rue de Dunkerque · ☎ 0892-683-000
- 지하철 Gare de Nord 역 · 매일 08:00~18:00

몽마르트르 지점

- 21, place du Tertre 75018 · ☎ 0892-683-000
- 지하철 Abbesses 혹은 Anvers 역 · 매일 10:00~19:00

전화

국제전화

프랑스에서 한국으로 전화하기

00(국제전화 접속번호) + 82(한국 국가번호) + 0을 뺀 지역번호 + 상대방 전화번호

■ 콜렉트 콜 (수신자 부담)

- KT ☎ 080-099-0082
- 데이콤 ☎ 080-099-0182

한국에서 프랑스로 전화하기

국제전화 접속번호 + 33(프랑스 국가번호) + 0을 뺀 지역번호 + 상대방 전화번호

공중전화

공중전화기는 지하철역이나, 버스 정류장, 카페, 번화가에서 찾기 쉽고 국내 및 국제전화 모두 가능하다. 파란 로고로 링벨Ring-Bell이라고 쓰여 있는 전화는 받을 수도 있다. 요즘은 동전 공중전화가 사라지고 대부분이 카드 식 공중전화로 교체되었다. 전화카드는 50위니테(8유로)와 120위니테(15유로)짜리가 있는데 1위니테Unité 는 파리 시내 1통화 기준이다. 전화카드는 담배 가게Tabac, 신문 가판대Kiosque, 노란 바탕에 깃털 펜이 그려진 'Presse' 간판이 달린 주택가 신문 가게, 우체국에서 구입할 수 있고 관광안내소에서도 구입할 수 있다. 50위니테 전화카드로는 한국까지 5분 정도 통화할 수 있고, 120위니테짜리 카드를 구입하면 10~15분 정도 통화할 수 있다.

신용카드로 전화를 걸 수 있는 공중전화도 많이 있다. 동전만 사용 가능한 공중전화는 카페, 바, 호텔 로비 등에서 찾을 수 있다. 수화기를 들고 동전을 넣은 후 다이얼을 누르면 된다. 프랑스 내의 전화는 시내전화건 장거리 전화건 간에, 10자리 숫

자를 누르도록 되어 있다. 0800, 0804, 0805, 0809로 시작하는 전화번호는 무료 전화이고, 그 밖에 08로 시작하는 번호들은 1분에 0.12~1.20유로의 프리미엄 요금 이 붙는다. 이동전화(불어로 텔레폰 포르타블Téléphone Portable)는 06으로 시작 한다.

[CHECK]

공중전화는 어떻게 사용하면 될까?
1. 액정판에 Décrocher(데크로셰) 사인이 떠 있으면 수화기를 든다.
2. 전화카드를 카드 투입구에 넣는다. 카드에 남아 있는 통화 가능 횟수(위니테 단위)가 표시된다.
3. Numéroter(뉘메로테)라는 글자가 뜨면 전화번호를 누른다.
4. 통화가 끝나면 수화기를 내려놓고 카드를 꺼내면 된다.

팩스

팩스는 주요 우체국과 복사 가게에서 이용할 수 있다. 팩스라고 해도 말은 통하나, 불어로는 텔레코피Télécopie라고 한다. 프랑스 내에서 팩스를 보내는 요금은 첫 장 이 대략 5유로, 둘째 장부터는 2유로 선이며, 한국으로 보내는 것은 더 비싸다.

인터넷

유스호스텔이나 호텔, 인터넷 카페 외에 파리 시내의 80개 우체국에서도 인터넷 접 속이 가능하다. 우체국에서 이용할 경우 1시간에 대략 10유로이며, 카드를 구입해야 한다(추가되는 시간에 대해서는 시간당 5유로 정도, 프린터 사용료 포함). 주중에는 09:00~21:00, 토요일에는 정오까지 이용 가능하다. 인터넷이 가능한 우체국 리스 트는 www.cyberpost.com를 참고하면 된다.

우편

우체국을 찾으려면 밝은 노랑 바탕에 푸른 제비 모양의 마크와 'La Poste' 사인을 찾으면 된다. 일반적인 우체국 업무시간은 월~금요일은 09:00~19:00, 토요일은 09:00~12:00이다. 그러나 지방에 따라 차이가 있어서 작은 마을의 경우에는 점심 시간보다 더 일찍 닫을 수도 있다. 반면 파리 중앙 우체국의 경우에는 24시간 이용 할 수도 있다.

우표는 타바Tabac라 불리는 담배가게에서도 구입할 수 있다. 국제 우편의 일반 요 금(20g 이하)은 1유로 이하로 예상하면 된다. 대부분의 우체국에는 노란색의 자동 우표 발행기가 있어서 서한이나 소포 무게를 재고 그 무게에 해당하는 우표를 구입할 수 있도록 되어 있다. 작동법은 영어로 설명되어 있어 그다지 어렵지 않으나, 이 것이 어렵다면 직접 창구에서 구입하도록 한다. 담당 직원에게 보낼 서한이나 소포 를 주고, 보내고자 하는 도시가 서울이라면 "뿌르 세울, 코레 뒤 쉬드. Pour Séoul, Corée du Sud."라고 말하면 된다. 이외에도 우체국에서 미니텔, 환전, 복사, 팩스, 전화 등의 서비스도 가능하다. 별 4개 이상의 호텔에서는 프런트에서 우편물을 대 신 발송해 준다.

파리의 우체국

[노랑 바탕에 푸른 제비 모양이 있는 것이 우체국 마크다.]

파리의 우체국들은 대개가 주중에는 08:00~19:00, 토요일에는 정오까지 근무한다. 우표는 담배가게나 우체국에서 구입하면 된다.

중앙 우체국

- 52, rue du Louvre • ☎ (01)4028-2000 • 지하철 Sentier 혹은 Les Halles 역
- 24시간 근무(우편 발송, 전보, 국내 팩스 발송, 우편물 회수 가능, 환전 및 기타 서비스는 정규 근무 시간에만 가능)
- 우표 자동 발행기에서 우표를 샀다면, 우체통의 오른쪽 투입구, '프로방스 에 에 트랑제Province et Etranger'(지방과 해외 우편)라고 적힌 쪽에 우편물을 넣으 면 된다.

샹젤리제 우체국

- 71, avenue des Champs-Élysées 75008 • ☎ (01)5389-0508

- 지하철 George V 역
- 주중 08:00~19:30, 토 10:00~19:00(우편 발송, 전보, 팩스, 환전 서비스)

환전 · 은행

화폐 단위 – 유로 (€)

유로 지폐는 5유로부터 10, 20, 50, 100, 200, 그리고 500유로가 있으며 이 7가지의 지폐 양면은 12개국이 모두 동일한 디자인을 사용하게 된다. 동전은 1상팀 1Centime을 비롯해 2, 5, 10, 20, 50상팀과 1유로, 그리고 2유로짜리가 있으며 이 8가지 동전의 앞면은 12개국이 모두 동일하지만 뒷면은 나라별로 각각 다른 디자인을 사용한다. 참고로 2002년 유로화(€)가 도입되기 전까지 프랑스 화폐 단위는 프랑(Fr)이었다.

＊ 환율 : 1유로 = 한화 약 1,260원 (2007년 9월 기준)
＊ 세계 각국의 '환율 조회' 및 다른 국가 통화로의 '환율 변환' ⇨ 레 바캉스 웹사이트 참조

신용카드

신용카드와 직불카드는 거의 모든 상점에서 사용 가능하지만, 상점의 창에 붙은 스티커를 확인해야 한다. 비자Visa는 카르트 블루Carte Bleue(파란 카드라는 뜻)로 불리며 가장 많이 사용되고 있다. 마스터 카드는 유로 카드라고 불리우기도 하며, 아메리칸 익스프레스 카드도 비자나 마스터 카드만큼은 아니지만 많이 쓰인다. 먼저 묵을 호텔이나 유스호스텔이 소지한 카드로 결제되는지를 확인하자. 신용카드로 은행과 현금 인출기에서 현금 서비스를 받을 수도 있다. 수수료는 국내의 수수료보다 훨씬 비싸다는 것을 염두에 두어야 한다. 모든 현금 인출기는 불어나 영어로 안내되며 비자 카드의 경우에는 우체국에서 현금 서비스를 받을 수 있다. 직불카드도 현금 인출기나 비자 카드 마크, 'EDC' 사인이 있는 상점에서 사용 가능하다. 참고로 신용카드로 현금 인출 시 매번 수수료가 붙기 때문에 소액을 자주 인출하기보다는 한번에 많은 현금을 인출하는 것이 유리하다.

현금 인출기

대부분의 은행들이 24시간 현금 인출기를 운영하고 있다. 'Visa', 'Master' 등 해외용 신용카드는 제휴사의 마크가 붙어 있는 현금 인출기에서 예금 잔액 범위 내로 출금이 가능하다.

해외 이용은 외국환 관리 규정에 의거하여, 신용한도 및 예금 잔액 범위 내 이용을 합하여 월간 사용 제한이 있음을 유의하여야 한다. 따라서 해외 여행을 하기 전에 자신의 거래은행과 신용카드 발급처를 통하여 자신의 신용카드 사용한도 범위와 유럽 현지에서 인출 가능한 현금 규모를 미리 확인하는 것이 좋다. 또한 현금 인출기를 제대로 활용하기 위해서는 출국하기 전 개인비밀번호PIN를 잘 확인하도록 한다.

[CHECK]

현금 인출기 사용 시 유의할 점

유럽에서 발급된 대부분의 신용카드는 현금 인출기 사용 시 4자리 숫자의 비밀번호를 입력해야 한다. 하지만 몇몇 유럽 지역의 일부 인출기는 신용카드의 비밀번호 조회 없이 현금 인출이 되는 경우도 많다. 신용카드는 숙소는 물론 그 어느 곳에도 함부로 두어서는 안 되며 항상 소지하고 다녀야 한다. 식당, 역, 현지 여행사 등에서의 신용카드 사용 시에는 카드를 건네준 이후에 한눈을 팔지 않도록 한다. 현금 인출기를 사용할 때에는 주위에 수상한 사람은 없는지 잘 살피도록 한다. 주위에 아무도 없다가 비밀번호를 입력할 때에 갑자기 사람이 나타날 수도 있으니 주의한다. 또한 현금 인출기 사용 시 나오는 영수증에는 14자리의 카드번호가 고스란히 남기 때문에 함부로 버리지 않도록 한다.

대부분의 인출기는 비밀번호 입력이 3번 틀리면 기계가 자동으로 신용카드를 삼켜버린다. 평소 잘 알던 비밀번호라도 인출기 주위에 사람이 많을 때, 혹은 소매치기가 많은 관광 명소에 있는 인출기를 사용할 때 등 긴장하거나 당황하면 간혹 이런 실수를 하는 경우가 많다.

신용카드 분실 시 필수적으로 알아야 할 16자리의 카드번호는 다른 곳에 메모해 두는 것이 좋다. 신용카드 분실 시 연락해야 할 전화번호와 한국의 연락처 등의 정보도 별도로 메모해 두도록 한다. 여권과 신용카드를 하나의 가방이나 지갑에 함께 소지하는 것은 위험하니 분산해 보관하는 것이 좋다.

은행과 환전소

은행 영업시간은 월~금요일 09:00~16:00이다. 은행에 따라서는 점심시간에 잠시 문을 닫기도 하고(12:30~14:00/14:30), 일부 은행은 토요일에 근무하고(09:00~12:00) 월요일에 쉬기도 한다. 일요일과 공휴일은 휴무다.

환율 및 수수료는 은행마다 다르므로 최소 두 군데 이상 가 보는 것이 좋다. 일반적으로 여행자수표에는 1~2%의 수수료가 붙고, 현금 환전은 균일 요금이 붙는다. 수수료를 받지 않는 은행이라고 다 좋은 것은 아니다. 이런 은행들은 종종 환율을 임의로 조정하는 경우가 있으므로 유의하도록 한다.

환전소Bureaux de Change(흔히 Change로만 표기)는 공항과 주요 도시의 기차역에 있고, 파리 같은 큰 도시의 번화가에서는 쉽게 찾을 수 있다. 환전소는 은행보다는 늦게까지 영업하며, 공항, 기차역, 환전소에는 자동 환전기기가 설치되어 있다. 파리 시내에서 환전을 할 경우에는 파리 오페라 인근의 스크립 가Rue Scribe와 오스만 가Boulevard Haussemann에 위치한 환전소들이 환율이 높은 편이므로, 가능하면 이 지역에서 환전하는 것이 좋다. 백화점과 은행의 환율은 낮은 편이며, 공항 내 환전소는 최저 환율 즉, 관광객에게 가장 불리한 환율을 적용한다는 사실을 잊어서는 안 된다. 현지 유로가 단 한 푼도 없이 파리에 도착해, 당장 공항버스나 택시로 시내 진입을 해야 하는 경우에는 일단 50유로 정도만 환전할 것을 권한다.

여행자수표 Chèque de Voyage

여행자수표는 여행 중 가장 안전하게 돈을 소지하는 방법이다. 전 세계적으로 주요 은행 어디서나 구할 수 있고, 아메리칸 익스프레스나 토마스 쿡 사무소에서도 구할 수 있다. 사용 요금에서 1%의 서비스 요금이 붙고, 은행에선 더 많은 수수료가 붙지만 일정한 자격 요건에 해당하는 사람에게는 무료인 곳도 있다. 비자, 토마스 쿡, 아메리칸 익스프레스에서 발행한 여행자수표가 가장 많이 유통되며, 어느 은행에서나 환전이 가능하다. 아메리칸 익스프레스와 토마스 쿡 사무소는 오페라 근교에 있고, 아메리칸 익스프레스 여행자수표는 우체국에서도 환전할 수 있다. 여행자수표 양쪽에 모두 서명하였거나, 서명하지 않은 상태로 분실하였을 경우에는 환급받을 수 없으므로 발급 즉시 정해진 한 곳에 서명해야 한다. 여행자수표에는 서명란이 두 개 있는데, 한 곳은 발급 즉시 서명하는 란, 다른 곳은 수취인 앞에서 서명하는 란이다.

시차

파리는 그리니치 표준시보다 1시간 빠르다. 서울보다 8시간 늦는 셈이다. 서머타임이 적용되는 3월 말~10월 말 사이에는 시차가 한 시간 줄어 7시간이다. 영국과는 1시간 시차가 있고, 독일, 스위스, 이탈리아 등과의 시차는 없다.

전압

파리의 전압은 220V, 50Hz에 플러그 핀이 2개이다. 우리나라 가전제품을 가져가서 그대로 사용할 수 있다. 단 우리나라 제품 중에 60Hz로 되어 있는 것은 50Hz로 바꿔주어야 한다.

화장실

'슈퍼루Superloos'라는 이름의 무료 간이 화장실이 파리 시내 12곳에 설치되어 있는데, 06:00~22:00까지 이용 가능하다. 그 외에 대부분의 공중화장실은 유료이며, 요금은 0.5~1유로 정도이다. 박물관, 미술관이나 카페, 레스토랑 이용 시 화장실에 다녀오는 것도 방법이다. 기차역이나 큰 공원 등 공공 장소에서도 화장실 앞에서 요금을 받는 사람을 볼 수 있다.

VAT 환급 절차

프랑스에서는 대부분의 재화와 용역에 대해 19.6%의 부가가치세를 부과하고 있다. 그러나 비 유럽연합 국민들은 한 상점에서 175유로 이상을 지출한 경우는 3개월 이내에 부가가치세를 환급받을 수 있다. 환급을 받으려면 우선 상품을 구입할 때 환급증명서를 받아둔다. 그리고 출국 시 공항 세관에서, 구입한 상품을 제시하고 환급증명서에 확인 도장을 받는다. 이후 공항 내의 환급 창구에서 바로 환급받거나, 우편을 이용해 해당 상품을 구입한 상점에 환급증명서를 발송하고 환급을 기다리면 된다. 그러나 프랑스에서 바로 한국으로 가는 것이 아니고 다른 유럽 국가를 돌아볼 예정이라면 한국으로 가는 비행기를 타는 최종 공항에서 이런 절차를 밟아야 한다. 부가가치세 환급 혜택을 받을 수 있는 상점 앞에는 스티커로 'Tax Free for Tourists'라고 표기되어 있다.

＊ 자세한 'VAT 환급 절차' 및 '환급 시 주의사항' ⇨ 레 바캉스 웹사이트 참조

영업시간

일반적으로 상점의 영업시간은 08:00/09:00∼12:00/13:00, 14:00/15:00∼18:30/19:30이다. 상점이나 관광안내소, 박물관 등의 근무시간은 7, 8월은 하루 종일이지만 7, 8월을 제외한 다른 시기는 정오에 한두 시간 근무를 하지 않는다. 작은 식료품점은 오후 서너 시가 되어야 다시 영업하여 19:30이나 20:00, 또는 저녁식사 바로 전까지만 영업한다.

파리의 상점들(백화점도 포함)은 매주 목요일에는 21:00까지 연장 영업을 한다. 기본적인 휴무일은 일요일 또는 월요일이다. 상점은 주변 상점과 교대로 휴업한다. 일요일에 영업한 제과점은 월요일에는 오전에만 영업한다. 은행은 월∼금요일(혹은 화∼토요일) 09:00∼16:00까지이며, 때문에 많은 관광객들이 영업 외 시간에 호텔에서 높은 수수료를 내고 환전하는 경우가 많다. 박물관은 09:00/10:00∼17:00/18:00 사이가 개관시간이고, 12:00∼14:00/15:00 사이는 점심시간이다. 휴관일은 주로 월요일이나 화요일이고 이틀 모두 휴관하는 곳도 있다. 대부분의 국립 박물관은 학생(ISIC 카드 소지해야 함)이거나 26세 미만, 또는 60세 이상일 경우 할인된다. 성당은 거의 매일 개방되어 있다.

공휴일

공휴일에는 대부분의 상점과 박물관이 문을 닫는다. 그러나 레스토랑은 영업하는 곳이 많다. 5월에는 특히 국경일이 많으므로 여행 시에 주의하도록 한다.

*는 매년 날짜가 바뀜

1월 1일	새해 첫날 Jour de l'An
3~4월	부활절 Pâque.* 춘분 후 만월(음력 15일) 다음 첫 일요일
5월 1일	근로자의 날(노동절) Fête de Travail
5월 8일	2차대전 승전기념일 Victoire 1945
부활절 후 40일	예수 승천일 Ascencion*
부활절 후 7번째 주일	성령강림일 Pentecôte*
7월 14일	혁명 기념일 Fête Nationale
8월 15일	성모 승천 대축일 Assomption
11월 1일	만성절 Toussaint
11월 11일	1차대전 종전기념일 Armistice
12월 25일	크리스마스 Noël

사 회

[카페는 파리 사람들에게 일상의 공간이다.]

프랑스의 언어

프랑스 어는 라틴 어에서 파생된 언어다. 프랑스 어는 같은 라틴 어에서 파생된 이탈리아 어, 스페인 어, 포르투갈 어, 루마니아 어 등과 함께 로망스 어군을 이룬다. 프랑스 어는 프랑스와 모나코의 공식 언어인 동시에 벨기에, 스위스, 룩셈부르크 등의 유럽 지역과 북미의 캐나다에서 쓰이고 있다. 그리고 라틴 아메리카의 아이티, 기아나, 북아프리카의 마그레브 지역, 중부 아프리카의 가봉, 세네갈, 코트디부아르 등지에서도 사용되고 있다. 뿐만 아니라 19세기부터 가속화된 식민지 정복 정책으로 한때 인도차이나 반도에서까지 프랑스 어가 사용되기도 했다.

프랑스 어는 프랑스가 유럽에서 차지하고 있던 국제적, 문화적 위상에 따라 르네상스 이후 궁정의 외교 및 사교 언어로서 자리를 지켜왔다. 모든 왕족과 귀족들은 프랑스 어 교습을 받았으며 프랑스어를 비교적 자유롭게 읽고 쓸 줄 알아야만 했다. 지금도 국제연합이나 각종 국제 기구에서 영어 다음으로 많이 쓰이고 있다. 18세기 독일의 궁정 생활어였고, 18세기에서 19세기 초엽까지는 러시아 지식계급인 인텔리

겐차의 통용어이기도 하였다. 도스토예프스키 등 러시아 작가들의 작품에 프랑스 어가 자주 등장하는 이유가 여기에 있다. 18세기 유럽을 편력했던 이탈리아의 카사 노바가 자서전을 프랑스 어로 썼다는 사실은 당시 프랑스 어의 국제적 위상을 잘 일러주는 대표적 사례다.

17세기에서 20세기 초엽까지 이렇게 프랑스 어가 유럽 전역에서 국제어로 통용될 수 있었던 것은 정치적인 이유에서뿐만 아니라 프랑스 어 자체의 장점에서 찾아보아야 할 것이다. 프랑스 어의 가장 뚜렷한 특성으로 많은 이들이 발음과 표현의 명석함을 들고 있다. 그리고 프랑스 어를 옹호하고 지키려고 하는 의지 역시 한몫했을 것이다. 적지 않은 이들이 프랑스 어와 영어의 어휘가 유사하다는 것에 놀라움을 나타내곤 한다. 실제로 두 언어의 어휘는 대략 75% 정도가 동일하다. 타블르Table는 영어로 테이블이고 나시옹Nation은 네이션이다. 관념이나 감정을 나타내는 말도 유사하기는 마찬가지여서, 영어로 이모션은 프랑스 어로는 에모시옹Émotion이고 익스피어런스는 엑스페리앙스Expérience다. 이 놀라운 유사성에는 이유가 있다.

9세기경부터 프랑스 북부 지방은 약탈을 일삼던 노르만 인들 때문에 시달림을 당했다. 프랑스 왕은 마침내 대항을 포기하고 그들에게 영토의 일부를 할애하며 아예 정착해서 살도록 배려했다. 이 북부 지방이 오늘날 노르망디로 불리는 땅이다. 켈트족이었던 노르만 족은 상급 문화를 가지고 있던 프랑스의 말과 문물에 동화되어 갔고 1066년에는 노르망디 공의 지휘 하에 영국을 정복한다. 이후 영국의 조정이나 귀족 사이에서는 물론, 일반 서민들까지도 이들 노르만 인이 사용하던 프랑스 어를 쓰게 되었고, 그로부터 약 300년 동안 영국인들은 게르만 어의 일종이었던 고유의 언어 대신 프랑스 어를 쓰게 된다. 일반인은 물론이고 의회나 법정, 그리고 행정 관서 등에서도 표현력과 어휘량에서 우수한 프랑스 어를 공용어로 사용하였다.

프랑스 어의 이러한 지위는 1362년, 백년전쟁 당시 영국측 주역이었던 에드워드 3세가 프랑스 어 사용 금지령을 내리면서 위기를 맞게 된다. 하지만 언어는 인간보다 생명이 질긴 법이었고 특히 행정이나 법률 용어의 경우 사용자의 권위와 직결되기 때문에 배척이 어려웠다. 법정에서는 18세기에 들어와서야 프랑스 어 사용이 금지된다. 따라서 무려 700년 간 계속해서 프랑스 어를 사용한 셈이다.

영국인들은 오랫동안 프랑스 어를 사용하는 과정에서 이 프랑스 어를 나름대로 영어식으로 개조해 본토의 프랑스 어와는 상당히 다른 흔히 앵글로노르밍 어를 만들어 놓았다. 이는 특별히 영국만의 현상은 아니다. 우리나라에 콩글리쉬가 있듯이 프랑스에들어와 프랑스 식으로 바뀐 영어를 프랑글레라고 한다. 현대 영어에서 거의 75%에 가깝게 프랑스 어와 유사한 단어들을 보게 되는 까닭이 바로 여기에 있는 것이다. 중앙 아메리카의 아이티 등에서 쓰이는 이른바 크레올 프랑스 어는 원주민어와 스페인어, 포르투갈 어 등이 뒤섞인 특수 언어를 형성하고 있다. 미국 루이지애나 주에서 쓰이는 프랑스 어도 약간 이질적이기는 하나 프랑스 어이고 캐나다에서 사용되는 프랑스 어 역시 영어가 섞여 약간의 차이는 있지만 이해하기 어려운 정도는 아니다. 지금 국제어로서의 프랑스 어는 제2차 세계대전 이후 급부상한 영어에 밀려 급격한 쇠퇴의 길을 걷고 있다. 하지만 아직도 여전히 UN이나 UNESCO 등 국제 기구나 국제 회의에서 프랑스 어는 영어 다음으로 사용 빈도 2위의 자리를 지키고 있다.

파리의 언론

〈르 몽드Le Monde〉, 〈르 피가로Le Figaro〉 등은 파리의 대표적인 일간지로 어디서나 쉽게 구입할 수 있다.

[잡지 및 신문 판매대인 키오스크. 관광 엽서나 지도도 구입할 수 있다.]

파리에 관한 소식을 알고 싶다면 일간지 〈르 파리지엥〉을 보는 것이 낫다. 세계적인 신문으로 국제 사건에 많은 지면을 할애하는 〈르 몽드〉나 우파 성향의 〈르 피가로〉지보다 대중적인 신문으로 파리지엥, 즉 파리 시민들을 위한 신문이기 때문이다.

전시회, 콘서트, 극장 등 문화 행사나 볼거리를 찾기 위해서는 〈파리스코프 Pariscope〉, 〈로피씨엘 데 스펙타클L'Officiel des Spectacles〉, 〈쥐방JUVEN〉 등을 사면 일주일 단위로 거의 모든 문화 행사들을 알아볼 수 있다. 이 세 잡지는 수요일에 발매된다. 지하철 등에서 무료로 나눠주는 무가지로는 〈메트로Métro〉와 〈20minutes〉가 있다. 신문이나 잡지는 키오스크라고 하는 판매대에서 살 수 있다. 길거리 어디를 가나 있으며 지하철역 안에도 있다. 키오스크에서는 관광 엽서나 간단한 지도도 살 수 있다.

파리의 한국인

한국인을 프랑스 어로 코레엥Coréen이라고 한다. 여성일 경우 코레엔느Coréenne 가 된다. 파리에는 코레엥들이 얼마나 살고 있을까? 파리에는 대략 8,000명 정도 의 한인들이 살고 있다. 하지만 이 중 교민이라고 부를 수 있는 한인은 약 15% 정 도밖에 되지 않으며 대부분은 유학생이나 상사 주재원들이다. 한인들이 진출해 있 는 주요 업종은 아직까지 프랑스를 찾는 한인 상대의 식당이나 여행사 등이 대부분 이다. 물론 갈수록 한불 교역이 늘어가는 추세여서 종합상사 등도 파리에 지사를 두고 있으며, 유명 언론사들도 모두 파리에 지국을 두고 있다. 특히 최근 들어 한인 2세들의 약진이 눈에 띄게 늘어나 한국인의 긍지를 높이고 있다. 2002년 한국인이 프랑스 사법 시험의 차석을 차지하기도 했고, 프랑스 수재들도 들어가기 힘들다는 명문 고등학교에도 다수의 한인 학생들이 입학해 있다. 요즈음은 거리에서도 한국 산 자동차들을 쉽게 볼 수 있으며 디자인이나 질 양면에서 유럽의 자동차들과 별 차이를 느낄 수 없을 정도다. 아직은 상대적으로 저렴하면서도 품질은 동급의 유럽 차를 능가하기 때문에 많은 프랑스 인들이 한국산 자동차를 선호하고 있다.

Talk

간단한 프랑스 어 회화

여행 중에 알아두면 좋을
프랑스 어 / 영어 표현

프랑스 어는 프랑스와 모나코의 공식 언어일 뿐 아니라
벨기에, 스위스 등의 유럽 지역 및 북미의 캐나다,
또한 아프리카 지역에서까지 쓰이고 있다.
여행에 도움이 될 만한 프랑스 어 표현을 소개한다.

일반적인 표현들

한국어	영어	프랑스 어
안녕하세요(아침, 점심인사).	Good morning(afternoon).	Bonjour. (봉쥬르.)
안녕하세요(저녁인사).	Good evening.	Bonsoir. (봉수아르.)
안녕히 가세요.	Goodbye.	Au revoir. (오 르부아르.)
안녕.	Hi.	Salut. (살뤼.)
수락할 때	O.K.	D'accord. (다코르.)
예.	Yes.	Oui. (위.)
아니오.	No.	Non. (농.)
어떻게 지내십니까?	How are you?	Comment allez-vous? (꼬멍 딸레 부?) Vous allez bien? (부 잘레 비앙?)
잘 되갑니까?	How's it going?	Comment ça va? (꼬멍 사바?)
남성 존칭	Sir / Mr.	Monsieur (므시유)
여성 존칭(기혼)	Madam / Mrs.	Madame (마담)
여성 존칭(미혼)	Miss	Mademoiselle (마드무아젤)
제발(청유)	Please	S'il vous plaît (실 부 플레)
고맙습니다.	Thank you.	Merci. (메르시.)
감사드립니다.	Thank you very much.	Merci beaucoup. (메르시 보쿠.)
죄송합니다.	I'm sorry.	Pardon. (파르동.)
실례합니다.	Excuse me.	Excusez-moi. (엑스큐제 무아.)
영어 하실 수 있습니까?	Do you speak English?	Parlez-vous anglais? (빠흘레 부 장글레?)
불어 못합니다.	I don't speak French.	Je ne parle pas français. (즈 느 빠흘르 빠 프랑세.)
무슨 말인지 모르겠습니다.	I don't understand.	Je ne comprends pas. (즈 느 꽁프렁 빠.)
조금 천천히 말씀해 주시겠습니까?	Speak more slowly, please.	Parlez plus lentement, s'il vous plaît. (빠흘레 플리 렁트멍, 실 부 플레.)

한국어	영어	프랑스 어
성함이 어떻게 되십니까?	What is your name?	Comment vous appelez-vous? (꼬멍 부 자플레 부?)
제 이름은 ~입니다.	My name is ~.	Je m'appelle~. (즈 마펠~.)
만나서 반갑습니다.	I'm pleased to meet you.	Enchanté(e). (엉셩테.)
나이가 어떻게 되십니까?	How old are you?	Quel âge avez-vous? (켈 아쥬 아베 부?)
~살입니다.	I'm ~ years old.	J'ai ~ ans. (제 ~ 엉.)
어디서 오셨습니까?	Where are you from?	De quell pays êtes-vous? (드 켈 페이 에트 부?)
한국에서 왔습니다.	I'm from Korea.	Je viens de Corée. (즈 비엥 드 코레.)

교통 (좌석 예약 · 기타 문의)

한국어	영어	프랑스 어
~에 가고 싶습니다.	I want to go to ~.	Je voudrais aller à ~. (즈 부드레 알레 아 ~.)
~로 가는 좌석을 예약하고 싶습니다.	I'd like to book a seat to ~.	Je voudrais réserver une place pour ~. (즈 부드레 헤제르베 윈느 플라스 뿌르 ~.)
비행기(버스, 인터시티 버스, 페리선, 기차)가 몇 시에 출발합니까 (도착합니까)?	What time does the aeroplane (bus, intercity, ferry, train) leave(arrive)?	A quelle heure part(arrive) l'avion(l'autobus, l'autocar, le ferry, le train)? (아 켈 뤄르 파르[아리브] 라비옹[로토뷔스, 로토꺄르, 르 페리, 르 트랭]?)
버스 정거장(지하철역, 기차역, 매표소)이 어디에 있습니까?	Where is the bus stop (metro station, train station, ticket office)?	Où est l'arrêt d'autobus (la station de métro, la gare, le guichet)? (우 에 라헤 도토뷔스[라 스타씨옹 드 메트로, 라 갸르, 르 기쉐]?)
편도 승차권 (왕복, 1등석, 2등석)으로 주십시오.	I'd like a one-way (return, 1st class, 2nd class) ticket.	Je voudrais un billet aller-simple (aller-retour, première classe, deuxième classe). (즈 부드레 엥 비이에 알레 샘플르[알레 르투르, 프르미에르 클라스, 두지엠므 클라스].)

한국어	영어	프랑스 어
소요 시간이 얼마나 걸립니까?	How long does the trip take?	Combien de temps dure le trajet? (콩비엥 드 텅 듀르 르 트라제?)
기차가 연착합니다 (정시에 도착합니다, 일찍 도착합니다).	The train is delayed(on time, early).	Le train est en retard (à l'heure, en avance). (르 트랑 에 텅 르타르 [아 뤄르, 언 아벙스].)
제가 기차를 환승해야 합니까?	Do I need to change trains?	Est-ce que je dois changer de train? (에스크 즈 두아 샹제 드 트랭?)
수화물 보관 로커	Left-luggage locker	Consigne automatique (콩시느 오토마티크)
플랫폼	Platform	Quai (케)
스케줄표	Timetable	Horaire (오레르)
자전거(자동차)를 렌탈하고 싶습니다.	I'd like to hire a bicycle (a car)?	Je voudrais louer un vélo(une voiture). (즈 부드레 루에 엥 벨로 [윈느 부아튀르].)
공항 도착층	Arrival	Niveau Arrivée (니보 아리베)
공항 출발층	Departure	Niveau Départ (니보 데파르)
입국 심사	Immigration	Contrôle des Passeports (콩트롤 데 파스포르)
수하물 찾는 곳	Baggage claim	Livraison de Bagages (리브레종 드 바가즈)
셔틀버스	Shuttle bus	Navcttc (나베트)
렌터카	Rental car	Voitures de location (부아튀르 드 로카씨옹)
엘리베이터	Elevator	Ascenseur (아썽쐬르)

솔페리노 교와 오르세 박물관

관광

한국어	영어	프랑스 어
은행 (환전소, 한국 대사관, 병원, ~호텔, 경찰서, 우체국, 공중 전화, 화장실, 관광안내소)을 찾고 있습니다.	I'm looking for a bank (exchange office, Korea embassy, hospital, ~Hotel, police station, public phone, toilet, visitors information centre).	Je cherche une banque (un bureau de change, l'Ambassade de Corée du sud, l'hôtel ~, la police, une cabine téléphonique, les toilettes, l'office de tourisme). (즈 쉐르슈 윈느 벙끄[엥 뷰로 드 셩 즈, 렁바사드 드 코레 뒤 쉬드, 로텔 ~, 라 폴리스, 윈느 캬빈느 텔레포니 크, 레 투왈렛, 로피스 드 투리즘므].)
대성당 (다리, 궁전, 광장, 성) 이 어디에 있습니까?	Where is the cathedral (bridge, palace, square, castle)?	Où est la cathédrale (le pont, le palais, la place, le château)? (우 에 라 카테드랄[르 퐁, 르 팔레, 라 플라스, 르 샤토]?)
몇 시에 개관(폐관) 합니까?	What time does it open/close?	Quelle est l'heure d'ouverture(de fermeture)? (켈 에 뤄르 두베르튀르 [드 페르므튀르]?)
전화를 하고 싶습니다.	I'd like to make a telephone call.	Je voudrais téléphoner. (즈 부드레 텔레포네.)
환전하고 싶습니다.	I'd like to change some money.	Je voudrais changer de l'argent. (즈 부드레 셩제 드 라르졍.)
여행자수표를 바꾸고 싶습니다.	I'd like to change traveller's check.	Je voudrais changer des chèques de voyage. (즈 부드레 셩제 데 셰크 드 부아야주.)
~에 가려면 어떻게 해야 합니까?	How do I get to~?	Comment dois-je faire pour arriver à ~? (꼬멍 두아 즈 페르 뿌르 아리베 아 ~?)
가깝습니끼? (멀리 떨어져 있습니까?)	Is it near(far)?	Est ce près(loin)? (에스 프레[루엥]?)
지도상에서 어디인지 알려주 시겠습니까?	Can you show me on the map?	Est-ce que vous pouvez me le montrer sur la carte? (에스크 부 푸베 므 르 몽트레 쉬르 라 카르트?)
직진하세요.	Go straight ahead.	Continuez tout droit. (콩티뉴에 투 드루아.)
좌측으로 돌아가세요.	Turn left.	Tournez à gauche. (투르네 아 고슈.)

한국어	영어	프랑스 어
우측으로 돌아가세요.	Turn right.	Tournez à droite. (투르네 아 드라트.)
신호등에서	At the traffic lights	Aux feux (오 프)
다음 모퉁이에서	At the next corner	Au prochain coin (오 프로셍 쿠앵)
뒤편에	Behind	Derrière (데리에르)
앞편에	In front of	Devant (드벙)
반대편에, 맞은편에	Opposite	En face de (엉 파스 드)
북	North	Nord (노르)
남	South	Sud (쉬드)
동	East	Est (에스트)
서	West	Ouest (우에스트)

숙소 예약

한국어	영어	프랑스 어
유스호스텔(캠핑장, 호텔)을 찾고 있습니다.	I'm looking for the youth hostel (the campground, a hotel.)	Je cherche l'auberge de jeunesse(le camping, un hotel). (즈 쉐르슈 로베르즈 드 주네스[르 컹핑, 엥 오텔].)
저렴한 호텔이 어디에 있을까요?	Where can I find a cheap hotel?	Où est-ce que je peux trouver un hôtel bon marchè? (우 에스크 즈 프 투르베 엥 오텔 봉 마르쉐?)
주소가 어떻게 됩니까?	What's the address?	Quelle est l'adresse? (켈 에 라드레스?)
종이에 써주시겠습니까?	Could you write it down, please?	Est-ce vous pourriez l'écrire, s'il vous plaît? (에스 부 푸리에 레크리르, 실 부 플레?)
방 있습니까?	Do you have any rooms available?	Est-ce que vous avez des chambres libres? (에스크 부 자베 데 성브르 리브르?)

한국어	영어	프랑스 어
싱글룸(더블룸, 샤워시설과 화장실이 있는 룸)을 예약하고 싶습니다.	I'd like to book a single room(a double room, a room with a shower and toilet).	Je voudrais réserver une chambre pour une personne (une chambre double, une chambre avec douche et toilette). (즈 부드레 레제르베 윈느 셩브르 뿌르 윈느 페르손느[윈느 셩브르 두블르, 윈느 셩브르 아벡 두슈 에 투알렛].)
하루 숙박료가 어떻게 됩니까?	How much is it per night?	Quel est le prix par nuit? (켈 에 르 프리 파르 뉘이?)
숙박료에 아침식사가 포함되어있습니까?	Is breakfast included?	Est-ce que le petit déjeuner est compris? (에스크 르 프티 데줘네 에 콩프리?)
방을 좀 볼 수 있습니까?	Can I see the room?	Est-ce que je peux voir la chambre? (에스크 즈 프 부아르 라 셩브르?)
화장실이 어디에 있습니까? (화장실이 별도로 떨어져 있는 경우)	Where is the toilet?	Où sont les toilettes? (우 송 레 투알렛?)
하루(일주일) 머무를 예정입니다.	I'm going to stay one day(a week).	Je resterai un jour (une semaine). (즈 헤스트레 엉 쥬르[윈느 스멘느].)

쇼핑

한국어	영어	프랑스 어
얼마입니까?	How much is it?	C'est combien? (세 콩비엥?)
너무 비쌉니다.	It's too expensive for me.	C'est trop cher pour moi. (세 트로 쉐르 뿌르 무아.)
그냥 둘러보려고 합니다.	I'm just looking.	Je ne fais que regarder. (즈 느 페 크 흐갸르데.)

한국어	영어	프랑스 어
신용카드 결제 가능합니까?	Do you accept credit cards?	Est-ce que je peux payer avec ma carte de crédit? (에스크 즈 프 페이예 아벡 마 캬르트 드 크레디?)
여행자수표 결제 가능합니까?	Do you accept traveller's check?	Est-ce que je peux payer avec des chèques de voyages? (에스크 즈 프 페이예 아벡 데 셰크 드 부아야주?)
너무 큽니다(작습니다).	It's too big(small).	C'est trop grand(petit). (세 트로 그랑[프티].)
싼	Cheap	Bon marché (봉 마르쉐)
잔돈 있습니까?	Have you got change?	Avez-vous de la monnais? (아베 부 드 라 모네?)

시간 · 날짜

한국어	영어	프랑스 어
몇 시입니까?	What time is it?	Quelle heure est-il? (켈 뢰르 에틸?)
두시입니다.	It's two o'clock.	Il est deux heures. (일 에 두 죄르.)
언제	When	Quand (컹)
오늘	Today	Aujourd'hui (오쥬르듀이)
오늘밤	Tonight	Ce soir (스 수아르)
내일	Tomorrow	Demain (드맹)
내일 모레	Day after tomorrow	Après demain (아프레 드맹)
어제	Yesterday	Hier (이예르)
하루 종일	All day	Toute la journée (투트 라 쥬르네)
아침에	In the morning	Du matin (뒤 마탱)
오후에	In the afternoon	De l'après-midi (드 라프레 미디)
저녁에	In the evening	Du soir (뒤 수아르)
월요일	Monday	Lundi (랭디)
화요일	Tuesday	Mardi (마르디)
수요일	Wednesday	Mercredi (메르크르디)
목요일	Thursday	Jeudi (쥬디)
금요일	Friday	Vendredi (벙드르디)
토요일	Saturday	Samedi (삼디)
일요일	Sunday	Dimanche (디망쉬)

한국어	영어	프랑스 어
1월	January	Janvier (쟝비에)
2월	February	Février (페브리에)
3월	March	Mars (마르스)
4월	April	Avril (아브릴)
5월	May	Mai (메)
6월	June	Juin (쥬앵)
7월	July	Juillet (쥬이예)
8월	August	Août (우트)
9월	September	Septembre (셉텅브르)
10월	October	Octobre (옥토브르)
11월	November	Novembre (노방브르)
12월	December	Décembre (데샹브르)

숫자

수	프랑스 어	수	프랑스 어
1	Un (엥)	11	Onze (옹즈)
2	Deux (두)	12	Douze (두즈)
3	Trois (트루아)	13	Treize (트레즈)
4	Quatre (카트르)	14	Quatorze (카토르즈)
5	Cinq (쌩크)	15	Quinze (캥즈)
6	Six (시스)	16	Seize (세즈)
7	Sept (세트)	17	Dix-Sept (디세트)
8	Huit (위트)	18	Dix-Huit (디즈위트)
9	Neuf (너프)	19	Dis-Neuf (디즈너프)
10	Dix (디스)	20	Vingt (뱅)
100	Cent (썽)	1000	Mille (밀)

표지판 사인

한국어	영어	프랑스 어
입구	Entrance	Entrée (앙트레)
출구	Exit	Sortie (소르티)
영업중(개관)	Open	Ouvert (우베르)
준비중(폐관)	Closed	Fermé (페르메)
방 있음	Room available	Chambres libres (샹브르 리브르)
방 없음	No vacancies	Complet (콩플레)
금지	Prohibited	Interdit (앵테르디)
경찰서	Police station	Commissariat de police (코미사리아 드 폴리스)
화장실	Toilet	Toilettes (투알렛)
남자	Men	Hommes (옴므)
여자	Women	Femmes (팜므)
지하철	Subway	Métro (메트로)
버스	Bus	Autobus (오토뷔스)
택시	Taxi	Taxi (탁시)
지방도	Secondary road	Route départementale (루트 데파흐트멍탈르) [지도상에는 'D' 라고 표시]
국도	National highway	Route nationale (루트 나씨오날) [지도상에는 'N' 으로 표시]
고속도로	Highway	Autoroute (오토루트)
환승역	Interchange	Correspondance (코레스퐁덩스)
출입금지	Off limits	Défense d'entrer (데펑스 덩트레)
금연	No smoking	Défense de fumer (데펑스 드 퓨메)
진입금지	No entering	Sens interdit (성스 앵테르디)
주차금지	No parking	Défense de stationner (데펑스 드 스타씨오네)
기차역	Railway station	Gare (가르)

한국어	영어	프랑스 어
대합실	Waiting room	Salle d'attente (살 다떵트)
계산대	Counter	Caisse (케스)
세일 중	Sale	Soldes (솔드)
매표소	Ticket office	Guichet (기셰)
미세요	Push	Poussez (푸쎄)
당기세요	Pull	Tirez (티레)
프랑스 국철		SNCF (에스엔쎄에프)
수도권 고속 전철		RER (Réseau Express Régional) (에흐으에흐)
공항	Airport	Aéroport (아에로포르)
세관	Customs	Douane (두안느)
우체국	Post office	Bureau de poste (뷰로 드 포스트)
병원	Hospital	hôpital (오피탈)
공원	Park	Parc (파르크)
궁전	Palace	Palais (팔레)
박물관	Museum	Musée (뮤제)
성당	Church	Église (에글리즈)
묘지	Cemetery	Cimetière (시므티에르)
성	Castle	Château (샤토)

긴급 상황

한국어	영어	프랑스 어
도와주세요.	Help	Au secours (오 스쿠르)
의사를 불러주세요.	Call a doctor.	Appclcz un mćdccin. (아플레 엥 메드셍)
경찰을 불러주세요.	Call the police.	Appelez la police. (아플레 라 폴리스)
도둑맞았습니다.	I've been robbed.	On m'a volé. (옹 마 볼레.)
길을 잃어버렸습니다.	I'm lost.	Je me suis égaré(e). (즈 므 쉬 에갸레.)

오르세 박물관

PARIS
SPECIAL

요리 82

역사 90

미술 102

박물관 108

건축 110

문학 114

음악 120

연극 · 오페라 124

요 리

[프랑스 인들은 요리를 단순한 식사가 아닌 함께 즐기는 문화로 여긴다.]

프랑스 요리의 발전

프랑스는 예부터 '잘 먹고 잘 사는Bien Manger et bien Vivre' 나라로 유명했다. 요리, 패션, 건축 등이 어느 나라보다 앞서 발달하고 최고의 수준에 도달한 것은 당연한 일이다. 요리가 발달한 것은 우선 다양한 음식 재료를 제공할 수 있는 프랑스의 자연 덕분에 가능한 일이었다. 파리와 보르도 인근의 넓은 평야 지대와 남프랑스의 고원, 곳곳에 널려 있는 구릉 지대와 알프스, 피레네 일대의 고산준령, 그리고 프랑스 전역을 적시고 바다로 흘러 들어가는 4대 강과 북해, 대서양, 지중해 등 다양한 자연 환경은 물론이고 해양성 기후와 대륙성 기후를 함께 지니고 있는 나라가 프랑스이다. 하지만 이러한 자연 환경은 프랑스 요리가 섬세하게 발달해 온 이유를 충분히 설명해 주지는 못한다. 단순한 식사가 아니라 하나의 문명화 과정으로 요리가 발달하게 된 배후에는, 정치 경제적 환경의 변화가 자연 환경적 요소보다 훨씬 더 강한 영향을 미쳤기 때문이다. 요리는 음식만의 문제가 아니라 식사 예절이나 식음 절차, 그리고 사용하는 식기류 등과 밀접한 관계를 맺고 있는 사회적 의례의 일종이고 이는 자연히 궁정 생활과 관련을 맺고 있다. 따라서 프랑스 요리는 프랑스 사회사의 작은 축소판이라고 볼 수 있다. 이 분야에 최초로 학문적 접근을 시도한 사람은 일련의 문명 연구 연작을 집필해 후일 심성사 연구에 영향을 준 독일 역사학자 노르베르트 엘리아스이다.

프랑스에서 요리라고 부를 수 있는 음식 문화가 본격적으로 탄생한 것은 16세기 초 프랑수아 1세 치하를 전후해 여러 차례 진행된 이탈리아 원정으로 이탈리아 풍습들이 프랑스에 유입되면서부터다. 특히 프랑수아 1세의 며느리이자 이탈리아 메디치 가의 딸인 카트린느 드 메디시스가 섭정을 펼 때 본격적으로 요리 문화가 자리잡는다. 이 왕비는 당시의 선진국이었던 이탈리아에서 프랑스로 건너 오면서 요리법과 함께 다수의 요리사 및 신기한 재료들을 프랑스에 가져왔다. 샤베트 형태의 아이스크림이 도입된 것도 이때고, 음식을 덜 때만 사용되던 포크의 크기를 줄여 개인용으로 사용하기 시작한 것도 이때다. 카트린느 드 메디시스 때는 종교 전쟁의 와중에서 왕권이 취약할 때였기 때문에 정적들을 포섭하기 위해 축제와 만찬이 자주 열렸다. 따라서 자연히 권위를 드러내기 마련인 이러한 행사에서 요리와 그에 관련된 각종 에티켓은 고도의 상징적 의미를 띠게 되었다. 16세기 인문주의자였던 네덜란드 출생의 에라스무스가 1530년에 유명한 소책자 〈소년들의 예절론〉을 펴낸 것도 이 시대에 요리와 식탁 예절이 신분과 교양 정도를 나타내는 지표였음을 일러준다. 여러 나라의 언어로 번역된 에라스무스의 이 책이 출간된 이후 헤아릴 수 없을 정도로 많은 모방 작품들이 그 뒤를 이었다. 이 책을 보면 "술잔과 깨끗하게 닦은 나이프는 오른쪽에, 빵은 왼쪽에 놓아야 한다."는 대목이 나온다. '깨끗하게 닦은 나이프'라는 말을 통해 당시에는 각자가 나이프를 소지하고 다녔음을 알 수 있다.

이후 이러한 예법은 17세기의 절대왕정기에 들어와 그 형식과 내용면에서 큰 변화를 일으킨다. 베르사유 궁이 문화사적으로 의미를 지니는 것은 바로 이 때문이다. 베르사유 시절은 태양왕 루이 14세가 파리 시민과 귀족들 사이의 대립 관계를 이용해 왕권을 강화시켜 나가던 때이다. 당시 프랑스에서는 일반인도 국가의 정무를 담당하는 관직에 오를 수 있었고, 이는 곧 귀족 문화와 부르주아 문화가 독일만큼 분명한 차이를 보이지 않게 되는 결과를 초래한다. 따라서 외관을 중시하는 천박한 귀족들과 달리 독일 부르주아들은 비록 정치에서 소외되었지만, 자신들이 순수하게 정신적인 것을 추구한다고 믿었다. 그리고 이를 통해 관념적인 성격의 문화 개념을 만들어내게 된다. 이에 비해 얼마든지 정계에 진출할 수 있었던 프랑스 부르주아들은 귀족 문화를 모방하며 실질적인 규범으로써 문화를 이해하게 된다. 베르사유 궁은 모든 파리 시민들에게 개방되었었고 심지어 왕족들의 식사 장면을 일반 시민들이 볼 수도 있었으며 루이 15세는 소매치기에게 시계를 잃어버리기도 할 정도였다. 후일 프랑스 대혁명이 끝난 후에도 정신적으로는 개혁을 외쳤지만 실생활에서는 귀족들의 행태를 반복하게 되는 것도 이런 이유에서였다.

부르봉 왕가의 세기였던 17, 18세기 프랑스 요리는 무엇보다 만찬과 축제용 요리로써 화려함을 주된 요소로 삼았다. 이런 경향은 루이 14세가 숨을 거둔 후의 섭정기 때 들어 절정에 달한다. 그 다음 시대에 프랑스 요리의 진정한 창시자라고 할 만한 카렘Marie-Antoine Caréme(1784~1833)이 나타난다. 카렘에 와서 요리는 이제 예술의 영역으로까지 인식되기 시작한다. 유럽의 여러 황제들의 요리사를 역임하며 특히 과일을 설탕에 졸여 만드는 제조에 일가견을 갖고 있던 그는 이론가이기도 해서 〈나폴레옹 황제의 점심식사〉, 〈피토레스크한 당과들〉, 〈프랑스 요리 장인과 고대 및 현대 요리사들〉 등의 저서를 남기기도 했다. 그러나 지나치게 엄격한 규칙을 내세워 프랑스 요리의 풍요로움을 없앴다는 비난을 받기도 했다.

다음으로 프랑스 요리 발전에 큰 발자취를 남긴 인물은 에스코피에Auguste Escoffier(1846~1935)이다. 에스코피에는 요리에서 먹을 수 없는 장식을 제거하고

[간단한 식사를 할 수 있는 브라스리. 레스토랑과 달리 영업시간 내에는 언제든지 음식을 주문할 수 있다.]

실질적인 목적으로 요리에 접근함으로써 요리를 근대화시킨 인물이다. 그의 저술은 현대 프랑스 요리의 규범으로 알려진 〈요리 지침Le Guide Culinaire〉이 있으며, 오늘날에도 세계 각국의 요리 전문가들이 애독하고 있다. 그는 런던의 사보이, 칼튼 호텔 등에서 주방장을 역임하며 프랑스 요리를 전 세계에 알리기도 했다. 그가 파리 오페라에서 노래를 부르며 방돔 광장의 리츠 호텔에 머물던 호주 태생의 여가수 멜바를 위해 만든 과일 아이스크림은 아직도 '멜바의 복숭아'라는 이름으로 전설이 되어 있다.

스위스 호텔업자인 세자르 리츠는, 이 유명한 요리사 에스코피에가 없었다면 아마도 자신의 사업을 크게 확장할 수 없었을 것이라고 극찬하기도 했다. 하지만 현대 프랑스 요리의 아버지로 일컬어지는 에스코피에의 요리도 재료비를 생각할 경우 거의 조리가 불가능한 고급 요리에 속한다. 이후 프랑스 요리는 더욱 간소화를 지향하게 되며, 관광 산업의 발달과 더불어 지방의 토속적인 요리가 다시 각광을 받아 특별한 조리법보다는 다양성을 특징으로 하고 있다. 따라서 그만큼 요리사의 상상력이 중요시되는 시대가 되었다. 프랑스의 유명한 가이드 북 미슐랭에서는 식당 등

급을 부여하고 있어 프랑스만이 아니라 세계적인 등급으로 인정을 받고 있다. 미국식 패스트푸드가 범람하고 비만을 비롯한 건강에 대한 관심이 날로 증가해 가는 오늘날 프랑스 요리 역시 지방이 적은 음식 쪽으로 바뀌고 있다. 대부분의 프랑스 인들은 프랑스 요리를 자국의 가장 자랑스러운 문화유산 중 하나로 여기고 있다.

와인

영어로는 와인Wine, 프랑스 어로는 뱅Vin이라고 하는 포도주의 역사는 그리스 신화가 일러주듯 인류의 역사와 함께 했다고 할 정도로 오래되었다. 대체적으로 신석기 시대인 기원전 5000년에서 2500년 전쯤에 포도주를 처음 담갔을 것으로 본다. 구약 성서를 보면 들판에 질그릇을 놓아 두는 관습이 있었음을 알 수 있다. 특히 호숫가의 집단 주거지에서 다량의 포도씨가 발견된 것은 즙을 짜낸 흔적으로 볼 수 있다. 당시 포도는 야생 그대로였기 때문에 알이 작아 과일로 소비하기보다는 압착해 즙을 내어 마셨을 가능성이 더 많았을 것이다.

기원전 2800년 메소포타미아의 수메르에서 제작된 벽화를 보면 이미 술을 마시며 잔치를 베푸는 장면이 등장한다. 기원전 3000년쯤 발명된 문자로 기록된 자료를 보면 이미 포도 원액에 대한 언급이 나오고 당시 1,200km에 달하는 대규모의 포도 경작지가 있었다는 것도 확인할 수 있다. 이때부터 시작된 중동의 포도 재배는 이슬람 교가 술을 금지하는 17세기에 들어와 중단된다.

기원전 2200년에 살았던 구약의 인물 노아 역시 포도주 거래업자였거나 포도 재배자였을 것이다. 방주에서 나와 포도를 심고 그것을 거두어 포도주를 담가 마셨다고 창세기에 기록되어 있다. 기록을 보면 이집트에서는 기원전 3000년에 이미 포도주를 제주(祭酒)로 사용하고 있었다. 왕이 죽었을 때 그릇에 넣어 무덤 속에 함께 부장하곤 했다. 이집트 벽화에서는 포도 재배에서부터 포도주 생산에 이르는 전 과정을 확인할 수 있다. 포도 수확과 발로 으깨는 장면 등은 놀랍게도 거의 지금과 동일하다. 이집트 포도 경작은 주로 나일 강의 델타 지역에서 성했다. 하지만 그 양은 적었고 대부분 그리스로부터 수입해 들였다. 이런 이유로 특권층만 포도주를 마셨을 뿐 일반인들은 귀리로 만든 맥주를 마셨다.

그리스에 포도주가 등장한 것은 기원전 3000년쯤으로 추정된다. 호메로스의 작품을 보면 기원전 800년경에는 엄청난 양의 포도주를 소비했음을 알 수 있다. 한 가지 특이한 것은 포도주를 마실 때 서너 배에 달하는 물을 타 희석해서 마시곤 했다는 것인데, 이는 포도를 건조해 그것에다 꿀까지 섞어 즙을 내 마셨다는 것을 뜻한다. 하지만 이 당시 포도주는 도기에 담아 향료를 섞어 보관하곤 했기 때문에 지금 우리가 아는 포도주와는 상당히 다른 술이었다.

이탈리아 반도 역시 그리스에서 포도주가 들어오기 이전에 오래 전부터 포도주를 만들어 마셨을 것으로 추정된다. 서기 79년에 사망한 역사가 플리니우스Plinius는 무려 80가지에 달하는 다양한 종류의 포도주를 언급하면서 최상품 포도주로 나폴리 인근의 포도주를 꼽고 있다. 비슷한 시기에 살다 죽은 한 로마 인의 무덤을 보면 "목욕과 포도주와 사랑이 육체를 쇠하게 하지만, 삶을 가능하게 하는 것 역시 그것들이다."라는 말이 나온다. 이미 포도주는 일반화되어 많은 이들이 건강을 걱정할 정도로 즐겨 마셨다는 것을 알 수 있다.

으깨어서 원액을 보존하는 병을 돌리아Dolia라고 했는데 500ℓ~2,000ℓ까지 들어가는 거대한 앙포르 형 그릇이었다. 이를 일정 시간이 지나면 26ℓ짜리 일반 앙포르에 옮겨 담았다. 이미 코르크 마개를 사용했고 그 위에 화산회를 이겨 발라 20년 이상 보관이 가능했다고 한다. 그리고 각 병에는 당시 집정관의 이름을 새겨 넣었다. 키케로나 플리니우스의 말에 따르면 기원전 121년산인 오피미우스 집정관 포도주가 제1상급 포도주였다고 한다. 이렇게 보면 지금의 AOC 제도와 유사한 제도가 이미 로마 시대에 존재했다는 것을 알 수 있다. 로마가 유럽을 제패하면서 포도 경작 역시 전 유럽으로 퍼졌다. 이때 동시에 포도주 교역도 활성화된다. 육상에서의 거래는 주로 소가죽 부대를 사용했고 해운을 이용할 경우에는 주로 도기인 앙포르를 사용했다. 로마에서 오는 포도주를 가장 많이 소비한 사람들은 골 족이었다. 이는 로마가 점령했던 지금의 프랑스 지방들에서 발견되는 앙포르를 통해 확인할 수 있다. 남프랑스의 한 섬에서는 무려 8,000개의 앙포르가 발견되기도 했다.

와인의 종류

와인은 크게 레드 와인과 화이트 와인으로 나뉜다. 레드 와인은 검은 포도를 껍질과 함께 으깨어 주조한 것이며, 화이트 와인은 포도액만으로 만든다. 레드 와인과 화이트 와인은 단지 색깔만 다른 것이 아니라 껍질로부터 타닌산 등의 화학적 성분이 침출되어 나오기 때문에 맛과 향에서도 차이를 보이고 어울리는 음식도 다르다. 최근에는 적색과 백색의 중간색인 로제Rosé 분홍색 포도주도 제조된다.

와인 제조법

수확한 포도는 곧 큰 통이나 기계에 넣어 으깬 다음 발효통에 옮겨 발효시킨다. 이때 씨를 부수면 술맛이 나빠지므로 씨를 부수지 않기 위해 예전에는 사람이 발효통에 직접 들어가 발로 포도를 으깨었다. 포도에는 원래 효모가 붙어 있으나 지금은 별도로 배양한 효모를 첨가한다.

발효의 생명은 온도에 있다. 보통 프랑스에서는 9~10월 사이가 방당주Vandange(포도 수확)라 불리는 수확시기인데, 이 시기의 기온이 포도 발효에 가장 적당한 온도이다. 발효가 진행되면 가스가 떠올라 거품층이 형성되는데 그대로 두면 발효가 진행되어 과즙이 산으로 변질되므로 거품층을 제거해야 한다. 발효가 완료되기까지는 온도나 이스트의 종류 등에 따라 보통 3일에서 3주일 정도 걸린다. 이렇게 해서 추출해 낸 술이 상품 와인이 된다. 다음에는 통 속에 남은 찌꺼기를 압착하여 짜내는데 이것을 '뱅 드 프레스Vin de Presse'라 하며 상대적으로 질이 떨어진다. 숙성시키지 않은 새 술은 탁하고 맛이 별로 좋지 않다. 이것을 참나무통에 넣어 저장하며 저장하는 동안 몇 번은 사이펀이라는 도구를 사용해 빈 통에 옮겨 주석산 칼륨의 침전물을 제거하여 숙성시킨다.

연령과 수확 연도

© Photo Les Vacances 2007 / Office de Tourisme d'Alsace

© Photo Les Vacances 2007 / Office de Tourisme d'Alsace

[날씨가 좋았던 해에 만든 포도주는 숙성 시킬수록 품질이 더 좋아진다.]

와인의 품질은 거의 전적으로 포도를 수확한 해의 기상 조건에 의해 좌우된다. 비가 적고 맑은 날이 많았던 해의 술은 해를 거듭함에 따라 더 좋은 술로 숙성되나, 기상이 나빴던 해의 술은 거의 품질이 향상되지 않으며 오래 저장할 수도 없다. 극히 예외적인 경우를 제외하면 30년 정도가 숙성 기간의 한계다.

유명 와인

와인의 특징이나 품질은 포도밭의 입지 조건과 지질에 따라 결정된다. 따라서 술 이름에는 지방 이름이 흔히 쓰이고, 이는 와인의 특징을 일러 주는 중요한 지표가 된다. 이른바 원산지 표시인데, 프랑스에서는 특별한 법률을 제정하여 명칭에 해당하는 지역을 한정하고, 지역 외의 술이 부당하게 그 이름을 사용하는 것을 금지하고 있다. 이 규제 명칭을 아펠라시옹 도리진 콩트롤레Appellation d'Origine Controlée(원산지 표시 통제)라고 하며 상표에 명기한다.

이와 병행하여 1935년 설립된 INAO(국립 원산지 명칭 통제 기구)가 특정 산지 제품이 진품임을 보증하기 위하여 AOC(Appellation d'Origine Controlée)라는 표시와 AOC보다는 아래 등급이지만 고급 품질로 추후 AOC로 승격될 수 있음을 의미하는 VDQS(Vins Déelimités de Qualité Supérieure) 표시를 사용하도록 했다. 와인은 프랑스가 질이나 양 면에서 세계 제일이며, 그 중에서도 보르도와 부르고뉴 지방의 와인을 으뜸으로 친다. 보르도 산 와인은 뱅 루주라 불리는 레드 와인으로 선홍색을 띠고 있으며 담백한 맛이 일품이다. 반면 부르고뉴 산 레드 와인은 암적색으로 감칠맛이 난다.

[CHECK]

와인 마시는 법

와인은 주로 식사와 같이 식탁에 놓아 두고 마시는 술로, 드라이한 맛의 화이트 와인은 어패류의 요리에 맞으며 차게 냉각시켜서 마신다. 레드 와인은 육류나 치즈에 맞으며 실온 정도로 마시는 것이 원칙이다. 레드 와인은 덥게 데워서 마시는 경우는 있어도 절대로 얼음을 넣어서 마시는 법은 없다. 18세기까지만 해도 와인이 사람의 몸 속에 들어가면 피가 된다고 믿었으며 산후 조리, 노화 방지, 역병 예방 등 대용품으로 사용하기도 했고 데워서 약으로 먹기도 했다. 받침대와 손잡이가 있는 잔을 사용해 체온의 전도를 막고 가능한 한가운데가 볼록한 잔을 쓰는 것이 좋다. 이는 향기가 날아가지 않도록 하기 위한 것이기도 하지만 색과 향과 맛을 순서대로 천천히 음미하기 위한 조치로 술은 대개 잔의 볼록한 부분에 약간 못 미치게 따르는 것이 관례다. 약간 흔들어 유리잔에 묻은 술이 자연스럽게 향을 내도록 한다. 잔을 돌려 소용돌이를 일으켜도 넘치지 않아야 하며, 향이 충분히 퍼져나갈 수 있을 정도로 넓어야 한다. 입에 넣고 아주 천천히 음미하면서 동시에 냄새를 맡는다. 향을 맡을 때는 세 가지 단계를 거친다. 먼저 향을 맡은 다음에 와인 잔을 흔들어 소용돌이를 만든 뒤 다시 향을 맡는다. 포도 품종이 가진 고유의 향이 첫 번째이고 양조 과정에서 덧붙여진 향이 두 번째로 나타난다. 마지막 단계로 입에 넣고 아주 천천히 음미하면서 동시에 향을 맡는다. 마개를 딴 술은 그 자리에서 모두 소비해야 한다. 병에서 직접 따라 마시기도 하지만 샹브레라고 해서 실내 온도에 적응시키고 공기 중의 산소와의 접촉을 늘이기 위해 마개 없는 카라프라는 별도의 포도주 병에 옮겨 담아 마시는 경우가 많다. 론 강이나 부르고뉴 지방에서 생산한 와인들은 14~16℃ 사이에 마시는 것이 좋고, 보르도 와인은 16~18℃가 가장 적당하다. 와인은 요리와 함께 곁들여 마시는 것이 보통인데, 종류에 따라 어떤 것은 음식과의 비슷한 성질 때문에 어떤 것은 상반된 성질 때문에 서로 조화를 이룬다. 어떤 음식에 어떤 와인이 잘 어울리는지 의문이 든다면 지방 특산 음식에 같은 지방 와인을 곁들이는 것이 가장 안전하다.

라벨 보기

도멘Domaine, 클로Clos, 샤토Château는 모두 포도 재배지를 뜻하는 말이지만 어느 것이 우수하다고 할 수는 없다. 클로는 닫혀 있다는 뜻으로 중세 때 수도원의 담장을 두른 포도밭을 가리켰다. 제주(祭酒)로 쓰기도 했던 양질의 특별한 와인을 공급하던 포도나무들을 보호하기 위해 둘레에 담을 쌓기 시작한 것이 클로의 시작이었다. 하지만 지금은 와인 라벨에 붙이는 상표명일 뿐 전혀 그런 의미를 갖고 있지 않다. 성이나 귀족의 대저택을 뜻하는 샤토라는 명칭은 보르도 와인에서 시작되었다.

1983년에는 샤토라는 이름이 붙은 농장만 해도 4,000개가 넘게 되었는데, 이는 샤토라는 말이 풍기는 귀족적 느낌 때문이다. 샤토라는 이름을 남용한 이들은 술 도매상들이었다. 따라서 이 말도 지금은 클로와 마찬가지로 믿을 것이 못된다. 도멘은 영역이라는 뜻으로, 사유지를 가르키는 것 이외의 의미는 없다.

보졸레 Beaujolais

이 고장이 세계적인 명성을 얻게 된 것은 순전히 매년 11월 셋째 목요일에 출시되는

["목욕과 포도주와 사랑이 육체를 쇠하게 하지만, 삶을 가능하게 하는 것 역시 그것들이다."]

'보졸레 누보Beaujolais Nouveau' 덕분이었다. 수확한 지 두 달 안에 와인을 만들어 병에 넣은 후 세계 곳곳에 유통시키는 이 기발한 마케팅 전략은 큰 성공을 거두었고, 수확된 포도의 절반이 해가 가기 전에 모두 소비될 정도의 인기를 얻었다. 보졸레는 순하고 타닌이 거의 들어 있지 않은 순수한 과일 향의 와인이지만, 짧은 기간 밀봉된 통에 통째로 포도를 담가 두기 때문에 마시교ㅣ면 종종 머리가 아프다 투명한 포도액이 특징인 가메 누아 한 품종만으로 와인을 만든다. 이 지방에서 흔히 볼 수 없는 화이트 와인은 샤르도네와 알리고테 품종을 주로 사용하여 만든다. 포도밭은 약 2만 2천ha에 이르며 보통 3개 지역으로 나뉜다. 그 가운데 서쪽 지방이나 남쪽 지방의 점토 석회질 퇴적층에서 나는 와인을 '보졸레'라 한다. 물랭 아방은 장기 보관용 와인으로 보졸레 제품 가운데 가장 뛰어나다. 보졸레는 보통 고기류나 치즈에 곁들여 간단하게 마실 수 있는 술로 알려져 있다.

역 사

[태양왕 루이 14세 기마상. 루이 14세 치하에서 프랑스는 유럽의 맹주로 떠올랐다.]

켈트 족의 한 부족인 파리지 족이 기원전 3세기에 센느 강 한가운데 있는 지금의 시테 섬에 자리를 잡고 살기 시작한 이래 파리는 수많은 역사적 사건의 현장이었다. 파리라는 도시 이름도 이 켈트 부족 이름에서 유래했다. 파리의 역사는 그대로 프랑스의 역사라고 볼 수 있다. 크게 연대기적으로 살펴보면 로마 점령기, 프랑크 왕국 (메로빙거 왕조, 카롤링거 왕조), 카페 왕조, 발루아 왕조, 부르봉 왕조, 프랑스 대혁명, 나폴레옹 황제 제정, 왕정복고기, 7월왕정, 제2제정, 제3공화국, 제4공화국, 제5공화국으로 나누어 볼 수 있다.

파리 역사의 시기별 특징

로마 점령기 (기원전 52~498)

갈로 로맹 기인 로마 점령기는 기원전 52년 카이사르가 파리 시 일대를 점령한 이후 이곳을 루테시아로 부르던 때에서 시작해, 서기 508년 게르만 족의 이동 당시 프랑크 족의 수장 클로비스가 파리 일대에 정착할 때까지의 기간을 지칭한다. 이 기간 동안 서기 250년에 파리 주교인 생 드니가 몽마르트르 언덕에서 참수형을 당하며 순교를 하는 사건이 일어난다. 전설에 의하면 그는 잘려진 머리를 들고 언덕을 넘어 지금 생 드니 성당이 있는 곳까지 걸어갔다고 한다. 서기 451년에는 파리 수호성녀인 생트 주느비에브가 아틸라가 이끄는 훈 족의 침입에서 파리를 구해낸다.

프랑크 왕국 – 메로빙거 왕조와 카롤링거 왕조 (498~986)

프랑스 일대를 차지하고 있던 로마는 훈 족의 침입으로 촉발된 게르만 민족의 대이동 때 지금의 북프랑스 지방으로 쳐들어온 프랑크 족의 침입을 맞아 무너지고 만다. 클로비스는 프랑크 왕국을 건설하고, 이 왕국은 843년 베르덩 조약에 의해 제국이 삼분될 때까지 명맥을 유지한다. 프랑스라는 국가명은 프랑크 족을 지칭하는 프랑키아라는 말에서 유래했다.

프랑크 왕국은 초기에는 클로비스 일족이 대를 이어 지배하는 메로빙거 왕조였고, 메로빙거 왕조가 붕괴된 이후 샤를르마뉴 대제에 의해 카롤링거 왕조가 들어서게 된다. 샤를르마뉴 대제는 800년 로마에 가서 교황으로부터 대관식을 집전받음으로써, 멸망한 서로마 제국의 부활은 물론이고 유럽의 문화적 통일을 꿈꾸게 된다. 하지만 샤를르마뉴 대제 이후 베르덩 조약에 의해 후손들에게 제국이 동서양 제국과 중간의 중제국으로 삼분되어 상속되는데, 중제국은 대를 잇지 못해 멸망하고 동프랑크는 후일 독일 왕국이 되고, 서프랑크는 프랑스 왕국이 된다. 결국 유럽은 하나의 나라에서 파생된 셈이다. 샤를르마뉴 대제 역시 파리를 버리고 벨기에와 독일의 국경지대인 아헨(프랑스 이름은 엑스 라 샤펠)으로 이주하기 때문에 파리 역시 클로비스 시대 즉, 메로빙거 왕조 당시의 영화를 잃어버리게 된다. 하지만 프랑스 인들은 클로비스를 프랑스 초대 왕으로 숭상하고 있다. 그가 세례를 받은 렝스 성당은 이후 고딕 양식으로 다시 지어지면서, 역대 프랑스 왕들의 대관식이 행해지는 성당으로 자리잡게 된다. 프랑크 왕국 당시 가장 주목할 만한 현상은, 프랑크 족이 로마의 지배를 받고 있던 골 족을 침입해 왕국을 건설했지만 문화적으로, 특히 언어적으로 게르만 어를 버리고 골 족이 사용하던 속화된 라틴 어를 사용하게 됐다는 점이다. 이 속화된 라틴 어가 프랑스 어의 기원으로 지역에 따라 차이를 보여 남프랑스는 랑그 도크 어를, 북프랑스는 랑그 도일 어를 사용했다. 오크와 오일은 긍정을 나타내는 '예'라는 뜻이다.

카페 왕조 (987~1328)

카롤링거 왕조 말기에는 바이킹 족이 센느 강을 거슬러 올라와 자주 침입을 했다. 뿐만 아니라 베르덩 조약으로 나누어진 영토는 갈수록 분열을 거듭했고, 이 와중에서 수많은 비적이 출몰하고 전쟁이 일어나게 된다. 농민들은 지방의 힘있는 영주들에게 안전을 부탁하게 되고, 이것이 봉건제도를 낳는다. 당시 이러한 혼란 속에서 정권을 쥐게 된 위그 카페는 987년 파리를 중심으로 한 서프랑크 왕국의 왕에 오른다. 하지만 당시 그의 영토는 파리 시 일대가 전부였다. 카페 왕조는 이후 14세기 초까지 끊임없이 영토를 확장해 중세 프랑스의 기반을 마련한다. 이 시기에 파리는 확고하게 프랑스의 수도로서의 면모를 갖추게 된다. 당시 파리에서 일어난 중요한 사건을 보면, 노트르담 성당의 건립, 필립 오귀스트에 의한 파리 요새 구축과 루브르 성건립, 파리 대학 창설, 성 루이 대왕의 십자군 원정 등을 들 수 있다.

[프랑스 르네상스의 아버지로 불리는 프랑수아 1세]

발루아 왕조 (1328~1589)

카페 왕조의 왕들은 계속해서 후사를 얻지 못해 왕권 세습과 왕위 계승으로 인한 싸움에 휘말려들게 된다. 방계인 발루아 가문의 필립 6세에게 왕권이 넘어간 것도 이런 사정 때문이었다. 하지만 왕권은 강력하지 못했고, 1358년 파리 일대의 상인 조합의 우두머리이자 파리 시의 시장 역할도 맡고 있던 에티엔느 마르셀이 파리 시의 성문을 영국과 나바르 가문에게 개방하기 위해 반란을 일으킨다. 이후 샤를르 5세 때에 들어서 파리는 왕권이 다시 강해져, 새로 건축된 성을 통해 도시를 확장하며 인구도 15만을 헤아리게 된다. 바스티유, 뱅센느 성 등이 이때 지어진다. 하지만 이 때부터 프랑스 발루아 왕조는 영국과의 백년전쟁에 들어가 오랜 재앙의 시기를 거치게 된다. 이때 기적과 같이 등장해 샤를르 7세의 축성식을 거행하고 영국으로부터 프랑스를 구한 여걸이 잔 다르크이다.

발루아 왕조의 전성기는 흔히 프랑스 르네상스의 아버지로 불리는 프랑수아 1세 때이다. 이탈리아 원정을 통해 이탈리아 르네상스를 받아들이고 프랑스 어로 공문서를 작성하도록 했으며, 프랑스 석학들이 공개 무료 강의를 행하는 현재의 콜레주 드 프랑스를 창설했다. 퐁텐느블로 성을 짓고 루브르를 개축했으며, 루아르 강 일대를 프랑스 르네상스의 본거지로 만든 이도 프랑수아 1세다. 그 유명한 〈모나리자〉를 레오나르도 다 빈치로부터 구입한 사람도 프랑수아 1세였다. 프랑수아 1세는 신성로마제국 황제권을 두고 오스트리아 합스부르크 왕가의 카를 5세(프랑스에서는 샤를르 5세)와 경쟁을 하기도 했다. 발루아 왕조 말기는 종교전쟁으로 혼란스러운 시대였다. 프랑수아 1세의 뒤를 이은 앙리 2세 이후 프랑수아 2세, 샤를르 9세, 앙리 3세 등은 모두 병약해 실질적인 권력은 이탈리아 메디치 가에서 시집온 모후인 카트린느 드

© Photo Les Vacances 2007

[베르사유 궁이 완공되면서 루이 14세는 파리를 떠나 베르사유로 천도한다.]

메디시스가 쥐고 있었다. 이 당시 상황을 묘사한 소설이 알렉상드르 뒤마의 〈여왕 마고〉다. 이 소설은 20세기 말에 동명의 영화로 제작되기도 했다.

중요한 사건으로는 1572년 성 바르톨로메오 대학살을 들 수 있다. 영화 〈여왕 마고〉를 통해 소개된 바 있는 종교전쟁의 대참사로 인해 파리와 궁정은 가톨릭 편을 들게 되고, 파리에서 권력을 잡지 못하면 프랑스 국왕이 될 수 없다는 불문율이 생겨나게 된다. 앙리 3세는 이러한 당시 파리 정치 분위기의 희생물이 된다.

부르봉 왕조 (1589~1789)

후일 앙리 4세가 되는 앙리 드 나바르 역시 가톨릭으로 개종을 하고 나서야 파리에 들어올 수 있었다. 개신교도들에게 예배의 자유를 허락하는 이른바 '낭트 칙령'은 이렇게 왕이 가톨릭으로 개종을 하는 대가를 치르고 나서야 공포된다.

앙리 4세가 암살된 후 부르봉 왕조는 루이 13, 14, 15, 16세를 거치면서 프랑스 절대왕정을 확립시킨다. 이 시기는 또한 근대 프랑스의 모든 초석이 놓여진 시기이기

도 하고, 특히 베르사유 궁을 지은 태양왕 루이 14세 때는 정치, 경제, 문화, 예술 모든 면에 걸쳐 프랑스가 유럽의 맹주로 떠오르는 시기이다. 지금과 같이 피레네 산맥, 라인 강, 도버 해협, 알프스 산맥 등에 의한 자연 국경이 형성되기도 한다.

베르사유 궁이 완공되면서 1682년 루이 14세는 파리를 떠나 베르사유로 천도를 한다. 베르사유가 정치 행정의 중심지가 되고 파리는 상업적 기능을 한층 강화하게 된다. 이런 이유로 해서 현대 도시 계획자들에게 베르사유는 행정 수도 개념을 처음으로 제공한 곳으로 꼽힌다. 당시 약 20만의 인구를 갖고 있던 파리는 유럽 최대의 도시로 부상한다. 루이 14세는 파리를 떠나 베르사유에 머물렀지만 결코 파리를 버리

[프랑스 대혁명 당시 단두대의 이슬로 사라진 루이 16세]

는 우를 범하지 않았다. 역설적이게도 베르사유는 파리를 감시하고 관리하기 위해 지어진 성이기도 했기 때문이다. 루브르, 빅투아르 광장, 앵발리드, 방돔 광장 등 파리에 있는 유명 건축물들은 모두 루이 14세의 명령에 의해 건설된 건물들이다. 베르사유는 귀족들을 불러 경쟁을 시키고 매너와 예절을 지키도록 하면서, 왕권을 강화시켜 나갔던 고도의 정치성을 띤 공간이었다. 루이 14세는 귀족들의 반란으로 시달렸던 쓰라린 추억을 갖고 있었기 때문에 파리를 두려워했고, 동시에 한시도 감시의 눈을 떼지 않았다. 파리 시의 공직은 모두 명예직으로 바뀌었고 왕실의 직접 통제를 받게 된다. 파리의 경찰력이 강화된 것도 이 때문이었다. 55년간의 긴 통치를 끝내고 1715년 루이 14세가 죽자, 이미 시대는 계몽주의로 접어들어 왕정 자체를 문제삼고 인권을 운위하는 시대가 빠른 속도로 다가오고 있었다. 파리는 당시 모든 자유주의 사상의 근원지 역할을 하고 카페, 공원, 귀부인들의 살롱은 갈수록 정치색을 띠어간다. 1774년까지 통치했던 루이 15세 당시 지금의 소르본느 인근의 팡테옹과 에펠 탑 뒤에 있는 군사 학교 등이 건립된다. 루이 16세는 프랑스 대혁명 당시

국민들에 의해 강제로 파리로 돌아와, 1793년 1월 21일 콩코드 광장에서 단두대의 이슬로 사라진 비운의 왕이다.

프랑스 대혁명 (1789~1799)

루이 16세의 통치 기간에는 혁명이 일어날 수 밖에 없는 몇 가지 환경들이 형성되고 있었고, 이를 위기로 받아들이지 못한 궁정은 급기야 대혁명을 맞고 만다. 우선 꼽아야 할 것이 심각한 재정 적자였다. 재정 적자는 미국 독립전쟁에 참여하게 됨으로써 더욱 가중되어 갔다. 이를 타개하기 위해 조세 부문의 개혁들을 시도했지만, 번번히 특권층에 밀려 허사로 돌아갔다. 특권층은 개혁을 제안한 대신들을 자리에서 밀어내는 등 강력한 반발을 보였다. 게다가 몇 년 동안 계속된 기근으로 국가 전체의 경제 사정도 악화일로를 걷고 있었기 때문에 귀족, 성직자들로 이루어진 특권층의 반개혁적 성향은 심각한 상황을 예고하고 있었다. 혁명 직전인 1788년은 큰 흉년이 들었고, 실업자들은 각 도시에서 크고 작은 소요를 일으키고 있었다. 이런 상황에서 루이 16세는 마침내 1614년 이후 처음으로 삼부회를 소집하기에 이른다. 이 삼부회는 급기야 혁명의 시발점이 되고 만다. 1789년 6월 17일 소집된 삼부회에서 평민들로 구성된 제3신분은 회의에 실망한 나머지, 이른바 '테니스코트의 서약'을 통해 아쌍블레 나시오날이라는 국회를 선언한다. 1789년 7월 14일 파리 시민들은 앙시엥 레짐 Ancien Régime 즉, 구 체제의 상징이었던 바스티유 감옥을 점령하고 이로써 혁명은 걷잡을 수 없이 확산되기에 이른다.

1789년 8월 국회는 앙시엥 레짐의 해체를 공식 선언한다. 재정 문제를 해결하기 위해 국회는 성직자들의 재산을 국고로 귀속할 것을 결정하고 왕도 이에 동의했다. 하지만 루이 16세는 1791년 6월 동쪽 국경 지역인 바렌느로 탈출을 시도하다가 실패해 파리로 끌려온다. 동시에 혁명의 물결이 확산되는 것을 두려워한 인근 국가들 중에서 가장 먼저 오스트리아와 전쟁을 벌이게 된다. 루이 16세를 보호하겠다는 명분은 파리 시민들, 특히 평민 계급으로 귀족의 상징이었던 짧은 바지 대신 긴 바지를 입어 상 퀼로트Sans Culotte로 불리던 평민들을 격분케 했다. 이들은 먼저 루이 16세를 폐위했고 자연히 잠시 동안 유지되었던 입헌군주제 역시 사라졌다.

보통선거로 선출된 첫 의회인 국민 의회Convention는 1792년 공화국을 선포했다. 하지만 의원들 내부에 혁명의 미래에 대해 의견이 엇갈리며 당파가 생겨나 서로 대결하게 된다. 지롱드 파는 혁명이 끝났다고 본 반면, 항상 높은 의석에 앉아 산악당으로 불렸던 의원들은 평민들을 동원해 혁명을 더 밀고 나가야 한다고 주장했다.

1793년 루이 16세를 비롯한 왕족들이 참수를 당하면서, 혁명은 이제 전 유럽 국가와 프랑스라는 양자 대결 구도를 띠게 된다. 뿐만 아니라 프랑스 국내의 왕당파 역시 방데 지역 등에서 격렬하게 반발하게 된다. 이런 상황에서 온건파인 지롱드 파는 제거되고 기타 매파 의원들은 공포정치를 실시한다. 이 당시 주요 인물이 마라, 당통,

로베스피에르 등이다. 하지만 로베스피에르는 마지막 정적까지 제거하려다 그만 자신도 단두대에 서고 만다. 1794년 7월 로베스피에르를 처단한 부르주아는 공포정치를 끝내고 총재 정부Directoire를 세운다. 자코뱅 파와 왕당파 양쪽으로부터 위협을 받게 된 총재 정부는 그 동안의 전승으로 얻은 이익을 통해 재정 위기에서 어느 정도 벗어나 있었고, 이로 인해 장군들이 갈수록 발언권을 얻어가고 있었다. 그 중 한 인물이 바로 나폴레옹 보나파르트다.

나폴레옹 1세, 제1제정 (재위 1804~1815)

[자크 루이 다비드 〈알프스를 넘는 나폴레옹〉]

혁명 당시 파리 인구는 약 50만 명이었다. 국민 의회는 파리 시민들에게 권력이 집중되는 것을 막으려고 했고 이런 정책은 나폴레옹 때도 계속된다. 1800년 오페라 극장 앞에서 일어난 나폴레옹 암살 기도 사건은 파리 시민들의 나폴레옹에 대한 태도가 잘 드러난 사건이었다. 1804년 12월 2일 노트르담 성당에서 대관식이 거행될 때에도 여덟 마리의 말이 끄는 마차를 타고 황제가 도착했지만, 파리 시민들은 냉담한 반응을 보였다. 날씨가 너무 추워 길거리에 나와 있을 수조차 없었다고 한다. 나폴레옹은 유럽이 아니라 우선 파리를 점령해야만 했다. 그는 온갖 정치적 조작을 동원한다. 일반인들에게 생소하기만 하던 잔 다르크가 뒤늦게 민족의 영웅으로 떠오른 것도, 루브르가 증축되고 개선문이 건립되는 것도, 또 카루젤 개선문이나 방돔 광장의 승전탑이 세워지는 것도 모두 이런 목적을 갖고 있었다. 처음으로 가스등이 사용되는 것도 나폴레옹 때부터다. 무엇보다 나폴레옹 시대는 끊임없이 계속되는 전쟁의 시기였다. 유럽 각국은 나폴레옹에 맞서 수 차례 걸친 대불 동맹을 결성해 대항해 왔다. 오스트리아, 프러시아, 러시아, 영국, 스페인 등의 다국적군을 대항하기에 나폴레옹은 역부족이었다. 러시아 원정은 치명적이었고 백일천하의 기회마저 워털루의 패전으로 끝나고 만다.

왕정복고 (1815~1830)

백일천하 이후 프랑스는 다시 돌아온 부르봉 왕가의 두 명의 군주에 의해 통치된다. 루이 16세의 동생들이었던 루이 18세와 샤를르 10세가 이들인데, 왕정은 왕정이었지만 입헌군주제였다. 하지만 이들은 보수적인 정책으로 파리 시민들의 불만을 샀고 급기야 1830년 그 유명한 바리케이드 혁명 즉, 1830년 7월혁명이 일어나 루이 필립이라는 시민왕이 왕위에 오른다. 루브르에 있는 유명한 그림, 으젠 들라크루아의 〈민중을 이끄는 자유의 여신〉이 그려진 것도 이때다. 바람둥이였다가 나이가 들어 개종한 인물인 샤를르 10세는 시대의 흐름을 전혀 못 읽었고, 옛 프랑스 왕들처럼 행세하려고 했다. 렝스 성당에서 대관식을 하면서 기적을 통해 환자를 고치는 연극을 했을 정도였다. 또 왕당파의 친위 쿠데타를 기대하며 언론을 억압하기도 했다. 자신의 큰 형이 왜 단두대의 이슬로 사라졌는지를 이해하지 못하고 있었던 무지한 왕은 쫓겨나야만 했다.

7월왕정 (1830~1848)

1830년 7월혁명이 진행된 3일간을 프랑스 인들은 영광의 3일이라고 부른다. 7월 26~28일의 3일 동안 피비린내 나는 시가전을 치른 후 마침내 시민군은 승리를 거두고 루이 필립이 시민왕으로 등극한다. 왕족이면서도 1790년 혁명군에서 활동을 하기도 했던 오를레앙 대공 루이 필립은, 부르주아 군주로서 왕당파와 공화파 사이에서 통합을 이끌어낼 수 있다는 생각을 하고 있었다. 실제로 그는 성당에서 기적을 행하는 연극을 한 샤를르 10세와는 전혀 다른 사람으로, 손수 우산을 들고 다닐 정도로 트인 생각을 갖고 있었던 근대인이었다. 이런 이유로 그를 시민왕이라 불렀다. 당시 일어난 최대의 사건은 콜레라였는데, 이로 인해 1832년 파리 시민 약 2만 명이 사망한다. 1837년에는 산업혁명의 상징이었던 기차가 처음으로 파리와 생 제르맹 사이에 놓이게 된다. 루이 필립 통치 말년에 총리직을 맡은 티에르는 파리 일대에 이중의 성벽을 건축한다. 당시 선거는 지주와 세금을 많이 내는 부르주아들에게만 투표가 허락되는 제한선거였다. 하지만 파리 시민들이 갈수록 더 많은 자유를 요구하자, 루이 필립은 선거권 확대를 요구하던 단순한 집회를 금지하고, 이를 계기로 혁명이 일어나 그 즉시 퇴위하고 만다. "파리가 감기에 걸리면 유럽이 재채기를 한다."는 유명한 말이 이때부터 유럽의 다른 군주들 입에 오르내리기 시작한다. 유럽을 혁명의 소용돌이 속으로 몰아넣은 것이 바로 파리 시민들이 중심이 되어 일어난 1848년 2월혁명이었다.

나폴레옹 3세의 제2제정 (1848~1870)

제2공화국이 잠시 선포되었지만, 파리 노동자 빈민들의 지지를 받는 사회주의자 루이 블랑의 정책은 적색 공포를 불러일으켰고, 전국의 온건 보수파를 집결시키는 계기가 된다. 당시 많은 빈민들을 도와주기 위해 공공 작업장이 열렸지만 1848년 6월 이 작업장이 폐쇄되자 봉기가 일어나고 만다. 이후 정치는 갑자기 우경화되기 시작했다. 이는 남성들에게만 주어진 보통선거 덕택에 가능한 일이었다. 25만 명에 불과했던 유권자가 900만 명으로 늘어났으며, 보수적인 농민들은 나폴레옹의 전설에 향수를 갖고 있었고, 나폴레옹의 조카인 루이 나폴레옹이 대통령으로 선출된다. 하지만 당시 임기는 4년이었다. 이에 루이 나폴레옹은 1951년 12월 2일, 삼촌이 대관식을 했던 바로 그날 쿠데타를 일으켜 황제 자리에 오른다.

위장된 자유주의, 정경 유착, 안정을 바라는 계층의 욕구를 충족시켜 주는 무자비한 탄압, 그리고 무엇보다 나폴레옹 황제의 후광을 이용한 상징 조작과 식민지 개발로 얻게 된 이익으로 인한 경제 발전 등이 그의 황제직을 안전하게 해 주었다. 나폴레옹의 아들이 후사 없이 죽자 스스로를 나폴레옹 3세로 칭했다.

지금의 파리 모습이 완성된 것도 나폴레옹 3세 때이다. 오스만 남작이 센느 강 일대를 관장하는 지사에 취임하면서, 오페라 일대가 대대적으로 정비되고 개선문 일대에 7개의 대로가 더 들어서며 샹젤리제, 레 알, 뷔트 쇼몽, 불로뉴와 뱅센느 숲, 지하 하수도, 대형 역들이 들어선다. 완전히 파리 모습을 바꾼 그는 파리 시를 20개의 구로 분할하는 행정 구역 개편도 단행한다. 이 모든 것이 지금도 그대로 유지되고 있다.

당시 파리는 이렇게 해서 중앙 권력의 통제를 받게 된다. 나폴레옹 당시 만들어졌던 경찰청과 군사 사법권을 갖고 있는 파리 총독직이 다시 부활된다. 파리 시민들은 이 황제를 갈수록 미워하게 된다. 하지만 행운이 따라 나폴레옹 3세 때 파리와 프랑스는 급속한 경제 도약을 이룩한다. 전국에 뚫린 철도망은 1860년대 후반, 이미 교역량의 50% 이상을 수송하게 되었고 당시 인가된 크레디 리요네, 소시에테 제네랄, 크레디 퐁시에 같은 은행은 금융 시스템을 만들어 개인 금융을 억제하고 개인 자산이 금융 시스템 속으로 유입되도록 했다.

이때가 바로 보들레르의 〈악의 꽃〉, 플로베르의 〈마담 보바리〉 등이 출간되어 물의를 빚었던 때이고 살롱 전 같은 미술 전람회에서 마네의 〈풀밭 위의 식사〉나 〈올랭피아〉가 스캔들을 일으키던 때이다. 나폴레옹 3세는 외교 면에서는 계속해서 악수(惡手)를 두었다. 비록 인도차이나 반도, 북아프리카 식민지는 두 배로 확장되었고 수에즈 운하 역시 그의 업적이었지만, 영국과의 경쟁에서 패배하고 만다. 그 예가 멕시코 제국 계획의 실패. 이어 독일에서 일어난 민족주의를 간과해 보불전쟁을 맞게 되고 스당에서 포로가 되어 다시는 프랑스에 돌아오지 못하고 만다.

제3공화국 (1870~1940)

파리 코뮌이라는 전대미문의 동족 간 전쟁을 치르며 수만 명이 죽은 이후, 프랑스는 가까스로 공화정을 유지시켜 나간다. 1879년에 입안된 헌법이 승인되고, 베르사유에 있던 양원이 돌아와 상원은 뤽상부르 궁으로 하원은 콩코드 광장 인근의 부르봉 궁으로 들어온다. 제3공화국 당시 몽마르트르 언덕에 사크레 쾨르 성당이 건립된다. 이어 터진 1차대전 동안 정부는 파리를 버리고 보르도에 자리잡는다. 전후 제3공화국은 파리의 옛 성들을 허물고 지금과 같은 파리 시 경계를 확정한다.

[잔혹한 독재자 히틀러는 파리를 사랑한 사람이기도 했다.]

1920년대에 들어 파리는 다시 활기를 찾으면서, 몽마르트르 언덕에서 몽파르나스 인근으로 자리를 옮긴 예술가들과 외국 화가, 작가, 음악인, 정치가들로 이른바 '광란의 시대'로 불리는 세월을 보낸다. 다다이즘과 초현실주의가 약간의 쇼맨십을 섞어 가며 당시 이 모든 흐름을 이끌었다. 재즈와 해프닝이 생 제르맹 일대 유명 카페와 식당을 중심으로 젊은이들을 유혹하던 때이다. 레닌도 이 젊은이 중 한 사람이었다. 1930년대는 세계적인 불황으로 파리 역시 위기에 처했고, 독일과 이탈리아에서 군국주의의 망령이 되살아나는 시기이며 곧 제2차 세계대전이 터지게 된다.

독일 점령기 (1940~1945)

〈금지된 장난〉 같은 영화와 베르코르의 짧은 소설 〈바다의 침묵〉 등이 묘사한 것처럼 프랑스 인들에게 이 기간은 가혹한 시기였다. 하지만 파리는 2차대전 중 폭탄 한 발 떨어지지 않은 채 거의 완벽하게 살아 남았다. 수백 만의 유대인들을 가스실로 보낸 히틀러였지만, 그는 또한 파리를 사랑한 독재자이기도 했다. "자네는 내가

바스티유 광장

얼마나 파리를 보고 싶어했는지 모를 걸세……" 친구이자 부하였던 한 장군에게 히틀러가 한 말이다. 메르세데스에 몸을 실은 히틀러는 그 길로 가장 먼저 파리 오페라를 찾아가 휘하 장군들에게 직접 가이드를 하며 자신의 예술적 감성을 뽐냈다. 수만 점의 그림들을 훔쳐가기 시작한 것도 이때부터다.

제4공화국 (1946~1958)

파리는 다른 프랑스 도시들, 특히 북프랑스의 도시들과는 달리 제2차 세계대전 중 거의 파괴되지 않은 채 남아 있었다. 따라서 특별히 전후 복구가 필요 없었고, 신속하게 옛 모습과 정치적 영향력을 회복하게 된다. 1946년 10월 제4공화국이 선포된다. 제4공화국은 인도차이나 전쟁과 알제리 전쟁으로 인해 모든 국력을 그곳에 쏟아야만 했다. 그럼에도 불구하고 경제는 마셜 플랜에 의한 미국의 원조로 급속하게 회복되어 갔다.

제5공화국에서 현재까지 (1958~현재)

대통령 중심제를 원했던 드골은 자신의 뜻이 관철되지 않자 정치를 떠나 있었다. 그러던 중 알제리 사태의 수습을 위해 다시 정계에 복귀한 후, 1959년 대통령 중심제 개헌을 통해 대통령이 된다. 이후 1968년 5월 학생 혁명으로 하야하기까지 약 10년 동안 프랑스를 통치하며 골리즘, 즉 드골주의라는 20세기 프랑스 정치사의 큰 획을 긋는다. 이후 프랑스는 조르주 퐁피두, 지스카르 데스탱, 프랑수아 미테랑, 그리고 자크 시라크 등이 대통령을 역임하며 5공화국을 지탱해 나갔다.

조르주 퐁피두 대통령 시절, 국립 현대 미술관이 들어가 있는 조르주 퐁피두 문화센터가 건립된다. 파리에 13개 대학이 설립되고, 내부 순환도로도 이때 건설된다. 파리에 가장 큰 흔적을 남긴 대통령은 14년 동안 프랑스를 통치한 사회당의 프랑수아 미테랑이다. 파리의 10대 공사로 불리는 그의 치적은 대 루브르, 라 데팡스의 그랑 다르슈, 바스티유 오페라, 베르시 실내 체육관, 프랑스 국립 도서관, 오르세 박물관 등으로 파리 시의 면모를 일신한나.

미 술

© Photo Les Vacances 2007

[성당을 장식하기 위해, 혹은 왕의 위엄을 드높이기 위해서는 회화와 조각이 끊임없이 필요했다.]

회화와 조각은 파리와 뗄래야 뗄 수 없는 관계를 맺고 있다. 중세에는 수많은 크고 작은 성당을 장식하기 위해 필요했고, 왕정 하에서는 왕궁과 귀족들의 저택을 장식 하기 위해 동원되곤 했다. 혁명 이후에는 공화국을 상징하기 위해, 때로는 공공건물 의 위엄을 드높이기 위해 끊임없이 조각과 회화가 필요했다. 인상주의 이후 파리는 조각과 회화의 장식을 받는 위치에서 예술의 묘사 대상이 되기 시작한다. 16세기 이 후 거의 모든 예술가들이 파리로 올라와 파리에서 작품 활동을 했다. 이는 비단 프 랑스 화가들에게만 해당되는 것이 아니어서 파리는 전 유럽의 미술의 메카로 군림 했다. 미술 용어의 대부분은 프랑스 어이며 화가와 조각가 대부분은 국적이 어떻든 파리에서 살았다. 평생 프랑스에서 살며 프랑스 국적을 취득하려고 했지만 뜻을 이 루지 못했던 피카소가 스페인 사람이라는 사실을 아는 사람은 그리 많지 않다. 파리 의 박물관과 화랑은 그대로 산 교육장이었으며 카페와 레스토랑은 토론장이었고, 매 년 혹은 2년마다 열리는 각종 살롱은 미술가들에게 더없이 좋은 기회였다. 시인과 소설가들은 미술 비평가들이었다. 파리는 미술이 발달하고 늘 새롭게 다시 태어날 수 있는 거의 모든 조건을 갖추고 있는 도시였다.

프랑스 미술의 시기별 특징

중세 미술

익명의 장인들이 돌을 새기고 스테인드글라스를 만들었으며 성 모자상과 피에타를 그렸다. 그들에게나 글을 읽을 줄 몰랐던 대부분의 파리 시민들에게 조각과 그림은 이미지로 된 성경책이었다. 감상의 대상이기 이전에 그것들은 경배의 대상이었던 것이다. 노트르담 성당과 인근에 있는 생트 샤펠은 고딕 건축의 정수를 그대로 보여

[노트르담 성당의 스테인드글라스]　　　　[생 세베랭 성당의 스테인드글라스]

준다. 모든 성당들이 거의 동일한 구조에 거의 동일한 도상들로 장식이 되었다는 것은, 당시 예술이 건축에 종속된 장르로 아직 창작이라는 개념이 부재했음을 일러 준다. 하지만 이미 성당들은 수도원이 아니라 속세 속으로 들어와 자본의 축적과 기술의 발달을 표현하고 있었다.

르네상스

전적으로 이탈리아의 영향을 받은 프랑스와 파리의 르네상스는 독자성을 획득하기 까지 오랜 시간이 걸린다. 고딕이 전적으로 파리를 중심으로 발달해 전 유럽으로 퍼져 나간 양식이었다면, 르네상스는 이탈리아에 의한 이탈리아의 미술이었던 것이다. 서서히 기독교적 주제에서 벗어나 신화적 주제들이 묘사되기 시작했고, 궁과 정원의 개념도 전쟁 개념의 변화와 함께 바뀌었다. 동시에 왕과 귀족들의 초상화가 새로운 장르로 등장한 것도 르네상스 때의 한 특징이다. 또한 고대 그리스 로마는 규범이자 모방해야 할 모델로 부상했다. 로마는 예술가들의 성지로 순례의 대상이

었다. 조각에서는 장 구종이 루브르 궁의 여인상, 카리아티드와 레지노쌍(이노쌍) 분수대의 부조를 만들어 르네상스의 대표적 조각가가 되었다.

17세기 고전주의

17세기 초기는 여전히 이탈리아의 영향을 벗어나지 못하고 있던 시대였다. 루브르와 뤽상부르 궁을 보면 이는 쉽게 알 수 있다. 루이 14세가 등극하자 비로소 고전주의라고 하는 프랑스의 위대한 전통이 세워지며, 바로크의 유혹에 대항해 많은 화가와

[17세기 프랑스 회화를 대표하는 화가 니콜라 푸생의 작품, 〈아르카디아의 목자들〉]

조각가들이 규칙과 절제를 숭상하는 고전주의를 꽃피우게 된다. 베르사유는 이 모든 예술 활동의 정수가 모여 있는 곳이다. 당시는 역사화와 역사 조각만이 거의 유일한 장르였다. 지라르동, 쾨스보, 르브렝, 쿠스투 등의 조각과 니콜라 푸생, 클로드 로랭, 시몬 부에, 미나르 등의 화가는 이 17세기를 후일 위대한 세기로 부르게 한 장본인들이었다. 17세기에 특기할 만한 사건은 1648년 회화 조각 아카데미가 창설된 것이다. 이 아카데미는 대혁명이 일어날 때까지 예술가를 양성하는 학교이면서 동시에 미학 규칙을 정하고 살롱을 개최하기도 했다.

18세기 로코코

바로크의 장식적 아류인 로코코 양식은 실내 장식에서 시작해 회화와 조각으로 번져 나갔다. 성화와 역사화가 계속 그려지는 한편, 신화적 요소를 묘사한 대담한 그림들이 자연 풍경을 배경으로 시도되었고, 이는 낭만주의를 예고하고 있었다. 와토, 부셰, 프라고나르는 18세기의 대표적 화가였다. 이들의 데생과 색은 이미 고전주의

와 상당한 거리를 두고 있었으며, 훨씬 육감적이고 솔직한 터치를 보여 주었다. 정물화에서는 샤르댕이 사물의 본질을 거머쥐려는 집요함을 절도 있게 표현하여 디드로 등으로부터 절찬을 받기도 했다. 루이 15, 16세의 애첩들이 살롱을 좌지우지하던 이때 많은 조각가들은 이들을 위해 작품을 제작하곤 했다. 피갈, 부샤르동, 팔코네 등이 그들이다.

18세기 말에는 자크 루이 다비드의 〈호라티우스 형제들의 맹세〉를 시점으로 로코코에 반기를 들고 고전주의로 다시 돌아가자는 신고전주의 물결이 일어난다. 한편에선 위베르 로베르를 중심으로 우수에 찬 위대한 풍경을 묘사하기도 했다.

[프라고나르의 〈목욕하는 여인들〉. 18세기 화가들은 고전주의보다 솔직하고 육감적인 터치를 보여준다.]

19세기 낭만주의 · 사실주의 · 인상주의

미술사에서 르네상스 이후 가장 위대한 혁명들이 연속해서 일어난 19세기 내내 파리는 그 중심에 있었다. 프랑스 대혁명으로 루브르는 이제 박물관으로 바뀌었고, 비록 늘어가기 위해서 허가를 받아야민 헸지만, 많은 회기와 조각기들은 루브르에 들어가 복제를 하며 대가들의 작풍과 철학을 배웠다. 나폴레옹 시대의 역사화는 거의 마지막 역사화였으며 이어 제리코, 들라크루아의 낭만주의가 광풍처럼 파리를 휩쓸었다. 분출하는 힘은 혁명의 그것이었으며 아프리카로, 그리스로, 그리고 동방으로 떠난 화가들은 이집트, 북아프리카 등지에서 빛과 색의 향연을 경험하고 돌아와, 프랑스 예술에 새로운 자양분을 공급했다. 하지만 파리는 빈민들로 가득했고, 술에 취한 주정뱅이와 부르주아의 모순된 이데올로기로 열병을 앓고 있었다. 쿠르베의 사실주의는 이 현실을 담고자 했던 시도였다. 미술이 현실을 변혁할 수 있다고 믿었던 그는 끝까지 싸웠고 그만큼 많은 반향을 불러일으켰다. 이미 산업화된 파리를 떠나 코로, 밀레, 루소 등은 파리 교외 바르비종으로 내려가 전원과 농부들의 순박함을 그리기 시작했다. 튜브 물감이 나오자 많은 젊은 화가들은 야외로 캔버스를 들고 나가기 시작했고, 자신도 모르는 사이에 혁명을 일으켰던 마네의 뒤를 이어 그가 시작한 실험을 끝까지 밀어붙였다. 19세기 후반, 드디어 현대 미술사 최대의 혁명인 인상주의가 한 기자의 비아냥거림을 받으며 시작된다. 아무도 이 조롱 섞인 말 한 마디가 그토록 큰 혁명이 될 줄은 몰랐다. 모네, 피사로, 시슬레의 뒤를 따라 세잔느, 르누아르, 드가가 따라 나섰고 배를 곯으면서도 빛과 색을 쫓아 느낌에 충실한 새로운 그림을 그렸다. 반복되는 낙선에 앵데팡당Indépendants 전(展)을 따로 개최하기도 했다. 한편 카르포, 로댕 등의 조각가들 역시 새로운 조각을 하고 있었다. 기념물

[막시밀리엥 뤼스 〈생 미셸 강변과 노트르담〉]

조각이 유행하였지만 그것이 예술의 전부가 아니라는 것을 너무도 잘 알고 있었던 이 두 거인은 조각으로 철학을 한 예술가들이었다. 끊임없이 쏟아지는 야유와 욕설은 마침내 찬탄과 존경으로 바뀌었다. 하지만 그것은 그들이 거의 숨을 거둘 때가 되어서야 가능했다. 고갱과 반 고흐라는 낯선 인물들이 죽기 살기로 회화에 매달린 것도 이때다. 예술은 이들로 인해 중세 이래 사라졌던 성스러움을 되찾게 된다. 모든 실험에도 불구하고 관전과 국립 미술학교인 에콜 데 보자르를 중심으로 한 수구 세력들은, 여전히 고루한 역사화와 신화화에 몰두하며 비너스의 탄생이나 그리고 있었다. 황제를 비롯해 무지한 부르주아들은 이 비너스들을 좋아했다. 하지만 비너스라고 해도 앵그르의 비너스처럼 전혀 고루하지 않은 작품도 있었다. 파리 오르세 박물관에는 19세기의 이 모든 모순과 갈등이 함께 보관되어 있다.

20세기

모든 예술가들이 파리로 구름처럼 몰려들던 때가 20세기다. 야수파의 울부짖는 듯한 격렬한 색에 이어 형태를 존중한 입체파, 표현주의, 미래파, 추상 등이 앞서거니 뒤서거니 하며 파리를 흔들었다. 무의식을 신앙했던 다다이즘과 초현실주의는 모든 가치를 부정하며 미술에 근본적인 질문을 던지기 시작했다. 20세기의 또 다른 특징 중 하나는 회화와 조각의 구분이 이전처럼 분명하지 않게 되었다는 것이다. 또 하나의 특징은 미술이 대서양을 건너 뉴욕이라는 새로운 둥지를 틀기 시작했다는 점이

© Photo Les Vacances 2007

[몽마르트르의 화가들. 몽마르트르는 19세기 말에서 1차대전 전까지 가난한 예술가들이 즐겨 찾던 곳이다.]

다. 추상표현주의로 불리기도 하는 액션 페인팅, 팝 아트, 옵 아트, 신구상주의 등 1950년대 이후의 대부분의 사조는 미국에서 만들어져 대서양을 건너 파리에 도착했다. 하지만 파리는 여전히 예술의 종가로서의 권위를 잃지 않고 있었다. 퐁피두 현대 미술관과 도쿄 궁의 시립 현대 미술관 등이 건립된 것이 그 증거다.

20세기 파리 예술의 또 다른 특징을 꼽자면, 이제 미술이 견본시 같은 곳에 출품되어 현장에서 사고 파는 상품의 자리까지 내려왔다는 점이다. 이는 전 세계에 걸쳐 일어난 보편적인 현상으로서 상품과 작품 사이의 경계가 갈수록 모호해지는 현대 예술의 한 경향이기도 하다. 또한 이는 경매를 통해 천문학적 액수로 거래되는 예술의 상업화와도 관련된 현상이다.

박물관

[국립 현대 미술관이 있는 퐁피두 센터]

박물관의 도시, 파리

제우스와 기억의 여신 므네모시네 사이에서 태어나 학문과 예술을 관장하는 9명의 여신들을 뮤즈Muses라고 부른다. 서구 언어에서 음악이나 박물관 등을 뜻하는 말들은 모두 그리스 어에 기원을 둔, 이 뮤즈라는 말에서 유래한다. 박물관은 라틴 어 무제움Museum에서 왔는데 기원은 역시 그리스 어에 있다. '기억'의 딸들로 '학예'를 관장한다는 뮤즈들의 어원만으로도 박물관이 무엇을 하는 곳이고, 또 왜 있어야만 하는 곳인지를 쉽게 알 수 있다. 박물관의 기원은 대략 기원전 300년으로 거슬러 올라가, 이집트의 알렉산드리아 궁전의 일부에 무세이온Museion을 설치하여 문예와 미술의 여신 뮤즈에게 바치는 신전으로 삼고, 여기에서 학문을 연구했던 사실에서 찾을 수 있다. 공공성을 띤 근대적 의미의 박물관은 유럽 계몽주의 시대인 18세기 중엽 독일, 프랑스를 중심으로 생겨난다.

로마가 그 자체로 박물관이라면 파리는 박물관의 도시라고 할 수 있다. 지금 파리 시 일대에는 볼 만한 박물관만 대략 70개 정도가 있다. 이 중 루브르, 오르세, 피카소, 로댕, 베르사유 등 중요한 박물관은 모두 프랑스 정부 산하 기관에서 관리하며, 퐁피두 센터 내에 있는 국립 현대 미술관, 흔히 도쿄 궁으로 알려진 시립 현대 미술관 등은 파리 시에서 관리한다. 이외에 민간 재단이 운영하는 박물관들이 있다. 파리의 루브르 박물관 내에는 학예사를 양성하는 에콜 뒤 루브르라는 고등 교육기관이 있다. 대학과 같은 위상을 지닌 이 학교는 일반에게 공개된 강의도 준비하고 있어, 학위와 관계 없이 문화 예술에 관심 있는 이들이 많이 찾는다.

대개의 박물관은 일요일에 개관하는 대신 월요일이나 화요일에는 휴관한다. 따라서 파리에서 박물관을 관람하기 위해서는 월요일과 화요일을 피해 일정을 짜야 한다.

© Photo Les Vacances 2007

[샤이오 궁 내에 있는 해양 박물관. 이외에 인류학 박물관, 프랑스 기념물 박물관도 샤이오 궁에 있다.]

예를 들어 루브르와 퐁피두 현대 미술관은 화요일에, 오르세는 월요일에 각각 휴관한다. 보다 많은 박물관을 보고자 하는 사람들이나 줄을 서서 기다리는 시간을 절약하고 싶은 사람들은 '파리 박물관 패스'를 구입하면 된다. 이 카드는 2, 4, 6일권이 있고, 각각 30유로, 45유로, 60유로씩이다. 이 카드를 구입하면 파리와 교외에 자리잡고 있는 60여 개의 박물관과 기념물에 줄을 서지 않고 입장할 수 있다. 루브르나 오르세 등 관광 시즌만 되면 수십 미터씩 길게 줄을 서 입장하는데에만 한 시간 이상이 걸리는 대형 박물관 관람 시에는 이 카드를 구입하는 것이 유리할 수도 있다. 카드는 박물관, 대형 서점인 프낙FNAC, 100여 곳의 지하철 티켓 판매소, 관광사무소 등에서 쉽게 구입할 수 있다. 파리 지하에서는 지하철 탑승과 박물관 입장을 동시에 할 수 있는 카드를 팔기도 해, 각자의 일정에 맞추어 선택할 수 있다. 국립 박물관의 경우 18세 미만은 무료로 입장 가능하며 매월 첫 번째 일요일에는 모든 이들에게 무료 개방된다.

건 축

© Photo Les Vacances 2007

[고딕 양식의 최고 걸작으로 꼽히는 노트르담 성당은 파리 건축의 대표작이기도 하다.]

로마 점령 시대의 유적에서부터 21세기 포스트모던 건축에 이르기까지, 파리는 그 자체로 세계 그 어느 도시도 따라올 수 없는 건축 박물관이다. 이 말은 단순한 수사가 아니다. 어떤 이들은 아테네나 로마를 떠올리며 고개를 갸우뚱할 수도 있다. 아테네와 로마는 고대 건축과 르네상스에서는 건축사의 전범(典範) 역할을 하지만 중세와 르네상스 이후의 건축은 단연 파리다.

파리 건축의 시기별 특징

중세의 파리 건축, 고딕

로마 점령기의 유적은 거의 사라지고 없다. 중세 박물관으로 쓰이고 있는 소르본느 대학 인근의 클뤼니 박물관 터에 로마 시대의 목욕탕 유적이 일부 남아 있고, 그 인근에 파리의 출발점이었던 루테스의 작은 원형 경기장 터가 있을 뿐이다. 반면 중세 고딕 건축은 고딕 양식의 발생지답게 세계문화유산으로 지정된 노트르담 성당을 비롯해 풍부한 유적들이 파리와 그 인근에 몰려 있다. 고딕은 크게 세 단계로 나뉘어 발달했다. 12세기경의 초기 고딕, 13~14세기의 고딕 레이요낭, 그리고 마지막 단계인 15세기의 고딕 플랑부아양 즉, 화염 고딕 순으로 발달했다. 고딕 건축은 빛과 높이에 대한 인간의 보편적인 욕구를 표현한 건축 양식으로, 이 욕구는 중세를 지배했던 기독교적 문맥 속에서는 종교적인 욕구이기도 했다.

밀랍으로 제조된 양초 이외에 별다른 조명 수단이 없었던 중세에 햇빛을 건물 내부로 끌어들이는 일은, 로마네스크 양식의 수도원과 성당들이 보여 주듯 기술적 한계로 오랫동안 꿈도 꾸지 못할 일이었다. 하지만 첨두형 아치들이 서로 교차되는 형식의 궁륭이 고안되고 동시에 높아진 건물을 외부에 담을 쌓아 보강하는 보강벽이 만들어지면서 이전보다 넓은 창을 많이 낼 수 있게 된다. 시간이 흐르면서 이 보강벽은 늑골 형상으로 속이 빈 아르크 부탕 즉, 보강 아치로 변모해 아름다움마저 갖추게 된다. 레이요낭이나 플랑부아양 등은 내외부의 장식, 스테인드글라스의 크기, 내부 중앙 통로와 성가대 및 후진의 조화에 변화를 준 형식들이다. 샤르트르 성당, 노트르담 성당 등이 초기 고딕 양식을 대표하며 렝스 성당이 화염 고딕의 대표작이다. 파리에서는 생트 샤펠이 레이요낭 고딕의 대표적 성당이고, 플랑부아양 양식은 샤틀레 인근에 남아 있는 생 자크 탑을 꼽을 수 있다. 그러나 대개 성당의 건립 기간이 100년을 넘어 200년 가까이 되기 때문에, 한 가지 양식으로 통일되게 지어진 성당을 찾기가 쉽지 않다. 이런 면에서 30년 정도 걸려서 완성된 샤르트르 성당은 놀라운 통일성을 보여 주고 있는 대표적 성당이다.

성당은 십자가 형태로 건설된다. 십자가의 끝은 예루살렘이 있는 동쪽을 향하게 된다. 세로축과 가로축이 만나는 교차점에 첨탑이 서게 되고, 첨탑 끝에는 성자의 유물이 봉안된다. 지하는 크립트라고 하는 묘지이며 인간의 육체를 상징한다. 1층과 2층은 각각 인간의 감정과 영혼을 나타낸다. 성당의 전면에는 대개 3개의 문이 있으며 신구약에 나오는 성서적 주제들을 조각으로 묘사한다. 어떤 성당은 중세 연금술의 영향을 받아 성경의 내용에 비의적 요소가 첨가되기도 한다. 파리 노트르담 성당의 중앙문 하단에 조각된 메달들이 대표적인 예다. 정확한 비례, 풍부한 상징성과 웅장한 규모가 주는 영적 분위기 등은 고딕 성당만의 특징이다. 또한 고딕 성당은 중세의 수도원 문화가 세속으로 들어와 도시 생활의 중심이 되었다는 것을 의미하며 동시에 자본과 동업 조합의 탄생을 일러준다. 모든 교회는 일정한 세력들이 신의 가호를 기원하는 의미를 지녔기 때문이다. 파리를 중심으로 일어난 고딕 양식은 중세 500년 동안 전 유럽으로 퍼져 나갔고, 인류 역사상 하나의 양식이 이토록 통일성을 지닌 채 오랜 세월 동안 지배했던 적은 일찍이 없었다.

르네상스

이탈리아 원정은 단순한 전쟁 이상의 의미를 지니고 있다. 15세기 말에서 16세기에 걸쳐 진행된 이 전쟁을 통해 프랑스는 이탈리아의 르네상스를 받아들였다. 하지만 문명사적이자 사상사적 의미를 지닌 이탈리아의 르네상스는 프랑스로 들어오면서 장식적, 외면적인 것으로 변질된다. 퐁텐느블로와 루아르 강 인근이 프랑스 르네상스가 펼쳐진 무대였다. 상대적으로 소외되어 있던 파리는 피에르 레스코가 디자인한 루브르의 사각 광장과 내부의 카리아티드를 만든 장 구종 등에 의해 르네상스의 흔적이 남게 된다.

고전주의

[고전주의 양식으로 지어진 앵발리드 돔 성당]

[네오클래식 양식의 콩코드 광장]

절제와 균형을 중시한 프랑스 고전주의는 루이 14세 때 들어 절정을 구가한다. 보르 비콩트와 베르사유 궁은 건축, 정원, 회화, 조각에 있어 전형적인 프랑스 고전주의를 보여 주는 대표작들이다. 파리의 경우 베르사유를 건축한 예술가들이 앵발리드와 돔 성당, 루브르, 생 로슈 성당, 소르본느, 아카데미 프랑세즈 등을 건축해 고전주의를 표현했고, 이 흐름은 네오클래식 양식으로 이어져 콩코드 광장, 팡테옹 신전 등으로 연장된다. 좌우 대칭의 엄격함과 간결함을 주된 특징으로 하는 건물과 앙드레 르 노트르의 원근법을 중시한 정원은 이후 전 유럽에 확산되기에 이른다. 루이 르 보, 쥘 아르두엥 망사르 등이 대표적인 건축가들이었다.

19세기

왕정복고기와 7월왕정 당시에는 나폴레옹의 개선문, 루브르의 카루젤 개선문이 대표적인 건물이다. 제2제정 때는 파리 지사였던 오스만에 의해 오페라가 건립되면서 대대적인 파리 정비가 시작된다. 당시 민간 아파트는 거의 동일한 디자인과 원칙에 따라 건립되면서, 지금 파리 서부 지역의 모습을 만들어 내게 된다. 또한 당시부터 철골 구조가 도입되기 시작해 생 토귀스탱 성당, 생트 주느비에브 도서관 등이 건축된다. 이 당시에는 기차의 발달이 신문명을 상징하는 것이었고, 자연히 크고 웅장한 역사가 들어서기 시작한다. 파리 북역, 생 라자르 역, 리옹 역 등은 철골 구조의 건물로서 그 위용은 왕궁 못지않다. 마지막으로 만국박람회를 계기로 지어진 에펠 탑, 그랑 팔레 등을 들 수 있다.

20세기

© Photo Les Vacances 2007

[미테랑 대통령 당시의 '대 루브르' 계획에 의해 루브르 박물관은 현대식 시설을 갖추게 되었다.]

20세기 전반기는 만국박람회로 인해 여전히 많은 기념물과 대형 건물들이 건립되던 때이다. 에펠 탑이 내려다 보이는 트로카데로 광장의 샤이오 궁, 오르세 박물관으로 쓰이고 있는 오르세 역, 몽마르트르 언덕의 사크레 쾨르, 샹젤리제 극장, 파리 시립 미술관이 들어가 있는 도쿄 궁 등이 당시 건립된 건물들이다. 그러나 이미 건축은 바우하우스, 윌리엄 라이트 등 독일과 미국에서는 전혀 다른 개념에서 접근되고 있었으며, 프랑스에서도 르 코르뷔지에를 중심으로 유사한 흐름이 형성되고 있었다. 르 코르뷔지에의 작품은 지금 국제 기숙사촌 내의 스위스 관을 들 수 있다.

20세기 파리 건축은 라 데팡스 신시가지와 함께 시작되어 퐁피두 대통령 당시 완성된 퐁피두 센터를 거쳐, 1980년 이후 14년간 프랑스를 통치했던 프랑수아 미테랑 때 들어 절정을 맞게 된다. 대 루브르, 바스티유 오페라, 프랑스 재경부 건물, 프랑스 국립 도서관, 파리 베르시 옴니스포르 실내 체육관, 아랍 문화 연구소, 라 데팡스의 그랑 다르슈 등이 대표적인 20세기 후반의 건물들이다. 이와 함께 파리 인근의 신도시 개발을 들 수 있다. 크레퇴이유, 세르주 퐁투아즈, 에브리 등 파리 동서남북에는 반경 10km에서 30km 사이에 많은 신도시들이 들어서게 된다.

문 학

[센느 강변의 고서적상, 부키니스트]

프랑스는 전체적으로 볼 때, 말하는 행위와 글쓰는 행위에 대해 특별한 의미를 부여해 온 전통이 있는 나라다. 아름다운 문장보다 정확한 문장을 우위에 두어 왔으며 사실주의에 충실한 전통을 고수해 왔다. 시와 소설의 경우에는 언제나 작품의 치밀한 구성과 심리 분석이 문학적 가치로 인정받았다. 셰익스피어, 괴테에 버금가는 작가들을 한 세기에 수십 명씩 배출한 이 전통은 프랑스를 일명 '문학 공화국'으로 불리게 했다. 모든 정치가들이 글을 쓰고, 거리 어디서나 책을 읽는 모습을 볼 수 있는 나라가 프랑스이다. 프랑스 인들이 세계에 내세우는 제1의 문화유산이 바로 프랑스어라는 사실은 그들의 삶이 얼마나 언어에 의존해 있는지를 일러준다. 센느 강변에 길게 늘어선 부키니스트라 불리는 고서적상들 역시 파리 인들의 문학 사랑을 엿보게 한다.

프랑스 문학의 주요 무대는 말할 것도 없이 파리다. 대부분의 작가들이 파리에 살았고 대부분의 문학적 사건들이 파리에서 일어났으며, 파리는 또한 많은 소설과 연극에 등장하는 배경이기도 했다. 작가들은 글을 쓰기 위해 파리로 올라왔고 소설 속의 주인공들은 성공하기 위해 파리로 올라와야만 했다. 문학이 가능하고 그것이 번성하기 위해서는 몇 가지 조건이 필요하다. 파리는 이러한 조건들을 잘 갖추고 있었다.

프랑스 문학의 시기별 특징

12~13세기, 중세 프랑스 문학

[루이 13세 때 창설된 아카데미 프랑세즈(프랑스 한림원). 사전 편찬이 주 임무였다.]

© Photo Les Vacances 2007

12세기에서 13세기의 중세는 프랑스 문학이라고 정의할 수 있는 텍스트가 별도로 있었다고 보기는 힘들다. 당시의 국경은 지금과 같지 않았으며 무엇보다 언어가 지금과 달랐기 때문이다. 또한 당시 문학은 출판과 연결되어 있지 않아 구전 문학이 주를 이루었고, 유랑극단이나 음유시인들이 들려 주는 노래가 문학의 전부였다. 그러다가 숭요한 사건이 일어나는데, 디름 이니라 파리 인근에서 사용하는 말이 궁정의 표준어로 자리를 잡고 파리에 프랑스에서는 최초로 대학이 설립되는 것이다. 이 사실은 프랑스 문학의 미래를 결정하는 중요한 요소였다.

15~16세기, 위마니즘(인문주의)의 시대

15,16세기는 프랑스 문학에서는 흔히 위마니즘Humanisme의 시대로 불린다. 이탈리아에서 일어난 르네상스는 프랑스로 유입되면서 주로 궁정을 중심으로 한 외형적 사조에 머물렀지만 문학에서만은 예외였다. 이 예외는 두 사람의 인문주의자, 프랑

수아 라블레(1483~1553)와 미셸 에퀴엠 드 몽테뉴(1533~1592) 덕에 가능했다. 라블레는 그의 대작, 〈가르강튀아〉와 〈팡타그뤼엘〉을 통해 몰리에르를 거쳐 발자크로 이어지는 풍자와 사회 비판적 리얼리즘의 길을 예비했고, 몽테뉴는 인간 심성에 대한 통찰을 보여 준 〈수상록〉을 통해 프랑스 문학의 전통 중 하나인 모랄리스트의 전통을 세웠다. 라블레는 수도승, 신학자, 의사 등 다양한 직업을 통해 사회상을 풍자하는 장편 연작 소설 〈가르강튀아〉와 〈팡타그뤼엘〉을 발표해 당시 일찍이 인기 작가 반열에 올랐다. 그러나 라블레는 신구교의 대립이 잔혹한 종교전쟁으로 이어지는 상황 속에서 은인자중해야만 했다.

풍부한 어휘, 다양한 기법, 온갖 언어 표현을 구사한 이 대작은 프랑스 르네상스 기의 걸작으로 평가되지만, 작품이 외설스럽고 반종교적이라는 이유로 라블레는 매번 파리 소르본느 대학의 신학자들로부터 금서 판결을 받아가며 몹시 시달리기도 했다. 라블레는 셰익스피어나 세르반테스와 버금가는 프랑스 최대 작가다. 몽테뉴는 그의 〈수상록Les Essais〉을 통해 그 유명한 질문 "나는 무엇을 아는가Que sais-je?(크세 주)"라는 질문을 하며 종교전쟁의 광풍 속에서 인간 내면을 들여다 보는 글들을 남겼다. 프랑스 대학 출판사PUF에서 발행하는 〈크세주 총서〉는 문고본 판형의 백과사전식 총서로, 전 세계적으로 명성을 확보하고 있는 프랑스 출판 산업의 대표선수에 해당한다. 몽테뉴의 책은 파스칼, 라 로슈푸코, 라 브뤼에르 등의 고전주의 모랄리스트들에게 많은 영향을 주었고, 프랑스 문학의 수필풍의 심리 분석이나 산문 형식에 큰 영향을 남긴다. 하지만 두 사람의 활동 무대는 파리가 아니라 리옹, 몽펠리에, 보르도 등 지방이었다. 당시만 해도 파리는 프랑스 왕국의 수도이기는 했지만, 지방 도시들도 파리 못지않은 권력을 갖고 있던 곳이었다. 하지만 두 작품이 출판된 곳이자 가장 많이 읽힌 곳은 역시 파리였다.

17세기, 고전주의

17세기 들어 프랑스 문학은 루이 14세 치하의 절대왕정에 힘입어 고전주의라는 금자탑을 쌓게 된다. 흔히 '르 그랑 시에클르Le Grand Siécle' 즉, 위대한 세기로 불리는 17세기는 초기에는 왕권이 확실하게 자리를 잡지 못한 상황에서 귀족들이 일으킨 프롱드 난 등의 반란으로 혼란스러운 시기였으나, 왕권이 확립된 중반 이후 문학은 다른 분야와 마찬가지로 균형과 절제를 기본 원칙으로 하는 고전주의를 실현하게 된다. 3대 극작가인 코르네이유, 몰리에르, 라신이 등장하고 위대란 모랄리스트들인 라 퐁텐느, 라 로슈푸코, 라 브뤼에르, 그리고 철학자들인 데카르트, 파스칼, 가상디 등이 이 시대의 중요한 작가들이다. 여성 소설가도 등장해 프랑스 고전주의 소설의 백미로 꼽히는 마담 라파이에트의 〈클레브 공작부인〉이 이 시대에 쓰여지기도 한다. 하지만 고전주의 시대 최대의 장르는 대사가 모두 시였던 비극이었다. 대표적인 비극 작가는 코르네이유, 라신이다.

17세기에 주목할 만한 문학적 사건은 루이 13세 때 리슐리외 추기경에 의해 프랑스 한림원인 아카데미 프랑세즈가 창설된 것이다. 1634년에 창설된 아카데미 프랑세즈는 사전 편찬이 주요 임무였고, 이를 통해 명쾌하고 품위 있는 프랑스 어를 가꾸는 데 큰 몫을 했다. 이 외의 문학적 사건들을 들자면 16세기 이탈리아에서 유입된 살롱 문학이 랑부이예 저택을 중심으로 시작되었다는 것과, 고대 작가와 17세기 작가들을 비교하면서 일기 시작한 신구 논쟁을 들 수 있다. 1680년에는 코메디 프랑세즈가 창설되기도 한다.

18세기, 계몽주의

18세기는 철학자들의 시대였고 동시에 프랑스 문학과 철학이 전 유럽에 명성을 떨치기 시작한 시대다. 마담 랑베르, 마담 트냉, 마담 네케르 등의 살롱에는 많은 문인, 철학가들이 모여들었고, 또한 서서히 카페가 문인들의 모임 장소로 두각을 나타내기 시작한다. 절대군주 루이 14세가 숨을 거둔 후 본격적으로 시작된 18세기는, 계몽주의 시대로 문인들이 철학자와 사회 사상가 역할을 겸하던 시대였다. 디드로, 볼테르, 루소 등이 그렇고 초기에 활동했던 몽테스키외 역시 예외가 아니었다. 시대 최대의 업적은 디드로와 달랑베르가 편찬한 〈백과전서〉의 출간이다. 모두 본문 17권에 삽화 11권으로 21년 동안 출간되었다. 판매는 낱권 판매가 아니라 미리 등록해 주문한 자들에게만 한정해서 파는 형식으로 진행되었다. 이 책은 제1권이 나오자마자 금서가 될 정도로 새로운 사상을 담은 흥미로운 책이었다. 프랑스 혁명이 일어나기 전인 앙시엥 레짐 즉, 구 체제 하에서 과학, 기술, 도구 등에 대해 구체적이고 실질적인 지식을 제공하는 것을 목표로 삼았다. 튀르고, 볼테르, 루소, 몽테스키외, 케네 등 당시 프랑스의 대표적 계몽 사상가 184명이 이 사업에 참여했다. 근대적인 지식과 사고방법으로 당시 사람들을 계몽하고 종교적 권위에 대하여 비판직인 태도를 취하였기 때문에 프랑스 혁명의 사상적 배경으로 간주된다.

19세기, 프랑스 소설의 시대

19세기는 프랑스 문학에서 소설의 시대로 불리는 세기다. 시나 비극에 비해 일반적으로 저급한 장르로 취급되어 오던 소설은, 프랑스 대혁명 이후 부르주아 층이 대두하며 급격히 다른 장르들을 압도해 나가기 시작한다. 〈인간 희극〉이라는 방대한 연작 소설을 집필한 발자크, 자아 숭배와 개인주의 문학의 창시자 스탕달, 사실주의에 입각해 투명한 소설 문체를 완성한 플로베르, 그리고 자연주의 계열의 모파상과 졸라 등 이루 헤아릴 수 없이 많은 소설가가 탄생한 시기가 19세기다. 뿐만 아니라 뒤마 부자, 시인이자 극작가이기도 했던 빅토르 위고 등은 가장 인기 있는 대중 작가들이었다. 19세기가 소설의 시대이긴 했지만, 시 역시 라마르틴느, 위고, 뮈세, 비니, 네르발 등 4대 낭만주의 시인과 보들레르 이후 랭보, 베를렌느, 말라르메 등의 상징주의 시인들로 이어지며 풍요로운 창작을 보인다.

베르사유 정원

20세기, 이론과 논쟁의 시대

20세기 문학은 전쟁 문학과 철학 소설이 주를 이룬 문학이었다. 본격적으로 전쟁터를 무대로 한 소설도 있지만, 전쟁 소설은 전쟁으로 인해 황폐화된 세계에 대한 반성이 주를 이루었고, 이는 인간 본질에 대한 성찰로 이어지게 된다. 제1차 세계대전, 스페인 내전, 제2차 세계대전, 원자탄, 냉전 등은 많은 문인들을 참여 작가가 되게 했고 동시에 철학자가 되게 만들었다. 거의 모든 작가들이 이데올로기를 선택해야 했던 세기가 20세기였다고 볼 수 있다. 앙드레 말로, 생 텍쥐페리, 알베르 카뮈 등은 모두 전쟁터에 나가 목숨을 잃거나 참전을 경험했던 작가들이다. 베르나노스, 모리악, 그린 등 가톨릭 작가들 역시 종교적 구원의 문제를 간접적이지만 전쟁과 관련지어 다루게 된다. 소설을 미워했던 초현실주의자 역시 공산주의에 가담하며 이데올로기를 선택했다. 하지만 20세기 최대의 프랑스 소설가는 아마도 마르셀 프루스트일 것이다. 방대한 대하 소설 〈잃어버린 시간을 찾아서〉를 쓴 프루스트는 소설을 자서전, 심리 분석, 예술론, 시대 풍자, 동성애를 비롯한 사랑의 문제 등을 모두 이야기할 수 있는 특수한 공간으로 만들어 놓았다. 소설이 거의 그대로 삶이 되고 삶 역시 소설이 되는 경지에 오른 이 소설은 비단 프랑스 문학만이 아니라, 세계 문학 사상 유례가 없는 작품이다. 20세기는 또한 온갖 문학적 실험이 행해진 시기이기도 하다. 다다이즘과 초현실주의, 누보 로망, 신비평 등이 이를 잘 보여 준다. 이들 문학 분야에서의 실험은, 인접 학문과 연계해 문학을 문화 연구의 한 영역이자 방법론으로 받아들이게 했다. 사회학, 정신분석학, 언어학, 그리고 최근에는 컴퓨터 등이 문학적 실험에 직간접으로 관여하기에 이르렀다.

20세기는 또한 영화의 시대로 영화가 문학에 많은 영향을 끼치게 된다. 이 영향은 상호적인 것으로 문학 역시 영화로부터 테크닉이나 이미지 혹은 장면 설정, 나아가서는 문체 등에 이르기까지 적지 않은 영향을 받았다.

PARIS **SPECIAL**

음 악

[17세기 후반~18세기엔 많은 궁정 음악가들이 베르사유 궁에서 활동하면서 베르사유 악파란 이름이 생겨났다.]

프랑스 음악의 역사

프랑스는 독일, 이탈리아와 더불어 서유럽 음악사에서 중요한 위치를 차지하고 있다. 프랑스 음악의 역사는 멀리 중세 초기부터 시작된다. 중세 초기의 유럽 여러 나라에서는 단성 성가가 성행하고 있었으며, 그 중 프랑스 지방에 있었던 성가를 갈리아 성가라고 한다. 8~9세기에 완성된 이 갈리아 성가는 프랑스가 교회 성가의 중심지로 발전하는 데 크게 공헌한다. 이러한 교회 음악의 중심지로서 프랑스 각지에 흩어져 있는 수도원에서는 네우마 기보법(記譜法)을 비롯한 음악 이론 연구가 성행했다.

중세 후기에는 남프랑스와 북프랑스 두 지방을 중심으로 음유시인들의 활동에 힘입어 음악이 발전한다. 남프랑스를 무대로 한 트루바두르와 북프랑스의 트루베르는, 그 대부분이 기사 계급에 속하는 사람들로 단선율의 가곡 형식으로 연애담과 신앙 등 인간 생활의 중요한 테마를 노래했다.

당시 유럽 각지에서는 폴리포니라 불리는 다성악이 발달하고 있었고 이 방면에서도 프랑스는 큰 역할을 한다. 12세기 후반에 이르러 리모주에 있던 생 마르샬 수도원을 중심 무대로 하여 생 마르샬 악파가 형성되고, 후에 파리에 있던 노트르담 악파가 그 활동을 이어받아 다성악의 발전에 크게 기여했다. 13세기 말까지 계속된 이 악파의 대표자로는 레오니누스와 페로티누스가 꼽히며 이 두 사람을 중심으로 오르가눔, 콘둑투스, 모테투스 등의 삼성부, 사성부 악곡이 매우 활발하게 작곡되어 미사곡과 모테 등이 만들어졌다. 한편 세속 음악 분야에도 적극적인 관심을 나타내어 론도, 발라드 등의 악곡이 등장했으며, 이 시대에는 이탈리아에서도 프랑스와 나란히 음악 활동이 매우 성행하였다.

오늘날에는 13세기의 음악을 오래된 예술이라는 뜻의 아르스 안티콰, 14세기의 것을 새로운 예술이란 뜻의 아르스 노바라고 부른다. 르네상스 시대에는 플랑드르 지방에

[대형 오르간이 있는 노트르담 성당. 노트르담에선 크고 작은 음악 공연이 열리기도 한다.]

서 이탈리아에 걸친 지역에서 음악 활동이 활발하게 전개되었으며, 그 중에서도 프랑스의 역할은 매우 중요했다. 르네상스 초엽에는 한때 프랑스 왕국을 넘볼 수 있는 세력을 확보한 부르고뉴 공국의 수도 디종을 중심으로 한 부르고뉴 악파의 활약이 대단하여 뒤페 같은 훌륭한 음악가가 탄생하기도 했다. 그리고 이 악파의 직접적인 영향을 바탕으로 플링드르 악피가 형성되었다. 이 악파는 15~16세기에 걸쳐 세계적인 대규모의 악파를 이루어 다성악의 정점을 구축하였으며, 이 악파에서도 역시 프랑스 계 음악가들의 역할은 매우 컸다. 이 시기에는 미사곡이나 모테 등의 종교적 악곡 외에도 샹송이라는 세속적 가곡이 많이 작곡되어 세르미시, 잔느캥 등의 뛰어난 작곡가를 탄생시켰다. 17~18세기는 음악사상 일반적으로 바로크 시대로 불린다. 루이 14세 치세 말기인 17세기 후반부터 18세기에 걸쳐 파리 근교에 있는 베르사유 궁에서 궁정 음악가들이 많이 활동해 베르사유 악파라는 이름이 쓰이기도 한다. 이 시대에는 궁정 발레, 궁정 오페라 등이 발달하여 그 양식이 완성되었으며, 그 외에도 베르사유 악파는 르네상스 이후 기악의 육성에도 힘을 기울여 피아노의 전신인 하프시코드의 독주곡, 실내악곡, 협주곡 등이 작곡되었다. 이 궁정 음악은

오페라 갸르니에

교회 음악, 축전 음악은 물론이고 군악 등 야외 음악에까지 영향을 미친다. 이 시대를 대표하는 프랑스의 음악가로는 륄리, 쿠프랭, 라모 등이 있다.

18세기 후반에는 이탈리아 오페라와의 우열을 논한 '부퐁 논쟁'을 계기로 전통적인 비극적 오페라 이외에 오페라 코믹이라는 새로운 장르가 탄생하였다. 19세기에 들어서면서 엑토르 베를리오즈를 중심으로 낭만주의 음악이 태동하기 시작한다. 베를리오즈는 강렬한 예술가적 개성과 음악적인 표현 능력을 통해 표제 음악을 창시하고 오페라 등을 작곡했다. 프랑스 음악이 독자적인 스타일을 찾게 되는 것은 19세기 후반의 일이다. 이는 생상스에 의해서 1871년에 설립된 국민 음악 협회의 활동과 그 모토인 '아르스 갈리카(프랑스 예술)'에 단적으로 나타나 있다. 비제의 오페라 〈카르멘〉 등이 작곡되는 것이 이때다.

이러한 경향은 포레 등의 노력을 통해 20세기 초엽 화려하게 전개되는데, 이를 더욱 발전시킨 음악가는 드뷔시와 모리스 라벨이었다. 드뷔시의 이른바 인상주의 음악은 19세기를 지배하고 있던 독일 낭만파의 음악을 극복해 새로운 음악 세계를 창조한 것이며, 이를 통해 프랑스 음악은 제3의 황금기를 맞게 된다. 드뷔시와 특이한 음악가 사티를 스승으로 숭앙했던 '6인조(오리크, 뒤레, 오네게르, 미요, 풀랑크, 타유페르)'는 제1차 세계대전 후의 혼란했던 시기에, 이전의 낭만파나 인상주의 음악을 비판하면서 선율이나 대위법으로의 복귀 등의 이상을 내걸었다. 이어서 사티의 주위에 모인 음악가들이 아르쾨유 악파(소게, 디졸미엘 등)를 형성했으며 1930년대에는 '젊은 프랑스(메시앙, 졸리베, 다니엘, 보들리에)'가 결성된다. 그 중에서도 메시앙은 새로운 표현 수단을 찾아 나서면서 프랑스 작곡계의 제1인자로서의 위치에 오른다. 전후의 프랑스 음악계는 매우 다양한 움직임을 보이고 있어 통일된 모습을 파악하기란 어려운 일이다. 프랑스 음악의 고전적인 전통을 지키려는 경향이 강한 반면 전위적인 방향의 모색도 12음주의를 비롯하여 전자음익 등에 걸쳐 다양하게 진행되고 있다.

연극 · 오페라

[오페라 갸르니에. 히틀러가 좋아했던 건물로도 유명하다.]

파리에는 200여 개에 달하는 연극 전용 극장과 3개의 오페라 하우스가 있다. 지금은 발레 전문 무대가 되어 있는 파리 오페라 갸르니에 홀, 샤틀레 음악홀, 샹젤리제 극장, 샤이오 극장 등은 대부분 19세기와 20세기 초에 건축된 건물들이다. 영화가 발명되기 이전의 대중 집회 장소로서, 또 고급 문화의 전당으로서 명성을 누렸던 곳들이다. 지금도 그 명성은 여전히 이어지고 있다. 1989년 개관해 정명훈이 상임 지휘자를 맡기도 했던 2,700석 규모의 바스티유 오페라 하우스도 이 중 하나다.

가장 중요하고 가장 아름다우며 동시에 가장 물의를 일으키기도 했던 곳은 물론 파리 오페라 갸르니에 홀이다. 히틀러가 가장 좋아했던 건물로도 유명한 파리 오페라 하우스는 샤를르 갸르니에의 설계안에 따라 1875년에 완공된다. 새로운 오페라 하우스를 짓게 된 동기는 당시 프랑스를 통치하고 있던 나폴레옹 3세의 암살 기도 사건이었다. 1858년 1월 오페라 광이었던 황제는 오페라를 보러 갔다가 한 이탈리아인이 던진 폭탄에 하마터면 목숨을 잃을 뻔 한다. 예전 오페라 홀이 있던 장소는 작은 골목길에 숨어서 다가오는 마차에 폭탄 등을 던지기 쉬운 환경이었다. 이 일이 있은 후 새로운 오페라 홀 건설이 결정되었다. 특히 황제가 직접 마차를 타고 오페라 안으로 입장할 수 있도록 오페라 뒤편에 마차 출입이 가능한 황제 전용 계단과 문이 건설된다. 하지만 무엇보다 황제에 대한 암살 사건 이후 오페라 하우스를 지으면서 주변의 모든 골목길을 없애고 대로를 내는 공사가 대대적으로 진행된다. 이른바 그 유명한 오스만 남작의 파리 재개발 사업이다. 보들레르를 비롯한 많은 시인, 예술가들이 못마땅해했지만 이미 공사는 시작되었고, 골목에 모여 살고 있던 가난한 시민들은 산동네인 몽마르트르 언덕으로 쫓겨가게 된다. 이런 사연이 있었지만, 어쨌든 파리 오페라 하우스는 세계에서 가장 아름다운 건물 중 하나로 기록되었다. 이른바 19세기 중엽 절충주의 양식의 영향을 받아 모든 건축 양식 중 가장 아름다운 요소들로만 지어진 건물인데다가, 19세기 말 부르주아의 호사 취미를 반영해 실내 장식 역시 최고급 자재로 디자인을 했기 때문이다. 갸르니에는 모나코의 카지노를 설계한 사람이기도 하다. 1752년에는 오페라 코미크가 건설되어 전설적인 여가수 파바르의 노래를 들을 수 있었다. 아직도 이 건물은 여가수의 이름을 따 파바르 홀로 불린다.

19세기 중엽에는 오페라 이외에도 샤틀레 광장에 두 개의 대형 연극홀이 세워진다. 지금은 샤틀레 음악당, 파리 시립 극장이 된 서로 마주 보고 있는 이 건물은 라신극의 명배우 사라 베른하르트 등이 인기몰이를 하던 곳이었고 스트라빈스키의 〈불새〉 등이 초연된 곳이기도 하다. 양 극장 모두 2,500명의 관객을 수용할 수 있는데, 19세기 중반의 연극에 대한 인기를 짐작할 수 있다. 이런 대형 극장의 출현은 19세기 초 이른바 보마르쉐 등을 중심으로 한 반체제 연극이나 대중적인 소극 등이 점차 사라져 가는 추세를 반영하기도 한다.

20세기 초에 들어서자 파리 극장들이 샹젤리제 가 같은 번화가에 들어서기 시작한다. 대표적인 예가 1913년에 문을 연 샹젤리제 극장인데 부르델, 뷔아르, 모리스 드니 등의 조각과 벽화 등 유명 예술가들의 장식 작품으로 더 많이 알려져 있다. 재불 피아니스트 백건우 씨도 이곳에서 종종 콘서트를 갖곤 한다. 20세기 초 리하르트 스트라우스, 파가니니, 바이로이트 오페라 등이 이 무대에 섰다.

아비뇽 연극제를 창설한 장 빌라르는 에펠 탑이 내려다 보이는 샤이오 궁 내의 샤이오 극장을 사용해 민중 극단을 운영했다. 한편 19세기 말부터 새로운 연극을 꿈꾸었던 자유 극장의 정신을 이어받은 루이 주베, 코포, 바티, 될랭, 피토예프 등은 20세기 중엽까지 비외 콜롱비에, 아틀리에 극장 등에서 실험적인 무대를 올렸다.

1989년 개관한 바스티유 오페라 하우스 이외에도, 1996년 문을 연 시립 극장 별관, 1988년 개관한 라콜린느 국립 극장 등도 작은 규모지만 최신 설비와 현대적인 실내 장식을 갖춘 연극 전용 극장들이다. 골목마다 작은 카페 테아트르가 있고 아직도 명성을 유지하고 있는 오데옹 극장, 코메디 프랑세즈 등 크고 작은 연극 전용 극장들은 프랑스가 연극의 나라임을 잘 일러준다.

카페 레 되 마고

PARIS
SERVICES

Eating & Drinking 128

Accommodation 150

Shop & Services 158

Entertainment 172

LES **VACANCES**

Eating & Drinking

파리의 레스토랑, 카페, 바 & 나이트, 호텔, 쇼핑 등의 위치는 파리 〈SIGHTS〉의 각 구역별 지도에서 확인할 수 있다. 보다 다양한 리스트와 자세한 정보는 레 바캉스 웹사이트에서 얻을 수 있으며, 레 바캉스에서 자체 제작한 상세 지도를 통해 각각의 정확한 위치를 파악할 수 있다.

| 레스토랑 |

패스트푸드점을 제외하면 파리 레스토랑은 점심 12시부터 오후 2시 30분까지, 저녁은 7시부터 10시 30분까지만 영업을 한다. 레스토랑에서는 점심과 저녁식사만 팔기 때문에 아침식사를 할 수 없다. 아침식사 시간이나 레스토랑이 문을 닫는 시간에는 카페를 이용하면 된다. 고급 식당일수록 예약이 필요하다. 파리에는 세계 각국의 레스토랑이 모두 영업을 하고 있어, 한식과 일식은 물론이고 동남아 레스토랑도 많다. 특히 중국 식당은 거의 골목마다 한두 개씩 있다고 할 정도로 많다. 볶음밥이 먹고 싶을 때는 아무 중국 식당이나 들어가 간단한 수프 한 접시와 리 캉토네(광동식 볶음밥이라는 뜻)를 주문하면 된다. 대부분의 레스토랑이나 카페에서는 오늘의 메뉴라고 해서 별도로 파는 식사가 있는데, 뭘 먹어야 좋을지 모를 때는 이 '플라 뒤 주르Plat du Jour'를 먹으면 된다. 대개 감자튀김을 곁들인 소고기 스테이크와 전식으로 야채 샐러드가 제공된다. 애피타이저와 후식은 모두 포함되어 있지만 포도주는 별도로 주문해야 한다. 물 또한 별도로 사서 마셔야 하는데, 이 경우 "윈느 카라프 도, 실부플레."라고 하면 물병을 하나 갖다 준다. 식당에서는 유리병에 담긴 물만 팔게 되어 있고 페트병은 가게에서만 판다. 식당에 물이나 술을 사가지고 들어가는 것은 피해야 한다. 이외에 이탈리아 광장이란 뜻의 플라스 디탈리 인근에는 베트남 쌀국수 전문점도 많아 따뜻한 국물이 먹고 싶을 때 이용할 수 있다. 최고급 만찬이 아닐 경우 복장은 그리 문제가 될 것이 없지만, 고급 레스토랑에서 저녁을 먹을 때는 반바지 차림은 삼가는 것이 좋다. 햄버거 말고 프랑스 어로 상드위치라고 하는 프랑스 식 샌드위치를 먹어 보는 것도 좋은 경험일 것이다. 딱딱한 바게트 반 토막을 옆으로 갈라 그 사이에 야채, 햄, 소스 등을 넣어 주는데 들고 다니며 먹을 수도 있다.

파리에서의 아침식사와 간식

프랑스 인들은 대개가 바나 카페 혹은 가정에서 핫 초콜릿이나 커피에 크루아상, 초콜릿 빵, 바게트 등으로 아침식사를 한다. 예전에는 호텔에서 먹고 싶은 만큼의

© Photo Les Vacances 2007

[파리에는 미식가들의 입맛을 사로잡는 레스토랑이 즐비하다.]

© Photo Les Vacances 2007

[대부분의 레스토랑은 아침에는 문을 열지 않으므로 이때는 카페를 이용한다.]

크루아상이나 브리오슈(둥글게 부푼 모양에 작은 꼭지가 달린 빵)를 아침식사로 즐길 수 있었지만, 요즘은 빵과 잼, 커피 또는 차를 5유로 정도의 돈을 받고 제공한다. 대부분의 호텔에서는 바 카운터에 크루아상과 삶은 달걀을 09:00~10:00까지 진열해 둔다. 먹은 만큼 청구되므로 유의하도록 한다.

점심시간에는 카페에서 오늘의 요리를 7~12유로 선에서 먹을 수 있다. 간단하게 요기할 수 있는 크로크 므슈Croques-Monsieur 혹은 크로크 마담Croques-Madame(구운 치즈 샌드위치)은 관광 도중에 허기진 배를 채우기에 안성맞춤이다. 이외에도 브라스리나 길가 노점상에서 감자튀김과 크레프(팬케이크), 아이스크림과 다양한 바게트 샌드위치(4~5유로 선, 테이크 아웃)를 간식거리로 즐길 수 있다.

식사

레스토랑과 브라스리Brasserie는 음식의 질이나 가격대 면에서는 별 차이가 없으나 영업방식에는 차이가 있다. 브라스리는 카페와 비슷하여 영업시간 내내 음식을 주문하고 빨리 먹을 수 있는 반면, 레스토랑은 대체로 12:00~14:00와 19:00~

21:30 또는 22:00 사이에만 음식 주문을 받는다. 또한 21:00 이후엔 알 라 카르트 À la carte(단일 음식)만 준비된다. 알 라 카르트는 세트 메뉴를 먹는 것보다 비싸다. 성수기 관광 명소 근처 레스토랑이라면 당일이라도 예약을 하고 이용하길 권한다. 주머니가 가벼운 여행객이라면 레스토랑 바깥에 게시되어 있는 가격을 살펴보고 므뉘 픽세Menus Fixés(오늘의 요리의 다른 표현으로, 값이 정해져 있다는 뜻)를 먹는 것도 괜찮다. 기본적으로 스테이크와 감자튀김 또는 치킨과 감자튀김 등 같은 요리가 번갈아 가면서 테이블에 오른다.

프랑스 코스 요리 순서는 샐러드(가끔은 생 야채), 메인 요리, 치즈, 디저트(커피 등)이다. 세르비스 콩프리Service Compris(S.C.로 표기)는 서비스료(봉사료)가 포함되어 있다는 뜻이다. 세르비스 농 콩프리Service Non Compris(S.N.C)가 표기되어 있을 경우에는 추가로 15%를 더 내야 한다. 와인이나 음료는 오늘의 메뉴에 포함되어 있을 때도 있다. 하우스 와인을 주문할 때에는, 엥 꺄흐Un Quart(0.25ℓ)나 드미리트르Demi-Litre(0.5ℓ), 또는 윈느 꺄라프Une Carafe(1ℓ)를 주문하면 된다. 가격이 부담스러울 경우에는 테이블 와인Vin de Table을 달라고 하면 된다. 프랑스의 많은 레스토랑에는 어린이 할인 메뉴가 있고, 어린이를 위해 게임이나 장난감을 마련한 곳들도 있다. 또한 웨이터나 웨이트리스를 부르고 싶을 때에는 갸르송Garçon 보다 므시유Monsieur, 마담Madame, 젊은 여성이면 마드무아젤Mademoiselle로 부르는 것이 올바른 표현이란 걸 알아두자.

음료 (와인, 칵테일, 커피 및 기타)

프랑스의 모든 바와 카페는 가격표를 게시하고 있다. 음료는 바에서 마시는 것이 가장 저렴하며 테라스나 카페 테이블에서 앉아서 마시면 가격이 올라간다. 계산은 나갈 때 하면 된다. 세계인들이 좋아하는 와인의 대부분은 프랑스 산 와인이다. 그만큼 와인에 대한 자부심이 강한 프랑스 인들은 매 식사 때마다 와인을 즐긴다. 와인은 빛깔과 제조 공정에 따라 분류되는데 프랑스에서 레드 와인은 루즈Rouge, 화이트 와인은 블랑Blanc, 로제 와인은 로제Rosé, 스파클링 와인은 무스Mousseux라고 부른다. 또한 와인은 당도에 따라 브뤼Brut(매우 드라이함), 세크Sec(드라이함), 드미 세크Demi-Sec(스위트), 두Doux(매우 스위트) 등으로 나뉜다. 간혹 둥근 와인잔Un Ballon과 작은 와인잔Un Verre 중 선택할 수 있는 레스토랑과 바도 있다. 피쳐Un Picher는 대체로 0.25리터이고 와인 한 잔은 바에서 약 6.50유로로 정도다. 프랑스에선 와인등급을 원산지 명칭 통제 제도AOC에 따라 나누고, 대략 2유로에서 20유로 사이의 다양한 와인을 판매한다. 보통 5유로 정도면 맛과 향이 괜찮은 와인을 고를 수 있다. 일반 레스토랑에서 판매하는 테이블 와인도 저렴하고 마실 만하다. 입맛을 높이고 싶다면 고급 와인을 권하는데, 10유로 이상 지불하면 구입할 수 있다. 그러나 고급 레스토랑에서는 와인 하나만으로도 한 끼 식사 계산서의 절반이 넘을 수도 있으니 주의하자.

와인을 구입하는 가장 좋은 방법은 직접 포도 재배자를 통해서, 혹은 Maison du Vin(메종 뒤 뱅)이나 Syndicats du Vin(와인 생산자 단체), Coopératifs Vinicoles(와인 생산자 협력 단체)에서 사는 것이다. 이 곳에선 구입하기 전에 와인 시음을 할 수 있다. 그리고 시음하기 전에는 몇 병 정도 구입 의사가 있는지 전달하는 것이 좋다. 실컷 마시고 사지 않는 것은 누구나 달가워하지 않는다. 간혹 도시 슈퍼마켓에서 와인을 구입하는 것이 농장에서 직접 사는 것보다 저렴한 경우도 있으니 유심히 살펴보길 권한다.

벨기에와 독일산 맥주, 또 알자스 지역의 프랑스 맥주는 프랑스에서 마실 수 있는 최고의 맥주다. 맛을 보면 이들 맥주가 유럽에서 왜 유명한지 알 수 있을 것이다. 생맥주는 커피와 와인을 제외하고 가장 값싸게 마실 수 있는 음료다. 엥 프레씨옹 Un Pression 또는 엥 드미Un Demi(0.33ℓ)를 주문하면 된다. Demi 가격은 3.50유로 정도이다. 유럽의 다양한 종류의 생맥주와 병맥주를 마셔 보고 싶다면 시내에 위치하고 있는 영국 스타일의 펍을 찾아가면 된다. 그러나 이곳에서는 작은 병맥주가 카페에서 마실 수 있는 Demi의 가격보다 두 배 이상 높다는 것을 기억해둔다. 칵테일은 바나 디스코텍 또는 카페에서 마실 수 있으며 대략 7유로 정도의 비용을 예상하면 된다. 카페에서는 설탕을 넣어 만든 달콤한 살구 주스를 비롯하여 각종 과일주스를 즐길 수 있다. 직접 즙을 내서 만든 과일주스는 더운 날 오후 목을 축이는 데 그만이다. 이외에도 콜라, 레모네이드 등 일반적인 음료들을 즐길 수 있다. 카페에서 마시기가 부담된다면 슈퍼마켓의 소프트 드링크 코너에서도 무가당 과일주스를 저렴한 가격에 구입할 수 있다. 커피는 에스프레소(작은 잔에 나오는 진한 커피)로, 엥 카페Un Café나 엥 에스프레소Un Espresso라고 주문하면 레귤러 사이즈의 에스프레소를 갖다 준다. 엥 그랑 카페Un Grand Café는 라지 사이즈, 엥 크렘Un Crème은 우유를 넣은 것이다. 아침에는 카페오레를 마시는 것이 좋고, 일반 차로는 립톤 티Lipton Tea를 추천한다. 차는 보통은 블랙으로 서빙되며, 요구하면 레몬 조각이나 우유를 준다. 핫 초콜릿는 프랑스 카페 어느 곳에서나 마실 수 있으며 프랑스 음식과도 잘 어울린다.

패스트푸드

프랑스에 맥도날드가 모습을 보인 것은 30년 전의 일이다. 패스트푸드지만 저렴한 편은 아니다. 이는 주로 파리를 찾는 외국인들 때문이라고 한다. 파리를 여행 중이라면 프랑스 스타일의 간단한 식사인 상드위치(샌드위치)를 먹어 볼 것을 권한다. 급히 한 끼를 때워야 하는 여행 중의 식사라 할지라도, 이왕이면 센느 강이나 에펠탑 등 근사한 유적지를 보면서 프랑스 바게트로 만든 상드위치를 맛보는 것도 좋은 추억이 될 것이다. 특히 카르티에 라탱 지역에 위치하고 있는 그리스 식 샌드위치 전문점과 대로변에 많은 프랑스 식 샌드위치 체인인 폼므 드 팽Pomme de Pain을 추천한다. 프랑스에 대해서 가장 잘못 알려진 사실 중 하나가 '프랑스 사람들은

2~3시간에 걸쳐 오래 식사를 한다'는 것이다. 물론 프랑스 식 정통 풀코스는 2시간을 예상해야 한다. 그러나 요즈음의 파리지엥들은 30분만에도 식사를 하며 바쁜 현대를 살아간다. 파리의 유명 관광지나 박물관 등에는 관람 후 또는 그 전에 간단히 들러 식사를 할 수 있는 곳이 많이 생겼다. 예를 들어 루브르 박물관에는 20여 개가 넘는 패스트푸드점이 들어섰다. 루브르 박물관이 소장한 명작품을 감상하고 가슴과 머리를 가득 채웠다면, 박물관을 둘러보느라 허기진 배는 박물관 안 카페에서 채울 수 있다.

[패스트푸드 체인인 폼므 드 팽. 프랑스 식 샌드위치를 맛볼 수 있다.]

© Photo Les Vacances 2007

[CHECK]

파리에서의 패스트푸드 및 간단한 식사

■ 폼므 드 팽Pomme de Pain 체인점 위치
- 1, rue Pierre Lescot 75001 • ☎ (01)4039-9463
- 76, rue de Rivoli 75004 • ☎ (01)4278-5729
- 10, rue de Lafayette 75009 • ☎ (01)4770-5847
- 30, boulevard Saint-Michel 75006 • ☎ (01)4051-8634
- 50, avenue des Champs-Élysée 75008 • ☎ (01)4495-7114

오르세 박물관도 2층에 식당이 운영되고 있고, 로댕 박물관도 박물관 정원에 패스트푸드 식당이 있다. 단 베르사유 궁전은 궁전 내부에 식당이 없고, 정원 중간 아폴론 분수 근처로 가야 간단한 식사를 할 수가 있다. 특히 이런 곳에서는 프랑스 식 케이크(가토Gateaux)를 간단한 차나 커피와 곁들여 즐길 수 있다. 커피를 주문할 때에는 에스프레소인지, 아메리칸 스타일인지를 분명히 말해야 한다. 그냥 커피를 달라고 하면 한약같이 쓴 에스프레소를 갖다 준다. 아메리칸 스타일은 물을 많이 탄 커피라는 뜻의 카페 알롱제라고 한다.

한인식당

파리에는 35개 정도의 한인식당이 있다. 유럽의 도시들 중 가장 많은 한인식당이 있는 곳이 파리다. 요리 수준이나 실내 분위기 역시 가장 좋다는 평을 듣고 있다. 파리의 한인식당은 요리의 나라 프랑스에 있어서인지 한국인 못지않게 프랑스 인을 비롯한 외국인도 많이 찾는다. 불고기, 갈비, 김치, 구절판 등은 외국인들이 즐기는 고급 메뉴다. 여름에는 냉면도 맛볼 수 있을 정도로 메뉴가 다양하다. 한국인들을 위해서는 김치찌개, 된장찌개는 물론이고 자장면을 맛볼 수 있는 곳도 있다. 프랑스에 있기 때문인지 전식, 본식, 후식의 순서를 따라 식사를 하곤 하지만 한국에서처럼 본 식사만 주문해도 무방하다. 다만 와인을 비롯한 주류를 지참하는 것은 한국에서도 그렇듯이 결례다. 한국 음식과 잘 어울리는 좋은 와인을 추천받아 즐길 수도 있는 기회를 누려보기 바란다. 대부분의 한인식당들이 모두 일정 수준에 올라가 있지만, 프랑스의 유명한 가이드 북인 〈루타르Routard〉에도 소개된 바 있는 소르본느 대학 뒤편의 한림식당을 우선 추천한다. 이 일대는 파리에서 가장 오래된 시가지로 16세기 때 라블레 등의 문인들이 드나들던 선술집 등이 있던 곳이다. 지금은 소르본느, 팡테옹, 생트 주느비에브 도서관 등 파리의 중요한 교육기관과 도서관들이 모여 있는 곳이다. 한림식당은 일본인 손님이 특히 자주 찾는 곳인데, 닭날개 튀김, 냉채가 일품이며 설렁탕, 김치찌개, 자장면도 맛있다. 고향의 맛을 즐길 수 있어서인지 많은 사람들이 다시 찾곤 한다.

에펠 탑에서 군사 학교 쪽으로 나 있는 광장 왼편 골목에 위치한 사모식당은 상사 주재원이나 유학생들에게 인기가 높은 한인식당이다. 메뉴가 가장 다양하고 요리 질도 서울의 여느 한국 식당 못지않다. 프랑스 친구에게 한식 맛을 보여 주길 원한다면 사모로 안내하는 것도 괜찮은 방법이다. 역시 에펠 탑 인근에 있는 우정식당도 권할 만하다. 우정식당은 파리 한인식당 중에서 가장 실내 분위기가 화려하고 음식의 질도 수준급이다. 대신 그만큼 가격도 비싸다. 바이어 접대나 프랑스 인들을 정식으로 초청할 때 이용하면 제격인 식당이다. 위에서 언급한 세 식당은 예약을 해야 한다. 한림식당은 월요일은 휴무이고 화요일에는 점심식사를 하지 않으며 사모식당은 토요일, 우정식당은 일요일에 휴무다. 일식과 한식을 함께 맛볼 수 있는 곳으로는 스시하쿠 식당이 있다.

▶ **한림** [R-192] [1구역 지도/I-9]
- 6, rue Blainville 75005 • ☎ (01)4354-6274 • 월요일 휴무

▶ **아리랑** [R-185] [3구역 지도/J-7]
- 6, place du Marche Sainte-Catherine 75004 • ☎ (01)4277-1626
- 한국인을 위한 한식당이 아니라 외국인을 위한 한식당이 더 적절한 표현이다. 한식 메뉴는 다양하지 않고 불고기 위주로 메뉴가 구성되어 있다.

▶ **사모** [R-183] [6구역 지도/E-7]

- 1, rue du Champ-de-Mars 75007 • ☎ (01)4705-9127 • 토요일 휴무

▶ **스시하루** [R-184] [6구역 지도/E-10]

- 18, rue Blomet 75015 • ☎ (01)4056-0170 • 일요일 휴무

▶ **우리** [R-187] [6구역 지도/C-8]

- 5, rue Humblot 75015 • ☎ (01)4577-3711 • 일요일 휴무

▶ **우정** [R-188] [6구역 지도/C-7]

- 8, boulevard Delessert 75016 • ☎ (01)4520-7282 • 일요일 휴무

레스토랑 리스트

■■▥ **1구역 – 노트르담 성당**

▶ **Le Loir dans la Théière**
르 루아르 덩 라 테이에르 (살롱 드 테, 프랑스 식) [R-31] [J-7]

- 3, rue des Rosiers 75004(마레 지구 위치) • ☎ (01)4272-9061
- 지하철 St-Paul 역 • 월~금 11:00~19:00(주말 10:00~19:00)
- 오늘의 요리 13~14유로, 선택 메뉴 17유로 선, 아침 겸 점심(브런치) 17유로
  와 22유로(주말), 타르트 20유로, 차+디저트 10유로 선(점심시간에는 식사가
  가능한 살롱 드 테 • 시금치 파이(투르트, 파이처럼 생긴 가염된 둥근 과자
  로 뜨겁게 데워 앙트레로 먹음)를 맛보도록 한다. 케이크 류(사과, 호두, 계피
  케이크), 차, 샐러드 류가 준비되어 있다.

▶ **La Tour d'Argent** 라 투르 다르장 (프랑스 식) [R-36] [I-8]

- 15-17, quai de la Tournelle 75005 • ☎ (01)4354-2331 / F (01)4407-1204
- 지하철 St-Michel 혹은 Pont Marie 역 • 화~일 12:00~13:15, 19:30~21:00
- 메인 코스 65~100유로 선, 점심 정식 65유로 선으로 즐길 수 있다.
- 센느 강과 노트르담의 아름다운 전망을 감상할 수 있다. 투르 다르장은 비록
  조금 퇴색되기는 했지만, 1582년부터 지금껏 같은 자리를 지켜온 오랜 전통
  의 레스토랑이다. 프랑스의 극작가이자 소설가 뒤마의 작품 속에서 등장하기
  도 한 레스토랑. 오리고기 요리가 훌륭하다. 꿩고기와 꼬치에 끼운 고기 완자
  요리 등을 추천한다.

▶ **Brasserie Lipp** 브라스리 리프 (프랑스 식) [R-55] [G-8]

- 151, boulevard Saint-Germain 75006
- ☎ (01)4548-5391 / F (01)4544-3320
- 지하철 St-Germain-des-Prés 역 • 07:00~02:00
- 풀코스 평균 50유로 선, 카페오레 5유로 • 1880년 오픈한 파리에서 가장

유명한 브라스리. 1920년대 이후로 수많은 유명인사들이 이곳을 다녀갔다. 인민 전선을 이끌었던 정치가 레옹 블룸Léon Blum, 소설가 프랑수아 모리악 François Mauriac, 정치가 조르주 퐁피두George Pompidou 등이 이곳을 다녀갔다. 프랑수아 미테랑도 이곳의 단골 고객이었다. 1900년대를 연상시키는 고풍스러운 인테리어. 알자스의 양배추 절임 요리인 슈크루트를 추천한다. 와인 류는 비싼 편이다. 보르도 산 와인을 권한다. 예약은 받지 않는다.

▶ La Méditerranée 라 메디테라네 (프랑스 식) [R-58] [H-8]

- 2, place de l'Odéon 75006 · ☎ (01)4326-0230 / F (01)4326-1844
- 지하철 Odéon 혹은 RER-B Luxembourg 역 · 매일 점심, 저녁 오픈
- 정식(전채요리+본식, 본식+디저트) 30유로, 선택식 메뉴 45~55유로
- 피카소, 샤갈, 만 레이, 희극 배우 채플린, 영화 감독 오손 웰즈 등이 이곳을 다녀갔다. 장 콕토의 리토그라피(석판화)를 비롯, 프레스코화 장식이 인상적이다. 해산물 요리 전문으로 오데옹 극장 맞은편에 위치한다. 마요네즈 소스의 일종인 타르타르 소스를 곁들인 참치 요리, 고추를 넣은 오징어 요리가 훌륭하다.

▶ La Crêperie des Canettes-Pancake-Square
라 크레프리 데 카네트 팬케이크 스퀘어 (프랑스 식) [R-60] [G-8]

- 10, rue des Canettes 75006 · ☎ (01)4326-2765
- 지하철 Mabillon 혹은 St-Germain-des-Prés 역 · 12:00~16:00, 19:00~24:00 · 일, 월 저녁 휴무. 8월과 크리스마스~1월 1일 사이 한 주간 정기 휴무 · 정식 12유로 선(크레프, 호두가 들어간 샐러드, 사과주 한 잔), 선택 메뉴 13~17유로 선 · 바닷가에 온 듯한 느낌. 바삭바삭한 크레프와 케이크가 훌륭하다. 가격 대비 만족스러운 편이다. 항상 사람들로 붐비므로 조금 일찍 와서 식사를 하도록 한다. 오후 시간에는 찻집으로 바뀐다.

▶ Chez Clément 쉐 클레망 (프랑스 식) [R-62] [H-8]

- 9, place Saint-André des Arts 75006 · ☎ (01)5681-3200
- 지하철, RER-B St-Michel Notre-Dame 역 · ~01:00 · 점심, 저녁 정식 20유로 정도(구이 요리), 선택 메뉴 30유로 선, 해산물 모듬 요리 20~35유로
- 생 미셸 분수에서 가깝다. 그늘이 드리워진 테라스가 있다. 구이 요리 정식은 신선한 샐러드와 전채요리로 타불레나 생굴이 제공된다. 타불레는 갈은 밀, 쿠스쿠스, 파슬리, 바하, 양파, 잘게 썬 투마토 등에 올리브 기름과 레몬즙을 쳐서 만드는 시리아-레바논 식 요리이다. 본식인 구이 요리로는 소고기, 오리 고기 혹은 연어를 선택할 수 있다. 집에서 만든 감자 퓌레가 곁들여져 나온다. 추천할 만한 곳이다.

▶ Chez Germaine 쉐 제르맨느 (프랑스 식) [R-73] [F-9]

- 30, rue Pierre Leroux 75007 · ☎ (01)4273-2834
- 지하철 Duroc 혹은 Vaneau 역 · 12:00~14:30, 19:00~21:30
- 토 저녁, 일 휴무. 8월 정기 휴무 · 점심 정식 12유로 선, 저녁 정식 15유로 선
- 시골풍의 편안한 분위기. 센느 강 좌안에 위치한 레스토랑 중에서 가격 대비 만족스러운 편. 샐비어를 넣은 돼지고기구이, 사과 클라푸티(밀가루, 우유, 계란, 과일을 섞어 구운 과자)를 추천한다.

▶ Pied de Cochon 삐에 드 코숑 (프랑스 식) [R-1] [H-6]

- 6, rue Coquillière 75001 • ☎ (01)4013-7700 / F (01)4013-7709
- www.pieddecochon.com • 지하철 Louvre Rivoli 혹은 Les Halles 역
- 24시간 영업 • 메뉴 45유로 선, 해산물 요리 40유로, 2인용 세트 메뉴 Royal이 90유로, 조식 15유로 선 • 1946년에 오픈한 브라스리로, 돼지 족발 요리가 유명하다.

▶ Cabaret 카바레 (프랑스 식) [R-2] [G-6]

[고급 프랑스 요리를 맛볼 수 있는 레스토랑, 쉐 클레망(좌)과 르 바를로티(우)]

- 2, place du Palais Royal 75001(팔레 루아얄 광장)
- ☎ (01)5862-5625 / F (01)5862-5640 • 지하철 Palais Royal-Musée du Louvre 역 • 레스토랑 화~토 20:00~22:45, 클럽 화~토 23:30~06:00
- 토 점심, 일 휴무 • 평균 75유로 선 • 카바레는 이 지역에서 가장 분위기 있는 식당으로 통한다. 카바레만의 특별 메뉴로 오리 요리, 양념한 대구 요리 가 있다. 휠체어 이용 손님의 편의를 제공한다. 자정이 지나면 나이트 클럽으 로 변신한다.

▶ Il Cortile 일 코르틸레 (이탈리아 식) [R-6] [F-5]

- 37, rue Cambon 75001 • ☎ (01)4458-4567 / F (01)4458-4569
- 지하철 Madeleine 혹은 Opéra 역
- 토, 일, 은행 공휴일 휴무 • 호텔 소피텔 카스티유Hôtel Sofitel Castille 부속 레스토랑으로 이탈리아 요리 전문점이다. 북부 유럽 에스토니아의 빌라를 연 상케 한다. 아름다운 안뜰과 분수가 있다. 추천 요리는 채소 등을 넣은 진한

수프, 남부의 시칠리아 전통 요리 까뽀나따Caponata, 리조토, 오징어 먹물 카넬로니(원통형 대형 파스타)나 바다가재 카넬로니, 피카타(꽃봉오리 초절임, 레몬즙, 와인으로 만든 매운 맛의 파스타 소스) 소스를 곁들인 송아지고기, 디저트로는 티라미수 케이크, 시칠리아 카사타(과일, 견과 아이스크림), 레몬 그라니테(겉이 오톨도톨한 샤베트), 초콜릿, 헤이즐넛, 아몬드가 들어간 원반 모양의 과자Palet이다. 여름 테라스 자리는 사전 예약할 것

▶ Au Petit Bar 오 프티 바 (프랑스 식) [R-9] [G-5]

- 7, rue du Mont Thabor 75001 • ☎ (01)4260-6209
- 지하철 Tuileries 역 • ~21:00 • 일, 공휴일, 8월 휴무 • 요리 10유로, 샐러드 5유로 선 • 뫼리스 호텔Hôtel Meurice 뒤, 시인 뮈세Musset의 집 맞은편에 자리한다. 프랑스 요리 전문의 작은 비스트로. 오늘의 메뉴로는 에스칼로프, 오믈렛, 샐러드가 준비된다. 디저트로는 집에서 직접 만든 사과 파이가 일품이다. 인근 직장인들이 즐겨 찾는 곳으로, 항상 사람들로 북적거린다.

▶ Café Very(Dame Tartine) 카페 베리 (프랑스 식) [R-10] [F-6]

- 튈르리 정원 안 • ☎ (01)4703-9484 • 지하철 Tuileries 역
- 일~수 12:00~23:00, 목~토 12:00~24:00 • 20유로부터(어린이 12유로 선)
- 테라스에서 식사 가능. 루브르 박물관 관람 후 지친 몸을 쉬어갈 만한 곳이다.

▶ Le Barlotti 르 바를로티 (프랑스 식 고급 레스토랑) [R-14] [G-5]

- 35, place du Marché Saint-Honoré 75001 • ☎ (01)4486-9797
- 12:00~02:00 • 포도주까지 제대로 곁들여 식사를 하기 위해서는 약 110유로가 든다. • B Fly, Chai 33, Buddah Bar 등에 이어 4번째로 문을 연 레이몽 비장의 고급 레스토랑이다. 230명이 동시에 식사를 할 수 있는 규모의 2층 구조와 화려한 실내 장식, 그리고 그에 어울리는 요리 등 만찬 레스토랑으로 손색이 없다.

▶ Le Meurice 르 뫼리스 (프랑스 식 고급 레스토랑) [R-15] [G-5]

- 228, rue de Rivoli 75001 • ☎ (01)4458-1055 • 12:00~14:00, 19:00~22:30
- 160유로 선의 디너와 65유로 선의 점심식사가 가능
- 요리의 질과 낭만적 분위기가 잘 어울리는 프랑스 식 레스토랑. 고전적 실내 디자인과 루브르 박물관 앞의 튈르리 징원이 내려다 보이는 전경은 눈과 입을 동시에 만족시키기에 충분하다.

▶ Le Grand Vefour 르 그랑 베푸르 (프랑스 식 고급 레스토랑) [R-16] [H-5]

- 17, rue de Beaujolais 75001 • ☎ (01)4296-5627 / F (01)4286-8071
- 12:30~14:00, 20:00~22:00
- 금, 토, 일 휴무 • 180유로 선의 저녁식사와 70유로 선의 점심이 가능
- 파리에서 가장 아름다운 레스토랑 중 한 곳. 특히 200년 전의 양식으로 제작된 식탁, 거울에 그린 회화로 장식된 실내 장식이 유명하다.

▶ **Toupary** 투파리 (센느 강의 파노라마를 즐길 수 있는 곳) [R-18] [H-7]

- 2, quai du Louvre 75001(사마리텐느 백화점 제2관)
- ☎ (01)4041-2929 • 지하철 Pont Neuf 역 • 11:45~15:00, 19:30~23:30, 살롱 드 테(찻집) 16:00~18:00 • 일요일 휴무 • 점심 정식 15~30유로 선, 저녁에는 선택 메뉴 18유로부터 • 음식맛보다도 전망 때문에 많은 사람들이 즐겨 찾는다. 센느 강변의 사마리텐느 백화점 6층에 자리하고 있어 전망이 무척 아름답다. 단, 현재 백화점이 공사 관계로 잠정 폐쇄 중이므로, 자세한 안내는 무료전화 0800-010-015에 문의한다.

▶ **Le Grand Café** 르 그랑 카페 (프랑스 식) [R-101] [G-4]

- 4, boulevard des Capucines 75009
- ☎ (01)4312-1900 / F (01)4312-1909 • www.legrandcafe.com
- 정식 32유로 선, 선택 메뉴 45~60유로 • 뤼미에르 형제가 최초로 영화를 선보인 카페(최초로 스크린 투사 방식으로 공개 영화 시사회를 가진 곳). 유리와 도자기 장식의 아르누보 풍 인테리어가 아름답다.

■ ■ ■ 3구역 - 마레, 바스티유

▶ **Cafétéria du Musée Picasso** 카페테리아 뒤 뮈제 피카소 (간식) [R-30] [J-6]

- Hôtel Salé 5, rue de Thorigny 75003 • ☎ (01)4271-2521
- 지하철 St-Sébastien Froissart 혹은 St-Paul 역
- 4월 1일~10월 초 10:00~17:00 • 화요일 휴무 • 앙트레 7유로 선, 샌드위치, 타르트(파이 류) 6유로부터 • 토리니 가 5번지에 자리잡고 있는 피카소 박물관 부속 카페테리아. 박물관 관람 후 간식거리를 원한다면 들러보자.

▶ **Chez Paul** 쉐 폴 (프랑스 식) [R-114] [K-8]

- 13, rue de Charonne 75011 • ☎ (01)4700-3457 • 지하철 Bastille 역
- 12:00~14:30, 19:00~24:30 • 평균 30유로 • 문 밖으로 사람들이 줄 서서 기다릴 정도로 인기 있는 레스토랑으로 스테이크와 간 요리가 일품이다.

■ ■ ■ 4구역 - 몽마르트르

▶ **Charlot Roi des Coquillages**
샤를로 루아 데 코키야쥬 (프랑스 식) [R-105] [G-2]

- 12, place de Clichy 75009(클리쉬 광장)
- ☎ (01)5320-4800 / F (01)5320-4809
- 해산물 요리 25유로부터, 점심 정식 30유로 선, 메뉴 39~65유로 • 유명인사들이 즐겨 찾던 곳으로서 기념품들을 남겨 놓았다. 클리쉬 광장Place Clichy이 내려다 보이는 아르데코 풍의 홀. 해산물 요리 전문이다.

▶ **Chez Michel** 쉐 미셸 (프랑스 식, 브르타뉴 지방 요리) [R-109] [I-3]

- 10, rue de Belzunce 75010 • ☎ (01)4453-0620 / F (01)4453-6131
- 일, 월, 8월 휴무 • 점심 정식 20유로 선, 저녁 정식 32유로부터

- 브르타뉴 지방 요리. 저렴한 음식값. 그날그날의 재료에 따라 다른 요리가 준비된다.

▶ **Au Clair de la Lune** 오 클레르 드 라 륀느 (프랑스 식) [R-168] [H-1]

- 9, rue Poulbot 75018 • ☎ (01)4258-9703 / F (01)4255-6474
- 월 점심, 일 휴무. 8월 20일~9월 15일 정도에 정기 휴가를 갖는다.
- 정식 28유로부터, 메뉴 32~49유로 • 테르트르 광장Place du Tertre 뒤편에 위치. 몽마르트르의 옛모습을 그린 벽화 장식이 인상적이다.

▶ **Le Restaurant** 르 레스토랑 (프랑스 식) [R-169] [G-2]

- 32, rue Veron 75018 • ☎ (01)4223-0622 • 지하철 Abbesses 역
- 월~토 18:00~23:30 • 오픈한 지 2년 정도 된 레스토랑. 꿀을 가미한 새끼 오리 요리, 소고기 요리, 바삭바삭한 야채, 생선 요리는 입맛을 다시게 한다. 예술가, 영화계 종사자들이 즐겨 찾는다.

■ ■ ⅲ **5구역 − 개선문**

▶ **Senso** 상소 (프랑스 식 고급 레스토랑) [R-84] [D-5]

- 16, rue de la Trémoille 75008 • ☎ (01)5652-1414 / F (01)5652-1413
- 점심 12:00~15:00, 저녁 19:00~02:00
- 저녁 55유로부터, 점심 40유로로 선, 바에서의 간단한 식사는 25유로
- 점심과 저녁 사이 15:00~19:00까지 간단한 식사가 가능한 몇 안 되는 파리 식당 중 하나. 최신 유행의 실내 디자인. 같은 주인이 문을 연 27번째 고급 레스토랑이다. 특히 실내 디자인에 신경을 쓰는 주인의 취향으로 인해 분위기 있는 식사를 원하는 이들에게 추천한다.

▶ **Dalloyau** 달로요 (간식) [R-89] [E-4]

- 101, rue du Faubourg Saint-Honoré 75008 • ☎ (01)4299-9000
- 지하철 St-Philippe du Roule 역 • 매일 08:00~21:00 • 7~15유로
- 조금 비싼 편이다. 영국산 치즈인 스틸턴을 넣어 만든 빵(마름모꼴의 줄이 있는 빵), 반숙한 계란을 얹은 빵 등 다양한 간식거리를 즐길 수 있다.

▶ **Toastissimo** 토스티시모 (간식) [R-90] [E-4]

- 4, rue du Commandant Rivière 75008 • ☎ (01)5376-1666
- 지하철 St-Philippe du Roule 역 • 월~금 07:00~17:00
- 토스트 5~7유로로, 샐러드 6~8유로로 • 이탈리아 식 토스트를 즐기고 싶다면 권할 만한 곳이다. 참치, 토마토, 돼지고기로 만든 햄, 소시지, 모차렐라 치즈 등을 넣어 만든 토스트 등이 있다.

▶ **Hand Made** 핸드 메이드 (프랑스 식) [R-95] [E-4]

- 19, rue Jean Mermoz 75008 • ☎ (01)4562-5005
- 지하철 St-Philippe du Roule 역 • 주중 08:00~17:00 • 주말 휴무

- 샌드위치 5~8유로, 아침, 정식 10유로 선 • 가격이 저렴하고 친절하다. 레
  스토랑 이름에서 알 수 있듯이 이곳에 있는 테이블이며 모든 제품들이 수공
  예 제품들이다.

▶ Le Café d'Angel 르 카페 당젤 (프랑스 식) [R-164] [C-3]

- 16, rue Brey 75017 • ☎ / F (01)4754-0333 • 토, 일 휴무. 8월과 12월
  25일~1월 1일 정기 휴가 • 정식 27~37유로 • 비스트로, 석판에 그날의
  요리와 메뉴가 써 있다. 미식가들이 즐겨 찾는 곳이다.

■▪▨ 6구역 – 에펠 탑, 앵발리드, 포부르 생 제르맹

▶ Au Bon Accueil 오 봉 아쾌이 (프랑스 식) [R-68] [D-6]

- 14, rue de Monttessuy 75007 • ☎ (01)4705-4611
- 지하철 Alma Marceau 혹은 RER-C Pont de l'Alma 역
- 월~금 12:00~14:15, 19:00~22:30 • 토, 일 휴무. 8월 중순 15일간(8월
  10~25일경), 크리스마스 연휴 1주간 휴무 • 평균 45유로, 점심 30유로 선,
  정식 34유로부터(전채요리, 본식, 디저트 포함) • 에펠 탑에 올랐다가 들르면
  좋은 곳. 메뉴로는 버섯과 달팽이 요리, 디저트로는 월넛과 따뜻한 초콜릿 소
  스를 얹은 무화과 등이 있다. 저녁 테라스에서 에펠 탑 야경을 감상하면서 식
  사를 즐길 수 있다. 와인 바 스타일의 홀과 로마 풍의 홀이 있다.

▶ La Maison des Polytechniciens-Restaurant Le Club
라 메종 데 폴리테크니크 (프랑스 식) [R-74] [F-7]

- 12, rue de Poitiers 75007 • ☎ (01)4954-7454 / F (01)4954-7484
- www.maisondesx.com
- 지하철 Rue du Bac 역 • 매일 22:00까지
- 주말, 공휴일 휴무. 7월 29일~8월 28일, 12월 23일~1월 7일 정기 휴무
- 정식 36~62유로 선, 선택 메뉴 65~94유로 선 • 오르세 박물관 인근 18세
  기 건물로 프랑스 화가 와토Watteau(1684~1721)가 장식을 담당하였다. 아라
  베스크 풍의 천장 장식이 아직도 남아 있다. 이곳에서 루이 나폴레옹에 대한
  추대가 이루어졌으며 1920년에는 명문 이공과 대학 건물로 사용되었다. 바다
  가재 튀김, 토끼고기 요리, 시금치 요리 등이 준비된다. 디저트 류, 와인 리스
  트도 훌륭한 편이다.

▶ Le Café des Lettres 르 카페 데 레트르 (프랑스 식) [R-78] [F-7]

- 53, rue de Verneuil 75007 • ☎ (01)4222-5217
- 지하철 Rue du Bac 혹은 RER-C Musée d'Orsay 역
- 월~토 09:00~23:00, 일 12:00~16:00 • 크리스마스 즈음해서 2주간 휴무
- 바의 활기찬 분위기를 만끽하고자 한다면 가볼 만하다. 요리보다는 분위기 때
  문에 많은 단골 손님들이 이곳을 찾는다. 영국풍, 스웨덴 풍의 바. 매달 그림
  전시회가 개최되며 인근 메종 데 제크리뱅Maison des Écrivain의 지식인들
  이 문학 토론과 소설 비평을 위해 이곳을 찾기도 한다. 어둡고 침침한 실내와
  는 달리, 밝고 쾌적한 테라스도 마련되어 있다.

| 카 페 |

1만여 개가 넘는 파리의 카페는 파리 시내 어느 곳에서나 볼 수 있다. 대략 106km²
정도의 면적을 갖고 있는 파리 시내에는 1km²당 100개 정도의 카페가 있는 셈이다.
거리에 따라서는 서너 개의 카페가 서로 붙어 있는 곳도 있다. 거의 모든 카페들이
보도에 테이블을 내놓아 파리의 경치를 즐기며 차를 마실 수 있도록 해 놓았다. 이
를 카페 테라스라고 한다. 카페는 커피를 뜻하기도 하고 커피를 마시는 다방을 뜻
하기도 한다. 파리 카페는 단순히 커피나 차만 마실 수 있는 곳이 아니라, 술을 포
함한 모든 종류의 음료를 마실 수 있고 아침과 점심식사까지 할 수 있다. 많은 카페
에서 담배를 팔기도 한다. 자연히 사람들이 많이 모이는 곳이고 동네 소문의 진원
지이자 각종 토론이 오가는 곳이기도 하다.

파리 카페의 역사는 1686년, 시칠리아 출신의 이탈리아 인인 프란체스코 프로코피
오 데이 콜텔리가 지금 오데옹 지하철역 인근에 자신의 이름을 딴 허름한 주막 르
프로코프의 문을 열면서부터 시작된다. 당시 이 이탈리아 인은 파리 사람들이 처음
마셔 보는 이상한 음료를 팔기 시작했는데, 그것이 바로 커피였고 소문이 퍼지자
많은 사람들이 모이기 시작했다. 또한 인근에 코메디 프랑세즈라는 극장이 있어 극
작가, 배우, 문인들이 자주 드나들면서 금방 유명해지기 시작했다. 유명한 우화 작
가인 라 퐁텐느 역시 이 카페 단골이었다.

18세기 들어 카페 르 프로코프는 문인, 철학자들이 애용하는 장소가 되었고, 앙시클
로페디라고 하는 그 유명한 〈백과전서〉의 출간 계획도 디드로와 달랑베르가 바로
카페 르 프로코프에서 만나면서부터 시작된다. 볼테르 역시 이곳을 즐겨찾던 철학
자였다. 이후 르 프로코프는 보마르셰, 조르주 상드, 발자크, 뮈세, 베를렌느, 위스망
스 등의 문인은 말할 것도 없고 혁명 당시 당통, 마라, 카미유 데물랭 등이 자주 모
이던 곳이기도 하다. 오늘날에도 이런 사연 때문에 많은 사람들이 즐겨 찾고 있다.
또한 카페 르 프로코프는 언제 올지는 모르지만, 대통령 자리를 하나 따로 마련해
놓고 있다.

카페 2층에 올라가면 양탄자에 백합 무늬가 그려져 있는데, 발로 밟을 수 있도록
된 이 양탄자는 앙시엥 레짐 즉, 구 체제를 타도하기 위해 이곳에 모여 혁명을 모의
했던 이들을 기억하기 위한 것이다. 20세기 들어 많은 문인들이 드나들던 카페 드
플로르, 레 되 마고 등의 카페도 이 일대에 모여있다.

▶ Le Flore en L'Isle 르 플로르 엉 릴르 [C-16] [I-8]

- 42, quai d'Orléans 75004 • ☎ (01)4329-8827
- 지하철 Hôtel de Ville 혹은 Pont Marie 역 • 08:00~02:00(음식 주문은 매일 11:00~자정 사이에만 가능) • 맥주 330cc 8유로 선
- 생 루이 섬에 위치하고 있는 규모가 큰 카페 겸 브라스리로, 여름 디저트 메뉴인 아이스크림과 셔벗(프랑스 어로 소르베, 과즙 아이스크림)으로 유명하다. 연어가 들어간 파스타(타글리아텔레)가 푸짐하고 먹을 만하지만 비싼 편이다. 어두운 갈색 톤과 잔잔한 클래식 음악이 흐르는 실내는 조용하다. 그러나 위치가 좋아 야외 테라스에 앉아서 노트르담을 바라보며 차 한 잔 즐길 수 있다.

▶ Café Delmas 카페 델마 [C-19] [I-10]

- 2-4, place de la Contrescarpe 75005 • ☎ (01)4326-5126
- 지하철 Place Monge 역 • 월~목 07:00~02:00, 금, 토 08:00~04:00, 일 08:00~17:00 • 맥주 330cc 6~8유로
- 새로운 메뉴와 재미있는 물방울 무늬의 실내 장식과 가죽 안락의자 장식을 선보이면서 음식값을 올렸다. 카페 테라스에는 분수와 작은 나무를 두었다. 여유롭게 앉아서 지나가는 행인을 구경하거나, 저녁 시간 간단하게 한 잔하기에 이상적인 곳이다. 음식값은 비싼 편이다.

▶ La Rotonde 라 로통드 [C-22] [G-10] ⇨ p255 참조

- 105, boulevard du Montparnasse 75006 • ☎ (01)4326-4826
- 지하철 Vavin 역 • 매일 12:00~01:00
- 글라스 와인 4.50유로 선, 정식 34~67유로 선
- 헤밍웨이가 단골로 다녔던 카페. 오래 전의 카페 로통드의 모습은 역사 속으로 사라져 갔지만, 불멸의 작품 〈해는 또 다시 떠오른다〉에서 옛 정취를 물씬 풍기는 카페 로통드를 만나볼 수 있다. 화려하게 보수한 카페는 아르데코 풍의 우아함을 느낄 수 있다. 감자튀김과 스테이크, 허브 향의 레몬 소스를 곁들인 농어 필레를 비롯한 전형적인 파리 음식들을 맛볼 수 있다. 입구에서 로댕의 〈발자크〉 조각을 볼 수 있다.

▶ Café de Flore 카페 드 플로르 [C-24] [G-8] ⇨ p255 참조

- 172, boulevard Saint-Germain 75006 • ☎ (01)4548-5526
- 지하철 St-Germain-de-Prés 역 • 07:00~01:30
- 맥주 330cc 8유로 선

▶ Café de la Mairie 카페 드 라 메리 [C-25] [G-8]

- 8, place Saint-Sulpice 75006 • ☎ (01)4326-6782
- 지하철 St-Sulpice 역 • 월~토 07:00~02:00 • 맥주 250cc 3~4.50유로
- 신용카드 받지 않음 • 산책 후 나뭇잎이 덮인 테라스에 앉아서 휴식을 취할

만한 곳이다. 대부분의 손님들이 신문을 읽거나 생 쉴피스 성당을 구경하느라 여념이 없다. 인근에 이브 생 로랑 매장과 젊은 디자이너들의 의류 매장이 많다. 뤽상부르 궁을 구경하기 전에 이곳에서 간단하게 요기하고 가는 것도 좋다.

▶ Les Deux Magots 레 되 마고 [C-26] [G-8] ⇨ p254 참조

- 6, place Saint-Germain-des-Prés 75006(생 제르맹 데 프레 광장)
- ☎ (01)4548-5525 • www.lesdeuxmagots.fr
- 지하철 St-Germain-de-Prés 역 • 매일 07:30~01:30
- 1월 1주간 휴무 • 맥주 330cc 8유로 선

[카뮈, 사르트르 등 작가들이 자주 찾았던 카페 드 플로르]

▶ La Closerie des Lilas
라 클로즈리 데 릴라 (프랑스 식) [C-59] [G-10] ⇨ p255 참조

- 171, boulevard du Montparnasse 75006 • ☎ (01)4051-3450
- RER-B Port Royal 혹은 지하철 Vavin 역
- 레스토랑 12:00~14:30, 19:00~ 22:30, 브라스리 12:00~01:00 • 메인 코스 43~45유로, 브라스리 20~35유로

▶ Le Procope 르 프로코프 (프랑스 식) [C-60] [H-8]

- 13, rue de l'Ancienne Comédie 75006
- ☎ (01)4046-7900 / F (01)4046-7909 • 지하철 Odéon 역
- 매일 12:00~01:00(자정까지 주문 가능) • 프로코프 정식 30유로 선(11:00 ~19:00 사이 주문 가능), 정식 30유로, 선택 메뉴 40유로 선(36~55유로 사이)

■■■ 2구역 - 오페라, 레 알, 퐁피두

▶ Café Marly 카페 마를리 [C-1] [G-6]

- 93, rue de Rivoli, Cour Napoléon du Louvre 75001 • ☎ (01)4926-0660
- 지하철 Palais Royal-Musée du Louvre 역 • 08:00~02:00
- 맥주 330cc 5~6유로, 칵테일 10~20유로, 글라스 와인 6~10유로
- 루브르 박물관 피라미드 입구 광장에 위치한 너무나도 유명한 카페. 그랑 루브르 프로젝트의 일환으로 1994년에 오픈하였다. 93번지 리볼리 가로 들어가 피라미드가 있는 광장이 보이면 바로 우측에 있다. 루브르 박물관과 유리 피라미드가 만들어 내는 아름다운 전경을 바라보며 휴식을 취할 수 있는 곳이다. 테라스 자리와 실내 자리로 구분되어 있는데 간단한 스낵이나 차 한 잔 하려면 테라스 자리가 좋다. 샐러드가 아주 다양하고 특히 클럽 샐러드가 추천할 만하다. 가격은 20유로 선으로 비싼 편이다.

▶ Café Ruc 카페 뤼크 [C-3] [G-6]

- 159, rue Saint-Honoré 75001 • ☎ (01)4260-9754
- 지하철 Palais Royal-Musée du Louvre 역 • 매일 08:00~02:00(음식 주문은 11:00~01:00 사이에만 가능) • 맥주 330cc 6유로 선 • 진홍색 벨벳 의자, 부드러운 조명, 유쾌하고 상냥한 웨이터, 재즈 선율이 흘러나오는 편안하고 안락한 분위기. 캐비어 요리, 생굴, 오믈렛, 클럽 샌드위치 등 각종 요리를 즐길 수 있다. 초콜릿 에클레어(가늘고 긴 슈크림에 초콜릿을 뿌린 제과류)가 특히 맛있다.

■■■ 3구역 - 마레, 바스티유

▶ Baz'Art 바자르 [C-12] [J-8]

- 36, boulevard Henri IV 75004 • ☎ (01)4278-6223
- 지하철 Sully Morland 혹은 Bastille 역 • 매일 07:30~02:00
- 맥주 330cc 4.50~5.50유로, 브런치 10~19유로 선
- 밝고 넓은 쾌적한 공간의 카페. 오페라 관람객들과 인근 주민들, 관광객들이 즐겨 찾는다. 커피를 마시면서 여유로운 시간을 보내기 적당하다. 노란색 벽면, 붉은 벨벳 의자, 샹들리에 장식과 재즈 선율이 유쾌한 분위기를 만들어 준다. 신선한 샐러드 류가 일품이다.

▶ Morry's 모리스 [C-46] [K-8]

- 1, rue de Charonne 75011 • ☎ (01)4807-0303
- 지하철 Ledru-Rollin 역 • 월~토 08:30~19:30 • 평균 4~7유로, 가장 저렴한 크림 치즈 베이글 2.80유로부터, 베이컨, 체다 치즈, 칠면조고기, 샐러드가 들어간 베이글 6유로부터 • 바스티유 인근에서 간단하게 요기할 수 있는 곳. 채식주의자를 위한 특별 메뉴도 있다. 여름에는 인도 쪽에 몇 개의 테이블을 두기도 한다.

■ ▒ ▒ 4구역 - 몽마르트르

▶ Le Chinon 르 쉬농 [C-57] [G-1]

- 49, rue des Abbesses 75018 • ☎ (01)4262-0717
- 지하철 Abbesses 역 • 매일 07:00~02:00(음식 주문은 11:00~23:30까지 가능) • 신용카드 받지 않음 • 몽마르트르에 위치하고 있는 대부분의 바와 레스토랑들은 관광객들로 발디딜 틈이 없다. 그러나 르 쉬농에서는 여유로운 파리만의 독특한 분위기를 느낄 수 있다.

▶ Le Sancerre 르 상세르 [C-61] [G-2]

- 35, rue des Abbesses 75018 • ☎ (01)4258-0820
- 지하철 Abbesses 역 • 매일 07:00~02:00 • 포도주 한 잔 4유로 선
- 몽마르트르 언덕에 위치. 오믈렛, 샐러드, 샌드위치 등 간단하게 요기할 수 있는 곳. 와인, 위스키, 맥주 등 다양한 종류의 음료를 즐길 수 있다. 바쁜 저녁 시간에는 테라스보다 실내에 앉기를 권한다. 좁은 인도를 지나가는 관광객 행렬로 복잡하다.

■ ▒ ▒ 5구역 - 개선문

▶ Bar des Théâtre 바 데 테아트르 [C-39] [D-5]

- 6, avenue Montaigne 75008 • ☎ (01)4723-3463
- 지하철 Alma Marceau 역 • 06:00~02:00
- 쇼핑가인 몽테뉴 가에 자리한다. 발렌티노와 엠마뉴엘 웅가로 부티크 사이에 위치(샹젤리제 극장 맞은편). 바 겸 카페로 공연이 끝난 저녁 시간에는 관람객들로 붐비며, 낮 시간에는 패션 연구가들이 즐겨 찾는다.

▶ Tokyo Idem-Palais de Tokyo 도쿄 궁 [C-56] [D-6]

- 13, avenue du Président Wilson • ☎ (01)4723-5401
- 지하철 Alma Marceau 혹은 Iéna 역 • 도쿄 궁, 파리 시립 현대 미술관의 테라스 식당 및 카페. 지하철 알마 막소Alma Marceau에서 내려 몽테뉴 가는 반대편 오르막 대로로 7분 정도 걸어야 한다. 센느 강변에 접해 있지만 센느 강 우안 강변도로보다 위쪽에 위치한다. 센느 강이 한눈에 보이며, 에펠탑도 바로 앞에서 감상할 수 있다. 현대적 카페로 점심에는 수프, 식사를 대신할 수 있는 샐러드가 8.50유로부터 있다.

■ ▒ ▒ 6구역 - 에펠 탑, 앵발리드, 포부르 생 제르맹

▶ Café le Dôme 카페 르 돔 [C-37] [D-7]

- 47, avenue de la Bourdonnais • ☎ (01)4551-4541
- RER-C Pont de l'Alma 역 • 07:00~02:00 • 맥주 330cc 4유로 선
- 신용카드 MC, V 결제 가능 • 초저녁 카페 테라스에 앉아서 바라보는 에펠탑 전경이 무척 아름답다. 카페 테라스와 인도 사이에는 화분을 두어 경계를 만들어 두었다. 맛과 전경 모두 훌륭하다. 크레프(밀가루, 우유, 달걀을 반죽해 전처럼 넓적하게 부친 빵 종류)를 추천한다.

▶ **Le Roi du Café** 르 루아 뒤 카페 [C-53] [D-10]

- 59, rue Lecourbe 75015 • ☎ (01)4734-4850
- 지하철 Sévres Lecourbe 역 • 매일 07:00~02:00(음식 주문은 23:30까지만 가능) • 평균 13~16유로, 와인 한 잔 4유로선
- 초저녁 여름, 이곳 테라스에 앉아 에펠 탑과 일몰을 구경하는 것도 좋은 경험이 될 것이다. 아르데코 풍의 우아한 실내 장식이 인상적이다.

| 바 & 나이트 |

■ ■ ■ **재즈 바**

▶ **Le Bilboquet** 르 빌보케 [N-22] [1, 2구역 지도/G-8]

- 13, rue Saint Benoît 75006 • ☎ (01)4548-8184
- 지하철 St-Germain-des-Prés 역
- 20:00~02:30(음식 주문은 01:00까지만 가능) • 근방에서 가장 오래된 재즈 바(1947에 오픈), 20~50년대 사이의 고전적인 재즈 음악을 즐길 수 있다. 타르타르 스테이크(타르타르 소스로 간을 한 다진 날소고기 요리)를 추천한다. 공연은 22:30~01:00 사이 3번에 걸쳐 펼쳐진다.

▶ **La Paillote** 라 파이요트 [N-23] [1구역 지도/H-8]

- 45, rue Monsieur le Prince 75006 • ☎ (01)4326-4569
- 지하철 Odéon, Cluny La Sorbonne 혹은 RER-B Luxembourg 역
- 월~토 저녁~새벽까지 • 8월 휴무 • 칵테일이나 펀치(술, 설탕, 우유, 레몬, 향료를 넣어 만드는 음료)를 즐기면서 여유를 만끽할 수 있는 곳이다. 오래된 재즈 음반들을 다량으로 갖고 있어, 마니아들의 사랑을 받는 곳이다.

■ ■ ■ **클럽 & 바**

▶ **Concertea** 콘세르티 (바, 브라스리) [N-5] [1, 2 구역 지도/F-8]

- 3, rue Paul-Louis Courier 75007 • ☎ (01)4549-2759
- 지하철 Rue du Bac 역 • 12:00~16:00 • 일요일 휴무 • 11~15유로 선
- 테린느에 담아 조리한 타라곤 향이 나는 닭 요리, 고수를 가미한 참치 요리 등을 추천할 만하다. 주변에서 먹는 요리를 시키는 것도 좋은 방법이 될 것이다. 매주 화, 목, 토요일에는 동양 요리를 선보인다. 몸매 관리하는 사람들을 위한 채식 요리도 준비되어 있다.

▶ **Le Queen** 르 퀸 [N-7] [5구역 지도/D-4]

- 102, avenue des Champs-Élysées 75008 • ☎ (01)5389-0890
- www.queen.fr • 지하철 George V 혹은 Franklin D. Roosevelt 역
- 매일 00:00~06:00 • 신용카드 AmEx, DC, MC, V 결제 가능
- 자체적으로 잡지도 발간한다. 수요일 밤은 모두에게 열려 있고, 토요일은 게이를 위한 행사가 있으므로 유의하자. 월, 목, 일요일은 손님이 북적인다. 상

젤리제 디스코텍 중 가장 화려하고 큰 곳. 게이 바 분위기의 실내 장식에도 불구하고 스스로 첨단을 걷는다고 자부하는 파리의 젊은이들이 모인다. 특히 여성들의 쇼킹한 패션이 볼거리. 월요일은 디스코 엥레르노 즉, 지옥의 디스코, 수요일에는 시크렛 수아레 등 특별한 프로그램이 있다.

▶ **World Place** 월드 플레이스 (바, 클럽) [N-8] [5구역 지도/D-5]

- 32, rue Marbeuf 75008 • ☎ (01)5688-3636
- 지하철 Franklin D. Roosevelt 역 • 목~토 19:00~02:00, ~05:00
- 클럽 입장료 25유로 • 신용카드 AmEx, MC, V 결제 가능
- 2007년 7월, 파리의 유명 클럽 중 하나였던 만 레이가 있던 자리에 '월드 플레이스'라는 새로운 이름으로 들어선 클럽이다. 세련된 인테리어와 훌륭한 서비스로 고급스런 분위기를 풍기며, 디스코텍은 물론 바와 레스토랑도 갖추고 있다.

▶ **Les Étoiles** 레 제투알 (라틴, 재즈) [N-12] [2, 4구역 지도/I-4]

- 61, rue Château d'Eau 75010 • ☎ (01)4770-6056 / F (01)4483-9644
- 지하철 Château d'Eau 역 • 목~토 21:00~04:30
- 입장료 20유로 선(식사 포함), 15유로 선(음료 포함, 23:00부터), 음료 4~7유로 • 신용카드 사용 불가

▶ **La Chapelle des Lombards**
라 샤펠 데 롱바르 (라틴, 재즈) [N-16] [3구역 지도/K-8]

- 19, rue de Lappe 75011 • ☎ (01)4357-2424 • 지하철 Bastille 역
- 목 20:00~, 금~일 22:30~ • 입장료 19유로, 음료 6~10유로 선
- 신용카드 AmEx, MC, V 결제 가능 • 관광객과 라틴 계, 아프리카 출신들이 즐겨 찾는다. 살사와 메렝게, 주크와 탱고 음악이 주류를 이룬다.

▶ **La Fabrique** 라 파브리크 (바, 클럽) [N-17] [3구역 지도/K-8]

- 53, rue du Faubourg Saint-Antoine • ☎ (01)4307-6707
- 지하철 Bastille 역 • 월 11:00~02:00, 화~일 11:00~05:00
- 월~목, 일 입장료 무료, 금~토 13유로 선 (음료 포함), 음료 8~11유로
- 신용카드 AmEx, DC, MC, V 결제 가능 • DJ Bar로, 주말에는 미니 클럽으로 바낀다. 이 지역 최고의 DJ들이 비스티유의 간가 있는 사람들을 불러 모으지만, 대부분의 사람들은 음악보다는 명성 때문에 한 번씩 찾아가곤 한다.

■ ■ ░ 와인 전문 바

바스크 지방 Pays Basque
프랑스와 스페인 국경 지대인 바스크 지방의 가파른 계곡에서 생산된 와인을 즐길 수 있는 전문 바들로, 와인은 바스크 전통 요리와 곁들여진다.

▶ **Au Bascou** 오 바스쿠 [N-38] [2, 3구역 지도/I-5]

- 38, rue Réaumur 75003 • ☎ (01)4272-6925

▶ **La Cave Drouot** 라 카브 드루오 [N-39] [2, 4구역 지도/H-4]

- 8, rue Drouot 75009 • ☎ (01)4770-8338

▶ **Le Souletin** 르 술르탱 [N-40] [2구역 지도/H-5]

- 6, rue La Vrillière 75001 • ☎ (01)4261-4378

오베르뉴 지방 Auvergne
생수로 유명한 프랑스 중앙 고원 지대에서 제조한 와인을 맛볼 수 있다. 푸짐한 오베르뉴 식 식사나 프로마주(치즈)와 함께 즐길 수 있다.

▶ **Le Plomb du Cantal** 르 플롱 뒤 캉탈 [N-41] [1구역 지도/F-10]

- 3, rue de la Gaîté 75014 • ☎ (01)4335-1692

코르스(코르시카) 지방 Corse
나폴레옹이 태어난 코르시카 섬의 와인을 맛볼 수 있는 와인 바다. 와인 판매도 한다. 특히 돼지고기 요리와 함께 마시는 코르시카 와인은 일품이다.

▶ **L'Alivi** 랄리비 [N-42] [1, 2, 3 구역 지도/I-7]

- 27, rue du Roi de Sicile 75004 • ☎ (01)4887-9020

이탈리아 Italie
이탈리아는 프랑스와 쌍벽을 이루는 와인 생산 대국이다. 특히 프랑스 와인 못지않게 다양한 특징을 갖고 있다.

▶ **L'Enoteca** 레노테카 [N-44] [1, 3구역 지도/J-8]

- 25, rue Charles V 75004 • ☎ (01)4278-9144

▶ **I Golosi** 이 골로시 [N-45] [2, 4구역 지도/H-4]

- 6, rue de la Grange Batelière 75009 • ☎ (01)4824-1863

■ ■ ▨ 기타 와인 바

▶ **Le Calmont** 르 칼몽 [N-47] [6구역 지도/E-8]

- 35, avenue Duquesne 75007 • ☎ (01)4705-6710
- '바튀 아줌마' 라고 불리는 안주인의 음식 솜씨가 일품이다. 다양한 와인을 구비하고 있다. 프랑스 남서부 아베롱 와인을 많이 갖추고 있다.

▶ **Le Poch'tron** 르 포슈트롱 [N-48] [1, 2구역 지도/F-7]

- 25, rue de Bellechasse 75007 • ☎ (01)4551-2711

- 알자스 지방산 와인을 많이 갖추고 있다. 실내 디자인이 아늑한 분위기를 제공한다.

▶ **Le Relais Chablisien** 르 를레 샤블리지엥 [N-49] [1, 2구역 지도/H-7]

- 4, rue Bertin Poirée 75001 • ☎ (01)4508-5373
- 400년 전인 16세기 바비큐를 팔던 곳에 위치해 있다. 코트 뒤 론을 비롯해 다양한 지방의 와인을 구비하고 있다.

▶ **Le Coude-Fou** 르 쿠드 푸 [N-51] [1, 2구역 지도/I-7]

- 12, rue du Bourg Tibourg 75004 • ☎ (01)4277-1516
- 유서 깊은 마레 지역의 와인 바

▶ **L'Opportun** 로포르텅 [N-52] [1구역 지도/F-10]

- 64, boulevard Edgar Quinet 75014
- ☎ (01)4320-2689 / F (01)4321-6188 • 몽파르나스 인근의 와인 바

▶ **Le Griffonnier** 르 그리포니에 [N-53] [2, 4, 5구역 지도/F-4]

- 8, rue Saussaies 75008 • ☎ (01)4265-1717
- 보졸레 와인을 다량 구비하고 있다. 대통령궁인 엘리제에서 가깝다.

▶ **Le Mauzac** 르 모자크 [N-55] [1구역 지도/I-10]

- 7, rue de l'Abbé de l'Épée 75005 • ☎ (01)4633-7522
- 여름에 나무 그늘에 앉아서 와인을 마실 수 있는 파리에서 몇 안 되는 곳 중 하나다. 보르도 산 와인이 많다.

▶ **Aux Négociants** 오 네고시앙 [N-56] [4구역 지도/H-1]

- 27, rue Lambert 75018 • ☎ (01)4606-1511
- 루아르 강 인근의 와인을 맛볼 수 있는 곳

▶ **Café du Passage** 카페 뒤 파사주 [N-57] [3구역 지도/K-8]

- 2, rue de Charonne 75011 • ☎ (01)4929-9764 • 파리의 일반 와인 바 숭에서 세일 고급 와인을 맛볼 수 있는 곳. 가격도 비싸다.

Accommodation

| 숙 박 |

프랑스 어로 오텔Hôtel이라고 하는 호텔은 원래는 지금처럼 숙박 시설을 가리키는 말이 아니었다. 옛 귀족 저택의 집사를 메트르 도텔이라 부르고 또 지금도 시청 등 중앙 관공서를 오텔이라고 부르는 데서 알 수 있듯이, 원래는 큰 저택이나 공공 건물을 뜻했다. 어쨌든 파리에서 호텔에 묵을 때는 문화적 차이를 비롯해 몇 가지 미리 알아 두면 편리한 사항들이 있다. 파리에서의 숙박은 세 가지 유형이 있다. 첫 번째는 프랑스 어로 샹브르 도트Chambre d'Hôte라고 부르는 민박이 있고, 두 번째는 유스호스텔인 오베르주 드 죄네스Auberge de Jeunesse가 있으며 세 번째가 일반 호텔이다. 파리 근교에는 캠핑장이 여럿 있어서 이를 이용할 수도 있다.

대부분의 호텔에서는 아침식사 비용을 별도로 지불해야 한다. 처음에 호텔에 들어갈 때 예약을 할 수도 있고 아침식사를 할 때 별도로 지불할 수도 있다. 별 두 개 이상의 호텔은 대부분 사전에 예약하는 것이 좋다. 특히 관광 시즌이나 파리 일대에서 전시회가 열리는 때는 미리 예약을 해야 한다. 아니면 파리에서 떨어진 외곽 지역으로 나가는 수밖에 없다.

애완동물은 대부분의 호텔에 데리고 들어갈 수 없으며, 추가 비용을 받는 호텔도 있다. 한국 호텔과 달리 프랑스 호텔은 나이트 클럽 같은 유흥 시설이 거의 없다. 간단한 바 정도가 고작이다. 또 특급 호텔을 제외하면 사우나 시설이 되어 있는 곳도 많지 않다. 그리고 대개 호텔 방이 한국보다 3~4도 온도가 낮게 조정되어 있어 춥게 느껴질 수도 있다.

숙소 구하기

파리와 같이 1년 내내 관광객들로 붐비는 대도시를 관광하는 경우에는 도착하기 며칠 전에 숙소를 미리 예약해 둘 것을 권한다. 그렇게 하면 묵을 방을 구하느라 신경 쓰지 않아도 되고 가격도 미리 알아 여행 경비를 짜기가 수월해진다. 저렴한 호텔의 더블룸은 35~50유로로, 싱글룸은 30~35유로 정도의 비용이면 얻을 수 있다. 일반적으로 역 주변에 값싼 호텔이 밀집되어 있다. 어떤 수준의 호텔을 구하느냐에 따라서 그 비용이 천차만별이겠지만, 무조건 비싸다고 좋은 것은 아니다. 7월 중순 ~8월 말은 수많은 프랑스 인들이 휴가를 떠나는 시기이므로 이 시기만큼은 예약을 먼저 해 두는 것이 좋다. 특히 8월 첫째 주말은 호텔과 유스호스텔 예약을 하지 않으면 관광안내소의 도움을 받아야 하는 처지가 될 수도 있다. 대부분의 관광안내소에서 호텔 예약 서비스를 제공한다. 모든 관광안내소는 호텔 리스트를 비롯하여 유스호스텔 등 각종 숙박 정보를 제공하므로 참조하도록 한다.

호텔은 별 0~4개로 등급이 나뉜다. 숙박료는 별의 개수에 비례하는 편이지만 객실의 상태보다는 욕실 유무 같은 요소가 등급을 결정 짓기 때문에 등급이 없거나 별이 하나인 호텔도 꽤 괜찮은 곳이 많다. 30유로 미만으로 투숙할 수 있는 곳은 침대가 낡았거나, 단단하지 못한 경우가 많고 방음 시설이 되어 있지 않으며 샤워 시설은 공동 사용이다. 그러나 변기와 세면대는 캬비네 드 투알레트Cabinet de Toilette라 하여 객실 안에 개별적으로 사용할 수 있게 되어 있다. 만약 친구와 함께 여행을 하고, 세면대에서 씻을 수 있다면 돈을 절약할 수 있다. 공동 샤워실에서 샤워를 하는 것은 무료가 아니고 한 번 이용하는 데 대략 3.50~4유로 사이이다. 매일 샤워를 하는 편이거나 두 사람 이상 같은 방을 사용한다면, 욕실이 딸린 더블룸에서 묵는 것이 오히려 더 절약하는 방법일 수도 있다. 40유로 이상의 객실은 욕조나 샤워 시설이 객실 안에 있으며 화장실은 객실 안에 없을 수도 있다. 만약 한밤중 깜깜한 복도를 지나 화장실을 찾아 나서기 싫다면 둘 다 있는 방을 달라고 한다. 이런 객실은 50유로 선이며 TV가 있는 곳도 있다. 75유로 위로는 더 좋은 가구와 고급스러운 실내 장식을 갖춘 객실을 구할 수 있다. 별 하나 이상의 호텔은 대부분 전화기가 구비되어 있다. 만약 비성수기 기간 중에 3일 이상 한 호텔에서 머물 경우는 가격 협상을 시도해도 된다.

아침식사는 보통은 포함되지 않으며 식사를 원할 경우 한 사람당 4~6유로의 추가 비용을 지불해야 한다. 물론 아침식사를 호텔에서 해야 한다는 강제 규정은 없다. 그 가격이면 카페에서 더 나은 식사를 즐길 수도 있다. 호텔측에서 식사를 강요하는 것은 지극히 불법이지만, 객실을 구하기 힘든 성수기에는 투숙객에게 강요되기도 한다. 호텔 레스토랑은 투숙 시 많은 할인 혜택을 주기도 하므로 이용하는 것이 반드시 나쁜 것은 아니다. 대부분의 호텔은 여유분의 이동 침대가 있으므로 서너 명이 이용할 경우 저렴하게 이용할 수 있다. 가족이 운영하는 호텔의 경우는 매년 또는 2년에 한 번씩 5~9월 사이 2~3주는 휴업하는 곳이 많다.

| 유스호스텔 |

▶ Auberge Le d'Artagnan 오베르주 르 다르타냥

- 80, rue de Vitruve 75020 • ☎ (01)4032-3456 / F (01)4032-3455

- paris.le-dartagnan@fuaj.org • 지하철 Porte de Bagnolet 역에서 5분 거리
- 리셉션 08:00~01:00 • 연중 무휴
- 객실수 435개, 장애인용 시설 있음, 3개의 회의실(1개실은 100석을 갖춘 극장형), 바가 있음(Cameleon, 오픈 시간 매일 20:00~02:00). 인터넷 사용 가능. 기념품점, 락커, 셀프 세탁소, 무료 영화관 있음

▶ Auberge Léo Lagrange(Clichy) 오베르주 레오 라그랑주(클리쉬)

- 107, rue Martre 92110 Clichy • ☎ (01)4127-2690 / F (01)4270-5263
- paris.clichy@fuaj.org • 지하철 Mairie de Clichy 역에서 100m 거리에 위치
- 리셉션 24시간 근무 • 연중 무휴 • 객실수 338개(2~6인의 공동 침실)
- 파리 근교에 위치한 유스호스텔. 레카미에 부인(뛰어난 미모와 풍부한 감수성, 남다른 재치를 지녀 나폴레옹 시대에서 왕정복고 시대에 걸쳐 많은 작가들의 흠모를 받았던 프랑스의 귀부인)의 거처였던 방돔 하우스Vendome House와 센느 강에서 가깝다.

▶ Young and Happy Hostel 영 앤드 해피 호스텔 [H-36] [1구역 지도/I-10]

- 80, rue Mouffetard 75005 • ☎ (01)4707-4707 / F (01)4707-2224
- www.youngandhappy.fr • 지하철 Monge 역
- 사전 예약하거나 08:00~11:00 사이에 도착하여 체크인 해야 한다. 11:00~16:00, 02:00 이후에는 문을 닫는다. • 공동 침실 1인당 23유로 선, 2인실 1인당 26유로 선(조식 포함) • 신용카드 결제 불가
- 입구에 전화, 음료 자판기가 있으며, 인터넷 사용이 가능하다. TV와 공동으로 사용할 수 있는 부엌이 있다. 중심가에 자리잡은 젊은 분위기의 숙소. 각 층마다 샤워 시설과 화장실이 있다. 인근 대학가 식당에서 식사를 해결할 수도 있다. 저렴하게 숙박을 해결하기 원한다면 추천하고 싶은 곳이다. 주말에는 사전 예약할 것을 권한다.

▶ Jules Ferry 쥘르 페리 [H-86] [3구역 지도/J-5]

- 8, boulevard Jules Ferry 75011 • ☎ (01)4357-5560 / F (01)4021-7992
- paris.julesferry@fuaj.org • 지하철 République 역에서 200m 거리에 위치
- 24시간 근무 • 연중 무휴 • 사크레 쾌르가 바라다 보이는 파리 시내 풍경을 감상할 수 있다.

| 호 텔 |

＊ 호텔Hôtel은 불어 발음으로는 '오텔'이나 편의상 아래에서는 모두 '호텔'로 표기

■■▧ 1구역 - 노트르담 성당

▶ Hôtel Henri IV 호텔 앙리 4세 [H-2] [H-7]

- 25, place Dauphine 75001 • ☎ (01)4354-4453
- 지하철 Cité 혹은 Pont Neuf 역 • 숙박료 31유로부터(더블룸, 세면 시설 있

음), 48유로부터(더블룸, 샤워 시설 있음), 57유로부터(더블룸, 샤워 시설, 화장실 있음) • 400년 역사를 지닌 고풍스러운 건물 안에 위치하고 있다. 방도 좀 작고 시설도 현대식은 아니지만 시테 섬에 있는 몇 안 되는 호텔 가운데 하나다. 시테 섬을 한 척의 배라고 한다면 배 앞머리에는 앙리 4세 조각이 놓여져 있고 도핀 광장 쪽에 위치하고 있다. 출발 전 예약은 필수이며 호텔 맨 위층의 일부 방은 발코니가 별도로 있다.

▶ Grand Hôtel du Loiret 그랑 호텔 뒤 루아레 [H-29] [I-7]

- 8, rue des Mauvais Garçons 75004
- ☎ (01)4887-7700 / F (01)4804-9656 • www.hotel-loiret.fr
- hotelduloiret@hotmail.com • 지하철 Hôtel de Ville 역 • 숙박료는 세면 시설 있는 더블룸 47유로부터, 샤워 시설, 화장실 있는 룸 62유로부터, 욕실 있는 룸 72유로부터 • 6, 7층 객실이 깨끗한 편. 숙박료에 비해 만족스럽다. 8층에서는 팡테옹, 사크레 쾌르, 보부르, 노트르담 등을 포함하여 파리 시내가 한눈에 들어오는 아름다운 풍경을 감상할 수 있다.

▶ Hôtel Marignan 호텔 마리냥 [H-38] [H-8]

- 13, rue du Sommerard 75005 • ☎ (01)4354-6381
- www.hotel-marignan.com • 지하철 Maubert Mutualité 역
- 더블룸 72유로부터(세면 시설, 화장실 있음), 102유로(샤워 설비와 화장실 있음), 모두 조식 포함. 비성수기 3일 이상 숙박할 경우, 3일째부터 할인 요금이 적용된다. • 신용카드 결제 불가
- 1960년대 풍의 객실 인테리어, 객실 총 40여 개. 가격 대비 훌륭한 숙소다. 한적한 곳에 자리한다. 호텔과 유스호스텔을 섞어 놓은 것 같은 편안한 분위기를 느낄 수 있다. 세탁기, 전자레인지, 냉장고 사용이 가능하다.

▶ Hôtel Saint-Jacques 호텔 생 자크 [H-40] [H-9]

- 35, rue des Écoles 75005 • ☎ (01)4407-4545 / F (01)4325-6550
- www.hotel-saintjacques.com • 지하철 Maubert Mutualité 혹은 RER-B Cluny La Sorbonne 역 • 더블룸 100~130유로(샤워 설비 혹은 욕실 있음), 3인 침실 160유로 • 카르티에 라탱에 위치. 별 2개급 호텔, 프레스코화 장식이 돋보이는 19세기 건물. 오드리 헵번과 게리 그랜트가 주연한 1963년 작 영화 〈샤라드Charade〉의 촬영무대가 되기도 하였다. 총 35개의 객실, 꼭대기 지붕 아래 객실을 요청하자. 발코니에서 내려다보는 팡테옹의 전경이 무척 아름답다. 사전 예약하는 것이 좋다.

▶ Familia Hôtel 파밀리아 호텔 [H-42] [I-9]

- 11, rue des Écoles 75005 • ☎ (01)4354-5527 / F (01)4329-6177
- www.familiahotel.com
- 지하철 Cardinal Lemoine 혹은 Jussieu 역 • 연중 무휴
- 더블룸 90~112유로(샤워 설비 혹은 욕실 있음). 조식 별도(10유로 선)
- 객실수 30개 • 아침식사가 제공되는 식당에 고서들이 보관되어 있는 작은 도서관이 있는 것이 인상적이다. 닫집이 있는 침대, 고가구, 벽면의 프레스코

VACANCES

153

화 장식의 객실. 작은 원탁이 놓인 발코니에서는 노트르담 성당이 내려다보인다(6, 7층 객실). 엘리베이터, TV 구비. 사전 예약하는 것이 좋다.

▶ Hôtel La Louisiane 호텔 라 루이지안느 [H-52] [G-8]

- 60, rue de Seine 75006 • ☎ (01)4432-1717 / F (01)4432-1718
- www.hotel-lalouisiane.net • reservation@hotel-lalouisiane.com
- 지하철 Mabillon, Odéon 혹은 St-Germain-des-Prés 역
- 리셉션 24시간 운영 • 더블룸 100~130유로(샤워 시설 혹은 욕실 있음, 조식 포함) • 객실 총 79개. 깨끗한 편. TV 없음. 이중창 설비. 여류 작가 시몬 드 보부아르가 이곳에서 〈제2의 성〉 집필에 열중했다고 한다.

▶ Hôtel d'Angleterre 앙글르테르 [H-53] [G-7]

- 44, rue Jacob 75006 • ☎ (01)4260-3472 / F (01)4260-1693
- reservation@hotel-dangleterre.com • 더블룸 190유로부터
- 객실수 23개 • 헤밍웨이 덕분에 유명해진 호텔. 영국 대사관 건물이었다가 호텔로 개조되었다. 안뜰에서 아침식사를 즐길 수 있다. 별 3개급 호텔, 나폴레옹 3세 풍의 인테리어. 생 제르맹 종탑 쪽을 바라보고 있는 12번 객실을 요청하도록 한다. 빨간색의 실내 인테리어에 닫집이 덮인 침대, 정원 쪽을 바라보는 아름다운 전망으로 낭만적인 주말을 꿈꾸는 사람들에게 권할 만한 곳이다. 푸르스템베르그 광장Place Furstemberg과 생 제르맹 데 프레 가 인근의 유명한 카페들인 카페 드 플로르, 레 되 마고, 르 프로코프가 가깝다.

▶ Madison 매디슨 [H-56] [G-8]

- 143, boulevard Saint-Germain 75006
- ☎ (01)4051-6000 / F (01)4051-6001 • www.hotel-madison.com
- resa@hotel-madison.com • 더블룸 215~390유로 • 객실수 54개
- 소설가이자 극작가 알베르 카뮈Albert Camus(1913~1960, 대표작 〈이방인〉) 덕분에 유명해진 호텔. 생 제르맹 데 프레 성당이 내려다보인다.

■■■ 2구역 - 오페라, 레 알, 퐁피두

▶ BVJ Centre International BVJ 상트르 앵테르나시오날 [H-1] [H-6]

- 20, rue Jean Jacques Rousseau 75001
- ☎ (01)5300-9090 / F (01)5300-9091 • www.bvjhotel.com
- 지하철 Louvre Rivoli 혹은 Palais Royal-Musée du Louvre 역
- 연중 무휴 • 조식 포함 28~30유로 • 2~3일 전 사전 예약을 권한다. 일종의 유스호스텔로 2~6인용 공동 침실이 있다(침대 총 200개). 체크아웃은 오전 10시까지이며 어길 경우 벌금을 지불해야 한다.

▶ Hôtel de Rouen 호텔 드 루앙 [H-3] [H-6]

- 42, rue Croix des Petits Champs 75001
- ☎ (01)4261-3821 / F (01)4261-3821 • www.hotelderouen.net • 지하철 Palais Royal-Musée du Louvre, Louvre Rivoli 혹은 Les Halles 역

- 숙박료 37유로부터(더블룸, 화장실 있음), 44유로부터(더블룸, 샤워 시설 있음, 화장실은 공동 사용), 50유로부터(더블룸, 샤워 시설, 화장실 있음) • 빅 투아르 광장, 루브르 박물관에서 가까워 관광에 편리하다.

▶ Hôtel du Palais 호텔 뒤 팔레 [H-4] [H-7]

- 2, quai de la Mégisserie 75001 • ☎ (01)4236-9825 / F (01)4221-4167
- 지하철 Châtelet 역 • 더블룸 40~62유로 선(세면 시설, TV 구비)
- 센느 강, 콩시에르주리, 노트르담 성당이 바라다 보이는 아름다운 전망을 감상할 수 있다. 편리한 위치와 전망 덕택에 많은 사람들이 즐겨 찾는 곳이다. 시설이 오래된 것이 흠이지만, 깨끗한 편이다.

▶ Washington Opéra 워싱턴 오페라 [H-10] [G-5]

- 50, rue de Richelieu 75001 • ☎ (01)4296-6806 / F (01)4015-0112
- hotel@washingtonopera.com • 지하철 Opéra 역 • 숙박료 220유로 선, 281유로 선, 조식 19유로 선 • 객실수 36개 • 루이 15세의 총희(寵姬) 퐁파두르 후작부인의 거처였다. 7층 테라스에서는 팔레 루아얄 정원이 내려다보인다.

▶ Costes 코스트 [H-14] [G-5]

- 239, rue Saint-Honoré 75001 • ☎ (01)4244-5000 / F (01)4244-5001
- www.hotelcostes.com • 315~555유로로, 조식 30유로 선 • 현란한 자주색과 금색의 객실은 나폴레옹 3세 당시의 스타일을 그대로 모방한 것이다. 별 4개급의 고급 호텔. 화려한 이탈리아 식 안뜰과 최고의 시설을 자랑하는 헬스 클럽. 제트 족(제트 여객기로 세계를 돌아다니는 상류 계급)들이 즐겨 찾는 호텔이다. 파리 최대의 쇼핑가인 생 토노레 가에 위치하고 있어 쇼핑 관광에 용이한 호텔이다. 호텔 부속 레스토랑도 많은 사람들이 즐겨 찾는 명소다.

▶ Hôtel Vivienne 호텔 비비엔느 [H-18] [H-4]

- 40, rue Vivienne 75002 • ☎ (01)4233-1326 / F (01)4041-9819
- paris@hotel-vivienne.com • 지하철 Grands Boulevards, Richelieu Drouot 혹은 Bours 역 • 더블룸 73유로부터
- 넓은 공간의 객실, 단순하고 실용적이며, 고가구로 장식되어 있다. 몇몇 객실에는 발코니가 딸려 있다. 하드 록 카페Hard Rock Café, 그레뱅 박물관 Musée Grevin(밀랍 인형 박물관), 바리에테 극장Théâtre des Variétés에서 가깝다. 조용하고 편안한 분위기. 이중창 설비. 6, 7층 객실에서 바라보는 파리 시내 전경이 무척 아름답다. 가격 대비 훌륭한 편

▶ Hôtel Bellevue 호텔 벨뷔 [H-67] [F-4]

- 46, rue Pasquier 75008 • ☎ (01)4387-5068 / F (01)4470-0147
- 지하철 St-Lazare 역 광장에 자리하고 있다.
- 더블룸 45~70유로(세면 시설과 샤워 시설 혹은 욕실 있음)
- 오페라 인근과 마들렌느 성당 인근(관광에 용이한 장소). 안뜰 쪽 객실은 어둡지만 조용한 편이다. 이중창 설비, 에어컨 있음

■■▨ 3구역 - 마레, 바스티유

▶ Hôtel MIJE de Fourcy 호텔 MIJE 드 푸르시 [H-28] [J-7]

- 6, rue de Fourcy 75004 • ☎ (01)4274-2345 / F (01)4027-8164
- www.mije.com • 지하철 St-Paul 혹은 Pont Marais 역
- 07:00~01:00(리셉션 11:00~14:00, 17:00~22:00) • 토, 일 휴무, 8월 정기 휴무 • 4인 침실 1인당 28유로 선, 2인 침실 34유로 선, 1인 침실 45유로 선 (조식 포함) • 신용카드 결제 불가 • MIJE(국제 대학 청소년 호텔 연맹)에서 운영하는 유스호스텔의 일종. 식사는 정식 12유로부터. 17세기 호텔 건물. 보주 광장Place des Vosges, 생 루이 섬 사이에 위치하고 있다. 4~8인용 공동 침실 구비

■■▨ 4구역 - 몽마르트르

▶ Ermitage Hôtel 에르미타주 호텔 [H-130] [H-1]

- 24, rue Lamarck 75018 • ☎ (01)4264-7922 / F (01)4264-1033
- www.ermitagesacrecoeur.fr • 지하철 Lamarck Caulaincourt 역
- 더블룸 90유로 선 • 호텔이 아니라 진짜 내 집 같은 편안한 분위기. 몽마르트르에서도 가장 '마을'의 정취가 물씬 풍기는 곳이다. 나폴레옹 3세 풍. 영국산 꽃무늬 천을 써 세심하게 꾸민 객실이 12개 있다. 그 중 둘은 작은 정원과 같은 층에 창을 냈고, 다른 넷은 흔치 않은 파리 풍경을 보여 준다. 물론, 이 6개 방이 우선 예약 대상이다. 파리에 별장을 둔 기분을 느낄 수 있다.

■■▨ 5구역 - 개선문

▶ Hôtel d'Argenson 호텔 다르장송 [H-68] [E-3]

- 15, rue d'Argenson 75008 • ☎ (01)4265-1687 / F (01)4742-0206
- 지하철 St-Augustin 혹은 Miromesnil 역 • 더블룸 80~100유로 선
- 오스만 대로 모퉁이에 위치. 높은 천장과 고가구 장식. 방음 설비가 안 되어 있으므로 유의. 오스만 대로 쪽 객실이 훨씬 넓은 편(발코니 있음)이며, 애완용 동물 출입이 가능하다. 가격 대비 만족스러운 편

▶ À l'Hôtel du Bois 아 로텔 뒤 부아 [H-119] [C-4]

- 11, rue du Dôme 75016 • ☎ (01)4500-3196 / F (01)4500-9005
- www.hoteldubois.com • reservations@hoteldubois.com
- 더블룸 110~160유로 선 • 객실수 41개
- 16세기 몽마르트르의 호텔, 프랑스 시인 보들레르가 이곳에서 죽었다. 조지 왕조풍(영국 조지 1세에서 4세 집권기 동안)의 인테리어

■■▨ 6구역 - 에펠 탑, 앵발리드, 포부르 생 제르맹

▶ Muguet 뮈게 [H-60] [E-7]

- 11, rue Chevert 75007 • ☎ (01)4705-0593 / F (01)4550-2537
- www.hotelparismuguet.com • 지하철 École Militaire 혹은 La Tour

Maubourg 역 • 연중 무휴 • 더블룸 130유로 선 • 객실수 45개
* 조용하고 한적한 곳에 위치. 전원풍의 가구. 꼭대기층의 지붕 밑 객실에서는 에펠 탑과 앵발리드가 내려다 보인다. 별 2개급 호텔

▶ Kyriad Paris XV Lecourbe 키리야드 호텔 [H-110] [C-10]

* 15, rue Mademoiselle 75015 • ☎ (01)4250–2046 / F (01)4856–0183
* 더블룸 75~85유로 • 단골들이 자주 찾는 곳이다. 조용하고 위치가 좋다. 번 잡한 파리가 싫다면, 이곳에 묵도록 한다. 특히 좋은 상당수 방들은 작고 푸른 내부 정원으로 창을 냈다.

■ ■ ▮ 한인호텔

▶ Moulin Hôtel 물랭 호텔

* 3, rue Aristide Bruant 75018 • ☎ (01)4264–3333 / F (01)4606–4266
* www.hotelmoulin.com • 캉캉춤으로 유명한 물랭 루즈와 몽마르트르 언덕 중간에 위치하고 있다. 파리 샤를르 드골 공항에서 RER을 타고 파리 북역에 하차해 지하철로 갈아타도 되고, 북역에서 그리 멀리 떨어져 있지 않기 때문에 택시로 이동해도 큰 부담이 되지 않는다. 문을 연 지 10년이 넘는 한인 호텔로 이미 많은 한국인들이 다녀간 호텔이다. 파리 홍등가인 피갈 인근에 위치하고 있지만 꽤 떨어져 있어 큰 불편은 없다. 그런 분위기를 싫어하는 사람들이나 예민한 여성 관광객들에게는 권하기 힘들지만 큰 위험은 없다. 호텔 가격은 샤워 시설이 있는 방은 싱글룸 75유로, 더블룸 85유로 선이다.

▶ Hôtel Regina 호텔 레지나

* 15, place des États–Unis 92120 Montrouge
* ☎ (01)4654–1103 / F (01) 4654–1917
* www.82regina.com, www.mantravel.com • 지하철 Porte d'Orleans 역 (호텔까지 도보로 5~6분, 500m 거리) / 파리 오페라에서 68번 버스 이용
* 2003년에 처음 문을 연 한인 호텔이다. 호텔 내 작은 정원이 보이는 식당이 인상적이다. 프랑스에서 10년째 영업을 해 오고 있는 한인 여행사에서 투자, 설립한 호텔이라 현지 정보를 편하게 얻을 수 있는 이점이 있다. 가족 여행, 출장, 개인 배낭 여행 등 여행 구분에 관계 없이 누구나 투숙할 수 있는 좋은 분위기를 갖고 있다. 가격은 샤워 시설을 갖춘 방은 65유로부터 시작하고, 욕소가 있는 방은 75유로부터이다. 1층에 한국인을 위한 인터넷 카페가 별도 설치되어 있고 성수기에는 배낭 여행객을 위한 별도의 방을 준비한다. 객실 38개를 구비해 놓았다.

Shop & Services

파리는 유럽에서뿐만 아니라 세계적으로 쇼핑 천국으로 각광받는 곳이다. 세계적인 유명 사치품들은 거의 프랑스 제품일 뿐만 아니라, 프랑스 산이 아니더라도 각종 유명 브랜드 매장들이 파리에 밀집해 있다.

시간이 촉박한 한국 관광객들에게는 유명 브랜드는 물론 다양한 상품을 한번에 구입할 수 있는 백화점을 이용할 것을 권한다. 화장품류 구입 시에는 파리 시내 면세점(품목에 따라 백화점이 더 저렴할 수도 있다.)을 이용하는 방법과 유명 브랜드 숍을 직접 찾는 방법이 있다. 생 제르맹 데 프레 지구(행정 구역상 6구)는 젊은 디자이너들의 작은 의상실들이 줄지어 있으며, 유명 브랜드 매장들도 일부 찾아볼 수 있다. 인근에는 파리 대학생들이 자주 찾는 카르티에 라탱과 렌느 가Rue de Rennes 등이 면해 있어 젊은층을 대상으로 하는 쇼핑가라 할 수 있다.

파리의 가장 대표적인 쇼핑가는 생 토노레 가이다. 엘리제 궁에서부터 루브르 호텔, 루브르 박물관이 있는 루아얄 광장에 이르기까지의 구역으로 가장 핵심적인 곳은 콩코드 광장과 마들렌느 성당이 마주 보는 루아얄 가에서부터 동쪽으로 이어지는 곳이다. 프랑스 유명 브랜드는 물론 세계 각지의 유명 브랜드 매장이 자리하고 있다. 이외에도 몽테뉴 가(유명 브랜드들의 파리 본점, 매장들이 가장 넓다.), 프랑수아 1세 가, 샹젤리제 가도 쇼핑 거리로 유명한 곳이다.

유명 브랜드 제품 싸게 사기 – 레 스토크 Les Stocks

영어의 스톡을 그대로 발음해 레 스토크라고 하면 재고품 할인 매장을 뜻한다. 생 제르맹 데 프레, 몽테뉴, 생 토노레 등의 부티크 거리와 갈르리 라파이예트, 프렝탕 백화점이 모여 있는 오페라 주변 등 파리에는 유명 디자이너들의 개인 부티크와 값비싼 사치품들을 파는 거리가 조성되어 있다. 이들도 일 년에 한 차례 정도 바겐세

일을 하기는 하지만, 일 년 내내 사치품들만 모아 싼값에 파는 가게들이 별도로 있다. 이들은 유명 브랜드를 최소 30%, 최대 70% 할인된 가격으로 판매한다. 할인 부티크는, 몇몇 예외적인 곳을 제외하면, 유명 브랜드 쇼핑가의 부티크와는 달리 심한 경우에는 수십 배에 달하는 많은 양의 상품을 볼품 없이 전시 판매하고 있다. 일부 매장은 의류를 입어 볼 수 있는 칸막이조차 설치되어 있지 않은 곳도 있다. 하지만 크게 유행을 타지 않는 드레스나 남성, 여성 정장 특히 아동복 등의 품목들은 할인 매장에서 구입하는 것이 경제적이다. 게다가 파리에 거주하는 장기 유학생이나 체류자가 아닌 여행객들은 추가로 12~15%의 면세 혜택을 받을 수 있어 생각보다 저렴한 가격에 유명 브랜드를 구입할 수 있다. 파리의 레 스토크 할인점은 이탈리아 밀라노나 로마처럼 한 부티크에서 여러 가지 브랜드를 섞어 팔지는 않으므로 그만큼 의심도 덜 받는다. 번화가에 위치한 유명 브랜드 매장과 같은 브랜드에서 운영하는 곳이 많기 때문이다. 이런 할인 부티크들도 부티크 별로 약간의 차이는 있지만 연간 두 번의 세일을 한다.

따라서 여행 시기에 따라 추가 할인의 혜택을 볼 수도 있다. 이와 관련된 정보를 레바캉스 웹사이트에서 여행 전에 확인하면 최신 정보를 얻을 수 있다.

쇼핑 구역 안내
■ 화랑
마티뇽 가, 포부르 생 토노레 가
■ 고급 의상
포부르 생 토노레 가,
몽테뉴 가,
프랑수아 1세 가
■ 고급 백화점
오페라 인근
■ 보석
라페 가, 방돔 광장
■ 출판 및 서점
오데옹 극장 인근
■ 가구 포부르
생 탕투안느 가
■ 의류 도매
상티에 가, 탕플 가
■ 골동품
보나파르트 가, 라 보에시 가
■ 종교용품
생 쉴피스 성당 인근
■ 악기
로마 가, 바스티유 오페라 인근
■ 크리스털
파라디 가

라 발레 빌라주 La Valée Village

파리 근교에 있는 명품 아웃렛 매장 중 가장 유명한 곳으로, 셀린느, 페라가모, 발리, 아르마니를 비롯한 유명 브랜드 매장 약 75개가 모여 있다. 의류, 스포츠용품, 액세서리, 보석, 화장품 등 다양한 품목을 취급하며, 최소 33% 할인 판매한다. 파리의 여름, 겨울 세일기간에 함께 세일을 하는데, 이때 가면 최고 70~80%까지도 할인 받을 수 있다. 또한 구매 금액이 175유로 이상이면 12%의 면세 혜택을 받을 수 있다. 레스토랑, 카페 등도 마련되어 있으며 리셉션(Espace d'Accueil라고 표기)에 가면 각종 안내를 받을 수 있다. 파리에서는 RER A선을 타고 Val-d'Europe/Serris-Montévrain 역에 내리면 된다. 파리에서 약 1시간 걸린다. 월요일부터 토요일까지는 오전 10시부터 오후 7시까지, 일요일에는 오전 11시부터 오후 7시까지 영업하며 1월 1일, 5월 1일, 12월 25일에만 휴무한다.

• ☎ (01)6042-3500 • www.lavaleevillage.com

알레지아 지역 Alésia

파리 제14구에 속한 알레지아 지역은 여러 할인 매장이 모여 있는 곳으로 지하철 4호선 알레지아Alésia 역에서 하차한다. 택시를 탈 경우, 오페라에서는 8~9유로 정도, 소르본느나 루브르 지역에서는 7유로 정도면 이동이 가능한 곳이다. 알레지아가 92번지의 Feelgood(여성 의류), 100번지의 GR STOCK(남성, 여성 의류), 122번지의 MAJESTIC BY CHEVIGNON(남성, 여성, 아동 의류) 등이 있으며 118번지의 아마존 르 스토크Amazone le Stock는 여성 의류와 아마존 브랜드만 할인 판매하는 곳이다. 한국의 55, 66사이즈 드레스가 많다. 봄에는 전 시즌 컬렉션을 20%부터 할인 판매하며, 일부는 60%까지 할인하기도 한다. 114번지의 카샤렐 스토크Cacharel Stock에서는 프랑스 20~30대 여성 및 남성 패션 브랜드를 구입할 수 있다. 알레지아 스토크Alésia Stock 매장에서는 여성, 남성은 물론 아동 의류까지 판매하고 있으며, 할인율은 40%정도다. 알레지아 가에는 안경 전문 할인점도 있는데 유명 브랜드 안경테를 보통 15유로에 구입할 수 있다.

그 밖의 할인 매장

■ 봉포엥 Bonpoint
국내에도 선보인 바 있는 프랑스 최고 아동 유명 브랜드 Bonpoint 할인 매장이다. 유아용품에서부터 유모차는 물론 12세까지의 아동 의류를 다루고 있다. 파리 시내 일반 매장은 각종 사치품들의 파리 본점이 모여 있는 몽테뉴 가에 있으며 할인 매장에서는 30~50% 할인 판매한다.
- 82, rue de Grenelle 75007 • ☎ (01)4548-0545 • www.bonpoint.com
- 지하철 Rue du Bac 역

■ 앙투안느 에 릴리 Antoine et Lili
여성 의류 브랜드인 앙투안느 에 릴리 할인 매장으로 50% 할인 판매한다.
- 7, rue de l'Alboni 75016 • ☎ (01)4527-9500 • 지하철 Passy 역

■ 에이피씨 A.P.C
뤽상부르 공원과 가까운 곳에 있다. 재킷, 파카, 바지 등의 여성 의류가 주류고 남성 의류도 있다. 할인은 40~60% 선이며 파리에서 유행을 따르는 고객들이 즐겨 찾는 곳이다. 자세한 정보는 웹사이트를 참조한다.
- 38, rue Madame 75006 • ☎ (01)4222-1277 • www.apc.fr
- 지하철 St-Sulpice 역

■ 제데 엑스팡시옹 GD Expansion
도매 의류 매장들이 들어서 있는 곳으로 파리 시내 한복판에 위치해 있다. 종일 한

국의 남대문 이상으로 활기찬 느낌을 준다. 여성의류 브랜드는 MAX MARA, WEEKEND, MARELLA, OLIVIER STRELLI, ZAPA, HELENA SOREL, PABLO 등이 있으며 남성복은 CERRUTI, TORRENTE, DIOR 등을 취급한다. 전반적으로 할인율은 30~40%이다.

* 19, rue du Sentier(2층, 한국식으로 3층) 75002 • ☎ (01)4233-3839
* 지하철 Sentier 혹은 Bonne Nouvelle 역

면세

[갈르리 라파이예트 백화점. 관광객은 12% 면세 혜택을 받을 수 있다.]

쇼핑은 해외 여행이 가져다 주는 여러 즐거움들 중 하나다. 지나친 쇼핑은 삼가야 하겠지만, 쇼핑의 즐거움을 부인할 사람은 없다. 이제는 한국에 물건이 없어서 혹은 질이 너무 떨어져서 해외에서 쇼핑을 해야겠다는 시대는 지나갔다. 그럼에도 해외 여행 시 쇼핑이 즐거움 중 하나인 것은 면세 가격으로 물건을 구입할 수 있는 독특한 매력이 있기 때문이다. 파리에서의 면세점 이용은 한국에서와는 달리, 구입한 물건을 구입한 가게에서 바로 들고 나와야 한다. 다시 말해 공항에서 찾는 경우가 없다. 파리를 관광한 다음에 다른 도시를 보기 위해 이동하는 관광객이 대다수이기 때문이다.

파리에서는 어느 곳에서든 물건을 구입하면 175유로 이상을 구입했을 경우 면세를 받을 수 있다. 물론 식음료 등은 포함되지 않는다. 도서는 5% 정도 면세를 받을 수 있다. 면세점은 물론이고 백화점, 일반 부티크 등에서도 면세를 받을 수 있다. 면세점은 가장 면세율이 높고, 일반 부티크가 15%, 백화점이 12% 정도 면세를 해 준다. 면세를 받기 위해서는 약간의 절차가 필요하다. 주된 목적은 물건을 구입한 사람이 외국인인지와 구입한 물건이 해외로 반출되는지를 확인하기 위한 것이다. 면세서류

작성을 통해 확인이 끝나면 면세 금액을 현장에서 바로 돌려주는 곳이 있기도 하고 추후 물건 구입자가 기재한 주소로 송금해 주는 곳도 있다.

어느 경우이든, 면세서류를 작성해야 한다. 4장 한 묶음으로 이루어진 면세서류의 가장 위쪽 서류에 한번만 기재를 하면 되는데, 본인의 영문 이름, 주소, 머물고 있는 파리 시내 주소(호텔 및 기타 주소), 여권번호 등이다. 구입한 물건의 수량, 금액 등은 판매원이 기록한다. 이는 프랑스 국가가 프랑스를 찾아 준 외국 관광객에게 베푸는 행정 조치로 물건을 구입한 가게와는 아무런 상관이 없는 절차다. 따라서 전체 액수가 맞는지 정도만 확인하면 된다. 4장 중 가장 위쪽의 서류는 판매한 가게에서 보관하며 나머지 세 장을 우편 봉투와 함께 돌려 준다. 출국 시 공항이나 국경에서 면세서류를 처리해 우편으로 보내면 된다.

파리가 마지막 여행지여서 공항으로 나가 비행기를 탈 경우에는 공항에 도착한 즉시, 구입한 물건을 갖고 세관 신고소에 가서 서류를 제출하면 도장을 찍어 준다. 그러면서 한 장은 세관에서 갖고 나머지 두 장을 돌려 준다. 이때 돌려받은 두 장 중 적색 서류를 봉투에 넣어 가까운 곳에 있는 우편함에 넣으면 된다. 한 장은 추후 면세 금액이 돌아오지 않았을 경우를 대비한 본인 보관용이다. 면세서류를 세관에 제출할 때 간혹 구입한 물건을 보자고 할 때가 있어 물건을 함께 가지고 가는 것이 좋다. 파리 공항의 경우, 한국으로 가는 승객들은 드골 공항 제2터미널 E홀에 위치해 있으며 표지판으로 안내가 되어 있고 대부분 길게 줄을 서 있어 쉽게 찾을 수 있다. 즉시 환급을 원할 경우 공항 내 환급 창구로 가면 된다.

파리가 마지막이 아니고 TGV로 스위스로 이동하는 사람은 주네브 기차역에서 면세 서류에 도장을 받아 처리해야 한다. 그 외의 비행기로 파리를 떠나 다른 나라로 이동했다가 한국으로 귀국하는 사람들은 유럽 마지막 방문국의 공항에서 한국으로 떠날 때 처리하면 된다.

파리는 관광 대국의 수도답게 시내 도처에 면세점이 자리잡고 있다. 특히 루브르 박물관과 오페라 가가 만나는 리볼리Rivoli 가 일대와 오페라 뒤편의 오스만 Haussmann 가 일대에 많다.

면세점에서는 다른 물건을 구입하는 것도 무방하지만 일반적으로 많은 사람들이 화장품 종류를 구입한다. 일부 화장품은 동일한 물품을 면세점에만 특별 가격으로 공급하기도 하기 때문에 비교적 저렴한 가격에 구입할 수 있다. 기타 의류나 넥타이 등은 간혹 유행이 지난 것을 섞어서 파는 경우가 있지만 대체적으로 믿을 만하다. 오스만 가의 파리 룩에서는 영국 버버리 제품을 다른 곳보다 싼 가격에 구입할 수 있고 리볼리 가의 벤룩스에서도 기타 의류와 화장품 등을 구입할 수 있다. 두 곳 모두 한국인 점원이 일을 하기 때문에 언어로 인한 어려움은 없다.

백화점

파리에는 여러 개의 백화점이 있지만 '르 봉 마르셰', '사마리텐' 등은 주로 파리 사람들이 이용하는 대중적 백화점이라 관광객들의 면세 처리에 약간 시간이 걸리는 등 불편함 점이 있다. 관광객들이 이용할 수 있는 곳으로는 '걀르리 라파이예트'와 '프렝탕' 백화점 두 곳을 들 수 있다. 두 백화점 모두 파리 시내 곳곳에 지점이 있지만 가장 큰 본점은 오페라 하우스 뒤편에 자리잡고 있다.

걀르리 라파이예트 Galeries Lafayette

세계에서 가장 많은 매출을 올리는 백화점이 바로 걀르리 라파이예트 백화점이다. 고객의 40% 정도가 미국인과 일본인들이다. 건물은 본관인 여성관, 식품관이기도 한 남성관, 그리고 가정관으로 나뉘어져 있다. 각 관은 한국식으로 2층(프랑스에서는 1층)에서 다리로 서로 연결되어 있다. 그라운드 플로어에는(한국식으로 1층) 화장품과 향수, 가방, 유명 브랜드 매장들이 들어서 있다. 1층, 2층과 3층은 여성복 코너이다. 캐주얼과 신발류는 1층, 정장은 2~3층, 속옷은 3층에 있다. 4층에는 가방, 수영복, 코트, 레인코트, 모피, 가죽 의류가 있으며, 5층에는 아동복과 서적, 음반, 어린이 문구 용품과 완구류, 임부복 코너가 있다. 전자 제품과 기념품 등 기타 잡화와 결혼 용품 등은 6층에 마련되어 있고, 7층에는 오페라 관과 테라스가 있다. 건물이 나뉘어져 있고 낯선 곳이므로 여러 곳에 비치되어 있는 백화점 안내도를 지참하며 참고하는 것이 도움이 될 것이다.

• www.galerieslafayette.com

프렝탕 Printemps

본관인 여성관, 가정 용품관, 남성관 등 3개의 건물로 나뉘어져 있다. 본관 1층에는 유명 브랜드와 사치 품목들, 양말, 가방 코너가 들어서 있고 면세 코너도 이곳에 있다. 2층은 여성 캐주얼, 3층은 유명 브랜드 코너다. 지하 1층은 속옷 코너이다. 화장품은 가정 용품관 1층에 있으며 위층에는 전자, 가전 제품, 주방 용품들이 들어와 있다. 가정 용품관 5층에는 해외 수입 용품과 티 코너가 있으며 7층에는 미술 및 문구류, 8층에는 가방 코너가 있다. 남성관의 1층에는 셔츠, 양말 등이 있고 2층에는 디자인 패션 코너가 있다. 4층에서도 유명 브랜드 정장을 만나볼 수 있다. 구두는 5층에 있으며 지하는 속옷 코너다.

• www.printemps.com

두 백화점 모두 신용카드로 현금을 인출할 수 있는 곳은 지하에 있다. 단체 관광객은 일정 금액 이상 구입 시 한국식으로 1층에 마련된 면세 코너에서 12%의 면세를 받을 수 있다. 개인 자격으로 간 경우에도 일정액 이상이면 면세를 받을 수 있는데, 12% 이외에 추가로 10%를 더 할인받을 수 있다. 이를 위해서는 2, 3, 4층에 각각 마련된 면세 코너를 찾아 특별 카드를 받아야 한다. 하지만 모든 물건이 특별 면세 대상인 것은 아니다. 유명 브랜드 숍들은 특별 면세가 되지 않기 때문에 유의해야 한다. 주로 유명 브랜드 사치품들은 특별 카드 적용이 불가능하다. 파리 백화점에서는 일단 물건을 고른 후 구입하겠다고 하면 점원이 전표를 끊어 준다. 이를 갖고 각

층에 서너 개씩 마련되어 있는 깨스Caisse라고 하는 카운터에 가서 돈을 지불하고 영수증을 받아 오면 그 사이 물건을 포장해 놓고 기다린다. 10% 특별 할인 카드를 사용하기 위해서는 붉은색으로 작은 원을 그려 표시한 곳을 피해 찾아가야 한다. 이 표시가 있으면 할인 혜택이 주어지지 않는다. 파리 백화점들도 기간을 정해 전체적으로 혹은 부분적으로 세일을 한다. 세일을 하는 경우에도 면세와 10% 할인은 그대로 적용된다. 따라서 세일인 경우 많게는 50% 이상까지도 싸게 물건을 구입할 수 있다. 면세서류 작성과 우송 요령은 면세점이나 일반 부티크와 동일하다. 어떤 경우이든 여권을 항상 지참해야 하며, 여권을 지참하지 않은 경우 추후 다시 들러

© Photo Les Vacances 2007

[신문 판매소인 키오스크. 프랑스의 일간지와 각종 잡지를 찾아볼 수 있다.]

야만 면세 혜택을 받을 수 있다. 각 백화점 1층에는 여러 나라 언어로 된 안내문이 놓여 있고 한국어 안내문도 있어 참고할 수 있다. 파리 지도도 비치되어 있어 관광하는 데 유용하게 쓰일 때가 있다.

[CHECK

키오스크 Kiosque

파리 시내 길거리 어딜 가나 볼 수 있는 것이 키오스크라 불리는 신문 판매소이다. 신문은 지하철역 구내, 문방구나 서점에서도 살 수 있지만, 길을 걷다가 키오스크에서 사는 경우가 대부분이다. 키오스크는 정자라는 뜻이고 신문 판매대는 정확히 '키오스크 아 주르노Kiosque á Journaux'라고 부른다. 데코 사가 제작하고 파리 시 인근을 관할하는 출판물 유통 업체인 NMPP가 관리하는 이 신문 판매대는 겉모양도 정자를 닮았다. 요즘은 최신식 키오스크도 많이 생겼지만, 대부분의 키오스크는 문을 서너 번 접었다 폈다 할 수 있게 되어 있어 가게 문을 열었을 때는 좌우로 많은 양의 신문과 잡지들을 진열해 놓을 수 있다. 온갖 신문과 잡지가 수북하게 쌓인 한가운데 대개 돋보기를 쓴 뚱뚱한 프랑스 아주머니가 앉아 뜨개질을 하면서 자리를 지키고 있다. 하지만 이 아주머니를 우습게 보아서는 안 된

다. 키오스크에 앉아 있는 아주머니의 연소득이 만만치 않기 때문이다. 웬만한 월급쟁이보다 낫다. 한 달에 우리나라 돈으로 평균 2,500만 원 정도의 매출을 올리며 수입은 이 총 매출에 비례해 일정한 비율로 받는다. 10%만 잡아도 250만 원이며 이는 스믹SMIC이라 불리는 최저 임금의 3배에 가까운 금액이다. 평균이 이 정도이므로 샹젤리제나 오페라 등의 번화가에 있는 키오스크는 본인 부담인 월 임대료를 제외하고도 상당한 수입이 보장된다고 볼 수 있다. 월 임대료는 판매원 부담인데, 100유로 ~1,000유로 사이에서 결정되며 월 판매 금액에 따라 시청에 차등 납부한다.

파리 지역 키오스크에서 판매되는 일간지는 프랑스 전체 판매량의 10%를 차지할 정도로 비중이 크고, 기타 일반 서점이나 문방구 등에서 판매되는 양이 20~30% 정도 된다. 서점, 문방구, 기타 가게 등이 키오스크의 수를 훨씬 능가한다는 점을 고려한다면 키오스크의 위력을 알 수 있다. 큰 키오스크는 1,400종류까지 잡지를 갖다 놓는다. 일반적으로 지하철 입구에 있는 키오스크는 작기 마련인데 이런 작은 키오스크에서는 평균 250종류의 잡지를 취급한다. 가장 많이 나가는 잡지는 TV 가이드와 여성 및 가정 종합지로 각각 25%씩 차지해 두 종류의 잡지가 반 이상을 차지한다. 시사 뉴스 잡지와 레저 잡지는 각각 18%씩 차지한다. 기타 마니아 용 전문 잡지와 포르노 잡지 등이 나머지 부분을 차지한다. 파리 시내 키오스크에서는 포르노 잡지를 마음대로 구입할 수 있어 아이들과 함께 여행할 때는 유의해야 한다. 파리와 인근 교외를 합쳐 일 드 프랑스 지역에는 약 360개의 키오스크가 있고 기타 지방의 대도시에 410개가 있다. 키오스크가 파리에 처음 등장한 것은 19세기 중엽의 일로 이후 "신문 사세요."라고 외치고 다니는 꼬마들이 갈수록 일자리를 잃었다. 키오스크에서 사람들이 가장 많이 사는 것은 일간지이고 그 다음이 잡지다. 몇 년 전의 통계에 따르면 그해에 전국의 키오스크에서 팔린 신문과 잡지 부수가 총 18억 부였다고 한다.

품목별 쇼핑 리스트

■ ■ ⊪ 백화점

▶ Le Bon Marché 르 봉 마르셰 [S-1] [1구역 지도/F-8]

- 24, rue de Sèvres 75007 • ☎ (01)4439-8000
- 지하철 Sèvres Babylone 역 • 월~수, 금 09:30~19:00, 목 10:00~21:00, 토 09:30~20:00 • 일요일 휴무 • 신용카드 결제 가능
- 1852년에 오픈한 오랜 역사를 지닌 백화점. 르 봉 마르셰는 세계 최대의 럭셔리 브랜드 그룹 루이뷔통 모에 헤네시LVMH가 개수한 덕분에 호화로우면서도 고객 중심의 백화점으로 유명한 곳이다. 백화점 이름이 '봉 마르셰', 즉 우리말로 '값싼'을 의미한다고 해서 저렴한 상품들을 파는 곳으로 생각하면 오산이다. 남성복, 여성복, 아동복, 가구류, 주방 용품을 구입할 수 있다. 봉 마르셰 백화점은 융단, 카펫 류가 다른 곳과 비교했을 때 뛰어나다. 위층은 패션 의류층인데, 이곳에서 백화점 자체 브랜드의 고급 순면 셔츠도 찾을 수 있다. 귀스타브 에펠이 디자인한 152개의 기둥이 있는 지하에서는 완구류와 서적을 구입할 수 있다. 이 건물 바로 옆에 위치한 건물에는 음식점과 고미술 갤러리, 바가 있다.

▶ Galeries Lafayette 갈르리 라파이예트 [S-2] [2, 4구역 지도/G-4]

- 40, boulevard Haussmann 75009 • ☎ (01)4282-3456
- www.galerieslafayette.com • 지하철 Chaussée d'Antin Lafayette 혹은 RER-A Auber 역 • 월~수, 금~토 09:30~19:30, 목 09:30~21:00, 일 09:30 ~20:30 • 신용카드 결제 가능 • 1896년에 오픈한 갈르리 라파이예

트는 거대한 스테인드글라스의 둥근 천장이 인상적인 건물로, 유럽에서 가장 큰 백화점이다. 시간이 없어서 백화점을 한 군데밖에 들를 수 없다면, 꼭 이곳을 찾도록 한다. 향수부터 패션에 이르기까지 다양한 상품들을 구입할 수 있다. 백화점은 패션, 뷰티, 액세서리 부문을 혁신적으로 개조하였으며, 1, 2층에는 디자이너 매장이 위치해 있다. 3층에서는 팩스와 인터넷을 사용할 수 있다. 1층에는 3,000여 종의 와인을 구입할 수 있는 파리 최대의 와인 숍이 있다. 지하에는 60종의 시가 코너가 있다. 본관, 남성관, 가정관으로 나뉘어져 있다.

▶ **Printemps** 프렝탕 [S-3] [2, 4구역 지도/G-4]

- 64, boulevard Haussmann 75009 • ☎ (01)4282-5000
- www.printemps.com • 지하철 Havre Caumartin, RER-A Auber 혹은 RER-E Haussmann St-Lazare 역 • 월~토 09:35~19:00, 목 09:35~22:00, 일 09:30~19:00 • 신용카드 결제 가능
- 주방 용품이 판매되는 프렝탕 메종Printemps Maison, 여성 패션 코너인 프렝탕 드 라 모드Printemps de la Mode, 남성복 코너인 르 프렝탕 드 롬므 Printemps de l'Homme로 나눠진다. • 6층에 위치하고 있는 카페 플로 Café Flo에서 커피나 식사를 즐길 수 있다. 프렝탕 백화점에는 관광객을 위한 할인 제도가 있어서 10%의 할인 혜택을 받을 수도 있다.

▶ **Samaritaine** 사마리텐느 [S-4] [2구역 지도/H-7]

- 19, rue de la Monnaie 75001 • ☎ (01)4041-2020
- 지하철 Châtelet 혹은 Pont Neuf 역 • 월~수, 금 09:30~19:00, 목 09:30~21:00, 토 09:30~22:00 • 네 개의 건물로 이루어져 있다. 단, 현재 백화점이 공사 관계로 잠정 폐쇄 중이므로, 자세한 안내는 무료전화 0800-010-015에 문의한다. 비교적 저렴한 물건들을 판매하는 대중적인 백화점이다.

■ ■ ◢ 향수 및 화장품

▶ **Parfumerie Fragonard** 파르퓨므리 프라고나르 [S-81] [2, 4구역 지도/G-4]

- 39, boulevard des Capucines 75002(카퓌신 가) • ☎ (01)4260-3714
- 월~토 09:00~17:30 • 1926년에 문을 연 이 향수 가게는 내부에 박물관까지 갖추고 있을 정도로 유명한 곳이다. 프라고나르 향수 제품 전체는 물론이고 화장수와 젤, 비누 등도 구입할 수 있다.

▶ **L'Artisan Parfumeur** 라르티장 파르퓨뭐르 [S-83] [1, 2, 3구역 지도/I-7]

- 본점 / 32, rue du Bourg-Tibourg 75004 • ☎ (01)4804-5566
- 분점1 / 24, boulevard Raspail • ☎ (01)4222-2332
- 분점2 / 22, rue Vignon • ☎ (01)4266-3266
- 분점3 / 24, rue de Chartres Neuilly sur Seine • ☎ (01)4745-1010
- 월~토 10:30~19:00 • 꽃 향수, 인조 향수, 방향제, 향수병이나 기타 도구들을 판매한다. 연한 향수 전문 매장이다. 몸에 뿌리는 향수와 실내에 뿌리는

향수의 조화를 원하는 이들은 이 집을 찾아가면 된다. 향초, 포푸리, 행운의 소품들이 있고 이곳에서는 파리 최고의 바닐라 향수를 구입할 수 있다.

▶ Yves Rocher 이브 로셰 [S-84] [5구역 지도/D-4]

- 본점 / 102, avenue des Champs-Élysées 75008 • ☎ (01)5353-9491
- 분점1 / 104, rue de Rivoli • ☎ (01)4028-4167
- 분점2 / 68, rue de Rennes • ☎ (01)4049-0898
- 분점3 / 60, rue Chaussée d'Antin • ☎ (01)4281-4005
- www.yvesrocher.fr • 월~일 10:00~22:00(계절에 따라 자정까지)
- 상젤리제 거리에 있다는 것만으로도 명성을 알 수 있는 향수 가게. 이브 로셰 사의 모든 향수를 구입할 수 있다. 향수는 물론이고 크림 샴푸에서 선탠 크림 까지 갖추고 있다. 여행용 패키지와 저렴한 중저가 제품도 다량 구비되어 있 다. 일반 관광객에게는 아쉬운 조건이지만, 회원에 가입하면 무료 샘플과 할 인을 받는 등 많은 혜택을 볼 수 있다.

▶ Sephora 세포라 [S-87] [5구역 지도/D-4]

- 70, avenue des Champs-Élysées 75008 • ☎ (01)5393-2250
- 지하철 Franklin D. Roosevelt 역 • 월~토 10:00~24:00, 일 12:00~ 24:00 • 신용카드 AmEx, MC, V 결제 가능
- 세포라 본점에는 12,000여 종의 향수, 화장품 등 뷰티 관련 다양한 상품들 이 구비되어 있다. 파리 상젤리제 거리에 위치하고 있는 거대한 화장품 매장 이다.

■ ■ ▥ 보석, 희귀 컬렉션

▶ 20/20 [S-91] [1, 2구역 지도/H-7]

- 3, rue des Lavandieres 75001 • ☎ (01)4508-4494
- 월~토 12:00~19:00 • 이곳은 1950년대 헐리우드 글래머 배우들이 하고 다니던 보석 등 옛날 디자인의 보석을 파는 곳이다. 당시 제작된 장인의 사인 이 들어가 있는 보석 전문 매장이다. 팔찌 하나가 평균 90유로이고 귀걸이는 140유로 정도다. 물론 이보다 싼 것들도 있다.

▶ Barboza 바르보자 [S-92] [2구역 지도/G-5]

- 356, rue Saint-Honoré 75001 • ☎ (01)4260-6708
- 토요일 제외 매일 10:00~18:30, 11, 12월 두 달 동안은 토요일에도 문을 연다.
- 파리에서 가장 멋진 거리 중 하나인 생 토노레 가에 자리잡은 작은 보석 가 게로 진귀한 컬렉션이 많다. 18, 19세기에 제작된 것들도 있다. 산호, 자수정, 옥 등도 취급한다.

▶ DARY'S 다리스 [S-93] [2구역 지도/G-5]

- 362, rue Saint-Honoré 75001 • ☎ (01)4260-9523
- 월~금 10:00~18:00, 토 12:00~18:00 • 일명 알리바바의 동굴로 불리기도 하는 이곳은 다양한 가격대의 다양한 보석들을 구비하고 있는 것이 큰 특징

이다. 스타일도 다양할 수밖에 없다. 일반 보석은 물론이고 넥타이 핀에서 향수병까지 구비되어 있다.

▶ Fabian de Montjoye 파비앙 드 몽죠이 [S-94] [5구역 지도/D-3]

- 177, rue Saint-Honoré 75001 • ☎ (01)4260-1412
- 월~토 14:00~19:00 • 18세기 보석에서부터 현재까지 시대별로 골고루 갖추고 있다. 특히 19세기 프랑스 각 지역의 보석들이 잘 갖추어져 있다. 많은 사연이 있는 보석도 볼 수 있다. 가격대는 다양해 최저 200유로에서 20,000 유로까지 있다. 나폴레옹 3세 양식의 귀걸이, 18세기 반지 등이 눈에 띈다. 보석 수리도 해 준다.

▶ Biche de Bere 비슈 드 베르 [S-96] [2, 3구역 지도/H-6]

- 본점 / 15, rue des Innocents 75001 • ☎ (01)4028-9447
- 분점1 / 34, rue du Commerce 75015 • ☎ (01)4575-9436
- 분점2 / 113, avenue Victor-Hugo 75016 • ☎ (01)4553-0053
- 월~토 10:30~19:30 • 그래픽 디자인을 이용해 제작된 기묘한 모양의 장신구들, 각종 인조 보석을 가공해 만든 장신구들이 구비되어 있다. 목걸이는 70~130유로, 귀걸이는 40유로부터 시작된다.

▶ Matières Premières 마티에르 프르미에르 [S-104] [3구역 지도/J-7]

- 12, rue de Sévigné 75004 • ☎ (01)4278-4087
- 월~토 10:00~19:00, 일 15:00~19:00 • 진주 전문점이다. 중국, 미국, 이탈리아, 인도 등에서 온 다양한 진주들을 팔며 이곳에서 실과 도구를 사서 직접 목걸이 등을 만들어 볼 수도 있다. 진주는 개당 0.10유로에서 170유로까지 다양한 가격대로 구비되어 있다.

■ ■ ■ 선물 및 기타 소품

▶ Papeterie Moderne 파프트리 모덴느 [S-107] [2, 3구역 지도/H-6]

- 12, rue de la Ferronnerie 75001 • ☎ (01)4236-2172
- 지하철 Châtelet 역 • 월~토 09:00~12:00, 13:30~18:30 • 일요일 휴무
- 신용카드 사용 불가 • 파리 거리와 게이트웨이를 꾸며 놓은 에나멜 액자가 있다. 여기에서 상젤리제 간판이나 사나운 경비견 등 독특한 소품들을 구경할 수 있다.

▶ Bathroom Graffiti 바스룸 그라피티 [S-111] [1구역 지도/G-8]

- 4, rue de Sèvres 75006 • ☎ (01)4548-0801
- 11:00부터 영업을 시작하는 월요일을 제외하고 매일 10:00~21:00 • 갈수록 인기를 끌고 있는 가게다. 각종 실내 장식용 소품들과 재미있는 일상 집기들 및 장신구 등 없는 것이 없다. 와이퍼가 달린 어린이용 안경, 금붕어 모양을 한 동전 지갑, 바비 인형용 티셔츠, 하와이 풍경이 그려져 있는 커튼 등

■ ▨ ▥ 서점

▶ **Brentano's** 브렌타노 (영어 서적) [S-112] [2구역 지도/G-5]

- 37, avenue de l'Opéra 75002(오페라 가) • ☎ (01)4261-5250
- 지하철 Opéra 역 • 10:00~19:30 • 일요일 휴무 • 신용카드 AmEx, MC, V 결제 가능 • 미국 고전, 현대 소설, 베스트셀러와 비즈니스 서적, 어린이 서적을 찾을 수 있는 곳이다.

▶ **WH Smith WH** 스미스 (영어 서적) [S-114] [2구역 지도/F-5]

- 248, rue de Rivoli 75001 • ☎ (01)4477-8899 • 지하철 Concorde 역
- 월~토 09:00~19:30, 일 13:00~19:30 • 신용카드 AmEx, MC, V 결제 가능
- 잡지 전문서점으로 7만 종류의 세계 잡지를 판매하고 있다.

■ ▨ ▥ 음악 CD

▶ **FNAC** 프낙 [S-116] [5구역 지도/D-4]

- 74, avenue des Champs-Élysées 75008 • ☎ (01)5353-6464
- www.fnac.com • 지하철 George V 역 • 월~토 10:00~24:00, 일 12:00 ~24:00 • 신용카드 AmEx, MC, V 결제 가능 • 프낙은 음반뿐 아니라 온 갖 문화 상품을 다 취급한다. 책, 소프트웨어, 비디오, DVD, 게임, 여행사, 공 연 티켓, 음악 가전, 사진 현상 등을 취급한다.

▶ **Gibert Joseph** 지베르 조젭 [S-117] [1구역 지도/H-8]

- 34, boulevard Saint-Michel 75006 • ☎ (01)4233-2572
- 지하철 St-Michel 역 • 10:00~19:00 • 일요일 휴무 • 신용카드 MC, V 결제 가능 • 거대한 서점이자 문구점

| 뷰 티 |

■ ▨ ▥ 미용, 피부, 건강 제품 가게

▶ **Compagnie de Provence** 콩파니 드 프로방스 [S-144] [1구역 지도/G-10]

- 5, rue Bréa 75006 • ☎ (01)4326-3953
- 월~토 10:00~13:00, 14:00~19:00 • 프로방스 지방에서 채집한 자연 추출 물로 만든 다양한 종류의 향수와 크림 및 비누, 방향제 등이 구비되어 있다. 특히 식물성 기름이 듬뿍 든 향기로운 바디 로션이 일품이다. 파리를 여행하 거나 살고 있으면 꼭 한번 들러볼 만한 곳이다. 상점은 뤽상부르 공원에서 가 까운 곳에 있다.

■ ▨ ▥ 미용실

▶ **Tchip Coiffure** 칩 쿠아퓌르 [B-1] [2, 4구역 지도/F-4]

- 26, rue de la Pépinière 75008 • ☎ (01)4522-0599

- 월~수, 금, 토 09:00~19:00, 목 09:00~20:00 • 일요일 휴무
- 이곳의 미용사들은 로레알 제품만 사용한다. 커트와 건조를 20유로 선으로 이용할 수 있다. 여기에 염색을 더하면 25유로 정도이고, 기타 서비스가 추가되면 50유로까지 올라간다. 그러나 다른 곳에 비해 저렴하고 서비스도 좋아 이용할 만하다.

▶ France In 프랑스 인 [B-2] [5구역 지도/D-2]

- 18, rue Saussier Leroy 75017 • ☎ (01)4380-6730
- www.coiffure-france-in.com • 월~토 10:00~19:00 • 프랑스 최고 노동 자상을 수상한 바 있는 프랑신느 프와레가 일하는 이곳은 합리적인 가격으로도 명성이 높다. 여성의 경우 머드팩 서비스까지 이용해서 약 65유로 선이다. 남성의 경우도 커트와 기타를 합쳐 50유로 가량이다. 아이들을 위해 비디오 게임기까지 설치되어 있다.

■■▨ 몸매 관리 및 미용

▶ Bleu Comme Bleu 블루 콤므 블루 [B-3] [5구역 지도/D-3]

- 47, avenue Hoche 75008 • ☎ (01)5381-8553 / F (01)5381-8550
- www.bleucommebleu.fr • 화~월 09:00~19:00
- 미용과 몸매 및 건강 관리를 동시에 할 수 있는 곳이다. 바다색으로 장식된 실내 분위기에서부터 은은한 조명에 이르기까지, 안락한 분위기를 연출해 손님들이 편안하게 휴식을 취할 수 있도록 하고 있다. 찻집도 있어 이용 가능하다.

▶ Espace France-Asie 에스파스 프랑스 아지 [B-5] [2, 4구역 지도/G-3]

- 11, rue du Chevalier de Saint-Georges 75008 • ☎ (01)4926-0888
- www.espace-france-asie.com • 월~토 10:30~20:00
- 태국 전통 마사지로 유명한 곳으로 예약이 필수다. 머리끝에서 발끝까지 근육 이완과 지압으로 이루어진 이 마사지는 스트레스 해소와 몸에 쌓인 독성을 제거하는 데 효과가 있다. 1시간에 60유로 정도인데, 크림을 이용한 피부 세척과 마사지 등을 모두 이용하면 90분 정도 걸리고 가격은 90유로 선이다. 75분짜리 얼굴 마사지와 각질 제거는 약 60유로이다.

▶ Arome et Sens 아롬므 에 성스 [B-8] [6구역 지도/D-10]

- 129, rue Lecourbe 75015 • ☎ (01)4250-1812
- 화, 수, 금 10:00~19:30, 목 11:00~20:30, 토 09:00~18:30
- 아롬므 에 성스에서는 아로마 테라피를 통해 몸의 피로를 풀어 준다. 몸 상태와 체질을 검토한 후 개인에게 가장 알맞은 치료법을 처방한다. 개인마다 적용되는 치료법은 여러 가지가 있는데, 30유로부터 치료비가 책정되어 있다. 치료에 사용되는 액은 100% 천연 추출물로 부작용 걱정을 하지 않아도 된다. 몸에는 마사지, 각질 제거 등 전통적인 방법 이외에 여러 가지 크림을 이용한 방법도 쓰인다.

■ ■ ░ 스파 Spa

스파는 원래는 벨기에 리에주에 있는 온천 도시 이름이다. 인구 약 1만의 소도시로 리에주 주 남쪽 30km 지점에 위치한 스파는 신경통과 피부염에 좋은 광천이 분출되어 세계적인 휴양지로 각광을 받는 곳이다. 현재는 온천요업 전체를 스파라고 부른다. 온천욕, 마사지, 피부 각질 제거 등을 총칭하는 말이 되었다. 파리에서 스파를 즐길 수 있는 곳을 몇 군데 소개한다.

▶ Les Bains du Maris 레 뱅 뒤 마레 [B-9] [2, 3구역 지도/I-7]

- 31-33, rue des Blancs Manteaux 75004 • ☎ (01)4461-0202
- 여성은 월 11:00~20:00, 화 11:00~23:00, 수 10:00~19:00. 남성은 목 11:00~23:00, 10:00~20:00, 금 10:00~20:00. 수영복 차림의 남녀 혼욕은 수 19:00~23:00, 토 10:00~20:00, 일 11:00~23:00
- 이곳은 가격이 조금 부담될 수 있지만 청결하여 사람들이 많이 찾는다. 재스민 향유와 함께 제공되는 동양식 마사지, 각질 제거, 손톱 손질 등 여러 가지 서비스가 제공된다.

▶ Hammam Pacha 하맘 파샤 [B-10] [2, 3구역 지도/I-6]

- 147, rue Gabriel Péri 93200 Saint-Denis • ☎ (01)4829-1966
- 월~금 12:00~24:00, 목 10:00~24:00, 주말 10:00~20:00 • 입장료 29유로, 10장을 한번에 구입하면 220유로 선. 바디 머드와 바디 클렌징 15유로, 15분 마사지 25유로, 얼굴 팩 35유로, 짧은 머리 염색 20유로(서비스에 따라 가격이 다름). 사우나, 욕탕, 증기탕 등을 이용할 수 있다. • 여성전용 사우나로 700m² 전체가 사우나 시설이다. 식당이 마련되어 있어 하루 종일 이곳에서 쉴 수도 있다. 가격도 저렴한 편이어서 친구들과 함께 이용하면 재미있는 하루를 보낼 수 있다.

▶ Maison de la Thalasso 메종 드 라 탈라소 [B-11] [1, 6구역 지도/F-9]

- 10, rue Littré 15006 • ☎ (01)4563-1043
- 월~금 09:00~19:00, 토 09:00~17:00 • 이곳은 특별 관광 상품으로 개발된 해수 요법 관광지를 안내하는 곳이다. 고객에게 가장 알맞은 치료법과 현장을 전문가들이 추천해 준다.

▶ Sauna-Club Provence 사우나 클럽 프로방스 [B-12] [2, 4구역 지도/G-4]

- 66, rue de Provence 15009 • ☎ (01)5320-0627 • 12:00~22:00
- 남자 25유로, 부부 동반 20유로 • 파리 최고의 사우나 중 하나다. 230평방미터의 사우나는 청결하고 실내 장식 또한 우아하다. 여러 명이 함께 이용할수 있는 사우나와 욕탕, 그리고 일광욕장도 갖추고 있다. 휴게실에는 이용이 용이한 각종 침대가 갖추어져 있다. 커피, 차, 콜라 등은 2유로 정도로 서비스된다. 부부 손님이나 혼자 오는 여자 손님들이 유난히 많고 대부분이 단골 손님이다.

Entertainment

| 극 장 |

■■■■ 영화관

▶ Cinéfil Cinéma Action Christine Odéon
시네필 시네마 악시옹 크리스틴 오데옹 (예술 영화관) [T-4] [1, 2구역 지도/H-8]

- 4, rue Christine 75006 • ☎ (01)4329-1130 • 지하철 Odéon 역
- 티켓 7유로, 5.50유로(학생, 20세 이하) • 악시옹 그룹은 옛 영화를 다시 상영하는 것으로 유명하다. 1940년대와 1950년대의 틴젤타운 클래식과 미국 독립 영화를 볼 수 있다. 게리 그랜트 주연에서 짐 자무쉬의 영화까지 다양한 장르의 영화를 볼 수 있다.

▶ La Pagode 라 파고드 (예술 영화관) [T-5] [6구역 지도/E-8]

- 57, rue Babylone 75007 • ☎ (01)4555-4848
- 지하철 St-François Xanvier 역 • 티켓 7.50유로, 6유로(20세 이하, 월, 수)
- 제7지구에는 이 극장밖에 없지만, 더 이상의 극장이 필요없을 만큼 훌륭하다. 2개의 스크린은 19세기 극동 파고다를 재현하였고, 이곳에서 상영되는 영화 또한 극동 영화들이다.

▶ Max Linder Panorama
맥스 린더 파노라마 (영화관) [T-6] [2, 4구역 지도/H-4]

- 24, boulevard Poissonnière 75009
- ☎ (01)4824-0047 / 0836-680-031 • 지하철 Grands Boulevards 역
- 티켓 8.50유로, 6.50유로(학생, 20세 미만, 월, 수, 금) • 벽, 좌석 모두 검정색으로 처리해 영화 관람에 방해가 되는 요소들을 배제했다. 이곳은 영화 상영 동안 팝콘이나 감자칩을 먹을 수 있는 왁자지껄한 분위기는 아니다.

▶ La Cinémathèque Française
라 시네마테크 프랑세즈 (예술 영화관) [T-24] [5, 6구역 지도/C-6]

- Grands Boulevards, 42 boulevard Bonne-Nouvelle 75010

- ☎ (01)5626-0101 • www.cinemathequefrancaise.com
- 지하철 Bonne Nouvelle 역 • 티켓 5유로, 4유로(학생, 회원)
- 라 시네마테크는 1950년대 후반의 뉴웨이브 감독의 취향과 감각 형성에 큰 역할을 했다. 상영관이 최근에 새롭게 개조되었다.

▶ Gaumont Grand Ecran Italie 고몽 그랑 에크랑 이탈리 (영화관)

- 30, place d'Italie 75013 • ☎ (08)9269-6696
- 지하철 Place d'Italie 역 • 티켓 9유로, 8유로(학생, 60세 이상), 6유로(12세 이하) • 대형 스크린의 초대형 영화관

▶ La Géode 라 제오드 (영화관)

- 26, avenue Corentin Cariou 75019 • ☎ (01)4005-1212
- www.lageode.fr • 지하철 Porte de la Villette 역 • 티켓 7~12유로 선
- 신용카드 MC, V 결제 가능 • 옴니맥스 시네마로, 대부분의 영화는 3D효과를 사용한 영상물이다. 휠체어 입장 가능(예약 시 미리 통보하면 편리한 자리를 예약해 준다). 다큐멘터리 영화도 상영한다. 예약을 권한다.

▶ Chochotte 슈숏트 [T-8] [1구역 지도/H-8]

- 34, rue Saint-André des Arts 75006 • ☎ (01)4354-9782
- www.theatre-chochotte.com • 월~토 12:30~24:30
- 티켓 30~50유로 선 • 대학가인 카르티에 라탱 지역에 있다. 홀은 상당히 넓고 커플끼리 감상할 수 있는 특별실이 마련되어 있다. 쇼는 논스톱으로 진행된다. 입장료가 아깝지 않다고 평가하는 관객이 주류를 이룬다.

■ ■ ▥ 극장

▶ Odéon, Théâtre de l'Europe
오데옹 극장 (국립 극장) [T-9] [1구역 지도/H-9]

- 2, rue Corneille 75006 • ☎ (01)4485-4040, 4000
- www.theatre-odeon.fr • 지하철 Odéon 혹은 RER-B Luxembourg 역
- 월~토 ~20:00, 일 ~15:00
- 티켓 7~30유로, 13유로(학생, 30세 이하) • 신용카드 MC, V 결제 가능

▶ Théâtre National de Chaillot
샤이오 국립 극장 (국립 극장) [T-10] [5, 6구역 지도/C-6]

- 1, place du Trocadéro et 11 Novembre 75116 • ☎ (01)5365-3000
- www.theatre-chaillot.fr • 지하철 Trocadéro 역
- 박스 오피스 월~금 11:00~19:00, 일 11:00~17:00 (월~토 09:00~19:00, 일 11:00~19:00) • 티켓 10~27유로 선 • 신용카드 MC, V 결제 가능

▶ Théâtre de la Bastille 바스티유 극장 [T-12] [3구역 지도/K-7]

- 76, rue de la Roquette 75011(센느 강 우안에 위치) • ☎ (01)4357-4214
- www.theatre-bastille.com • 지하철 Bastille 또는 Voltaire 역

- 박스 오피스 월~금 10:00~18:00, 토~일 14:00~18:00 • 티켓 13~20유로 (학생, 26세 이하, 60세 이상) • 신용카드 AmEx, MC, V 결제 가능

▶ **Théâtre Lucernaire** 뤼세르네르 극장 [T-13] [1구역 지도/G-10]

- 53, rue Notre Dame des Champs 75006(센느 강 좌안에 위치)
- ☎ (01)4544-5734 • 지하철 Notre-Dame-des-Champs 역
- 박스 오피스 월~토 14:00~21:00 • 티켓 20~30유로 선(학생 15유로 선)
- 신용카드 AmEx, MC, V 결제 가능 • 시네마, 카페, 전시관 등이 이 아트 센터에 있고, 레퍼토리로는 현대 작가들의 작품이 주류를 이루고 있다.

■▓▒ 공연장

▶ **Crazy Horse Paris** 크레이지 호스 파리

- 12, avenue George V 75008 • ☎ (01)4723-3232
- www.lecrazyhorseparis.com • 토 19:30~02:00, 일~금 20:30~01:00
- 티켓 90~170 유로 • 공연은 하루 두 차례 20:30과 23:00에 있으며, 토요일에는 20:00, 22:30, 00:50 세 차례 있다. 미국식 스트립 쇼를 파리 무대에 처음으로 도입한 카바레로 1951년 문을 열었다. 세계적인 명성을 얻어 여러 나라에서 공연을 하고 있다. 쇼 중간의 막간 프로그램 역시 단순한 막간 프로그램이 아니라 상당히 흥미롭다.

▶ **Opéra National de Paris Bastille**
오페라 나시오날 드 파리 바스티유 (콘서트 홀) [T-19] [3구역 지도/K-8]

- Place de la Bastille 75012 / 박스 오피스 - 130, rue de Lyon
- ☎ (01)4343-9696 • www.opera-de-paris.fr • 지하철 Bastille 역
- 박스 오피스 월~토 11:30~18:30
- 티켓 60~108유로 • 신용카드 AmEx, MC, V 결제 가능

▶ **Opéra National de Paris Garnier**
오페라 나시오날 드 파리 갸르니에 [T-20] [2, 4구역 지도/G-4]

- Place de l'Opéra 75009 • ☎ (01)4001-1789 • www.opera-de-paris.fr
- 지하철 Opéra 역 • 박스 오피스 월~토 11:00~18:30 • 티켓 60~108유로
- 신용카드 AmEx, MC, V 결제 가능

▶ **Théâtre de la Ville**
테아트르 드 라 빌 (무용 공연장) [T-11] [1, 2, 3구역 지도/I-7]

- 2, place du Châtelet 75004 • ☎ (01)4274-2277
- www.theatredelaville-paris.com • 지하철 Châtelet Les Halles 역
- 박스 오피스 월 11:00~19:00, 화~토 11:00~20:00(전화 예약 월~토 11:00~19:00) • 7~8월 휴무 • 티켓 17~27 유로 • 신용카드 MC, V 결제 가능
- 파리의 현대 무용 공연장. 자매 공연장인 Théâtre des Abbesses(31, rue des Abbesses 75018)는 민속춤을 공연하는 곳이다.

리도 쇼, 물랭 루즈, 크레이지 호스. 세 가지의 쇼 중 어느 것이 좋을까?

모든 쇼가 정장을 요구하는 것은 아니지만 디너쇼부터 참관하거나 디너쇼 중 무대에 올라 춤을 추고자 하는 사람은 세미 정장을 하는 것이 좋다. 즉 나비 넥타이는 아니어도 넥타이를 매는 것이 좋고 티셔츠 차림은 피해야 한다. 반바지는 금물이다.

■ 리도 쇼 LIDO

쇼 공연 시간은 1시간 30~45분 소요된다. 매일 밤 8시에 디너쇼를 시작, 본격적인 쇼는 밤 10시, 12시(자정) 등 두 번 있다. 2~3년에 한 번 약간의 내용 변경이 이루어지지만 전반적으로 라스베이거스 분위기라고 생각하면 된다. 세 가지의 쇼 중 가장 규모가 크다. 특별히 연령 제한은 없지만 쇼걸들의 가슴이 노출된다. 입장료에 샴페인이 포함(1인당 큰 샴페인 반 병 기준)되어 있고 추가는 별도 계산. 파리 샹젤리제 가에 위치하고 있으며 저녁식사가 포함된 디너쇼를 보는 것보다는 샹젤리제 가에서 식사를 하고 10시에(첫 번째 쇼) 입장하는 것이 좋다.

■ 물랭 루즈 Moulin Rouge

리도 쇼가 아메리카 분위기라면 물랭 루즈는 전통 프렌치 캉캉이 주된 메뉴다. 리도 쇼에 비해 규모는 약간 떨어지지만 알차다는 평가를 받는다. 물랭 루즈 쇼장 인근에는 파리 최대 홍등가가 있다. 밤이 되면 호객행위와 바가지 요금이 있으니 조심해야 한다. 입장료에 샴페인이 포함되어 있고(1인당 큰 샴페인 반 병 기준) 추가 시 별도로 계산해야 한다. 물랭 루즈 주변에서 식사하는 것보다는 쇼 시작 시간에 임박해서 가는 것이 좋다. 물랭 루즈 주변의 스트립쇼, 성인 숍 등의 호객꾼이 극성을 부리기 때문이다. 물랭 루즈 쇼장 우측으로 100m 떨어진 곳에는 에로 박물관이 있는데 소문보다는 볼거리가 별로 없는 곳이다. 쇼가 끝나고 숙소로 돌아갈 때는 물랭 루즈 앞에서 택시를 타는 것보다는 쇼장을 빠져나와 우측으로 100m 이동한 후 좌측에 있는 택시 정거장에서 택시를 이용하는 것이 좋다.

■ 크레이지 호스 Crazy Horse

샹젤리제와 근접한 조르주 생크George V 가에 위치하고 있다. 리도, 물랭 루즈에 비해 좌석수가 적다. 가격은 좌석별(한가운데, 오케스트라), 사이드, 그리고 바에서 서서 보는 것으로 구분되어 있으며 좌석과 함께 마시는 음료수(샴페인, 일반 탄산 음료수)로 구분된다. 좌석이 좁고 별도의 테이블이 없어 불편하고, 집중력을 떨어뜨리기 때문에 굳이 샴페인을 마시는 것보다 일반 음료가 저렴하고 좋을 것 같다. 가족 단위로 보기에는 부담스럽다. 출연하는 쇼걸들은 상하 모두 약간의 트릭을 사용해 다 벗는다. 포르노쇼는 아니지만 세 가지 쇼 중 가장 농도가 심한 곳임에는 틀림없다.

| 스포츠 |

파리는 영화만큼 신나는 실내 오락거리가 많이 있다. 스케이팅, 볼링, 당구, 수영, 또는 야외 경기 관람이나 직접 참여할 만한 경기도 많다. 잡지 〈L'Officiel des Spectacles〉에서 훌륭한 스포츠 시설에 관련된 정보들을 얻을 수 있다. 그 지역의 스포츠 시설은 Allo Sports(• ☎ (01)4276-5454 • 월~금 10:30~17:00) 또는 Direction Jeunesse et Sports(• 25, boulevard Bourdon 75004 • ☎ (01)4276-2260 • 지하철 Bastille 역 • 월~금 12:00~19:00)에서 찾을 수 있다. 또한 파리 시청에서는 두꺼운 책자인 〈Le Guide du Sport à Paris〉(관광안내소, 구청 또는 Direction Jeunesse et Sports에서 구할 수 있음)를 무료 배포하고 있으므로 참조

하도록 한다. 최근 스포츠 경기 소식은 〈L´Équipe〉(스포츠 신문)에서 찾을 수 있고 주요 스포츠 경기 일정도 알 수 있다.

관람 경기

■■▫ 사이클링

전 세계 사이클 선수들의 꿈인 투르 드 프랑스Tour de France 대회가 매년 7월 프랑스에서 개최된다. 3주간의 장정을 끝낸 선수들은 마지막 코스인 샹젤리제로 개선한다. 이때 많은 관중들이 결승선에서 열광적으로 환호하며 선수들의 모습을 지켜보러 나온다. 프랑스 대통령은 우승자에게 노란 셔츠를 전해 준다. 1891년부터 시작된 레이스로, 보르도에서 출발하여 파리까지 600km를 완주하는 것이다. 이 경기는 싱글 스테이지 경기로는 세계 최장 거리의 경주다. 파리에서 출발하는 경기로는 1896년 시작된 파리-루베 경주가 있는데, 이 경주는 하룻동안 이루어지는 것으로 매우 힘겨운 레이스다. 6일간의 경주인 파리-니스 행사는 1,100km의 구간을 달리는 것이다. 베르시 옴니스포르 실내 체육관Palais Omnisport de Bercy에서 다른 자전거 경주와 사이클링 행사가 열린다.

■■▫ 테니스

▶ Stade Roland Garros 롤랑 가로스 테니스장

- 2, avenue Gordon Bennett 75016 • ☎ (01)4743-4800
- www.frenchopen.org • 지하철 Porte d'Auteuil 역 • 테니스 대회가 5월 마지막 주와 6월 첫째 주에 열린다. 티켓은 현장에서 매일 판매한다.

직접 참여할 수 있는 스포츠

■■▫ 당구와 볼링

▶ Bowling Mouffetard 볼링 무프타르 [Sp-1] [1구역 지도/I-10]

- 73, rue Mouffetard 75005 • ☎ (01)4331-0935
- 지하철 Monge 역 • 11:00~02:00 • 볼링 한 게임에 3~6유로이고, 저녁과 주말에는 가격이 조금 더 비싸다. 볼링화 대여료는 1.50~2유로이다. 당구는 1시간에 10유로 정도이다.

■■▫ 사이클링

1996년 파리 시는 자전거용 도로 공사에 착수하였다. 현재 파리 시내에는 130km나 되는 자전거용 도로가 확충되어 있다. 관광안내소와 구청, 자전거 대여소에서 무료로 자전거 코스 안내책자 〈Paris à Vélo〉를 얻을 수 있다. 자연도 감상하고 동시에 운동도 즐기고 싶다면, 파리 인근의 불로뉴 숲이나 뱅센느 숲으로 가자. 일요일은 자전거를 타고 센느 강변을 돌아볼 것. 일요일에는 10:00~16:00까지 생 마르탱 운하Canal St-Martin 역과 센느 강변 역 사이 차량 통행이 금지되므로 안전하게 자전거 산책을 즐길 수 있다.

■■ ▓▒ 인라인 스케이팅

인라인 스케이팅은 파리에서 매우 인기 있는 스포츠이며 매주 금요일 밤 21:45에는 5,000~10,000명의 인라인 스케이터가 플라스 디탈리(지하철 Place d'Italie 역)에 모여 40km 되는 도시를 순회하며(여기에는 인라인 스케이트를 타는 경찰도 동행함) 사이클리스트와 함께 달린다. 만약 이 즐거움에 동참하고 싶다면 인라인 스케이트를 대여하면 된다.

▶ Nomades 노마드

- 37, boulevard Bourdon 75004 • ☎ (01)4454-0744
- 지하철 Bastille 역 • 월~금 11:00~19:00, 토~일 10:00~19:00 • 이곳에서는 음료를 마시며 쉴 수 있는 바도 있고 다른 블레이드 족을 만나 정보를 교환할 수도 있다. 대여료는 주중 하루에 8유로 선, 그리고 주말은 10유로 선이다(반나절은 각각 5.50유로, 7유로 선). 보호 패드 대여는 5유로 선이다.

▶ Bike'n Roller 바이크 앤 롤러

- 6, rue Saint-Julien Le Paure 75005 • ☎ (01)4407-3589
- 화~일 10:00~19:00 • 반나절 10유로, 하루 14유로, 추가 보호 장비 1~2유로 선. 인라인 스케이트를 즐길 수 있는 장소로는 샤이오 광장, 레 알, 보부르 피아자와 팔레 루아얄 광장이 있다. 일요일은 10:00~16:00 사이에 센느 강 주변 역들과 생 마르탱 운하 사이 자동차 운행이 통제되어, 인라인 스케이터와 사이클리스트들이 많이 찾는다.

스포츠 센터와 댄스 강습소

▶ Le Centre du Marais
르 상트르 뒤 마레 (댄스 강습) [Sp-2] [1, 2, 3구역 지도/I-7]

- 41, rue du Temple 75004 • ☎ (01)4272-1542 / F (01)4277-7157
- www.parisdanse.com • 지하철 Hôtel de Ville 역 • 월~토 09:00~ 21:00
- 5회 수강료 61유로, 한 강의당 16유로 선, 가입비 10유로 • 삼바, 살사, 동양 고전무용, 아프리카-브라질 댄스, 아르헨티나 탱고 등을 배울 수 있다.

▶ Piscine Pontoise
피시느 퐁투아즈 (스포츠 센터) [Sp-3] [1, 3구역 지도/I-9]

- 19, rue de Pontoise 75005 • ☎ (01)5542-7788
- www.clubquartierlatin.com • 지하철 Maubert Mutualité 역
- 주중 09:00~12:00, 주말과 공휴일 09:30~19:00 • 수영장 4유로, 휘트니스 19유로, 스쿼시 30유로 • 헬스, 사우나, 스쿼시, 수영 등을 즐길 수 있는 종합 스포츠 센터

▶ La Compagnie Bleue
라 콩파니 블루 (스포츠 센터) [Sp-4] [1, 6구역 지도/F-9]

- 100, rue du Cherche Midi 75006 • ☎ (01)4544-4748
- 지하철 Montparnasse 역 • 매일 09:00~22:00 • 1년 할인권 대략 950유로
- 30~60세 중년 여성층 대상. 근육을 자극하는 체력 단련, 동양 무용 등. 탁아 시설 지원

골프

프랑스는 한국에 비해 골프를 그렇게 많이 즐기지 않는 나라다. 프랑스 골프협회 집계에 의하면, 골프 인구가 45만여 명에 불과하고 순수 골프 인구는 이보다 더 적은 30만여 명에 지나지 않는다고 한다.

하지만 골프장은 520여 개를 보유하고 있고, 게다가 유럽 최고 코스 골프장에 선정된 골프장인 오를레앙의 '레 보르드'를 보유하고 있다. 프랑스 골프장들의 그린피는 골프장에 따라 다르지만 한국이나 기타 다른 유럽 국가인 영국과도 달라, 라운딩 그린피를 적용하는 곳이 별로 없고 대개 하루 그린피를 적용한다. 즉, 골퍼들이 많이 붐비지 않는다면 한 번의 그린피로 종일 라운딩을 할 수 있는 곳이 많다.

그린피 외의 비용은 저렴한 수동 카트(1BAG) 비용과 전동 카트 렌탈 비용밖에 없다. 그리고 라운딩 이후에 목욕을 할 수 있는 시설이 별로 없고 대부분 샤워만 할 수 있게 되어 있다. 프랑스는 골프 인구 확대를 위해 주중이나 주말을 가리지 않고 커플 가격을 정해 할인을 해 주고 있어 부부 동반이나 커플들은 이 제도를 이용해 라운딩 시 할인을 받을 수 있다.

■■■ 파리 근교 골프장

소개하는 골프장들은 프랑스 노르망디에 위치한 데트르타 골프장과 오를레앙의 레 보르드 골프장을 제외하면, 모두 파리 시내에서 택시로 이동이 가능한 가까운 거리에 있다. 파리 시내-드골 공항간 24km의 택시 요금이 30~50유로로 정도인 점을 감안한다면 거의 같거나 10~30% 정도 더 나올 것으로 생각하면 된다. 프랑스의 택시 중 미니밴이나 왜건 스타일의 대형 택시를 선택하면(요금은 동일) 골프백 4개는 아무 문제 없이 실을 수 있다. 골프장 예약 시 골프채를 렌탈할 수도 있어 이동이나 클럽 문제도 현지에서 해결할 수 있다. 라운딩 후에는 골프장에서 그 지역 로컬 택시를 예약하면 쉽게 파리로 돌아올 수 있다. 보다 확실하게 교통편을 확보하고 싶다면 파리에 있는 골프숍이나 여행사에 부탁을 할 수도 있다. 가격은 골프장에 따라 다르지만 1인당 그린피, 골프채 렌탈을 포함 120~180유로로 정도다. 프랑스의 골프장은 거의 퍼블릭 골프장이다. 간단하게 전화 예약만 하면 언제든지 라운딩이 가능하다. 일부 유명한 프라이버티(회원제) 골프장에서도 주중이나 여름 시즌에는 비회원들도 쉽게 라운딩을 할 수 있다. 파리에서 거리상 가장 가까운 곳은 불로뉴 숲과 근접한 파리 서쪽 Saint-Cloud 골프장이며 북쪽으로는 Paris International이다.

▶ Le Golf National 내셔널 골프 클럽

- 2, avenue du Golf 78280 Guyancourt(파리 남쪽 30km 지점)
- ☎ (01)3043-3600 / F (01)3043-8558
- www.golf-national.com • gn@golf-national.com • 매주 수요일 휴무
- 파리에서 가는 방법이 여러 가지이다. 파리 남쪽에서 출발 하면 베르사유를 거쳐 갈 수 있으며 파리 시내에서 간다면 파리에서 대서양 방면 고속도로인 A13번 고속도로를 타고 가다 베르사유 궁 출구를 지나 10km 지점에서 A12번 고속도로로 진입, St-Quentin en Yvelin 방향으로 10여 분 이동한 후, 출구 Montigny-le-Bretonneux로 나가면 된다. 파리 시내에서 고속도로를 이용하지 않고 곧바로 가는 방법은 파리 시내 센느 강 우안 도로를 이용해 국도 118번으로 진입, 고속도로 A10번 샤르트르 방면으로 가다가 Saclay로 나가서 지방도로 D36번으로 진입, Châteaufort로 나가면 된다. 골프장과 함께 노보텔 호텔이 있어 골프장 이정표를 놓치는 경우에는 호텔 이정표를 참조하면 된다. • 그린피는 주중 60~75유로로, 주말 77~100유로로 선이다. 전동차는 없으며 클럽 렌탈은 15유로 선이다. 45홀의 대형 골프장이다.
- 파Par(9홀), 이글Eagle(18홀) 그리고 알바트로스Albatross(18홀)가 있는데 알바트로스 코스에서 프랑스의 대표 챔피언쉽인 푸조 오픈이 수차례 개최되었다. 1번 홀부터 티샷이 정교하지 못한 골퍼를 당황하게 만드는 호수가 펼쳐지고 2번 홀(파3) 역시 호수를 접한 홀이다. 전 홀 거의 OB가 없으나 파4홀 치고는 거리가 짧은 6번 홀, 오르막 홀인 7번 홀은 각각 우측에 넓은 옥수수밭과 접한 OB 지역이다. 대회가 개최될 때마다 프로들도 가장 애를 먹는 12번 홀(파4), 거리가 너무 길어 누구에게나 마지막에 애를 먹이는 17번 홀(파4)이 인상적이다. 운이 좋으면 유럽에서의 첫 이글이 가능한 18번 홀도 티샷이 정확하지 못하면 트리플 보기를 각오해야 하기도 하는데 라운딩을 마치기에는 너무 아쉽게 하는 홀이다. 노보텔이 있어 파리 체류가 긴 사람들은 노보텔에서 실시하는 호텔+골프 패키지를 이용해 이틀 정도를 보내는 것도 추천할 만하다. 골프장과 함께 있는 노보텔은 98년 프랑스 월드컵 시 한국 국가 대표팀의 공식 숙소이기도 했다. 프랑스에서 가장 유명한 골프장 중의 하나로 골프숍에서 기념이 될 만한 모자, 티셔츠 그림 마커 등을 구입해 보는 것도 좋은 추억이 될 것 같다.

▶ Paris International Golf Club 파리 인터내셔널 골프 클럽

- 18, route du Golf 95560 Baillet-en-France(세르지 동쪽 15km 지점)
- ☎ (01)3469-9000 / F (01)3469-9715
- www.paris-golf.com • proshop@paris-golf.com
- 파리에서 드골 공항 방면 고속도로 A1번 진입, 국도 1번에서 D3번으로 진입, Baillet-en-France 방면으로 가면 된다. • 그린피는 주중 65유로로, 주말 90~95유로로 선으로 프랑스 골프장으로는 비싼 편이다. 전동차가 있으며 렌탈 클럽도 비싼 편이다. 하루 렌탈 비용은 30유로부터다.
- 신용카드 V, MC, AmEx 결제 가능 • 파리 시내에서 거리상으로 가까운 곳이며 드골 공항과도 멀지 않아 출장이나 관광을 마치고 돌아오는 길에 들러 라운딩을 할 수 있는 곳이다. 골프의 황제라고 불린 잭 니콜라우스가 직접 설계한 곳이다. 이미 너무 짙게 두꺼운 벽을 만들어 놓은 숲과 고목들로 황제의 설계 재능을 막은 것 같다는 느낌도 든다. 프랑스 골프장의 잊을 수 없는 추

억을 만들어 보기에는 아웃코스보다는 인코스로 출발하는 것이 좋을 듯 하다. 전형적인 프랑스 골프장에 비해 작고 높은 언덕이 많으며 숲도 쉽게 빠져 나오기가 상당히 힘든 홀이 많다. 해저드도 필요한 지점에 정확히 놓여 있으며 바람도 좋은 성적을 충분히 방해한다. 미리 예약을 하면 로컬 캐디가 준비되지만 캐디를 찾는 사람이 거의 없어 오래 전에 충분한 시간을 두고 신청하지 않으면 힘들다.

▶ Apremont Golf-Club 아프르몽 골프 클럽

- ☎ (03)4425-6111 / F (03)4425-1172
- 파리에서 드골 공항 방면 A1 고속도로, 드골 공항을 지나 SENLIS/CREIL 톨게이트(8번 출구) 나가 국도 330번 CREIL, APREMONT 방향으로 7km 가면 왼쪽에 위치 • 매년 10월 1일~다음 해 3월 31일 사이 매주 월요일 휴무
- 그린피 주중 65유로, 주말 85유로 선. 전동차 렌탈 18홀 기준 35유로. 렌탈 클럽 다량 보유 • 신용카드 V, MC, AmEx 결제 가능
- 설계자 John Jacobs. 파리 주변 골프장에서 거의 유일하게 한국식으로 목욕을 할 수 있는 시설이 있는 곳이다. 골프장은 일본인 소유라 식사도 우동 메뉴가 별도로 있어 파리 출장 중인 일본인, 한국인들이 즐겨 가는 곳이기도 하다.

▶ Golf de Chantilly 샹티이 골프장

- ☎ (03)4457-0443 / F (03)457-2654
- 아프르몽 골프장과 같은 지역에 위치 • 매주 목요일 휴무
- 그린피 75유로 선 • 신용카드 V, MC, AmEx 결제 가능
- 전동차 없음. 렌탈용 클럽은 많지 않음. 설계자 Tom Simpson. 전형적인 프랑스 수도권 골프장 코스다. 숲이 많고 호수나 강 등 해저드 코스는 전혀 없다. 회원제 골프장이라 회원과 동반 라운딩이 아니면 라운딩이 어렵지만 시즌이나 주중에 한해서 비회원들에게 전화 예약을 조건으로 라운딩이 허용된다.

▶ Golf Disneyland Paris 디즈니랜드 골프장

- Allée de la Mare Houleuse 77700 Magny le Hongre (파리 동쪽 38km 지점) • ☎ (01)6045-6890 / F (01)6045-6833
- dlp.nwy.golf@disney.com • 파리 시내에서 동쪽 고속도로인 A4번으로 진입, 30km 정도 가다가 디즈니랜드 쪽으로 나가면 되고 고속도로 톨게이트 비용은 별도로 없다. 가는 방법이 단순해 찾기가 쉽다. • 그린피 주중 35유로, 주말 55유로 선으로 저렴한 편 • 신용카드 V, MC, AmEx 결제 가능
- 유럽 유일의 디즈니랜드 식인 미국식 골프장이다. 코스가 단순해 보이지만 프랑스 30대 골프장에 당당하게 꼽히는 골프장이다. 장타자에게 유리하게 설계되어 있으며 전통적인 프랑스 평야 지역의 특성과 인공 호수와의 조화가 코스의 특징이다. 코스는 전반적으로 페어웨이가 좁고 숲이 울창한 것 외에는 크게 어려운 홀은 없다. 파리 시내에서 40km 이내에 위치하고 있고 파리 디즈니랜드와 접해 있어 교통이 좋다.

▶ Golf de Fontainebleau 퐁텐느블로 골프장

- Route d'Orleans 77300 Fontainebleau(퐁텐느블로에서 남쪽으로 2km 지점)

- ☎ (01)6422-2295, 골프 용품점 (01)6422-7419 / F (01)6422-6376
- golf.fontainebleau@wanadoo.fr • 매주 화요일 휴무 • 그린피 65유로
- 신용카드 V, MC, AmEx 결제 가능
- 파리에서 남프랑스, 마르세유, 리옹 등 남쪽 방향 대표 고속도로인 A6번 고속도로로 진입, 출구 퐁텐느블로Fontainebleau로 나가 국도 7번으로 진입, 오벨리스크 교차로Carrefour de l'Obélisque에서 다시 국도 N152번으로 진입하면 골프장 진입로가 보인다.
- 파리 남쪽 퐁텐느블로 성이 있는 퐁텐느블로 숲 사이에 위치하고 있는 골프장이다. 주중에 한해서 비회원도 라운딩을 할 수 있다. 전동차는 없으며 렌탈 클럽은 있으나 종류가 다양하지 못하고 사전에 예약을 해야 한다. 설계자 Tom Simpson. 영국식 코스를 갖춘 골프장으로 알려져 있다. 숲과 고목들로 페어웨이가 좁은 홀이 많으며 시각적 착시가 많은 곳이다. 호수나 워터 해저드는 없으며 숲을 벗어나면 바람이 많지만 라운딩에 장애기 될 정도는 아니다. 여성적 골프장이라는 평가도 받지만 파리 수도권에서 가장 좋은 골프장 순위의 상위권 골프장이며 전반적으로 쉬워 보이지만 일부 그린은 작아 마무리를 못하면 좋은 성적을 기대하기는 힘들다.

▶ Golf International des Bordes 골프 앵테르나시오날 데 보르드

- ☎ (02)5487-7213 / F (02)5487-7861 • www.lesbordes.com
- 그린피 주중 70~120유로, 주말 및 휴일 100~150유로 선
- 파리에서 남쪽으로 120km 떨어진 오를레앙에 위치. 오를레앙 시에서 11km 떨어져 있다. 프랑스 최고 코스로 선정된 곳이고 유럽 최고 골프장 순위 2위에 등록되어 있다. 전반적으로 아마추어에게는 어려운 코스다. 모든 홀이 페어웨이가 좁고 파3홀은 아일랜드 홀이 많다. 1번 홀은 벙커에 둘러싸인 그린이고, 2번 홀은 심하게 좌측으로 꺾이면서 페어웨이가 좁아 난이도가 높다. 처음부터 골퍼들의 기를 꺾으려는 코스 설계자 Robert von Hagge의 의도가 다분하다. 시즌을 제외하고는 27홀이나 36홀이 가능하다. 렌탈 골프채도 상당히 많은데 유명세 때문에 각지에서 사람들이 많이 몰려오므로 사전에 필히 예약을 해야 한다.

▶ Golf d'Etretat 골프 데트르타(에트르타 골프장)

- ☎ (02)3527-0489 / F (02)3529-4902
- 파리에서 서쪽 대서양 바닷가를 향하는 13번 고속도로로 진입, 110km 진행 후 고속도로를 벗어니시 르 이브르로 들어긴다. 그 후 지빙도로 D904빈을 이용해 에트르타 방향으로 25km 정도 가면 나온다.
- 골프장 연중 무휴, 클럽하우스 식당 매주 화요일 휴무
- 그린피 주중, 주말 60~70유로 선
- 신용카드 V, MC, AmEx 결제 가능
- 파리에서 노르망디 바닷가 관광과 더불어 당일 또는 1박 2일 코스로 가볼 만한 곳이다. 프랑스 인상주의 화가들의 그림에서 자주 묘사된 노르망디 바닷가의 전경과 구름과 같은 높이에서 라운딩을 하는 즐거움이 있는 곳이다. 게다가 절경인 에트르타 바닷가가 한눈에 보인다. 골프장은 1908년에 오픈, 그간 코스가 수차례 변경되었지만 최초 설계자가 원했던 프랑스 노르망디 링크 코

IN ROUGE

Féer

물랭.루즈

LA NOUVELLE REVUE DU

스를 훼손하지 않았다. 바닷가 절벽 위 링크 코스라 숲과 나무가 별로 없어
모자는 필수이며 단단히 준비를 해야 한다. 프랑스 특유의 넓은 평야를 토대
로 설계된 골프장이 아니므로 노르망디 바람과 여름이면 뜨거운 햇살을 받아
들여야 한다. 렌탈 클럽은 없다. 파리로 돌아오는 길에는 노르망디 관광 도시
들 중 대서양의 칸느로 알려진 유명한 휴양 도시 도빌을 둘러볼 수 있다.

샤크레 꽤르 성당(성심 성당)

PARIS
SIGHTS

**주요 관광지 관람 요령 및
파리 관광 주의점** 186

1구역 192
노트르담 성당

2구역 256
오페라, 레 알, 퐁피두

3구역 272
마레, 바스티유

4구역 280
몽마르트르

5구역 288
개선문

6구역 300
에펠 탑, 앵발리드, 포부르 생 제르맹

파리 기타 명소 336

파리 근교 344

LES **VACANCES**

주요 명소 관람 요령 및 파리 관광 주의점

[루브르 박물관. 유리 피라미드 밑을 통해 드농 관으로 입장하면 시간을 절약할 수 있다.]

루브르 박물관 관람 요령

시간이 없는 사람들을 위해 〈모나리자〉나 〈밀로의 비너스〉 등을 헤매지 않으며 관람할 수 있는 방법을 잠시 안내하고자 한다. 루브르 박물관 입구는 유리 피라미드 밑에 3개가 마련되어 있다. 그 중 드농Denon 관으로 입장한다. 드농은 19세기 초 루브르 초대 박물관장을 지낸 사람의 이름이다. 드농 관으로 들어가면 이탈리아 조각들이 나온다. 이곳을 지나 위층으로 올라가면 프랑스 낭만주의 회화실이 나오고 같은 층에 레오나르도의 〈모나리자〉를 비롯해 이탈리아 미술품들이 있다. 모나리자를 비롯한 여러 작품을 감상한 다음, 〈사모트라스의 승리의 여신상〉을 보면서 계단을 내려오면 〈밀로의 비너스〉를 볼 수 있다. 이 정도만 보려고 해도 약 1시간 반 정도의 시간이 소요된다. 특히 여름철에는 길게 줄을 서야 하기 때문에 더 많은 시간이 걸린다.

오르세 박물관 관람 요령

루브르 박물관을 둘러봤으면, 이제 미술 교과서에 실렸던 작품들이 즐비하게 걸려 있는 오르세 박물관에 가보자. 오르세는 기차역을 개조해 만든 박물관이기 때문에 왕궁을 개조한 루브르보다 훨씬 단순한 구조를 갖고 있다. 인상주의 그림들을 보려면 꼭대기층으로 올라가야 한다. 그러자면 가운데 중앙홀을 지나야 하는데, 중앙홀 왼쪽에 밀레의 〈만종〉과 〈이삭 줍는 여인들〉이 있다. 중앙홀을 지나면 끝쪽에 위층으로 올라갈 수 있는 통로가 있고 안내 표지판이 있어 반 고흐, 고갱, 세잔느, 마네, 모네 등 인상주의 작품들을 보러 갈 수 있다.

© Photo Les Vacances 2007

[오르세 박물관 내부. 인상주의 그림은 맨 위층에 있다.]

에펠 탑 관람 요령

에펠 탑 꼭대기까지 올라가기 위해서는 2층에서 내려 엘리베이터를 갈아타야 한다. 이때 2층에서 시간을 보내지 말고 바로 3층으로 가는 엘리베이터를 탄다. 3층에 올라가면 너무 높아 오히려 파리 시내를 잘 볼 수 없지만, 한번은 올라가 볼 만하다. 에디슨과 귀스타브 에펠이 대담을 나누는 장면이 밀랍 인형으로 그대로 재현되어 있다. 2층으로 내려와 잠시 시간을 내어 동서남북 사방의 파리 전경을 감상한다. 관광 시즌에는 길게 줄을 서서 기다려야 하므로 가능한 한 점심 시간대를 이용하도록 한다.

베르사유 관람 요령

베르사유 관광은 RER이라는 지역간 고속전철을 이용하면 오전, 오후 모두 가능하다. 오후에 가는 사람들은 에펠 탑 인근에서 바로 RER을 탈 수 있다는 점에 유의해서 계획을 세우면 된다. 적어도 오후 2시까지는 궁에 도착해야 되고 역에서 내려

20분 정도 걷는 시간까지 계산해 파리에서 오후 1시 쯤에는 RER을 타야 한다(3명이 함께 이동한다면 택시가 더 좋다). 오전에 가는 이들은 수많은 단체 관광객들과 함께 관람하는 번거로움을 각오해야 한다.

궁과 정원 중 어느 것을 먼저 보아도 무방하지만 가능하면 궁을 먼저 보는 것이 좋다. 베르사유 궁은 워낙 규모가 크기 때문에 풍요의 방, 비너스 방, 마르스 방, 디아나 방, 아폴론 방 등을 먼저 보고 유명한 거울의 방과 왕비의 대전을 본다. 이후 나폴레옹 대관식 방을 관람한 후 정원으로 나간다. 정원은 아폴론 분수까지 산책을 할 수도 있지만 시간이 없는 경우 분수대 앞 계단에서 원경만 봐도 충분하다. 파리

© Photo Les Vacances 2007

[베르사유에서는 궁을 먼저 관람하고 정원으로 나가는 것이 좋다.]

로 돌아올 때는 같은 RER을 타고 앵발리드 역에서 내리면 나폴레옹의 무덤에 들러볼 수 있다.

파리에서의 쇼핑

시간적 여유가 없는 사람들은 한 장소에서 쇼핑을 하는 것이 한 가지 요령일 수 있다. 선물용으로 간단한 기념품을 구입하고자 한다면 유명 관광 명소 인근의 기념품 가게도 무방하지만, 가는 곳마다 조금씩 쇼핑을 하다 보면 번잡스럽고 분실 위험도 있어 아무래도 한 곳에서 사는 것이 좋을 것이다. 가장 마지막 지점 인근에서 쇼핑을 하면 좋다. 화장품이나 기타 고가품은 면세점을 이용하는 것이 편리하고 기타 기념품은 노트르담 성당 주변이 무난하다.

파리에서 특히 주의해야 할 점들

파리에서는 개똥을 밟고 미끄러져 골절을 당하는 경우가 종종 발생한다. 특히 아스팔트 길이나 잔디밭 같은 곳에서 미끄러지기 쉬우므로, 각자 주의를 해야 한다. 약 30만 마리에 달하는 견공들이 하루에 20t이 넘는 배설물을 파리 시내에 뿌린다. 봉지, 컨베이어 시스템으로 된 견공 화장실 등 별별 아이디어가 다 나왔지만, 할 수 없이 강력한 진공 청소기를 장착해 개똥만 치우는 녹색 오토바이가 다니며 일일이 빨아들이고 있다. 잔디밭에 들어갈 때는 특히 조심해야 한다.

또한, 동양인들을 노리는 소매치기들이 많다. 특히 집시 아이들을 조심해야 한다.

[개똥 처리를 위한 비닐이 거리 곳곳에 설치되어 있다.]

신문을 내밀며 구걸하는 척하면서 서너 명이 에워싸면 소매치기일 확률이 매우 높다. 또 광장 같은 곳에서 물건을 사 달라는 건장한 청년들도 조심해야 한다. 대부분 사기꾼들이다. 카페, 레스토랑, 택시, 호텔 등에서 팁을 주는 것이 관례이긴 하지만 아주 작은 성의만 표시하면 된다. 서비스가 마음에 들지 않거나 굳이 내키지 않으면 주지 않아도 무방하다

길거리나 레스토랑 같은 곳에서 프랑스 아이들을 만나면 예쁘다고 쓰다듬거나 입을 맞추려고 하는 사람들이 있는데, 좋은 뜻에서 그랬더라도 오해를 살 수 있으니 삼가는 것이 좋다. 또 같이 사진을 찍자는 부탁도 하지 않는 것이 예의일 것이다. 심한 경우는 돈을 요구하는 사람도 있다.

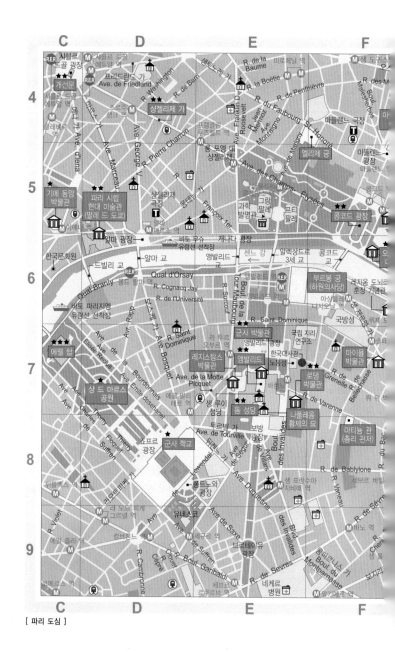

[파리 도심]

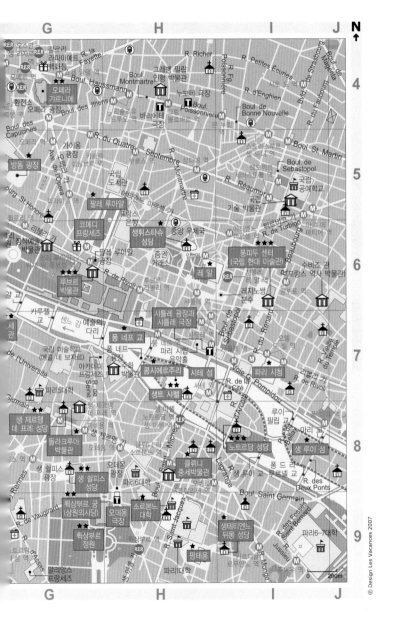

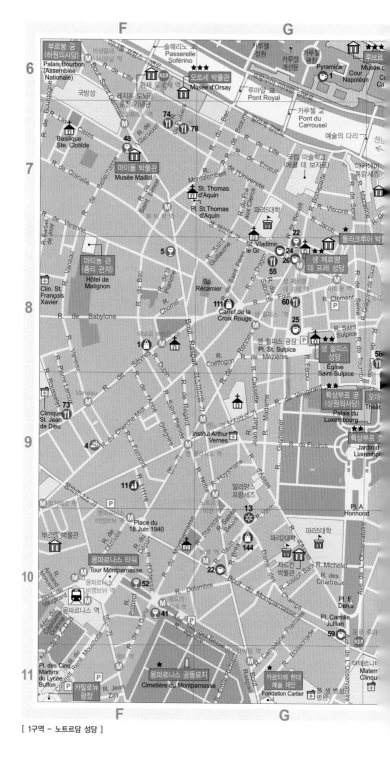

[1구역 – 노트르담 성당]

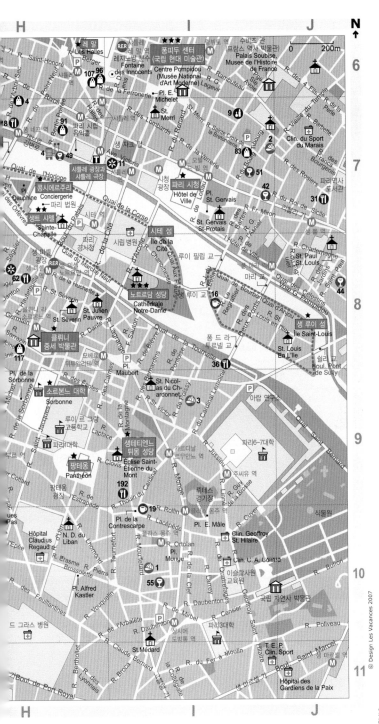

1구역

노트르담 성당

[노트르담 성당 인근] [소르본느 대학 인근] [몽파르나스 인근] [생 제르맹 데 프레 인근]

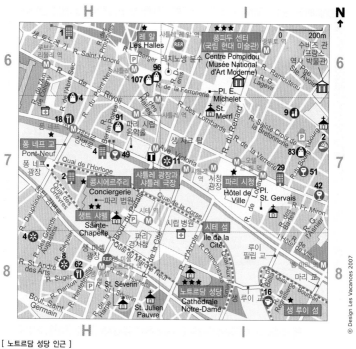

[노트르담 성당 인근]

| 노트르담 성당 인근 |

▶ 노트르담 성당 Cathédrale Notre-Dame ★★★

〈역사〉

관광객을 포함해 프랑스에서 가장 많은 사람이 찾는 곳이 성모 마리아를 상징하는 노트르담 성당이라는 사실을 아는 사람은 별로 없다. 매년 에펠 탑 방문객의 두 배 가 넘는 사람들이 노트르담 성당을 찾는다. 파리를 가로지르는 센느 강 한가운데에는 시테 섬과 생 루이 섬이 자리잡고 있고, 노트르담 성당은 이 중 큰 섬인 시테 섬에 있다. 노트르담 성당 광장 앞에는 프랑스의 모든 도로가 시작되는 기점을 나타내는 별 모양의 동판이 새겨져 있다. 이 동판을 밟으면 파리에 다시 올 수 있다고 해서 많은 사람들이 한 번씩 밟는 바람에 움푹 패여 있다. 이 섬은 위치로 보나 상징적 의미로 보나 파리는 물론이고 프랑스, 나아가서는 유럽의 배꼽에 해당하는 장소라고 할 수 있다. 그래서 파리를 조금이라도 아는 사람들은 이곳에서부터 파리 관광을 시작하고 싶어한다.

노트르담 성당이 유럽의 배꼽이라고 하면 과장된 이야기처럼 들릴 수도 있지만, 고

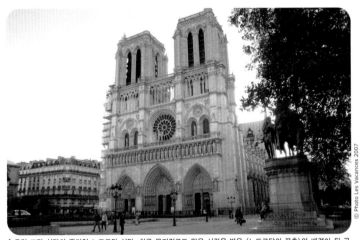

© Photo Les Vacances 2007

[유럽 고딕 성당의 뿌리인 노트르담 성당. 최근 뮤지컬로도 많은 사랑을 받은 〈노트르담의 꼽추〉의 배경이 된 곳이다.]

딕 양식의 최고 걸작으로 꼽히는 노트르담 성당이 12세기 이후의 중세 500년을 지배한 건축 양식으로, 파리를 중심으로 하는 일 드 프랑스 지방에서 발생해 전 유럽으로 퍼졌다는 사실을 상기하면 결코 과장이 아님을 알 수 있다. 유럽에 산재해 있는 고딕 성당은 대부분 노트르담 성당 즉, 성모 성당이며 그 뿌리는 파리 노트르담 성당에 있는 것이다.

1163년 당시 파리 주교였던 모리스 드 쉴리에 의해 건립이 시작되어 182년 후인 1345년에 1단계 공사가 끝난 노트르담 성당은, 파사드라고 불리는 전면의 높이가 35m이고 폭은 48m이며 길이는 무려 130m에 달한다. 9,000명 정도의 신도들이 동시에 미사를 드릴 수 있는 규모인데, 규모만 따진다면 고딕 성당치고는 그리 큰 편은 아니다. 그러나 이름 없는 수많은 백성들의 노동과 익명의 장인들에 의해 건축된 성당은 종말론적 공포에 기초한 중세적 세계관이 반영되어 있어 그 가치와 의미가 크다.

에스메랄다를 사랑했던 꼽추 종지기 콰지모도가 큰 종을 울리며 끝나는 영화 〈노트르담의 꼽추〉에서 콰지모도가 살던 성당이 바로 이 파리 노트르담이다. 앤소니

퀸이 나왔던 이 영화는 빅토르 위고의 유명한 소설을 영화화한 것인데, 소설과 영화에 이어 최근에는 뮤지컬로도 제작되어 큰 인기를 끌고 있기도 하다. 콰지모도가 목숨을 걸고 지켰던 성당의 종은 지금도 울리고 있는데, 파 샵(#), 즉 반올림 파의 옥타브를 갖고 있다. 이 반음은 17세기 때 종을 주조하면서 파리 시민들이 갖고 있던 금가락지 등을 넣었기 때문이라고 한다. 종의 무게는 13t이며 타종추의 무게만 500kg이다.

위고의 〈파리의 노트르담Notre-Dame de Paris〉은 1831년 출간되었다. 당시 프랑스는 1830년 7월혁명으로 시민왕 루이 필립이 통치를 시작한 시점으로 왕은 분열되어 있던 프랑스를 통합할 필요를 절실히 느끼고 있었다. 위고의 소설은 노트르담 성당의 복원에 출발점 역할을 했고, 이는 당시 정부로서도 원하던 바였다. 1841년부터 시작된 보수공사는 19세기 프랑스 최고의 건축가 중 한 사람이었던 비올레 르 뒤크가 맡았고 무려 23년이란 오랜 세월 동안 계속되었다. 조각, 스테인드글라스, 성가대, 중앙 첨탑 등이 보수되거나 새 것으로 교체되었다.

노트르담 성당에서는 중요한 역사적 사건들이 많이 일어나서 성당 자체가 프랑스 역사의 축소판이라고 볼 수 있다. 성 루이 왕이 십자군 원정에서 가져온 예수의 가시면류관이 보관되기 시작한 이래 프랑스 각 왕가의 중요한 대관식, 결혼 미사, 장례 미사 등이 거행되었다. 그 중에서도 가장 유명한 사건으로는 8마리의 말이 끄는 호화로운 마차가 도착하면서 시작된 1804년 12월 2일의 나폴레옹 황제의 대관식을 꼽을 수 있다. 1789년 프랑스 대혁명 당시 성당은 무신론자들이었던 혁명가들에 의해 '이성의 전당'이라는 이름으로 불렸고, 이때 성당을 장식하고 있던 많은 조각들이 파손되기도 했다. 양차대전 때는 모래 주머니를 쌓아 성당을 보호하였다. 1970년 11월에 있었던 드골의 진혼 미사도 노트르담 성당에서 집전되었다.

- 위치   Place du Parvis Notre-Dame 75004
- 교통편   지하철 M4 Cité 혹은 St-Michel 역
- 개관시간   성당 – 월~금 08:00~18:45, 토, 일 08:00~19:15
                   탑 – 4~9월 10:00~16:30(6~8월 주말 ~23:00),
                       10~3월 10:00~17:30(입장은 폐관 45분 전까지)
                   지하 예배당 – 화~일 10:00~18:00(월요일 휴관)
- 웹사이트   www.cathedraledeparis.com
- 입장료   성당 – 무료
                   탑 – 성인 7.50유로, 학생 4.80유로
                   지하 예배당 – 성인 3.30유로, 학생 2.20유로

외부   성당은 신도들이 예수님이 탄생한 동방의 예루살렘을 향해 앉도록 동쪽을 향해 배치되어 있고, 전체 구조는 세로축과 가로축이 교차하는 라틴 십자가 형태를 하고 있다. 두 축의 교차점에 외부로는 첨탑이 설치되고 내부에는 제단이 위치하며 그 뒤에 성가대석이 있다. 이러한 기본 구조는 어느 고딕 성당이나 거의 동일하다. 하늘에서 보면 성당은 거대한 방주를 뒤집어 놓은 모양을 하고 있는데, 이는 성당이 구원의 장소임을 나타낸다. 성당은 지하, 지상, 첨탑 세 부분으로 구성

된다. 지하는 육체를, 지상은 인간의 마음을, 그리고 첨탑은 영혼을 각각 상징한다. 그래서 성당 지하는 납골당으로 쓰인다.

성당의 내·외부에는 구약과 신약의 내용을 묘사한 조각들이 장식되어 있다. 이는 성직자와 일부 귀족을 제외하고 대다수 민중들이 라틴 어를 읽을 수 없었기에, 조각으로 장식된 성당이 성경책 역할을 해야만 했기 때문이다(샤를르마뉴 대제 [독일 어권에서는 카를 대제도 문맹이었다). 당시엔 인쇄술도 발달하지 못했고 성경책 자체가 지금처럼 흔히 구할 수 있는 책도 아니었다. 그러므로 당시 사람들에게 조각과 그림은 예술품이기 이전에 영혼을 지닌 경배의 대상이었다. 성당을 흔히 '돌로

© Photo Les Vacances 2007

[노트르담 가운데 문인 〈최후의 심판〉 문. 화려한 부조는 13세기 조각 예술의 정수를 보여준다.]

만든 성경책' 이라고 부르는 이유도 이러한 연유이다.

노트르담 성당의 전면은 세 개의 문으로 구성되어 있다. 가운데 문이 최후의 심판 문이고 왼쪽이 성모 마리아, 오른쪽이 성모의 어머니인 성녀 안나의 문이다. 이 세 개의 문 위에는 28개의 입상들이 도열해 있다. 구약에 나오는 유대 나라의 왕들인데, 대혁명 당시 프랑스 왕들로 착각을 한 폭도들에 의해 파손된 것을 복원한 것이다. 그 위에는 별자리를 나타내는 지름 10m의 원화창이 있다.

성당 외부는 고딕 건축의 특징을 가장 잘 나타내 준다. 늑골처럼 생긴 버팀 기둥들과 벽에 붙여 쌓아올린 보강벽 등을 고안해, 높이 올라간 첨두형 궁륭의 하중을 견딜 수가 있었다. 이 세 가지 건축 요소가 이전의 낮고 어두운 로마네스크 양식의 성당과 고딕 성당을 구별해 주는 가장 중요한 특징이다. 건물을 높이 지으면서 형성된 성당의 벽에는 조각, 회화 등은 물론이고 무엇보다 스테인드글라스로 제작된 창문들이 자리잡게 된다. 고딕 성당은 조명에 대한 획기적인 실험을 한 건축이었고 이는 영혼과 구원을 상징하는 빛을 성당 내부로 끌어 들이려는 신학과 건축의 만남이었다. 햇빛이 드는 오후 원화창을 투과해 들어온 무지개빛 햇살에 물든 성당 내

부는 천당의 분위기를 자아낸다. 북쪽 입구는 특별한 날이 아니면 폐쇄되어 있다. 이 문 위의 원화창은 성모 마리아를 기리기 위해 제작되었다.

북쪽 입구 맞은편 10번지에 노트르담 박물관이 있다. 17세기부터 지금까지의 노트르담 성당의 역사를 볼 수 있다. 성당 뒤로 가면 작고 아름다운 마당이 나온다. 파리 주재 교황청 대사를 지내다 259대 교황이 된 요한 23세의 이름을 붙인 요한 23세 광장이다. 원래는 작은 성당들과 사제관저들이 있던 곳인데 1831년 폭도들의 난입으로 유물들이 약탈되자 건물을 철거하고 1844년 지금과 같은 공원을 조성했다. 광장 중앙의 네오고딕 양식의 분수 역시 1844년 세워진 것이다.

[신비로운 분위기의 노트르담 성당 내부]

[뒤편에서 바라본 노트르담]

이 광장에서는 성당의 후면을 전체적으로 감상할 수 있다. 한가운데 보이는 첨탑은 500t의 참나무와 250t의 청동 주물로 제작되었다. 전체 높이는 90m에 달한다. 이 첨탑은 대혁명 당시 부려졌던 것을 복원한 것이다. 첨탑의 가장 높은 곳에 있는 둥근 공 속에는 생 드니 등 성자의 유물들이 들어가 있다.

성당의 벽에는 '가르구이유'라는 괴물 형상의 석상들이 곳곳에 놓여 있다. 19세기 중엽 성당이 복원되면서 새로 만들어진 이것들은 벽 밖으로 돌출되어 있기도 한데 빗물을 받아내는 홈통 역할을 했다. 성당의 지붕에는 12사도들의 청동상이 있다. 이 조각 중에는 성당을 복원한 건축가 비올레 르 뒤크의 조각도 들어가 있다. 성당 뒤의 작은 길을 건너면 센느 강에 면한 섬의 끝이 나오는데 이곳은 제2차 세계대전 때 나치에 의해 끌려가 숨진 영혼을 달래는 추모관이 마련되어 있다. 원래는 나폴레옹 3세 때 세워진 시체 안치소였다. 센느 강에서 투신 자살한 사람들의 시신은 주로 이곳에 안치되었다. 노트르담 성당의 전면에는 높이 69m의 두 개의 탑이 있는데 올라가 볼 수 있다. 입장료를 내면 386개의 계단으로 올라볼 수 있다.

내 부   성당 내부는 예배와 기도의 장소이지만 관광객들에게는 놓칠 수 없는 관광 명소다. 제단의 남쪽 기둥 밑에서 1886년 20세기 프랑스 시인 폴 클로델에게 일어난 기적을 적어놓은 작은 동판이 있다. 로댕의 연인이자 조각가인 카미유의 남동생으로 더 알려진 폴 클로델은 1886년 크리스마스 전날 밤 노트르담 성당을 찾았고 성모 찬가를 듣는 순간 깨달음을 얻어 일생 동안 신의 은총과 영광에 대한 많은 시를 남겼다. 성가대 뒤쪽으로 피에타 조각이 있는데, 루이 13세가 경배를 드리는 모습으로 조각되었고 훗날 루이 14세 상이 추가된다. 성가대석의 벽을 장식하고 있는 부조는 14세기 작품으로 예수의 일생을 묘사하고 있다. 제단 남쪽의 원화창

© Photo Les Vacances 2007

[생트 샤펠 성당은 섬세하고 아름다운 스테인드글라스로 유명하다.]

밑에는 작은 성당 박물관이 있다. 19세기에 성당을 복원할 때 만들어진 이 박물관에는 예수의 진짜 십자가 조각과 가시면류관이 보관되어 있다.

노트르담 성당의 파이프 오르간은 프랑스 성당에 있는 오르간 중에서 가장 웅대한 규모를 지니고 있다. 무려 8,000개의 파이프로 제작되었고 소리가 울리는데 2~3초 정도 시간이 걸리기 때문에 미사 때는 무전기나 이동전화를 이용해 서로 신호를 맞추어야 할 정도다. 매주 일요일 오후 4시 30분에 오르간 연주회가 열린다.

▶ 생트 샤펠 Sainte-Chapelle ★★

세계에서 가장 아름다운 스테인드글라스가 있는 이 작은 성당은 고딕 예술을 감상할 줄 아는 이들이라면 쉽게 발길을 돌리기 어려울 정도로 보석 같은 건축물이다. 1239년 예수님의 가시면류관을 얻게 된 성 루이 왕은 엄청난 투자를 아끼지 않고 성 유물들을 수집한 왕으로 유명하다. 생트 샤펠은 이렇게 수집한 성 유물들을 보관하기 위해 지어진 성당이다. 성당 건축비의 두 배에 달하는 돈을 투자해 성 유물

들을 수집했고 아기 예수의 배내옷도 그 중 하나였다. 1248년에 완성된 이 성당은 노트르담 성당과 비슷한 시기에 시작된 고딕 건축으로 노트르담 성당 건축에도 많은 영향을 주었다. 대혁명 당시에는 성당임에도 불구하고 곡물 창고로 쓰이기도 했고, 1802년에서 1837년까지는 사법 기록 보관소로 쓰이기도 했다. 성당은 2개 층으로 구성되어 있으며, 생트 샤펠의 자랑인 스테인드글라스는 2층에 있다. 아무리 작은 빛도 반사할 수 있도록 되어 있는 이 채색 유리들은 수천 명의 인물들을 묘사하고 있는데, 구약과 신약을 다룬 총 장면 수가 1,134장면에 이르며 전체 채색 면적은 618㎡이다.

© Photo Les Vacances 2007

[영화 〈퐁 네프의 연인들〉로 많이 알려진 퐁 네프 교. '새로운 다리'라는 뜻이지만 센느 강의 다리들 중 가장 오래된 것이다.]

- 위치   4, boulevard du Palais 75001
- 교통편   지하철 M4 Cité, St-Michel 혹은 Châtelet 역,
             버스 21, 27, 38, 85, 96번
- 개관시간   3~10월 09:30~18:30, 11~2월 09:00~17:00
             (매표소는 30분 전까지)
- 휴관일   1월 1일, 5월 1일, 12월 25일
- 입장료   성인 6.50유로, 학생 4.50유로

▶ 퐁 네프 교 Pont-Neuf ★

1604년에 완공된 퐁 네프 교는 '새로운 다리'라는 뜻이지만, 사실은 현재 센느 강에 있는 31개의 다리들 중에서 가장 오래된 다리다. 12개의 아치가 있고 각 아치는 마스카롱이라고 불리는 귀면(鬼面) 조각으로 장식되어 있다. 센느 강 좌안과 우안에 닿아 있는 두 부분으로 나누어 건축되어 있고, 시테 섬을 지나는 다리 중앙 부분에는 16세기 말 프랑스 부르봉 왕조를 세운 앙리 4세의 기마상이 놓여 있다. 이 기마

상은 프랑스 역사상 최초로 일반인들이 다니는 대중적 장소에 세워진 왕의 조각이다. 1792년 혁명 당시 파괴된 것을 왕정복고 당시 복원한 것이다. 전해오는 이야기에 따르면 이 기마상을 다시 주조할 때, 열렬한 나폴레옹 숭배자였던 주조공이 자신이 쓴 황제를 칭송하는 시와 몰래 간직하고 있던 나폴레옹 청동상을 함께 집어넣어 만들었다고 한다. 〈퐁 네프의 연인들〉이라는 영화로도 많이 알려졌지만, 그 이전, 랜드 아트Land Art 예술가 크리스토가 다리 전체를 포장지로 싸는 퍼포먼스를 선보여 유명해지기도 했다.

옛날에는 다리 위에 4층짜리 집들이 들어서 있었고, 또 루브르 궁에 물을 공급하는

© Photo Les Vacances 2007

[콩시에르주리. 마리 앙투아네트는 1793년 10월 16일 아침 이곳을 나서 콩코드 광장으로 갔다.]

펌프가 이 기마상 인근에 있었다. 펌프에는 예수에게 물을 준 〈아름다운 사마리아 여인〉의 조각이 장식되어 있었는데, 프랑스 어로 사마리아 여인은 사마리텐느라고 부른다. 센느 강 건너편의 대형 백화점 사마리텐느는 이 조각 이름에서 유래한 것이다. 주인이었던 코냐크 제는 루브르 궁에서 상점을 운영하고 백화점까지 경영해 엄청난 돈을 번 대부호였고 18세기 미술 전문 수집가이기도 했다. 파리 16구에 그의 이름을 딴 미술관이 있다.

▶ 콩시에르주리 Conciergerie ★

14세기 때 세워진 이 고딕 양식의 건물은 원래 왕의 집사가 일을 보던 곳이었다. '콩시에르주리' 라는 말은 왕궁을 출입하는 사람들을 통제하고, 왕궁 내의 상인들을 관리하며 세금을 걷는 일을 하는 직책 이름인 콩시에르주에서 왔다. 원래는 콩시에르주처럼 남성 명사였는데, 독일 여성으로 15세기 프랑스 왕비가 된 이자보가 대신일을 관장하면서 여성 명사인 콩시에르주리로 바뀌게 된다. 뮌헨 출신의 이 여인은

실성한 왕 샤를르 6세를 대신해 섭정을 폈는데, 상인들로부터 거두어들이는 수입을 직접 챙기기 위해 나섰던 것이다.

센느 강변에 서 있는 이 웅장한 건물은 지어지고 나서 얼마 안 되어 형무소로 사용되는데, 이는 파리에 세워진 최초의 형무소였다. 특히 프랑스 대혁명 당시 많은 유명인사들이 이곳에 갇혀 있다가 단두대로 끌려갔다. 루이 16세의 부인이었던 오스트리아 합스부르크 가의 마리 앙투아네트, 왕의 누이 마담 엘리자베트, 애첩 마담 뒤 바리 같은 여인들은 물론이고, 물의 분자식을 처음 발견해 낸 화학자 라부아지에, 시인 앙드레 셰니에 등도 포함되어 있었다. 그 이전에도 그리고 그 이후에도 많은 유명인들이 이곳을 거쳐갔는데, 16세기 중엽, 앙리 2세와 기마 시합을 하다 누가 실수한 것인지 모르지만 어쨌든 왕의 한쪽 눈을 긴 창으로 찔러 죽게 한 몽고메리 장군도 그 중 한 사람이었다. 사실주의 소설가 플로베르는 〈보바리 부인〉을 쓴 뒤, '음란한 소설'을 썼다는 죄로 잠시 들어와 있어야만 했고, 시집 〈악의 꽃〉을 낸 보들레르 역시 이곳을 거쳐갔다. 제2차 세계대전 후, 비시 정권을 세워 독일에 협력했던 페탱 원수는 이곳에서 오랜 시간을 보냈다. 당시는 이곳 감옥에 들어오면 집세 형식으로 수감자가 오히려 돈을 냈고 가구 사용료까지 내게 했다. 하지만 단두대 사용료를 받지 못해 오히려 아쉬워했다고 한다.

물의 분자식을 알아낸 화학자 라부아지에는 재판을 받으면서 회고록을 끝낸 다음 단두대에 서겠다고 했는데, 당시 판관 중 한 사람은 이 말을 듣자, "공화국은 학자를 필요로 하지 않는다."고 일갈했다고 한다. 라부아지에는 화학자이면서 징세 청부인으로 일을 했는데 부업을 잘못 선택한 죄로 잘못된 개혁주의자들의 희생양이 되었던 것이다.

1989년, 프랑스 대혁명 200주년을 기념하기 위해 콩시에르주리는 대대적 공사를 해 마리 앙투아네트 등 유명인사들이 돈을 내고 갇혀 있던 곳을 관광객들에게 개방했다. 사치가 심하고 경박했던 프랑스 마지막 왕비는 단두대에 오르기까지 손수 양말을 기워 신는 등 검소하고 의연하게 지냈다고 한다.

건물 밖에는 멋진 시계탑이 있는데 파리에 세워진 최초의 야외 시계탑이었다. 하지만 혁명 당시 '왕정의 시간을 알리는 시계'라는 죄목으로, 은으로 제작된 아름답던 시계는 용광로로 들어가 버리고 말았다.

- 위치   2, boulevard du Palais 75001
- 교통편   지하철 M4 Cité, St-Michel 혹은 Châtelet 역,
              버스 21, 27, 38, 85, 96번
- 개관시간   3~10월 09:30~18:00, 11~2월 09:00~17:00
              (매표소는 30분 전까지)
- 휴관일   1월 1일, 5월 1일, 12월 25일
- 입장료   성인 6.50유로, 학생 4.50유로

▶ 파리 시청 Hôtel de Ville ★

파리 시청사가 주목을 받기 시작한 것은 프랑스 대혁명 때인데, 1789년 7월 14일 바스티유를 점령한 혁명대가 이곳으로 난입했고 무기를 내주지 않는 시장을 살해했다. 며칠 후 이곳에 모습을 나타낸 루이 16세는 라파이예트 장군이 만든 프랑스 삼색기에 입을 맞추게 된다.

프러시아와의 전쟁에서 프랑스가 패배한 후 1870년 9월 4일, 강베타 등이 제3공화국을 선포한 곳이 바로 이곳 파리 시청이다. 하지만 다음 해인 1871년 1월 적국에

[파리 시청. 겨울엔 시청 앞 광장이 스케이트장으로 변한다. 서울도 뉴욕, 파리에 이어 세계 세 번째로 시청 앞 스케이트장을 개장했다.]

항복한 정부에 반대해 봉기한 시민군은, 파리 시청에 본부를 두고 베르사유에 임시 정부를 설치한 정부군과 맞선다. 프랑스 역사에서 파리 코뮌으로 불리는 이 잔혹한 내전이 일어났던 피의 일주일 동안 시청은 화재로 소실되고 만다.

지금의 건물은 다시 건축된 것으로 중앙 부분만 원래 건물 그대로 지었을 뿐 나머지는 다르게 지어졌다. 실내 장식은 퓌비 드 샤반느 등 당시 일급 화가들의 손을 거쳐 이루어졌다. 시청 건물 못지않게 유명한 장소가 흔히 그레브Grève 광장으로 불리는 시청 앞 광장이다. '그레브'는 프랑스 어로 '모래톱'을 가리키는데 1830년까지만 해도 센느 강가에 백사장이 펼쳐져 있었기 때문이다. 이곳은 일일 노동자들이 일거리를 찾아 모여드는 곳이었고 또 장이 서던 곳이기도 했다. 그래서 일거리를 찾아 이곳에 모이는 것을 그레브한다고 했고, 이 말이 나중에는 일자리가 없는 사람들이 움직인다는 뜻으로 바뀌어 파업을 한다는 뜻으로 쓰이게 되었다. 겨울만 되면 파리 시청 앞 광장은 스케이트장으로 변해 시민들을 맞고 있다. 서울을 포함해 전 세계의 많은 시청들이 이를 모방하고 있다.

▶ 부키니스트 Bouquinistes ★

부키니스트는 중고 서적상을 뜻한다. 시테 섬의 다리인 퐁 네프가 건설되면서 책을 파는 사람들이 나타나 다리 주변에 모여 살기 시작했다. 당시에 그들은 다리 위에 2층, 3층으로 집을 짓고 살기도 했다. 옛날에는 책이 아주 귀했기 때문에 중고 시장이 형성될 수 있었다. 1539년 프랑수아 1세가 인쇄업자들의 동업 조합을 폐지시켜 버리자 각자 책을 제작할 수 있게 되었고 판매도 자유로워졌다.

그러나 퐁 네프 교 인근에서만 책의 판매가 가능하도록 제한을 가하면서 동시에 책

[부키니스트는 희귀한 책이나 고서 혹은 절판된 책을 구하려는 이들이 많이 찾는 곳이다.]

의 진열대를 통일시켜 버렸다. 이후 제한 조치가 풀렸지만 퐁 네프 주변의 책 판매는 누구도 막을 수 없는 전통이 되어 버렸다. 책 시장은 퐁 네프만이 아니라 인근 센느 강변 전체로 퍼져 나갔고 오늘과 같은 규모로 확산되기에 이른다. 차츰 이들은 소르본느 대학과 가까운 거리로 이동했고, 19세기 말에는 소르본느와 가장 가까운 센느 강변인 노트르담 성당 쪽에 많은 상인들이 들어서게 된다. 판매되는 물건의 종류도 책만이 아니라 옛 판화, 오래된 엽서 등으로 다양화되어 갔다. 가끔씩 희귀한 고서가 발견되어 횡재를 하는 사람도 있다.

진열장은 4개의 상자를 넘어서는 안 되고 전체 길이 역시 2m를 넘어서도 안 된다. 진열대 색은 진한 녹색으로 칠해야 한다. 현재 이 부키니스트라고 불리는 중고 서적상들의 진열대 전체 길이는 약 3km에 달하며 센느 강 좌우안 양쪽에 걸쳐 있다. 약 240명의 상인이 장사를 하고 있고 전체 책의 수량은 약 30만 권 정도다. 세계에서 가장 큰 강변 책방이자 노천 서점가이고 파리의 풍경을 만들어 내는 독특한 곳이기도 하다. 이곳 책값이 중고책이라고 해서 싸다고 생각하면 오산이다. 희귀한 책이나 고서 혹은 절판된 책들을 구하려는 이들이 많이 찾는다.

▶ 생 루이 섬 île Saint-Louis ★

파리를 진정으로 사랑하는 사람은 이 섬에 살고 싶어할 것이다. 조용하고 아늑하며 현대의 모든 것이 옛날의 파리를 위해 잠시 자리를 비켜준 것 같은 곳이 이 작은 섬, 생 루이다. 원래는 두 개의 작은 섬으로 나뉘어 있었던 것을 17세기 초 한 수완 좋은 부동산 업자가 기부 채납하는 조건으로 다리를 건설하면서 지금처럼 하나가 되었다. 다리를 지어 사람들의 통행이 늘자 자연히 땅값이 올랐고 오래 기다린 보람이 있었는지 돈을 투자한 사람들은 공사비를 빼고도 톡톡히 재미를 보았다. 그 중 수완 좋은 사업가는 마리라는 여자 이름을 가진 사람이었는데, 그가 세운 다리는 지금도 '퐁 드 마리' 즉, 마리 교로 불린다.

이 섬은 17세기 프랑스 귀족들의 집이 그대로 남아 있는 파리의 몇 안 되는 곳 중 하나이며 많은 문인 예술가들이 살았던 곳이기도 하다. 파리에서 가장 맛있는 '글라스' 즉, 아이스크림을 파는 집이 이곳에 있어 더운 여름 이곳까지 걸어오는 사람들로 퐁 드 마리는 항상 북적댄다. 케 당주 가 17번지에는 로쟁이라는 이름의 옛 저택이 한 채 있는데, 이곳에서 19세기 유명한 시인들인 테오필 고티에와 보들레르 등이 모여 마약의 일종인 하시시를 피우는 '하시시 클럽'을 만들고, 그들의 말에 따르면 '인공 낙원을 실험'하곤 했다. 두 시인이 하시시를 피우던 건물은 루이 르 보라고 하는 유명한 건축가의 1657년 작품인데, 지금은 시인들의 명성 때문에 파리 시청 소유의 국가 재산이 되어 있다. 특히 실내 디자인이 아름다워 많은 이들이 찾는다. 루이 르 보는 전 세계에서 가장 아름다운 성으로 알려진 보 르 비콩트를 지은 사람이고, 이 궁에 질투를 느낀 루이 14세가 베르사유 궁을 지을 때도 참여한 당대 최고의 건축가였다. 생 루이 섬에는 그의 작품이 한 채 더 있는데, 생 루이 앙 릴르 가 2번지의 랑베르 관이 그것이다. 섬에 있는 생 루이 앙 릴르 성당 역시 그의 작품인데 설계만 했을 뿐 완성되는 것은 못 보고 숨을 거두었다.

이 섬에서 센느 강 좌안으로 나오려면 투르넬 교를 건너야 하는데, 이 다리에서 보는 노트르담 성당의 뒷모습은 가장 아름다운 파리 풍경 중의 하나다. 또 광고에 가장 많이 등장하는 장면이기도 하다. 다리를 건너면, 케 드라 투르넬 가 15번지에 투르 다르장이라는 식당이 나온다. 이 유명한 식당은 파리에서 가장 오래된 레스토랑 중 하나로 역사가 500년이 넘었으며, 앙리 4세가 처음으로 포크를 사용한 식당이기도 하다. 예약을 해야 하며 식탁 박물관을 운영하고 있다. 박물관은 식당을 찾은 고객에게만 개방된다.

PARIS SIGHTS
Museum & Gallery

▶ 루브르 박물관 Musée du Louvre ★★★

〈역사〉

12세기 말 중세 시대의 필립 오귀스트 왕에서 20세기 말 프랑수아 미테랑 대통령까지 800여 년의 역사를 간직하고 있는 루브르. 루브르 박물관에 들어간다는 것은 바로 이 장구한 역사 속으로 들어가는 것을 의미한다. 지금 루브르 박물관이 자리잡고 있는 센느 강변은 12세기 말, 바이킹 족들의 침입이 잦아 군사적 목적으로 세운 중세식 성이 있던 자리다. 14세기 들어 샤를르 5세 때, 루브르는 처음으로 왕궁

[프랑스뿐 아니라 유럽 전체를 대표하는 박물관인 루브르]

으로 사용된다. 이때부터 왕의 진귀한 귀중품과 도서들이 루브르에 들어오기 시작하고 화려한 거실과 집무실들이 마련된다. 하지만 샤를르 5세가 서거하자 프랑스 궁정과 귀족들은 루브르 궁을 버리고 파리 남쪽으로 약 300km 떨어진 루아르 강 쪽으로 내려갔고, 이로 인해 루브르 궁은 다시 원래대로 군사적 목적으로 쓰이게 된다. 그 후 이 중세 성은 다시 파리로 돌아온 프랑수아 1세에 의해 1545년 헐리기 시작해 지금과 같은 모습의 르네상스 식 성이 건립된다. 이후 프랑스 절대왕정이 막을 내리는 루이 16세 때까지, 역대 모든 프랑스 왕들은 어떤 식으로든 궁에 자신들의 치세 흔적을 남기게 된다. 나폴레옹 역시 마찬가지였다.

프랑스가 대혁명의 와중이었던 1793년 루브르 궁은 무제움Museum 즉, 박물관으로 선포되면서 왕족, 귀족, 성직자들이 소장하고 있던 예술품들이 압수되어 유물로 들어오게 된다. 나폴레옹 제정 때는 잠시 나폴레옹 박물관으로 선포되면서 유럽 여러 나라에서 강탈해 온 엄청난 양의 유물들이 루브르에 들어온다. 상당수의 유물들을 돌려주었지만, 루브르에 그냥 남은 것들도 있다.

루브르 궁은 19세기 중반 나폴레옹 3세의 제2제정 때 들어 지금과 같은 위용을 갖

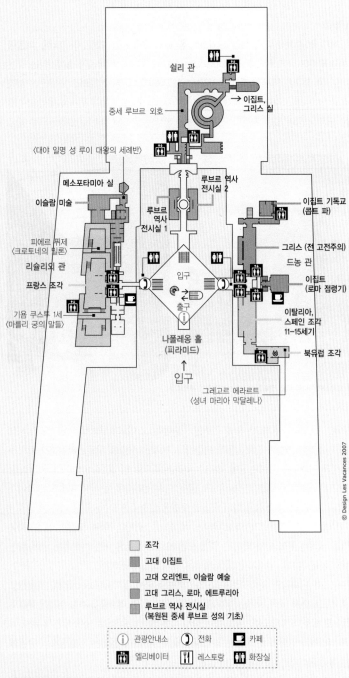

쉴리 관

→ 이집트,
그리스 실

중세 루브르 외호

〈대야 일명 성 루이 대왕의 세례반〉

메소포타미아 실

이슬람 미술

루브르 역사
전시실 2

이집트 기독교
(콥트 파)

피에르 퓌제
〈크로토네의 밀론〉

루브르
역사
전시실 1

그리스 (전 고전주의)

드농 관

리슐리외 관

프랑스 조각

입구

이집트
(로마 점령기)

출구

기욤 쿠스투 1세
〈마를리 궁의 말들〉

이탈리아,
스페인 조각
11-15세기

북유럽 조각

나폴레옹 홀
(피라미드)

↑
입구

그레고르 에라르트
〈성녀 마리아 막달레나〉

© Design Les Vacances 2007

조각

고대 이집트

고대 오리엔트, 이슬람 예술

고대 그리스, 로마, 에트루리아

루브르 역사 전시실
(복원된 중세 루브르 성의 기초)

관광안내소   전화   카페

엘리베이터   레스토랑   화장실

[루브르 박물관 지하]

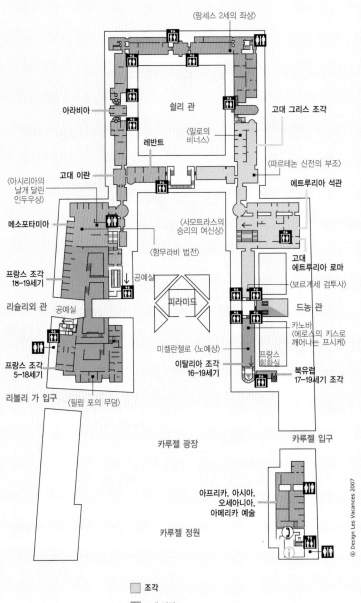

〈람세스 2세의 좌상〉

아라비아

쉴리 관

〈밀로의 비너스〉

고대 그리스 조각

레반트

〈파르테논 신전의 부조〉

고대 이란

에트루리아 석관

〈아시리아의 날개 달린 인두우상〉

메소포타미아

〈사모트라스의 승리의 여신상〉

〈함무라비 법전〉

프랑스 조각 18-19세기

공예실

고대 에트루리아 로마

리슐리외 관

공예실

피라미드

〈보르게세 검투사〉

드농 관

카노바 〈에로스의 키스로 깨어나는 프시케〉

프랑스 회화실

프랑스 조각 5-18세기

미켈란젤로 〈노예상〉

이탈리아 조각 16-19세기

북유럽 17-19세기 조각

리볼리 가 입구

〈필립 포의 무덤〉

카루젤 광장

카루젤 입구

아프리카, 아시아, 오세아니아, 아메리카 예술

카루젤 정원

© Design Les Vacances 2007

조각

고대 이집트

고대 오리엔트

고대 그리스, 로마, 에트루리아

아프리카, 아시아, 오세아니아, 아메리카 예술

[루브르 박물관 1층]

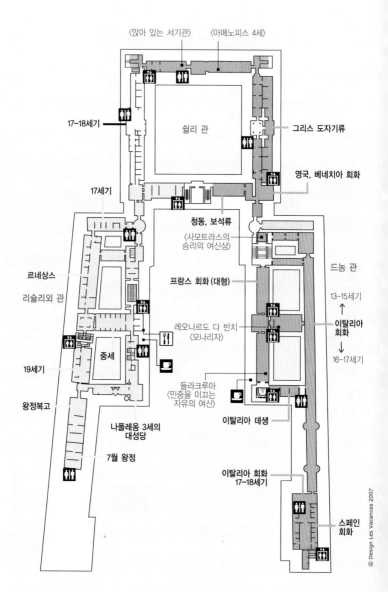

〈앉아 있는 서기관〉　〈아메노피스 4세〉

17–18세기

쉴리 관

그리스 도자기류

영국, 베네치아 회화

17세기

청동, 보석류

〈사모트라스의
승리의 여신상〉

르네상스

리슐리외 관

프랑스 회화 (대형)

드농 관

13–15세기
↑
이탈리아
회화
↓
16–17세기

레오나르도 다 빈치
〈모나리자〉

중세

19세기

들라크루아
〈민중을 이끄는
자유의 여신〉

이탈리아 데생

왕정복고

나폴레옹 3세의
대성당

7월 왕정

이탈리아 회화
17–18세기

스페인
회화

© Design Les Vacances 2007

공예품, 장식 미술품

고대 이집트

회화

고대 그리스, 로마, 에트루리아

[루브르 박물관 2층]

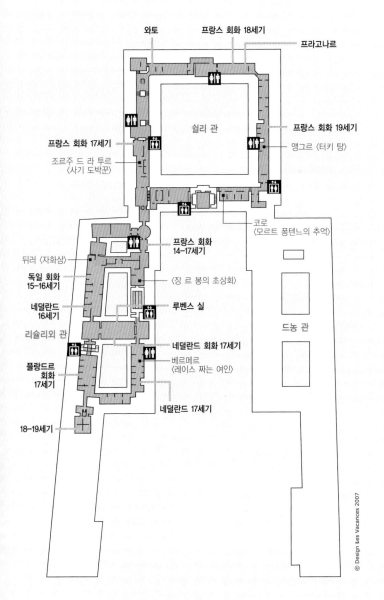

와토

프랑스 회화 18세기

프라고나르

쉴리 관

프랑스 회화 19세기

앵그르 〈터키 탕〉

프랑스 회화 17세기

조르주 드 라 투르
〈사기 도박꾼〉

프랑스 회화
14~17세기

뒤러 〈자화상〉

독일 회화
15~16세기

〈장 르 봉의 초상화〉

네덜란드
16세기

루벤스 실

리슐리외 관

네덜란드 회화 17세기

플랑드르
회화
17세기

베르메르
〈레이스 짜는 여인〉

드농 관

코로
〈모르트 퐁텐느의 추억〉

네덜란드 17세기

18~19세기

© Design Iles Vacances 2007

프랑스 회화 및 데생

독일, 플랑드르, 네덜란드 회화 및 데생

벨기에, 러시아, 스위스, 스칸디나비아 회화

[루브르 박물관 3층]

추기 시작했다. 리볼리 가에 면한 건물이 완성되었고 내부도 대대적인 수리를 거쳐 획기적으로 전시 공간을 늘리게 된다. 하지만 세계 최고의 대 루브르 박물관으로 태어나게 된 것은, 20세기 말 14년 동안 프랑스를 통치했던 프랑수아 미테랑 대통령 당시 '대 루브르Le Grand Louvre' 계획에 의거해 약 20년 동안 이루어진 공사가 끝난 후다. 재무성에서 사용하던 건물이 박물관으로 편입되었고 출입구, 주차장 등 각종 편의시설이 나폴레옹 광장 지하에 생겨났으며 내부 역시 에스컬레이터가 설치되는 등 초현대식으로 바뀌었다. 수장고에 보관되던 유물들이 제자리를 찾게 되었고 베르사유 등 야외에 전시되면서 파손 우려가 있던 대형 기념물 조각들 역시 루브르에 들어온다.

모든 공사는 나폴레옹 광장에 유리 피라미드를 세운 중국계 미국인 건축가 아이오밍 페이가 맡았다. 1981년 대통령에 올라 14년 동안 프랑스를 통치했던 프랑수아 미테랑의 '대 루브르' 공사를 끝으로 루브르는 마침내 800여 년 동안의 긴 변화를 끝내고 지금의 모습을 갖추게 된다. 이 마지막 공사를 중국계 미국인 건축가 아이오밍 페이가 담당했다는 것은, 이집트 유물에서 〈밀로의 비너스〉와 〈모나리자〉를 거쳐 미켈란젤로의 〈노예상〉에 이르는 귀중한 인류의 문화유산을 보관하고 있는 루브르 박물관이 단순히 프랑스 한 국가의 소유가 아니라 전 인류의 재산임을 상징적으로 보여 준다.

- 교통편   지하철 M1, 7 Palais Royal–Musée du Louvre 역
- 개관시간   09:00~18:00(수, 금 ~21:45),
                   매표소는 ~17:15(수, 금 ~21:45),
                   매표소와 입구가 있는 피라미드는 ~22:00. 여유롭게 관람하고
                   싶다면 수, 금 저녁 시간을 이용하는 것이 좋다.
- 휴관일   화요일, 1월 1일, 5월 1일, 8월 15일, 12월 25일
- 웹사이트   www.louvre.fr
- 입장료   종일권 9유로(18:00~19:45 6유로)
                   매월 첫째 일요일 무료

박물관 편의시설

■ **몰리엥 카페 Café Mollien** : 드농 관 2층, 여름에는 테라스 이용 가능

■ **리슐리외 카페 Café Richelieu** : 리슐리외 관 2층, 여름에는 테라스 이용 가능

■ **드농 카페 Café Denon** : 드농 관 2층

■ **마를리 카페 Café Marly** : 피라미드 입구 광장 리볼리 가 방향(08:00~02:00)

■ **위니베르셀 레스토 Universel Resto** : 카루젤 갤러리 내, 어린이들이 좋아할 메뉴가 많다.

■ **뮤지엄 숍** : 월, 수 09:30~21:45, 목~일 09:30~19:00

주요 작품

■ ■ ■ 메소포타미아 유물

우리들에게 구약 성경이나 그리스 로마의 역사서들을 통해서만 알려진 고대 근동과 중동 지방의 문명은 오랫동안 완전히 망각되어 있었다. 그러다 19세기 들어 서구인들이 문명의 뿌리를 찾고자 하는 지적 호기심을 충족시키기 위해 시작한 고고학 발굴 작업 결과 서서히 모습을 드러내기 시작했다. 최초로 이 지역에 대한 고고학 발굴 작업을 한 사람은 프랑스 인 폴 에밀 보타였다. 1842년 당시, 지금의 이라크 북부 지방에 해당하는 모술에 프랑스 영사로 나가 있던 보타는, 고대 니니베 지역의 유적지를 찾아냈고 마침내 이듬해인 1843년 3월, 아시리아의 사라공 2세의 궁전이었던 코르사바드를 발굴해 낸다. 루브르에 들어와 있는 거대한 조각상들은 이 궁전을 장식하고 있던 것들이다.

30년 정도 지난 후 역시 프랑스 외교관이었던 에르네스트 드 사르제크는 메소포타미아 남부 지방에서 발굴 작업을 한 결과 고대 수메르 유적들을 찾아낸다. 이러한 일련의 발굴 덕택에 1881년 마침내 루브르 박물관에 고대 동방관이 별도 전시실로 설치된다.

티그리스와 유프라테스 강이 흐르는 비옥한 이라크 평원은 일찍부터 관개 농법이 시행되어 상당히 발달한 고대 문명이 꽃피었던 지방이다. 가장 중요한 문화사적 사건은 역시 문자의 발명과 그 사용이다. 당시는 왕이 곧 사제였던 시대였다. 기원전 3000년경에 일어난 이 문명은 2000년의 장구한 세월 동안 라가슈 왕국 같은 고대 왕국들을 형성하며 발달했다. 서쪽으로부터 침입해 들어온 아모리트 인들은 바빌론과 같은 왕국을 건설하여, 기원전 18세기경 함무라비 대왕 치하에서 인근 일대를 통일하게 된다. 상업적으로 크게 번성한 아시리아 왕국이 건설된 것도 이 무렵이다. 바빌론 왕국은 기원전 16세기경 이란으로부터 온 카씨트 인들에 의해 멸망하고 이들은 다시 엘람 왕국에 의해 멸망한다. 이후 유랑 민족들이 할거하다 다시 아시리아 인들이 통일을 하게 되고, 이어 바빌론 왕들이 다시 왕국을 건설한다. 베르디의 오페라 〈나부코〉에 등장하는 바빌론 왕 느부갓네살이 유대 왕국을 추투하시키고, 유대인들을 노예로 끌고 온 때가 바로 이때며 바벨 탑이 완성된 것도 이때다.

〈함무라비 법전비〉, 수사 출토, 기원전 18세기 초, 현무암, 높이 2.25m

메소포타미아 문명의 유물인 이 함무라비 법전비 역시 원래는 바빌론 왕국에 세워져 있던 것인데, 패전으로 12세기경 수사로 옮겨왔고 발견된 지점도 지금 이란의 수사 지방이다. 모르강 외방 전도 팀에 의해 발굴된 후 약 6개월의 작업 끝에 벵상 셸리 신부에 의해 각인된 텍스트가 해독된다. 함무라비는 바빌론 왕조 제6대 왕으로서 최초로 바빌론의 권위를 인근에 떨친 왕이었다. 비석 상단부에는 왕과 신이 서로 마주 보고 있는 모습이 새겨져 있다. 왕은 모자를 쓰고 있고 전체적인 자세는 기도를 드리는 모습이다. 정의의 수호신인 태양신 샤마슈의 양 어깨 위로 불꽃이 타오르고 있다. 왕과 신이 대화를 나누고 있는 장면은 정치와 종교가 분리되기 이전의 신정 체제를 잘 나타내 준다.

인류 최초의 법전으로 꼽히고 있지만, 사실은 왕이 백성들에게 내리는 훈계들이 주를 이루고 있다. 그러나 자신의 업적을 기리는 시적인 송사로 시작하여 "현명한 왕이신 함무라비 왕은 나라의 미풍 양속과 엄정한 규율을 세우기 위하여 공정한 명을 내리니 이상과 같으니라."로 끝나는 비문에는 오늘날의 민법, 상법, 형법을 연상시키는 초보적인 내용들이 적혀 있다. 채무, 이자, 세금, 유산 상속, 동업 등 상법에 관

[인류 최초의 법전, 〈함무라비 법전비〉에는 282개의 법조문이 3,500줄에 달하는 문장으로 새겨져 있다.]

련된 조항들과 양자 입양, 결혼 등의 민법 조항들, 그리고 간음, 절도 등에 관련된 형법적 조항들도 들어 있다. 단지 이러한 법 조항만 들어 있는 것이 아니라 제사, 운하 건설과 같은 공공 사업에 대한 언급도 찾아볼 수 있어 당시 사회상을 엿볼 수 있는 귀중한 자료다. 법조문을 몇 가지만 살펴보면 다음과 같다.

제2조 : "만일 누군가가 어떤 사람을 두고 잡술을 부렸다고 고소를 하였는데 고소한 자가 증거를 대면 고소당한 자는 죽임을 당하고, 고소한 자가 증거를 대지 못하면 고소당한 자는 물에 뛰어들어 강의 여신의 심판을 받는다. 강의 여신이 고소당한 자를 삼키면 그의 집은 고소한 자의 소유가 되며, 반대로 강의 여신이 고소당한 자를 깨끗이 하여 그가 무사히 살아 나오면 증거 없이 고소한 자는 죽임을 당할 것이고 고소당한 자는 고소한 자의 집을 갖게 된다."

제142~143조 : "만일 한 여인이 남편을 미워하여 나를 더 이상 껴안지 말라 하면, 동네 전체가 모인 가운데 조사를 행한다. 만일 여인이 옳았고 남편이 다른 여자를 따라다녀 아내의 믿음을 잃었다면 여인은 죄가 없는 것이고, 지참금을 갖고 다시 아버지의 집으로 돌아갈 수 있다. 만일 여인이 다른 남자를 따라다녀 남편의 믿음

을 잃고 가정을 깨뜨렸다면 여인은 강물에 던져지리라."

아름다운 원통형의 비에는 282개의 법조문이 3,500줄에 달하는 문장으로 새겨져 있다. 설형문자로 쓰여진 문장의 구조는 오른쪽에서 왼쪽으로 읽어나가게 되어 있다.

함무라비 왕은 기독교인들에게는 낯선 존재가 아니다. 흔히 믿음의 조상으로 일컬어지는 구약 성경의 아브라함과 동시대인으로 추정된다. 즉 창세기 제14장에서 아브람의(아브라함이라는 이름을 갖게 되는 것은 훗날의 일로서 아브람은 아브라함과 동일 인물임) 조카 롯을 사로잡은 이방의 왕들 중에 등장하는 시날 왕 아므라벨이 함무라비일 것으로 추정된다.

〈아시리아의 날개 달린 인두우상(人頭牛像)〉, 사르공 2세의 궁 코르사바드에서 출토, 기원전 721~705, 석고, 높이 4.20m, 길이 4.36m

1843년 폴 에밀 보타가 이끄는 프랑스 발굴팀에 의해 발굴된 이 거대한 조각은 사르공 2세가 니니베 유적지 인근에 세운 궁에서 나왔다. 궁의 정문을 지키는 수호상들이었는데 인간의 머리에 동물의 몸을 한 전형적인 고대 석상의 형식을 따르고 있다. 라마쑤로 불렸던 이 수호신들은 세상의 기초를 보호하는 정령들이었다. 다섯 개의 다리 사이에 새겨진 명문을 보면 "위대하고 강력하시고 세상의 왕이시자 아시리아의 왕이시며 우라르투를 정복하시고 사마리아를 무찌르시고 가자 왕 하농을 포로로 잡으신 사르공 왕의 궁전"으로 시작되는 긴 문장이 나오는데 도읍 건축에 관계된 설명이 뒤를 잇는다. 다리가 다섯 개인 것은 움직임을 나타내기 위해서였다.

■■■ 고대 이집트

나일 강을 중심으로 선사시대에서 기독교가 유입될 때까지 약 4500년 동안 계속되었던 인류 최고의 문화유산 이집트 문명. 루브르 박물관에는 이 문명을 조망해 볼 수 있는 유물들이 가장 체계적으로 소장되어 있다.

루브르 박물관 이집트 관의 기원은 1826년이다. 수수께끼 같기만 하던 상형문자 체계를 샹폴리옹이 해독해, 이집트 역사를 선사에서 역사시대로 편입시킨 쾌거를 이룬 해가 바로 1826년이다. 당시 이집트에 가 있던 연구과 프랑스 외교관들은 고고학 붐이 불고 있던 유럽에 자신들이 수집한 이집트 유물들을 팔려고 했고, 당시 프랑스 왕이었던 샤를 10세는 샹폴리옹의 청을 받아들여 이 유물들을 구입해, 마침내 루브르 박물관 사각 광장 2층에 전시실을 마련하게 된다. 세계에서 가장 오래된 이집트 관인 이 전시실은 19세기 중엽 세라페움에서 발굴 작업을 한 마리에트의 작업 결과 유물을 획기적으로 증가시키게 되고, 특히 이집트 마니아였던 클로 박사의 소장품을 정부에서 구입해 더욱 체계적인 양상을 띠게 된다. 19세기 말에 들어서자 카이로에 본부를 둔 프랑스 동방 고고학 학회와 루브르 박물관 고고학실의 발굴 작업에 힘입어 유물은 더욱 늘어난다. 일반적으로 이집트 왕조는 다음의 시대 구분을 따르고 있으며 유물도 이 시대 구분에 맞추어 전시되어 있다.

선사시대와 초기 2대 왕조 (기원전 3100~2700)

- 고왕조 (기원전 2700~2200)
- 제1중간기 (기원전 2200~2060)
- 중왕조 (기원전 2060~1786)
- 제2중간기 (기원전 1786~1555)
- 신왕조 (기원전 1555~1080)
- 제3중간기 (기원전 1080~332)
- 그리스 점령기 (기원전 332~33)
- 로마 점령기 (기원전 30~서기 4세기)

[〈아시리아의 날개 달린 인두우상〉]

[〈대 스핑크스〉]

〈대 스핑크스〉, 타니스 출토, 기원전 1900년경, 적색 화강암,
높이 1.83m, 길이 4.80m

적색 화강암을 통째로 자르고 다듬어 만든 이 거대한 스핑크스 상은 사자 몸을 한
이집트의 왕 파라오를 우의적으로 형상화한 것이다. 스핑크스는 그리스 시대에 불려
진 것으로 오늘날까지 그렇게 불리고 있다. 이집트에서 스핑크스는 대개 의식 행렬
이 지나가는 종교 건축물의 통로에 세워지거나 행인을 보호하는 정령으로 길가에 세
워지곤 했다. 피라미드 앞에 세워지는 경우에는 파라오의 묘를 지키는 역할을 했다.
루브르 박물관에 들어와 있는 대 스핑크스는 우선 비례를 맞춘 그 조형적 우수성과
단단한 화강암을 다룬 빼어난 제작 솜씨 등으로 인해 보는 이들의 찬탄을 자아내게
한다. 세부 묘사는 보면 볼수록 정교하기만 하다. 스핑크스의 머리는 파라오의 머리
인데, 파라오만이 쓸 수 있었던 두건과 정수리에는 왕권을 상징하는 우라에우스라
는 이름의 코브라가 올라가 있다. 한 사람의 파라오가 아니라 여러 명의 파라오들
이 이 작품에 자신들의 이름을 새겨 넣었다.

〈하토르 여신과 세티 1세〉, 샹폴리옹이 이집트에서 발굴, 기원전 1303~1290, 부조,
채색 석회암, 높이 2m 26cm
현재 이집트 룩소르에 있는 무덤에서 발견된 이 채색 부조의 한쪽은 피렌체 박물관
에 보관되어 있다. 생자들의 세계를 떠나 사자들의 세계로 들어간 세티 1세를 맞아
들이는 여신 하토르가 묘사되어 있다. 여신은 한 손으로는 파라오의 손을 잡고 다
른 손으로는 자신의 상징인 목걸이를 건네주고 있다. 이 장면은 여신이 죽은 파라
오에게 자신의 가호를 허락한다는 뜻을 담고 있다. 신 왕조의 묘지로 사용되었던
테베 서쪽 지대(지금의 룩소르)에서 경배를 받았던 하토르 여신은 사자들의 영혼을

[정면성의 원리를 도입해 뛰어난 생동감을 주는 〈하토르 여신과 세티 1세〉]

위로하는 각별한 존재로 간주되었다. 암소의 뿔과 그 사이에 있는 붉은색 원반은
태양을 상징한다. 하지만 이런 상징보다는 여인의 날렵한 몸에 대한 묘사와 정면성
의 원리를 도입해 몸과 팔, 얼굴과 눈이 각기 다른 각도로 제작되어 놀라운 생동감
을 주는 작품이다. 수천 년 전에 작품을 제작한 이름 모를 예술가의 놀라운 감각에
찬탄을 금할 수 없다.

■■■ 그리스, 로마, 에트루리아

그리스, 로마, 에트루리아의 유물들은 지금 센느 강변 쪽에 위치한 드농 관 1층에
전시되어 있다. 회화관과 더불어 루브르 박물관에서 가장 역사가 오래 된 이 유물
들은 보는 이들을 그리스 로마 신화의 세계로 인도하며 서구 예술사의 기원으로 거
슬러 올라가게 한다. 중세 1000년의 암흑기 이전에 화려하게 꽃피웠던 이 고대 문
화는 르네상스를 가능하게 했던 서구 사상의 원천이다.

〈파르테논 신전의 부조〉, 아테네 파르테논 신전, 기원전 440, 대리석,
높이 96cm, 길이 207cm

파르테논 신전의 사방 네 벽을 장식하고 있는 이 부조는 그리스 조각의 완벽성을
보여 주는 최고 걸작 중 하나다. 전체 길이 160m에 달하는 엄청난 길이의 원본 부
조에는 360여 명의 인물들이 묘사되어 있었다. 이 부조는 아테네 축제일에 귀족 가
문의 순결한 처녀들이 짠 옷을 아테네 시민 대표들이 들고 아테나 여신에게 봉헌하
러 가는 행렬을 묘사한 것이다. 루브르에 소장되어 있는 부조에 묘사된 여인들이
바로 옷을 직조한 순결한 처녀들이다. 처녀들 사이에 있는 두 명의 남성은 행렬을
지휘하는 자들이었다. 신중하게 걸음을 옮기고 있는 인물들의 조용한 발걸음에서
당시 의식이 얼마나 엄숙하게 거행되었는지를 짐작할 수 있다. 인물들의 발걸음은

[〈파르테논 신전의 부조〉를 통해 고대 그리스의 축제상을 알 수 있다.]

규칙적이지만 결코 단조로운 느낌을 주고 있지는 않다. 신중함, 자연스러움, 그리고
차분한 음악과도 같은 리듬감 등이 어울려 완벽에 가까운 조화를 이루고 있다. 아
마도 피디아스가 제작했거나 그의 지휘를 받았을 것으로 추정되는 이 부조는 어떤
찬사도 아깝지 않은 그리스 조각의 걸작임에 틀림없다.

〈사모트라스의 승리의 여신상〉, 사모트라케 섬, 기원전 190, 대리석, 높이 328cm

승리의 여신으로 영어로는 흔히 나이키로 불리는 니케 여신을 조각한 작품이다.
3m가 넘는 이 거대한 대리석 조각은 얼마 되지 않는 그리스 시대 원본이라는 점에
서도 눈여겨볼 필요가 있다. 발견된 당시부터 머리와 두 팔은 사라지고 없었다. 오
른쪽 날개는 박물관에 들어온 이후 석고로 제작해 붙인 것이다. 에게 해 북동쪽의
작은 섬 사모트라케에서 발견될 당시에는 여러 조각으로 부서져 있는 상태였다. 뱃
머리 위에 올라가 커다란 두 날개를 퍼덕이며 바다를 굽어보는 이 조각은 원래 높
은 언덕 위에 세워져 있었던 것으로 추정된다. 1950년에 이 조각의 오른손이 발견
되어 루브르 박물관에 들어오는데 손은 활짝 편 상태였다. 웅장하고 거대한 규모와

섬세한 묘사 등으로 미루어볼 때 아마도 기원전 180년에서 160년 사이에 장식된 페르가몬 재단을 위해 제작된 것으로 추정된다. 하지만 조각이 올라가 있는 뱃머리가 로도스 섬에서 나는 석회석이기 때문에 어떤 이들은 로도스 섬 주민들이 해전에서의 승리를 축하하기 위해 제작한 것으로 추정하기도 한다.

〈밀로의 비너스〉, 기원전 100, 멜로스 섬에서 출토, 대리석, 높이 202cm
1820년 키클라데스 군도의 작은 섬 멜로스에서 우연히 발견된 이 조각은, 당시 콘스탄티노플에 주재하던 프랑스 대사가 구입해 루이 18세에게 선물했고, 이어 왕이

[웅장하고 섬세한 묘사가 일품인
〈사모트라스의 승리의 여신상〉]

[많은 상상을 불러일으키는
〈밀로의 비너스〉]

루브르에 기증해 이듬해인 1821년 박물관에 들어오게 된다. 작품은 두 부분으로 나누어져 제작되었다. 둔부 부분에 가로로 나 있는 선을 중심으로 상체와 하체가 따로 제작되어 접합된 것이다. 두 팔 역시 별도로 제작되어 몸체에 붙여졌다. 왼쪽 발도 따로 제작되어 붙여졌고 그래서 쉽게 유실될 수 있었을 것이다.
제작 시기는 고전주의 시대로 돌이기는 복고 취향이 유행하던 기원전 100년경의 헬레니즘 기로 추정된다. 두 팔이 없는 여인의 모습은 많은 상상을 불러일으켰다. 한 팔은 들고 있는 것이 거의 확실하고 다른 한 손으로는 흘러내리는 옷을 잡고 있었을 것으로 추정된다. 여인의 몸은 좌우로 심하게 뒤틀려 있다. 머리, 가슴, 배, 둔부, 허벅지와 종아리 등이 모두 다른 방향으로 서로 틀어져 있다.
작은 머리, 살집이 느껴지는 도톰한 입술과 턱, 육감적인 풍만한 몸과 꼿꼿하게 선 두 가슴, 그리고 왼쪽 다리로 받치고 있는 흘러내리는 옷 등은 이 조각이 누리고 있는 인기가 어디서 오는지 잘 일러준다. 많은 조각가와 화가들이 모사 및 패러디했을 뿐만 아니라, 많은 작가들이 소설의 소재로 삼기도 했으며 광고에도 자주 이용될 정도로 유명한 작품이다. 여전히 루브르에서 가장 인기 있는 작품이다.

■■■ 조각

장 구종(1510~1565), 〈물의 요정〉, 1549, 석재 부조, 195×74cm
건축가이기도 했던 장 구종은 부조에 완전히 새로운 차원을 부여한 조각가이다. 주
로 물의 요정들을 묘사한 그는, 특유의 우아한 곡선을 얇은 돌판에 조각해 부조가
장식적 기능을 떠나 그것 자체로 독립된 예술 작품이 될 수 있는 길을 터 놓았다.
루브르 궁, 생 제르맹 옥세루아 성당, 레지노쌩(이노쌩) 분수 등에 남아 있는 그의
조각은 그윽한 여체 묘사와 지적인 구성이 절묘한 조화를 이루고 있다.

앙투안느 콰즈보(1640~1720), 〈페가수스를 타고 달리는 명성의 신 파마〉,
1699~1702, 대리석, 높이 326cm, 길이 291cm
그리스 로마 신화에 등장하는 날개 달린 천마 페가수스와 소문 및 명성의 신으로

© Photo Les Vacances 2007

[장 구종 특유의 우아한 곡선이 살아 있는 〈물의 요정〉]

알려진 파마를 주제로 한 이 대형 대리석 조각은, 루이 14세 치세 말기에 파리 서쪽
의 마를리 숲에 궁을 지으면서 분수, 마구간 등을 장식하기 위해 제작된 일련의 작
품 중 하나다. 전쟁을 잠재우고 평화를 선포하는 루이 14세의 업적을 기리고 있다.
마를리 궁의 조각 작품들은 불행하게도 루이 14세 서거 직후 섭정 시절과 대혁명
때 많이 사라졌고, 궁도 1816년 헐리고 숲만 남게 된다. 지금 루브르에는 당시 마를
리 성을 장식했던 약 40점의 대형 조각이 1996년 특별히 마련된 마를리 조각 전시
실에 진열되어 있다.
앙투안느 콰즈보의 이 대형 대리석 조각은 각 부분을 만들어 조립한 작품이 아니라
대리석 덩어리를 2년여의 세월에 걸쳐 통째로 조각한 기념비적인 작품이다. 원래는
마를리 궁에서 옮겨와 콩코드 광장 입구에 놓여 있던 것인데 모각을 해 복제품을
세워 놓고 원본은 루브르에 들여 놓았다. 페가수스 밑에는 전쟁에 사용되는 각종
무구들이 쌓여 있다. 이런 류의 장식 기법을 '트로페'라고 한다. 고전주의보다는 바
로크에 가까운 양식을 보이고 있는 조각은 실제로 경박할 정도로 자유로운 시대인
18세기 프랑스를 예고하는 작품이다.

기욤 쿠스투 1세(1677~1746), 〈마를리 궁의 말들〉, 1739~1745, 대리석,
높이 355cm, 길이 284cm

섭정 당시 마를리 궁을 장식하고 있던 콰즈보의 〈페가수스〉는 성을 떠나 튈르리 궁 인근, 지금의 콩코드 광장으로 이전된다. 약 20년 후 조각이 사라진 채 방치되어 있던 마를리 궁의 빈 좌대를 채우기 위해 루이 15세는 콰즈보의 조카인 기욤 쿠스투 1세에게 조각을 주문한다. 이 작품들은 그리스 로마 신화에 근거한 고전적인 도상을 벗어나, 있는 그대로의 자연 묘사에 충실하고 있다. 앞발을 들고 반항하는 말과 그 말을 길들이려고 하는 인간의 싸움은 강한 힘과 활기찬 기운을 느끼게 해 준다.

[콰즈보 〈페가수스를 타고 달리는 명성의 신 파마〉]　　[쿠스투 〈마를리 궁의 말들〉]

하지만 이 묘사는 알렉산드로스 대왕이 날뛰는 말을 잠재운 이야기로부터 영감을 얻어 제작되었다.

조각가 기욤 쿠스투 1세는 사실성을 주기 위해 실제로 날뛰는 말 앞에 가까이 다가가 데생을 했다고 한다. 너무나도 유명해진 이 작품들은 프랑스 대혁명 후인 1795년 회기 다비드에 의해 샹젤리제 가가 시작되는 입구에 놓여지게 된다. 원본이 루브르에 들어와 있고 현재 샹젤리제 가 입구에 서 있는 것은 복제품이다.

미켈란젤로(1475~1564), 〈반항하는 노예, 죽어가는 노예〉, 1513~1515, 대리석,
미완성, 높이 209cm

나이 서른을 바라보는 해인 1503년 미켈란젤로는 교황 율리우스 2세의 초청으로 피렌체를 떠나 로마로 향했고, 거기서 그의 반생을 쫓아다니게 될 운명과도 같은 조각, 율리우스 2세의 묘비 제작을 의뢰받게 된다. 이 묘지 조각은 운명이었다. 장대한 스케일로 인해 처음부터 결코 완성될 수 없는 계획이었고, 이후 수없이 반려되고 취소되었으며 그럴 때마다 미켈란젤로는 재계약과 음모의 소용돌이 속을 헤쳐

나가야만 했다. 물론 여기에는 미켈란젤로의 일에 대한 열정과 한계를 모르는 예술가적 야망이 적지 않은 역할을 했다. 〈반항하는 노예〉와 〈죽어가는 노예〉, 미완성으로 끝난 이 두 노예상은 처음에는 40여 점의 조각으로 장식될 웅대한 율리우스 2세의 영묘 조각의 일부로 구상되었다.

남성의 굴곡 심한 근육이 내보이는 운동감과 안정감을 주는 구도의 조화는 미켈란젤로에 와서야 한 작품으로 구현되기에 이르렀고, 그는 세계 조각사의 가장 찬란한 영광 그 자체였다. 이러한 얻어 내기 힘든 예술적 조화 속에는 또 언제나 원초적인 비애와 다스릴 수 없는 욕망에 사로잡힌 인간의 내면에 대한 성찰이 담겨 있다. 그

[미켈란젤로 〈반항하는 노예, 죽어가는 노예〉]

는 단순한 기념물 조각가도 아니었고 일에 미친 광신자도 아니었으며 한계를 모르는 돈키호테는 더더욱 아니었다. 그는 인간의 내면 속에 잠재되어 있는 엄청난 힘을 보았고 동시에 그 힘에 윤곽과 형태를 부여할 수 있었던 몇 안 되는 예술가였던 것이다.

두 노예상은 아직도 더 깎아내야 할 잡석을 간직하고 있다. 하지만 더 이상 정을 댔다면 조각은 깨져버리고 말았을 것이다. 조각의 재료인 대리석의 결이 더 이상의 손길을 허락하지 않았던 것이다.

죽어가는 노예가 한계를 받아들이는 겸손한 인간을 의미한다면, 반항하는 노예는 이 한계 앞에서 발버둥치는 인간이었다. 그것은 우선 더 이상의 손길을 허락하지 않는 질료 앞에서 정과 끌을 손에 쥔 채 싸우는 장인으로서의 조각가 자신의 죽음과 반항이었고, 나아가 인간의 절대자에 대한 절규 혹은 질투였다. 여기서 육체의 한계는 질료 자체의 한계와 만나며 조각이 다른 어떤 예술 장르보다 가장 인간적인 한계를 노출하는 장르가 되는 것도 이 지점이다.

안토니오 카노바(1757~1822), 〈에로스의 키스로 깨어나는 프시케〉, 1793, 대리석,
높이 155cm, 폭 168cm

안토니오 카노바는 대리석 조각의 대가로 18세기 말에서 19세기 초 전 유럽에 명성
을 떨쳤던 이탈리아 조각가이다. 베네치아에서 태어난 카노바는 고대 조각에 대한
명석한 해석을 통해 조각에 신고전주의 물결을 일으켰고, 명성에 걸맞게 나폴레옹
무덤, 로마 영웅 조각 등을 의뢰받아 작업을 했다. 뿐만 아니라, 로코코 양식과 고대
조각의 장점을 절충한 우아하면서도 결코 장식적이지 않은 많은 신화 조각으로 각
광을 받았다.

© Photo Les Vacances 2007

[우아하고 감각적인 인체 묘사가 돋보이는 카노바의 〈에로스의 키스로 깨어나는 프시케〉]

신고전주의 조각의 대가로 인정을 받으며 회화에서의 자크 루이 다비드에 필적하는
명성을 조각 분야에서 얻은 카노바는, 1802년 파리에 초청되어 나폴레옹 흉상을 조
각하고 1811년에도 거대한 조각 〈승리의 여신을 붙잡은 나폴레옹〉을 조각한다. 양감
을 중시하는 대신 선에 중요성을 둔 우아하고 감각적인 그의 인체 묘사는 대리석에
살아 숨쉬는 듯한 생기를 불어넣어 여성직인 부드리움을 느끼게 한다.

〈에로스의 키스로 깨어나는 프시케〉는 이러한 카노바의 모든 특징들이 종합적으로
드러나는 수작이다. 두 인물의 서로 얽혀 있는 네 개의 팔은 하나의 건축물처럼 인
물의 두 얼굴을 가두고 있다. 가는 팔과 다리는 마치 살아 있는 인물들의 그것처럼
햇빛을 투과시켜, 보는 이들에게 야릇한 신비감을 준다. 두 인물의 안정된 피라미드
구도와 에로스의 날개가 만드는 역피라미드의 두 꼭지점이 만나는 지점에서 에로스
와 프시케의 숨결 또한 서로 만난다. 조각 주위를 돌며 감상하면, 두 인물이 마치
원을 그리듯 회전하면서 두 입술이 포개어질 것 같은 느낌이 드는데, 이는 바로 완
벽한 이 두 개의 피라미드로 이루어진 구성에서 온다.

■■■ 프랑스 회화

루브르 박물관의 회화관 중에서 시대나 유파별로 가장 완벽한 소장품을 구비하고 있는 곳이 프랑스 회화관임은 두말할 나위가 없다. 루이 14세 때부터 이미 중요한 프랑스 회화 작품들이 수집된다. 고전주의를 가능케 한 이 절대군주에 이르러 학술, 문예, 예술 전 분야에 걸쳐 아카데미가 창설되면서 예술가에 대한 메세나Mecenat (문화 예술, 공익 사업 등에 지원하는 기업들의 활동을 총칭)가 하나의 프랑스적 전통으로 자리잡게 된다. 프랑스 고전주의의 3대 화가들인 니콜라 푸생, 클로드 로랭, 샤를르 르 브룅 등의 작품은 거의 루이 14세 때 구입해 왕가의 소장품으로 들어온 작품들이다. 이후 매년 혹은 격년제로 개최된 관전인 '살롱Salon'은 미술품 수집에 결정적인 역할을 한다. 특히 혁명 당시 귀족이나 성직자들이 소유하고 있던 많은 작품들이 몰수되어 국가 재산으로 귀속되면서 루브르의 소장품은 한층 풍부해진다. 필립 상페뉴의 작품들은 대부분 이런 방식으로 루브르에 들어온다. 하지만 프랑스 초기 회화와 퐁텐느블로 파의 작품까지 소장하면서 지금과 같은 보다 완벽한 컬렉션을 보유하게 되는 것은, 19세기 중엽 이후 나폴레옹 3세의 제2제정 때다. 물론 나폴레옹 1세의 20년 남짓한 유럽 제패 역시 루브르의 컬렉션을 풍요롭게 하는 데 일조했다. 백일천하 이후 완전히 실각하면서 상당수 유물들이 본국으로 돌아가긴 했지만 모든 작품이 반환된 것은 아니었고, 기증되거나 다른 작품과 교환되기도 하면서 루브르 소장품으로 남은 작품들이 적지 않다. 유물 소장과 관련하여 마지막으로 언급되어야 할 것은 많은 양의 로코코 미술 작품들을 기증한 라 카즈 같은 개인 수집가들이다. 아울러 유물 기증과 구입을 위해 결성된 '루브르의 친구들'이라는 단체의 활동도 특기할 만하다.

작가 미상(퐁텐느블로 파), 〈사냥의 여신 디아나〉, 16세기 중엽, 캔버스에 유채, 132×191cm

1530년부터 프리마티초, 로쏘 피오렌티노 등 많은 이탈리아 화가, 조각가, 공예가들이 프랑수아 1세의 초청을 받아 프랑스 땅을 밟았고, 이들은 대부분 파리 남쪽에 위치한 퐁텐느블로 성에 머무르며 프랑스 예술가들과 함께 작업을 했다. 물론 그들의 주된 임무 중 하나는 프랑스 예술가들을 지도하는 것이었다. 당시 퐁텐느블로 성 인근에서 활동했던 이탈리아 및 프랑스 예술가들을 퐁텐느블로 파로 분류하는데, 이탈리아의 매너리즘을 수용해 프랑스만의 독특한 양식을 만들어 냈다. 그림을 그린 화가를 확인할 길이 없는 이 빼어난 신화화 〈사냥의 여신 디아나〉 역시 기법이나 양식으로 볼 때 퐁텐느블로 파의 작품이다. 모델은 정확히 확인할 수 없지만 흔히 디안느 드 푸아티에(푸아티에의 디아나)로 불렸던 앙리 2세의 연상의 연인 발랑티누아 공작 부인으로 추정된다.

신화적 모티브, 길게 묘사된 여인의 나신, 그리고 고개를 돌리며 몸을 비틀고 있는 포즈 등은 르네상스에 이어 등장한 매너리즘의 공통된 특징인데 이 그림에서도 확연히 나타나 있다. 길게 묘사된 여인의 몸에서는 프리마티초의 영향이 두드러지며 작은 가슴은 로쏘의 양식을 엿보게 한다. 여인의 머리를 감싸고 있는 머리띠에는 초생달이 달려 있는데, 사냥의 여신인 디아나는 달의 여신이기도 하기 때문이다. 디아나를 묘사한 기의 모든 그림에는 사냥의 동반자인 사냥개가 언제나 함께 등장한다.

조르주 드 라 투르(1593~1652), 〈사기 도박꾼〉, 1635, 캔버스에 유채,
146×107cm

라 투르의 작품은 카라바조의 명암법에 큰 영향을 받았다. 그래서 그의 작품 세계에서는 어둠과 빛의 강렬한 대비 속에 인물들의 심리를 드라마틱하게 묘사한 그림

[〈사냥의 여신 디아나〉. 퐁텐느블로 파는 프랑스만의 독특한 양식을 만들어 냈다.]

[〈사기 도박꾼〉은 라 투르의 기법을 종합적으로 살펴볼 수 있는 작품이다.]

들을 쉽게 찾아볼 수 있다. 하지만 라 투르는 낮의 밝은 조명하에서도 많은 그림을 그렸는데, 주로 풍속화 계열의 작품들이 여기에 속한다. 물론 이 역시 카라바조의 영향이었다.

정확한 제목이 〈다이아몬드 에이스를 갖고 사기를 치는 사기 도박꾼〉인 이 작품은 라 투르가 그린 낮 그림 중 대표작으로, 돈 많고 어리숙한 귀족집 아들이 노련한 사기 도박꾼들에게 농락당하는 장면을 묘사한 것이다.

이 그림에서는 인물들의 시선이 흥미로운데, 그림의 오른쪽에 있는 청년은 보기만 해도 어리숙한 모습이 쉽게 눈에 뜨이는 반면, 나머지 인물들은 모두 사전 각본에 의해 눈과 손짓으로 신호를 주고받고 있다. 왼쪽에서 들어오는 밝은 조명은 화면 가운데에 앉아 있는 여인의 풍만한 가슴과 탐스러운 진주 목걸이를 강조하고 있다. 옆의 하녀는 포도주를 따르는 척 하면서 귀족 청년의 주의를 다른 데로 끌고 있고 그 사이 사기꾼은 뒤에 감추었던 카드 한 장을 꺼내고 있다. 이 그림은 빛과 어둠의 대비를 다루는 솜씨, 인물의 심리를 드러내는 통찰력, 연극적 장면 구성 등 라 투르의 기법을 종합적으로 살펴볼 수 있는 걸작이다.

니콜라 푸생(1594~1665), 〈사계〉 연작, 1660~1664, 캔버스, 118×60cm

프랑스 고전주의 화가 니콜라 푸생의 네 점의 사계 연작은 모두 구약에 나오는 이야기를 풍경화와 연결시킨 그림들이다. 〈봄〉에서는 부제인 '천국의 아담과 이브'가 일러주듯 최초의 인간인 두 남녀가 에덴 동산에 있는 모습을 묘사했다. 〈여름〉은 가장 많이 알려진 그림이기도 한데, 구약의 '룻 기'에 나오는 보아스와 룻의 이야기를 다루고 있다. 훗날 밀레의 〈이삭 줍는 여인들〉에서 반복되는 이 이야기는 푸생의 그림에선 사실주의와는 멀리 떨어진 이상화된 풍경 속에 자리잡고 있다. 나오미의 자부였던 룻은 보아스의 밭에서 이삭을 줍다 그와 결혼을 하게 되어 후일 다윗과 예수의

[푸생의 〈사계〉 연작은 구약에 나오는 이야기를 풍경화와 연결시킨 그림이다.]

가계를 이루는 자손을 낳는다. 〈가을〉은 약속의 땅에서 포도를 수확하는 그림이고 〈겨울〉은 노아의 홍수를 빗대어 모든 것을 거두어가는 신의 징벌을 이야기한다.

프랑수아 부셰(1703~1770), 〈목욕 중인 디아나〉, 1742, 캔버스에 유채,
73×57cm

프랑스 18세기 로코코 화가였던 부셰의 이 그림은 후일 르누아르에게 많은 영향을 끼친 그림으로 한층 유명해졌다. 1742년 살롱에 출품된 이 작품은 여자의 육체에 대한 가장 로코코적인 심미안이 투영된 그림으로 부셰의 장식적 기법이 잘 드러나 있다. 여인 누드와 사냥의 테마가 결합되어 있는 이 그림은 16세기 퐁텐느블로 파를 연상시킨다. 실제로 로코코는 이탈리아 매너리즘의 영향을 강하게 받은 퐁텐느블로 파의 중요한 특징들을 다시 부활시킨 장르이기도 하다. 하지만 아직 고전주의의 견고한 데생과 정성을 들인 채색, 그리고 순수한 형태 등이 육감적인 주제와 어울려 있다.

자크 루이 다비드(1748~1825), 〈나폴레옹 1세 황제의 대관식〉, 1805~1807, 캔버스에 유채, 931×610cm

나폴레옹 1세 황제의 대관식은 1804년 12월 2일, 노트르담 성당에서 거행되었다. 황제의 수석 화가로 지명된 다비드의 그림은 이 역사적인 장면을 2년여의 세월에 걸쳐 묘사한 것이다. 200여 명의 명사들이 참여한 이 대관식 장면은 그것 자체로 한 편의 걸작이면서 동시에 자료로서의 의미도 지니고 있다. 처음에 황제의 주문을 받았을 때 다비드는 나폴레옹이 자신의 손으로 왕관을 쓰는 모습을 그리려고 했으나, 그림은 황제가 황비 조제핀에게 왕관을 씌워 주고 뒤에 앉은 교황이 축복하는 장면으로 대체했다.

이 그림은 1808년 루브르의 사각 살롱에 처음 전시되었고, 이어 같은 해 살롱 전에도 전시된 후 튈르리 궁의 근위대실로 옮겨졌다가 루이 필립 당시 베르사유 궁으로 옮겨진다. 1889년이 되어서야 루브르에 들어오는데, 베르사유의 빈 자리에는 다비드 자신이 1822년 브뤼셀에서 다시 그린 그림이 걸린다.

[프랑수아 부셰 〈목욕 중인 디아나〉]

[자크 루이 다비드 〈나폴레옹 1세 황제의 대관식〉]

전체적인 구성은 루벤스가 그린 〈마리 드 메디시스 왕비의 대관식〉에서 많은 영향을 받았다. 다비드는 이 그림을 그릴 당시 수많은 습작은 물론이고 옷을 입힌 마네킹까지 세워 놓고 사실에 충실하게 작업을 진행시켰다. 그림 왼쪽에 도열해 있는 여인들은 나폴레옹 황제의 여동생들이며 그 옆의 두 남자는 루이 보나파르트와 조제프 보나파르트로 황제의 형제들이다. 그림 중앙의 발코니에는 황제의 모친이 앉아 있는데 사실은 대관식에 참가하지 않았지만 황제가 시켜 그려 넣은 것이다.

테오도르 제리코(1791~1824), 〈메두사 호의 뗏목〉, 1819, 캔버스에 유채, 716×491cm

이 그림은 1819년 살롱 전에 제출하기 위해 그린 그림이다. 주제를 고르기 위해 고심하던 제리코는 1816년 실제로 일어났던 난파 사고를 떠올렸고 곧바로 자료 수집에 나선다. 1816년 7월 세네갈로 향하던 프리킷 군함 '메두사' 호가 세네갈 인근 바다에서 난파해 선원들이 뗏목에 기대 표류하다 극적으로 구조된 사건이었다. 149명의 선원이 작은 뗏목 한 척에 몸을 의지한 채 표류했고 그들에게는 오직 포도주 몇 통만이 유일한 식량으로 남아 있었다. 지치고 굶주린 상태에서 술에 취한 선원들은 기아를 견디지 못하고 인육까지 먹는 등 그야말로 최악의 상황이 계속되었다. 인근을 지나던 배에 의해 구조되었을 때 149명 중 생존자는 단 15명이었고 이 중 5명은 병원에서 사망했다. 난파 원인은 경험 없는 장교가 배를 몰았기 때문이었다. 제리코는 이 그림을 그리기 위해 생존자들을 일일이 찾아 다니며 생생한 증언을 들었다. 뿐만 아니라 병원 인근에 아틀리에를 차려 놓고 거의 매일 병원을 드나들며 사체들을 관찰했다. 출렁거리는 파도를 그리기 위해 북프랑스의 항구로 나가 파도를 주의 깊게 관찰하기도 했다.

장-도미니크 앵그르(1780~1867), 〈터키 탕〉, 1862, 캔버스에 유채, 지름 108cm

[테오도르 제리코 〈메두사 호의 뗏목〉]

[장-도미니크 앵그르 〈터키 탕〉]

이 유명한 그림은 파리 주재 터키 대사였던 칼릴 베이가 1868년 화가로부터 당시 20만 프랑에 구입해 소장하고 있던 그림이다. 물론 10년 전인 1859년 앵그르는 이전에 그렸던 작품을 다시 손을 본 후 나폴레옹 3세에게 팔았다. 그러나 수십 명의 여자 누드가 모여 있는 그림에 놀란 황후의 청을 받아들여 화가로부터 다른 그림을 받고 돌려주었다. 이후 두 차례 더 주인이 바뀌다가 '루브르의 친구들'이 구입해 1911년 마침내 루브르에 들어온다. 파리 주재 터키 대사였던 칼릴 베이는 지금 오르세 박물관에 있는 쿠르베의 에로틱한 그림 〈세계의 기원〉을 주문해 소장하고 있던 미술 애호가이자 아랍의 부호였다.

1852년 드미도르프 공작의 주문을 받아 첫 작품이 완성된다. 하지만 그림은 인도되지 않았고 앵그르는 1859년 말 같은 그림을 나폴레옹 3세에게 판다. 이때까지는 당시 사진이 일러주듯 그림이 지금처럼 원형 액자에 들어가 있지 않고 사각형이었다. 나폴레옹 3세로부터 그림을 돌려받은 뒤 앵그르는 지금처럼 액자를 원형 액자로 바꾸었다. 또 그로 인해 몇 가지 내용을 첨가하거나 삭제해야만 했고 마침내 1862년 그림을 완성한다. 당시 화가의 나이 82세였다. 앵그르가 이전에 그렸던 누드들이 거의 다시 모습을 보이고 있는 이 그림에는 대략 25명의 누드가 등장한다. 여인의 육체에 대한 연구를 종합한다는 의미를 지니고 있다.

으젠 들라크루아(1798~1863), 〈민중을 이끄는 자유의 여신〉, 1830, 캔버스에 유채, 325×260cm

샤를르 10세의 왕정에 반기를 든 1830년 7월혁명을 기리는 이 그림은 1831년 루이

© Photo Les Vacances 2007

[들라크루아의 〈민중을 이끄는 자유의 여신〉은 사실주의, 낭만주의, 고전주의가 뒤섞인 절충적인 작품이다.]

필립이 구입했다. 그러나 그 이후 오랫동안 혁명이나 시위를 선동할 수 있다는 이유로 일반인들에게 공개되지 않은 채 창고에 보관되어 왔다.

들라크루아의 작품 중 가장 유명한 작품인 이 그림은 사실주의, 낭만주의, 고전주의가 뒤섞인 절충적인 작품이다. 프랑스 삼색기를 들고 앞으로 달려나오는 여인은 실재하는 인물이 아니라 자유를 상징하는 자유의 여신이다. 혁명을 기리고 있지만 그방법은 고전적인 도상을 사용하고 있는 것이다. 물론 당시 사람들은 살롱에 출품된이 작품을 보고 자유의 여신의 진정한 의미를 느끼기보다는 욕설을 퍼부었다. '생선 파는 아줌마' 같다고 하기도 하고 또 가슴을 드러낸 것을 가리키며 어떤 이들은 '거리의 여인'을 그림 속에 집어넣었다고 험구를 하기도 했다. 혁명이나 전쟁에 등장하지 않는 신화적 인물이기는 자유의 여신 옆에서 양 손에 총을 들고 뛰쳐나오는어린 소년이나 턱시도를 입고 있는 반대편의 신사도 마찬가지이다. 특히 이 소년은빅토르 위고의 소설에 등장하게 될 가브로슈를 연상하게 한다.

페테르 파울 루벤스(1577~1640), 〈앙리 4세의 승천과 마리 디 메디시스의 섭정 공표〉, 1622~1625, 캔버스에 유채, 727×394cm

이 엄청난 크기의 작품은 플랑드르 지방의 화가 루벤스가 1622년에서 1625년까지 그린 24점의 대형 그림 중 하나로 유명한 메디치 갤러리의 한쪽 벽 전체를 장식하고 있던 그림이다. 24점의 그림을 다 모아 놓으면 그 면적이 대략 300㎡에 이른다. 원래는 지금 상원의사당으로 쓰고 있는 뤽상부르 궁을 장식하기 위해 제작되었다. 그림 왼쪽에는 암살되어 고인이 된 앙리 4세가 왕뱀을 뿌리치면서 독수리와 두

© Photo Les Vacances 2007

[루벤스 〈앙리 4세의 승천과 마리 디 메디시스의 섭정 공표〉]

명의 안내자들에 이끌려 하늘로 올라가고 있다. 오른쪽에는 앙리 4세의 부인인 왕비 마리 디 메디시스가 미네르바, 페르세우스 등의 신과 귀족들에 의한 섭정으로 추대를 받으며 자신이 통치할 세상을 상징하는 공을 전달받고 있다. 신화와 역사를 하나로 통합하는 웅장한 상상력은 바로크를 대표하는 루벤스에 이르러 격렬하고 힘찬 터치에 힘입어 완벽한 표현을 얻는다. 대형 오페라 무대를 연상케 하는 연극적 구성, 신화를 차용해 장엄한 음악처럼 이야기를 풀어가는 나레이션은 웅장한 한 편의 서사시를 연상시킨다.

렘브란트(1606~1669), 〈엠마오의 순례자들〉, 1648, 목판에 유채, 65×68cm

여러 사람들의 손을 거친 후 1777년 파리에서 구입된 이후 대혁명 당시 프랑스 국가 소유로 귀속된 이 작품은 르네상스 이후 많이 다루어진 주제인 '엠마오의 순례자들'을 묘사하고 있다. 예수가 부활한 처음으로 제자들에게 모습을 나타낸 곳이 엠마오였다. 이 주제는 렘브란트 이외에도 베로네세, 티치아노, 카라바조 등 많은 화가들이 즐겨 다루었고 19세기 들어서도 들라크루아 등이 묘사했다.

신교도였던 렘브란트는 그의 그림에서 전통적인 성화의 도상학에 의존하지 않고 독
창적인 모험을 통해 초자연적인 기적의 순간을 향해 바로 다가간다. 실내는 낡고
오래된 건물임을 일러줄 뿐 아무런 장식도 특징도 없다. 예수 역시 초췌하고 창백
하며 야윈 모습을 하고 있을 뿐, 부활의 기적이나 사망을 이긴 영광을 상징하는 어
떤 모습도 갖고 있지 않다.

예수의 머리 뒤로 빛나는 광배만이 유일하게 초자연적 진실을 나타낼 뿐이다. 하지
만 그 빛은 왼쪽에서 들어오는 조명의 탓으로 돌릴 수 있을 만큼 자연스럽고 수수
하기만 하다. 제자들 역시 기적을 본 사람들 같지 않게 아직은 덤덤하기만 하다. 그
림의 모든 것은 침묵과 박명의 어둠 속에 감추어져 있다. 1952년 그림을 덮고 있던

[렘브란트 〈엠마오의 순례자들〉]

[베르메르 〈레이스 짜는 여인〉]

니스 칠을 걷어 내면서 그림이 매우 양호한 상태로 보존되었음이 확인되었다.

얀 베르메르(1632~1675), 〈레이스 짜는 여인〉, 1664, 캔버스에 유채, 21×24cm
작은 크기의 이 그림은 많은 철학자, 시인, 작가들을 감동시킨 작품이다. 르누아르
는 '세상에서 가장 아름다운 삭품'이리고 감탄을 했고, 살바도르 달리는 모사를 부
탁한 한 미국인에게 초현실주의적으로 해석한 자신의 작품을 그려주기도 했다.

그림은 단순한 주제를 다루고 있다. 한 여인이 정신을 집중해 가며 레이스를 뜨고
있다. 전경에는 양탄자와 흰 실과 붉은 실이 놓여 있다. 하지만 마치 카메라의 렌즈
가 가까이 있는 사물과 멀리 있는 사물을 한 화면 속에 찍을 때처럼, 양탄자는 분명
한 형태를 띠고 있진 않고 여인의 얼굴과 두 손이 가장 명료하게 형태를 드러내고
있다. 햇빛을 받은 여인의 노란색 옷은 어두운 녹색의 양탄자와 겹쳐지면서 더욱
밝게 빛나고 있다. 일상의 작은 일에 열중하고 있는 여인은 마치 영원히 정지된 어
느 한 순간에 못박혀 있는 듯하다.

조토 디 본도네(1267~1337년경), 〈성흔을 받는 성 프란체스코 다시즈〉,
목판에 템페라, 163×313cm

그림은 탁발 수도회인 프란체스코 파 수도회를 세운 성 프란체스코(1182~1226)와
관련된 네 가지 일화를 묘사하고 있다. 예수가 십자가에서 받은 고난의 상처를 자
신의 몸에 받는 기적이 위에 크게 묘사되어 있고, 그 밑에는 다른 세 가지 장면이
들어가 있다. 왼쪽에는 교황 이노켄티우스 3세의 신비 체험이고, 가운데 그림은 교

[조토 〈성흔을 받는 성 프란체스코 다시즈〉]

황이 탁발 수도회를 공식 교파로 승인하는 장면이다. 오른쪽에는 새들에게 설교하
는 성 프란체스코를 묘사하고 있다.

액자에 화가의 이름이 남아 있어 화가를 확실하게 확인할 수 있는 흔치 않은 중세
시대의 그림 중 하나다. 조토는 흔히 르네상스를 가능하게 했던 선구자로 꼽힌다.
양을 치던 어린 나이에 바위에 돌맹이로 그림을 그리다가 마침 그곳을 지나던 스승
치마부에의 눈에 띄어 화가가 된 조토의 그림에서는 이미 스승인 치마부에를 뛰어
넘는 르네상스적 특징들이 나타난다. 얼굴과 동작에서는 인간적인 분위기가 풍겨
나오고 있으며 공간에서도 삼차원의 깊이가 느껴진다. 또한 그림을 보는 이들을 묘
사된 이야기의 핵심으로 이끌어 들이는 묘사력은 이미 경직된 비잔틴 양식을 넘어
서고 있다. 또한 조토는 단순한 직공이 아니라 위대한 예술가로 대우를 받은 첫 번
째 화가였다. 조토는 또한 피렌체의 두오모 성당 세례당과 종탑을 설계하기도 했다.

레오나르도 다 빈치(1452~1519), 〈암굴의 성모〉, 1483~1486, 캔버스에 유채,
122×199cm

1517년 프랑스 왕 프랑수아 1세를 따라 프랑스로 건너오기 전 레오나르도는 이탈리
아에서도 밀라노, 피렌체, 로마 등지를 오가며 활동을 했다. 그는 당대 최고의 화가
였고 또한 과학, 기술, 건축 등 다방면에 걸쳐 뛰어난 발명가였기 때문에 그를 필요
로 하는 사람들이 많았다. 학문과 예술은 그에게 별개로 존재하는 것이 아니라, 인
생과 우주의 신비를 캐는 방법으로서 똑같은 의미를 지니고 있었다. 심지어 레오나
르도는 잠수함과 헬리콥터까지 구상했고 관개 사업이나 도시 계획 혹은 지도 작성

© Photo Les Vacances 2007

[다 빈치만의 대기 원근법을 최초로 선보인 〈암굴의 성모〉]

등에도 관여했다.

밀라노 시절의 걸작인 이 〈암굴의 성모〉는 밀라노의 산 프란체스코 그란데 성당을
위해 제작되었다가 금전적인 문제로 철거되고 만다. 이 그림에서는 사물이 단순히
거리마이 아니라 공중의 대기 농도에 따라 달리 보인다는 사실을 적용해 레오나르
도만의 대기 원근법이 최초로 선을 보인다. 이는 그이 뛰어나 자연 관찰의 결과였
다. 루브르에 있는 이 작품과 거의 비슷한 작품이 런던 국립 미술관(내셔널 갤러리)
에 있다. 하지만 런던에 있는 것은 후일 레오나르도의 제자들이 그린 것이고, 순수
하게 레오나르도 자신이 직접 완성시킨 그림은 루브르의 그림이다.

레오나르도 다 빈치(1452~1519), 〈모나리자(혹은 라 조콘다)〉, 1503~1506,
목판에 유채, 53×77cm

그림의 모델이 누구였는지에 대해서는 아무 것도 확실한 것이 없다. 다만 레오나르
도 다음 세대에 속하는 르네상스 미술사가 바사리가 그의 저서 〈유명 화가, 조각가,
건축가들의 생애〉에서 밝힌 바에 따라, 피렌체의 명사였던 프란체스코 델 조콘다의

부인이었을 것으로 추정 할 뿐이다. 그래서 프랑스에서도 이 그림을 흔히 〈라 조콘다〉로 부른다. 모나리자라는 이름은 리자 부인이라는 뜻인데, 부인의 처녀 때 이름, 리자 게라르디니에서 온 것이다. 하지만 이탈리아 말로 조콘다는 아름답고 명랑한 여인을 뜻하는 말이기도 해 의문의 여지가 있다.

레오나르도는 여러 가지 정황으로 보아 피렌체에 머물 때인 1503년경 이 그림을 그린 것으로 보인다. 이후 밀라노, 로마 등지로 거처를 옮길 때도 그림을 갖고 다니며 그때그때 완성했다. 1513년 프랑스 왕 프랑수아 1세의 초청을 수락하고 프랑스에 올 때도 레오나르도는 직접 이 그림을 갖고 왔다. 그리고 자신을 초청해 준 이

[루브르를 대표하는 그림, 레오나르도 다 빈치의 〈모나리자〉]

프랑스 왕에게 〈모나리자〉를 팔았다고 한다. 하지만 이 역시 확실하지는 않다.

그림은 이미 그림이 그려졌을 당시부터 유명했다. 반신상은 당시로서는 흔하지 않은 것이며 특히 인물의 몸을 1/4 정도 비스듬하게 묘사한 것은 최초였다. 인물은 왼팔을 팔걸이에 기댄 채 그 위로 오른손을 포갠 자세로 앉아 있다. 이 자세는 당시 귀부인이나 규수들의 예의 범절을 규정한 책을 보면 양갓집 여인들이 취해야 하는 자세였다. 이 자세는 이후 유행을 하게 되며 요즈음은 사진관에서 사진을 찍을 때도 대부분 이용하는 자세가 되었다. 뒤의 배경으로 보아 경치가 내려다 보이는 높은 건물의 발코니 같은 곳에 자리를 잡았을 것이다. 원래 그림에는 양쪽으로 건물 발코니 기둥이 있었지만 이는 16세기 때 잘려 나갔다.

인물은 유명한 그 미소가 아니더라도 이제 막 그림을 끝낸 것처럼 생동감이 넘친다. 어두운 검정색 옷과 결코 희다고 할 수 없는 피부와 지나치게 안정감을 주는 피라미드 구도에도 불구하고, 모델의 얼굴과 자세에서는 경직성이나 작위적인 분위기가 전혀 느껴지지 않는 것이다. 대개 모델은 한 시간 정도만 포즈를 취하고 있어도 몸이 굳어지고 자연히 표정이나 마음도 경직되게 마련이다. 그래서 자주 휴식을 가

져야만 한다. 전하는 바에 따르면 레오나르도는 〈모나리자〉를 그리면서 악사들과 피에로로 동원해 그 앞에서 연주를 하게 했다고 한다.

하지만 이런 극히 자연스러운 인물의 분위기는 무엇보다 얼굴과 손 묘사에서 비롯된다. 얼굴이나 손 묘사에서는 붓자국 하나 찾아볼 수 없을 정도로 완벽하게 스푸마토 기법이 활용되어 있다. 윤곽선이 하나도 드러나지 않게 색처리를 했고, 많은 색을 쓴 것이 아니라 같은 색의 명도와 채도를 달리하기 위해 가능한 한 색을 엷게 사용했다. 최근의 연구에 따르면 무려 삼천 번이 넘는 작은 붓질을 반복했다고 한다. 턱의 양감, 입가의 미소, 뺨에서 눈두덩에 이르기까지 이런 기법은 철저하게 적용되어 인물의 얼굴에서는 단 한 개의 주름도 찾아볼 수 없다. 또한 인물은 정숙하게 앉아 있지만, 전체적으로는 약간 몸을 튼 결과 오른팔, 가슴과 맞닿은 옷의 선, 머리 등이 나선형으로 상승하는 내적인 움직임을 형성하고 있다.

뒤의 배경은 흔히 많은 미술사학자들이 지적한 대로, 레오나르도의 철학과 과학이 종합된 부분이다. 배경에 들어가 있는 풍경화는 하나의 단일한 그림이 아니다. 왼쪽과 오른쪽 그림은 같은 거리에서 그린 것이 아니다. 또한 모든 풍경은 이른바 대기 원근법으로 처리되어 있어 거리나 크기보다는 대기의 밀도에 따라 달리 보이는 풍경을 나타내고 있다. 실재하지 않는 이 풍경은 상징적 의미를 지니고 있을 수밖에 없다. 근경에는 사람의 흔적을 일러 주는 길과 다리가 들어가 있다. 하지만 그 위로 펼쳐지는 풍경은 깊은 심연과도 같은 선경과 연결되어 있는데, 이는 지상 세계가 아닌 다른 세계를 나타낸다. 그림은 프랑스 왕가의 소유였다가 대혁명 이후 나폴레옹이 잠시 튈르리 궁의 침실에 걸어 놓았었고, 1804년에는 지금의 루브르 박물관인 나폴레옹 박물관에 전시된다. 1911년 한 이탈리아 인에 의해 도둑을 맞았다가 1년 후 되찾게 된다. 지금까지 미국, 일본, 러시아에서 세 번 해외 전시를 했다.

파올로 베로네세(1528~1588), 〈가나의 혼인잔치〉, 1562~1563, 캔버스에 유채, 990×666cm

가로가 10m에 달하는 이 대형 그림은 그 크기도 크기지만, 수많은 인물들과 완벽한 대칭 구도, 그리고 무엇보다 현란할 정도로 화려하고 밝은 색채로 보는 이들을 압도한다. 피렌체와 쌍벽을 이루며 르네상스의 꽃을 피웠던 베네치아 화파의 전형적인 특징을 볼 수 있는 그림이다. 베로나 출신인 베로네세는 1553년 베네치아로 나와 대형 장식 화가로서의 재능을 유감없이 발휘한다. 화려한 의상, 정확한 인물 배치와 늘 등장하는 음악적 요소들에서 볼 수 있듯이, 그의 작품들에서는 오페라 무대를 연상시키는 연출 감각이 돋보인다. 이 작품은 원래 산 조르조 마조레 섬에 있는 베네딕트 수도원의 식당을 위해 제작된 것이다. 그림이 걸리는 장소에 걸맞는 성서적 주제로 물을 포도주로 변화시키면서 예수님이 첫 번째로 기적을 행한 가나의 혼인잔치를 묘사했다.

하지만 주제만 성경에서 빌려왔을 뿐 등장 인물과 배경은 당시 베네치아에 현존했던 인물들과 건물이다. 가나의 혼인잔치가 아니라 베네치아의 혼인잔치를 묘사한 것이다. 그림 전경에 자리잡고 있는 악사들은 당시 베네치아에서 가장 유명한 화가 티치아노, 바사노, 틴토레토 등이다. 화가 베로네세도 흰 옷을 걸친 채 긴 활로 비올라를 켜고 있다. 기타 인물들 역시 모두 당대 유럽의 군주나 왕족들이다. 심지어 터키 술탄까지 초청되어 있다. 이 그림은 너무 크기가 커서 한번은 벽에서 떼어내다 사다리에 걸려 그림의 일부가 손상되기도 했다. 최근 루브르 유물 보존실에서 4년 정도 세정 작업을 펼쳐 그림 표면에 붙어 있던 때와 니스를 벗겨 냈고 그 결과 원작이 가지고 있던 화려한 색감을 다시 볼 수 있게 되었다. 1797년 나폴레옹 휘하의 관리들이 이 그림을 프랑스로 가져왔다. 나폴레옹이 실각한 1815년 옛 식민지를 되찾은 오스트리아는 샤를르 르 브룅의 그림 〈시몬의 집에서의 식사〉를 가져가는 대신 이 그림을 프랑스에 남겨 놓게 된다.

[파올로 베로네세의 〈가나의 혼인잔치〉]

[바로크의 시작을 알리는 카라바조의 〈동정녀 마리아의 운명〉]

그림에는 전체적으로 132명의 인물이 들어가 있다. 하지만 그림을 그릴 당시 서른 네살이었던 화가는 이 대형 그림을 단 1년만에 완성한다. 이 그림은 베르사유에서 루브르로 옮겨오자마자 많은 화가들의 연구 대상이 되고 들라크루아, 마네 등은 직접 그림을 모사하기도 했다.

카라바조(1573~1610), 〈동정녀 마리아의 운명〉, 1605~1606, 캔버스에 유채, 245×369cm

세계적인 베스트셀러 소설인 댄 브라운의 〈다 빈치 코드〉 첫 장에서 소피의 할아버지가 비상벨을 울리기 위해 벽에서 떼어낸 그림이 바로 이 카라바조의 〈동정녀 마리아의 운명〉이다. 카라바조만큼 파란만장한 일생을 산 화가도 드물 것이다. 그는 로마에서 난투극 끝에 살인까지 저질러 다시는 로마에 발을 들여 놓지 못하고 죽는다. 격한 감정의 소유자였던 화가는 가난에 찌든 어린 시절과 청년기를 보냈다. 이러한 카라바조의 인생은 그의 작품을 이해하는 데 필수적인 요소다. 〈동정녀 마리아의 운명〉 역시 이러한 화가의 불우했던 삶을 모르면 제대로 이해할 수 없는 작품이다.

이 작품은 맨발로 지내며 수도를 하는 카르멜 수도회 소속의 로마 소재 산타 마리아 델라 스칼라 성당을 위해 제작된다. 하지만 당시 그림을 받은 성직자들은 그림을 보고 놀란 나머지 주문을 취소하고 만다. 그때까지 그려졌던 모든 성화의 규칙을 완전히 무시한 것은 물론이고, 특히 숨을 거둔 동정녀 마리아가 너무나도 비참한 모습으로 묘사되었기 때문이다. 부풀어 오른 두 발은 그대로 노출되어 있고, 어떤 성스러움도 느껴지지 않는 입을 굳게 다문 얼굴은 유난히 조명을 받아 강조되고 있다. 주위의 인물들도 모두 가난한 빈민촌 사람들처럼 사실적으로 그려져 있다. 하늘에서 천사가 내려오고, 붉고 푸른 비단옷을 걸치고 손에는 십자가를 든 성자들이 등장하는 성화에 익숙해 있던 수도원 측에서는 아연실색할 일이 벌어진 것이다.

그림을 비판한 자들은 테베레 강에서 익사한 시체를 꺼내 그렸다는 등, 혹은 창녀촌에서 모델을 구해 그렸다는 등 온갖 험구들을 늘어놓았다. 물론 이는 한낱 지어낸 이야기에 불과한 거짓말들이었다. 모델은 카라바조가 여러 번 모델로 삼았던 가난하지만 독실한 신자였던 레나라는 여인이었다.

그림은 거부되었지만, 그 후 그림의 가치를 알아본 사람들 사이에서는 서로 그림을 구입하려는 경쟁이 일어나게 된다. 특히 루벤스를 비롯해 당시 안목 있던 화가들은 모두 이 그림을 보고 찬탄을 금치 못했다. 결국 그림은 루벤스의 강력한 추천을 받은 만토바 공이 구입하게 된다. 예술가들의 열화와 같은 성원에 못 이겨 그림은 로마에서 일반에게 잠시 전시되기도 한다. 루벤스는 이 그림이 이동할 때 손수 포장까지 했다.

빛은 정면에서가 아니라 왼쪽에서 비스듬히 사선을 이루며 화면 속으로 들어오고 있다. 하지만 화면 전체를 비추지 않고 특정 부분만 강조하면서 나머지 부분을 어둠 속에 놓아 둔다. 이 극적인 효과는 당시로서는 획기적인 것이었고, 누추한 일상의 사물들은 이 효과로 인해 평면성을 벗어나 돌연 깊이를 지닌 채 극적인 긴장감에 휩싸이게 된다. 예를 들어 천장에 매달린 채 늘어져 있는 붉은 천은 그것 자체로 아무런 의미도 없지만, 심하게 주름 잡힌 부분을 강조하는 빛과 어둠의 대비를 통해 화면에 연극적 효과를 부여한다. 마치 이제 막 막이 열린 무대를 보는 것 같은 효과가 만들어지는 것이다. 이로써 바로크가 시작된 것이다. 반항적이고 격정적이고 움직임과 변화를 찬양했던 이 사조의 모든 징후들이 카라바조의 후기 그림의 대표작인 〈동정녀 마리아의 운명〉에 들어 있는 것이다. 영국의 찰스 1세가 구입해 소장하고 있다가 청교도 혁명때 크롬웰이 팔아 치울 때 프랑스에서 구입해 왕가의 소장품 목록에 들어오게 된다.

틴토레토(1512~1594), 〈천국〉, 1573, 캔버스에 유채, 362×143cm
1577년 베네치아의 총독 관저에 대화재가 발생해 과리엔토의 〈최후의 심판〉이 소실된 후 총독은 새로운 벽화를 그리기 위해 현상 공모를 했다. 베로네세, 바사노, 지오바네, 그리고 틴토레토 등 당시 유명한 베네치아 예술가들이 대거 응모를 했고 베로네세와 바사노의 안이 선택되었다. 하지만 사이가 안 좋았던 두 화가는 함께 작업을 할 수 없는 상황이었다. 이후 베로네세의 사망으로 인해 최종적으로 틴토레토에게 작업이 돌아왔다. 틴토레토는 마지막에 아들의 도움을 받기는 했지만 거의 홀로 500명의 인물이 등장하는 이 엄청난 작업을 1590년에 완성한다. 지금 루브르 박물관에 있는 그림은 베네치아 총독 관저의 대회의실 벽화 응모에 제출되었던 첫 번째 모델이다. 후일 이 그림과는 다른 초안이 더 그려지는데, 이는 지금 벽에 걸려 있는 그림과 많은 차이점을 보인다. 이 두 번째 초안은 마드리드 티센-보르네미사 미술관에 소장되어 있다.

최후의 심판에서 선택된 자들과 천사들이 그림 상단 중앙에서 성모 마리아의 머리에 관을 씌워주고 있는 예수 그리스도를 중심축으로 삼아 소용돌이치며 무리를 이루고 있다. 예수 그리스도가 있는 붉게 묘사된 곳을 태양으로 본다면, 이 그림은 코페르니쿠스의 지동설에 근거해 천국을 묘사한 것으로 볼 수 있다. 당시나 지금이나 예술가, 작가, 과학자들은 서로의 지식을 공유하곤 했기 때문에 이런 추측이 가능하고 그림의 형태는 이를 입증해 준다.

[빛과 색의 극적인 효과를 보여주는 틴토레토의 〈천국〉]

■■■ 스페인 회화

루브르 박물관에 스페인 회화 작품들이 들어오기 시작한 것은 나폴레옹 전쟁 때부터다. 문화재 약탈은 전쟁에는 항상 따르기 마련인 일이었고, 이 중 대다수는 나폴레옹이 몰락한 뒤 다시 스페인으로 돌아갔다.

이후 7월혁명으로 왕위에 오른 스페인 미술 열광자였던 루이 필립은 특사를 파견하면서까지 스페인 대가들의 작품을 구입했다. 만일 벨라스케스와 고야의 작품들이 루브르에 없어 마네가 이들 작품을 보지 못했다면 과연 프랑스 미술은 어떤 방향으로 흘러갔을 것인가 되묻지 않을 수 없을 정도로, 스페인 회화는 이후 마네 같은 프랑스 화가들에게 결정적인 영향을 끼치게 된다.

엘 그레코(1541~1614), 〈두 기증자의 경배를 받고 있는 십자가상의 예수〉, 1585~1590, 캔버스에 유채, 171×260cm
엘 그레코는 스페인 어로 그리스 사람이라는 말이다. 이름에서도 알 수 있듯이 엘 그레코는 그리스 크레타 섬 출신이다. 1541년 크레타 섬에서 태어난 엘 그레코는 이탈리아로 가 티치아노, 틴토레토, 바사노 등 베네치아 대가들로부터 많은 영향을 받고 로마에서는 미켈란젤로의 작품과 매너리즘 화가들로부터 큰 감명을 받는다. 이런 이탈리아 여행으로부터 받은 영향은 비잔틴 풍의 성화에 익숙해 있던 그의 작품 세계를 결정적으로 변화시킨다. 이후 스페인으로 가 활동을 시작한 엘 그레코는 처음에는 이해를 받지 못하지만 톨레도로 거처를 옮긴 후 큰 성공을 거둔다.

하지만 그림을 그릴수록 깊이감이 없는 구성, 인물들의 특이한 손 모양, 모자이크에서 빌어온 배경의 풍경화 등 비잔틴 풍의 신비주의가 그의 그림 속에 다시 나타나

[엘 그레코 〈두 기증자의 경배를 받고 있는 십자가상의 예수〉]

대중들로부터 멀어져 간다. 이상하리만치 길게 묘사된 인체들과 의도적으로 파괴되고 있는 비례들, 떨리는 듯한 윤곽선과 거친 터치들, 그리고 신비한 조명 등은 그의 그림에서 갈수록 개인적인 양식으로 자리를 잡아가고 있었다. 그는 이러한 독창적인 양식과 놀랍도록 현대적인 테크닉, 그리고 특유의 신비주의적 분위기로 후일 많은 화가들에게 영향을 미친다.

〈두 기증자의 경배를 받고 있는 십자가상의 예수〉는 엘 그레코가 여러 번에 걸쳐 그린 그림인데, 가장 완성도가 높은 수작이다. 엘 그레코의 신비주의, 이탈리아 매너리즘의 영향, 그리고 거친 터치와 소용돌이치는 구도 등이 잘 드러나 있다. 하지만 이 그림에서는 놀라운 대칭 구도와 안정된 삼각형 구도, 흑백의 차분한 톤을 통해 내면으로 침잠해 들어가는 영적 평화를 느낄 수 있다. 엘 그레코는 세밀한 세부를 강조하거나 서술하려고 하지 않았다. 그에게 그림은 영적인 신비에 동참하는 한 방법이었던 것이다. 바로 이 점이 그를 매너리즘이나 바로크 등의 고전적 분류를 벗어난 지점에 있게 했으며 현대 회화의 먼 선구자로 만들었다.

■■■■ 독일 회화

루브르 박물관의 독일 회화관은 상대적으로 많지 않은 작품들을 소장하고 있지만 독일 회화사 전체를 조망해 보는 데는 부족함이 없을 정도로 각 시대와 사조를 대표하는 핵심적인 작품들로 구성되어 있다.

15세기 독일 회화는 독일 박물관을 제외한 전 세계 박물관 중에서 루브르가 가장 뛰어난 그림들을 소장하고 있다. 퀼른 파가 제작한 제단화 연작들이 그것이다. 하지만 루브르의 독일 회화관이 주목을 받는 것은 무엇보다 르네상스 거장들의 대표작들이 있기 때문이다. 알브레히트 뒤러, 크라나흐는 물론이고 한스 홀바인(아들)의 초상화들은 독일 회화의 보석 같은 작품들이다. 또한 이 대가들 곁에 한스 발둥 그린을 비롯한 기타 독일 르네상스를 빛낸 예술가들이 자리잡고 있어 르네상스 독일 회화를 다양하게 감상할 수 있다.

© Photo Les Vacances 2007

[독일 낭만주의를 이끈 프리드리히의 〈까마귀가 나는 나무〉]

카스파 다비드 프리드리히(1774~1840), 〈까마귀가 나는 나무〉, 1822,
캔버스에 유채, 74×59cm

독일 낭만주의를 이끈 최대의 화가, 카스파 다비드 프리드리히의 풍경화에는 신비주의, 몽상, 고독, 자아 예찬, 죽음 등 낭만주의의 거의 모든 특징들이 고스란히 담겨 있다. 주로 풍경화를 많이 그렸던 프리드리히의 이 그림에서도 예외가 아니다. 사람의 모습을 찾아볼 수 없는 그림임에도 불구하고 이미 자연은 그 자체로 인간 이상의 의미를 띠고 등장한다. 화면 앞을 가득 채우고 있는 죽은 고목들은 어떤 필연적인 이유가 있어서 죽은 것 같은 인상을 주며 모여 있다. 이러한 초월적 힘에 대한 막연한 추측 혹은 경외감이나 두려움은, 아직 쓰러지지 않고 버티고 있는 그림 중앙의 큰 나무 한 그루에서 보다 분명한 표현을 얻는다. 마치 지하 세계의 어두운 정기가 뻗친 듯 나뭇가지들은 전율하고 있다. 프리드리히에게 자연은 항상 이렇게 눈에 보이는 사물 그 이상이어야만 했다. 그러나 어두운 언덕 너머로 밝은 서광이 비치고 있다.

| 소르본느 대학 인근 |

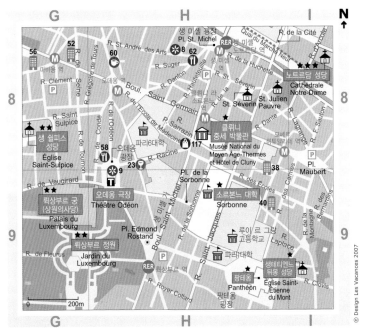

[소르본느 대학 인근]

▶ 뤽상부르 궁과 정원
Palais et Jardin du Luxembourg ★★

▶ 뤽상부르 궁

지금 프랑스 상원의사당으로 쓰이고 있는 뤽상부르 궁은 1612년 피렌체 메디치 가 태생의 프랑스 왕비 마리 드 메디시스가 뤽상부르 공으로부터 땅을 매입해 고향인 피렌체 식으로 지은 성이다. 1615년에 시작된 건축은 살로몽 드 보스가 맡았다. 궁은 1625년에 완공되지만 왕비는 이 궁에 오래 머물지 못하고, 유명한 '속은 자의 하루' 사건 뒤 리슐리외 추기경과의 권력 싸움에서 패해 쓸쓸한 말년을 보내다 1642년 숨을 거둔다.

왕비는 궁을 지으면서 루벤스에게 자신의 일생을 24점의 대형화로 그려 달라는 주문을 해 궁을 장식한다. 지금 이 그림들은 루브르 박물관에 보관되어 있다. 하지만 위풍당당한 모습으로 묘사된 그림과는 달리 여왕은 그리 현명하지도 못했고 막강한 권력을 누리지도 못했다. 왕비는 같은 이탈리아 출신이라는 이유로 콘치니와 그의 아내 갈리가이를 가까이 두고 지냈는데, 반은 건달이고 반은 미신에 빠져 있던 이들은 국정을 농단(壟斷)했기 때문에 지탄을 받았다.

어린 왕이었지만 왕의 위엄을 알고 있었던 루이 13세는 1617년 루브르 궁에서 콘치니를 살해한다. 그의 시체는 궁궐 밖으로 끌려나와 군중들에 의해 짓밟혔고 갈리가이 역시 파리 고등법원에 의해 마녀로 몰려 사형당하고 만다. 따라서 루브르 박물관에 있는 루벤스가 그린 24점의 그림은 모델과는 상관없는 그림들이라는 사실을 알고 봐야 제대로 감상할 수 있다. 다시 말해 루벤스라는 화가의 개인적인 업적으로 간주하며 보아야 그림의 진수를 느낄 수 있는 것이다.

지금은 상원의사당으로 쓰이고 있는데, 임기 9년의 상원은 총 283명이며, 선거단에 의한 간접선거로 3년마다 정족수의 1/3을 선거로 뽑는다. 상원 의장은 대통령 궐석

© Photo Les Vacances 2007

[파리에서 가장 큰 정원인 뤽상부르 정원은 파리의 오아시스라 불리기도 한다.]

시 대통령직을 대리 수행하며, 상원은 법률 발의 및 심의권을 갖는다. 특히 정부와 하원 간의 마찰을 조정하는 기능을 갖고 있다.

- ☎   (01)4454-1930, 4404-1935
- 교통편   지하철 M4 St-Sulpice 혹은 RER-B Luxembourg 역
- 개관시간   매월 첫째 일요일 오전 10:30에만 관람 가능(사전 예약 필수)
- 웹사이트   www.senat.fr

▶ 뤽상부르 정원

많은 시인, 소설가, 화가들이 칭찬을 아끼지 않았던 정원은 파리에서 가장 큰 정원이면서 동시에 가장 아름다운 정원이기도 하다. 뿐만 아니라 프랑스 식 정원과 영국식 정원이 함께 있는 곳이기도 하고 남녀노소 모두가 자기들만의 공간을 가질 수 있는 곳이기도 하다. 사색을 할 수도 있고 독서를 할 수도 있으며, 연인끼리 산책을 할 수도 있다. 조깅을 할 수도 있고 어린아이들을 위한 인형극이 공연되기도 하며, 정원의 분수에서는 모형 보트 놀이도 할 수 있다.

산책을 하다 잠시 쉬고 싶은 이들은 정원에 널려 있는 개인용 의자를 이용하면 된다. 옛날에는 돈을 냈는데, 지금은 무료다. 러시아 혁명을 일으킨 레닌이 파리에 와 있을 때 뤽상부르 정원을 자주 찾곤 했는데, 레닌이 이곳을 자주 찾았던 이유는 혁명을 구상하기 위해서가 아니라 의자 빌려 주는 아가씨를 짝사랑했기 때문이다.

정원 곳곳에는 이곳을 찾아 산책을 했던 보들레르 같은 시인들의 동상이 놓여 있기도 하고, 중앙 분수대 주위의 테라스에는 역대 프랑스의 왕비와 공주들을 조각한 작품들이 둘러서 있다.

프랑스 조각가 바르톨디가 제작한 미국 뉴욕 맨해튼에 있는 자유의 여신상 원형이 이곳에 있다. 마로니에 나무의 낙엽이 지는 가을이 되면 정원에 마련된 정자에서는 야외 음악회가 열리기도 한다. 뤽상부르 인근에는 수많은 학교와 연구소들이 있어 피곤한 머리를 쉴 수 있는 뤽상부르 정원은 일명 오아시스로 불리기도 한다. 소르본느 대학 쪽에 있는 메디시스 분수는 1624년 궁이 완성되면서 함께 조성된 것인데, 조각은 훼손되어 19세기 때 복원한 것이다.

▶ 소르본느 대학 Sorbonne ★

지금은 파리 제4대학이 된 소르본느 대학은 1253년 성 루이 왕의 허락을 받아 로베르 드 소르봉이라는 신부가 16명의 가난한 신학생을 가르치던 곳이다. 소르본느라는 대학 이름은 대학이 여성 명사이기 때문에 소르봉 역시 여성형으로 바뀌면서 만들어진 것이다. 중세에는 야외에서 수업을 했다. 지금의 건물은 루이 13세 때인 17세기 초 리슐리외 추기경의 주도 아래 건축되지만, 부속 성당만 옛 건물일 뿐 나머지 건물은 19세기 말에 건축가 네노에 의해 증개축되었다. 소르본느 대학 구내 광장에는 빅토르 위고와 루이 파스퇴르 조각이 있고, 구내에는 퓌비 드 샤반느의 작품 〈성스러운 숲〉이 장식되어 있다.

소르본느 대학은 프랑스 보수파의 근거지로 16세기에는 신교도를 탄압하는 데 앞장섰고 18세기에는 계몽주의자들과 맞서 보수 진영을 옹호했던 곳이다. 백년 전쟁 당시 종교적인 이유로 영국을 지지하고 잔 다르크의 화형식에서 주도적인 역할을 담당했던 피에르 코숑도 소르본느에서 파견한 사람이었다. 이러한 보수적인 색채는 19세기와 20세기 내내 지속되어 신구 논쟁이 벌어질 때마다 소르본느는 구파인 보수파를 옹호하곤 했다. 1642년 르 메르시에가 지은 소르본느 부속 성당에는 리슐리외 추기경의 묘가 자리잡고 있다. 프랑스 대혁명 때 관 속에서 꺼내어진 추기경의 유해는 훼손되었고, 후일 머리만 다시 되찾아 제자리로 돌아오게 된다. 관은 지라르동의 조각으로 장식되어 있고 성당 천장화는 필립 드 샹페뉴의 작품이다.

- 교통편　　　　　지하철 M10 Cluny La Sorbonne 역

▶ 팡테옹 Panthéon ★

1744년 북프랑스의 메스로 원정을 나갔던 루이 15세는 그곳에서 중병에 걸리자 자
신의 병을 낫게 해주면 신에게 성당을 지어 바치겠다고 기도를 한다. 지금 팡테옹
으로 불리는 성당은 이렇게 해서 건립이 시작된다. 루이 15세의 애첩인 퐁파두르
부인이 천거한 건축가 수플로가 건축가로 선정되지만, 길이가 110m에 달하고 높이
만 83m에 달하는 엄청난 규모로 구설수에 오르내린다. 하지만 가로 세로 길이가
같은 그리스 십자가 형태를 띤 건축은 마침내 1758년 첫 돌이 놓임으로써 시작되었

[프랑스 역사를 빛낸 위인들이 묻혀 있는 팡테옹]

다. 당시 재정 적자에 허덕이던 왕궁은 성당을 짓기 위해 복권을 발행해야만 했고,
지진으로 건물에 금이 가는 사고도 일어나 건축 공사는 전혀 순탄치가 않았다. 엎
친 데 덮친 격으로 1780년 건축가가 숨을 거두고 말아 제자의 손에 의해 겨우 완성
된다. 그러나 건물이 완공된 해는 모든 성당이 파괴되거나 창고로 쓰이는 등 성당
들이 수난을 당하는 프랑스 대혁명이 일어난 1789년이었다. 아마도 복권으로 건축
된 성당이어서 그랬는지도 모른다. 성당은 프랑스 대혁명 내내 프랑스 위인들의 묘
로 사용된다. 제일 먼저 팡테옹에 들어온 사람은 혁명 당시 유명한 연설가였던 미
라보였고, 그의 뒤를 이어 볼테르, 루소, 마라 등 혁명에 직간접으로 영향을 주거나
참여했던 이들이 들어온다. 하지만 마라가 들어오면서 미라보는 쫓겨나고 이어 마
라도 다시 쫓겨나 그의 시신은 길거리에 나뒹굴고 만다.

시대가 바뀔 때마다 죽은 영혼의 의미도 바뀌었던 것이다. 이어 성당과 위인들의
묘소로 여러 번 용도가 바뀐 끝에 마침내 1885년 빅토르 위고의 시신이 들어옴으
로써 성당으로서의 기능은 완전히 상실한다. 위고의 뒤를 이어 지하 묘소에는 자연
주의 소설가 에밀 졸라, 레지스탕스의 전설적인 인물 장 물랭, 유명한 과학자 퀴리

부인, 20세기 행동주의 작가이자 프랑스 문화부 장관을 역임한 앙드레 말로 등이 들어왔다. 이외에도 170명 정도의 프랑스 역사를 빛낸 위인들이 묻혀 있다. 코린트 양식의 기둥들이 받치고 있는 합각머리에는 "위인들에게 조국은 감사한다."는 글귀가 적혀 있다.

쇠로 돌을 연결해 지은 건물은 쇠가 녹이 슬면서 돌덩어리들이 떨어지는 사고가 나기도 해 보수공사를 하고 있다. 팡테옹에 들어올 만큼 위인이 아닌 다음에는, 가능하면 멀리서 보는 것이 좋을 것이다. 이 성당에서는 레옹 푸코라는 과학자가 28kg의 추를 성당의 천장에 철사로 매달아놓고 지구가 원형이며 자전하고 있다는 사실을 실험으로 입증해 보인 적이 있다. 때는 1851년이었는데, 이 실험을 흔히 '푸코의 진자'라고 부른다. 소설가 움베르토 에코가 이를 동명의 소설에서 다룬 적이 있다.

성당 입구에는 퓌비 드 샤반느가 그린 벽화 〈생트 주느비에브의 일생〉이 유명하다. 가장 최근에 팡테옹에 들어간 사람은 19세기 대중 작가 알렉상드르 뒤마(1802~1870)다. 〈삼총사〉, 〈몽테크리스토 백작〉 등을 쓴 뒤마가 프랑스의 위인들이 안장되는 팡테옹에 들어감으로써 그의 작품 세계 역시 재조명을 받게 되었다. 2002년이 뒤마 탄생 200주년이 되는 해였고, 이 해에 많은 세미나와 학술회의가 열린 것은 물론이고 특별판이나 각종 비평서들이 쏟아져 나왔다.

- 위치　　　　　Place du Panthéon
- 교통편　　　　지하철 M10 Cardinal Lemoine 혹은 Maubert Mutualité 역
- 개관시간　　　4~9월 10:00~18:30, 10~3월 10:00~18:00(매표소는 45분 전까지)
- 휴관일　　　　1월 1일, 5월 1일, 12월 25일
- 입장료　　　　성인 7.50유로, 학생 4.80유로

파리의 거리 이름

살아 있는 동안 자신의 이름이 붙은 거리에 살았던 사람은 빅토르 위고 단 한 사람뿐이었다. 자신의 이름이기도 한 거리 이름이 적혀 있는 편지를 받는 기쁨은 어떠했을까? 파리에는 지금 약 5,500개의 크고 작은 길과 광장이 있고 이 모든 곳에는 모두 다른 이름들이 붙어 있다. 이 이름들은 민법 525조 등의 법률에 의해 훼손과 가필 등이 금지되어 있고 그 명명 조건도 명시되어 있다.

최초로 파리에 거리 이름이 부여된 기원은 서기 820년으로 지금 생 제르맹 가로 불리는 거리인데, 당시 자료를 보면 루가 산티 게르마니라는 거리 호칭이 나온다. 이후 보다 본격적으로 파리의 거리에 이름이 붙게 되는 것은 13세기 말인 1292년으로, 약 300개의 거리 이름을 볼 수 있다. 이들 이름은 대개 징세 청부인들이 징세와 기록의 효율성을 위해 사용했던 이름들이다. 당시는 물론 어떤 특별한 원칙이나 거리명에 대한 법률 같은 것은 없었다. 그래서 부자들의 이름이나 큰 건물 이름 혹은 한 동네에 모여 살게 마련인 사람들의 동일한 직업들을 그대로 거리 이름으로 사용하곤 했다. 푸아쏘니에 가는 생선 장수들의 거리였고, 페로니에르 가는 편자나 마구를 제작하는 장인들의 거리였다. 큰 건물이란 대부분 성당이나 법원 혹은 궁들이었는데, 이들 이름은 굳이 예를 들 필요가 없을 것이다. 오랫동안 관례를 따라 입으로만 거리 이름을 부르던 시대가 끝나고, 파리에 지금과 같은 체계로 보다 정교하게 거리 이름이 부여되기 시작한 것은 루이 15세 때인 1728년부터다. 당시 파리는 50만에 가까운 인구에 가구 수만 2만 2천을 헤아리고 있었고 주요 도로만 약 900개에 이르렀다. 어떤 식으로든 거리를 구별할 필요가 있었음은 당연한 일이다. 이 제도를 처음으로 제안한 사람이 바로 르네 에로였는데, 당시 경찰서 장이었다. 르네 에로는 지금처럼 길이 시작되는 건물과 끝나는 건물에 당시 사람들이 흔히 부르던 거리 이름을 적어 부착하도록 했고 길에 따라 알파벳 C자를 덧붙이도록 했다. C자는 마차를 뜻하는 말

인데, C가 하나면 일두 마차가, 두 개면 이두 마차가 지나갈 수 있는 길을 뜻했다.

이렇게 해서 지금의 도로 명명 시스템이 갖추어지게 된 것인데, 5,500개에 달하는 거리와 광장 이름에 처음으로 이 제도를 도입한 르네 에로의 이름을 딴 거리가 없는 것은 아이러니다.

대개 거리 이름에는 장군, 예술가, 문인, 정치가 등의 이름들이 많이 쓰인다. 하지만 파리 시민들은 지금의 시스템에는 동의하지만 거리 이름을 바꾸어야 한다는 목소리가 차츰 거세지고 있다. 옛날부터 써오던 이름을 그대로 사용한 결과 아무런 업적도 사회적 지명도도 없는 사람들의 이름이 너무 많이 사용되고 있기 때문이다. 에드몽 공디네 가, 다니엘 르쉬에르 가 등에 사용된 이름의 주인공들은 그 거리에 살던 사람들일 뿐이다.

최근 들어 재미있는 현상은 거리 이름을 적은 명패에 극히 개인적인 낙서를 하거나 아예 이상한 글들을 적어 명패로 사용하고 있다는 것이다. 가령 예를 들면, "수잔과 피에르, 1999년 7월 14일, 이곳에서 첫 키스를 나누다." 등이다. 민법 525조에 의하면, 집 주인이 소를 제기하지 않는 한 낙서를 한 사람이나 명패를 갈아 붙인 사람을 처벌할 수 없다고 한다.

▶ 생테티엔느 뒤몽 성당 Église Saint-Étienne du Mont ★

파리의 수호성녀인 생트 주느비에브를 기념하는 성당이다. 13세기에 지어지기 시작했지만 성당은 15세기와 17세기에 다시 부분적으로 증개축되어 1626년 루이 13세 때 오늘날과 같은 독특한 모양을 갖추게 되었다. 고딕 건축 덕택에 자연 채광을 할 수 있어 성당 내부는 밝은 편이다. 하지만 창문은 르네상스 양식으로 장식되어 있다. 성당의 성모 마리아 채플에는 파스칼과 라신느 같은 17세기 프랑스의 유명 사상가와 작가들의 유해가 묻혀 있다. 이 성당은 또한 17세기 때 제작된 스테인드글라스가 아름답기로 유명하다. 거의 회화 수준에 도달한 이 스테인드글라스 중에는 현대 조각가 자코메티가 제작한 성신강림일을 기리는 〈팡트코트〉도 볼 수 있다.

- 위치 팡테옹 뒤편
- 교통편 지하철 M10 Cardinal Lemoine 역

▶ 클뤼니 중세 박물관
Musée National du Moyen Âge-Thermes et Hôtel de Cluny ★

지금은 중세 유물을 보관하는 국립 박물관이 자리잡고 있지만, 원래 이곳은 로마 시대 대중 목욕탕이 있던 곳이었다. 지금 박물관으로 사용되는 건물은 1500년경 클뤼니 수도원이 파리에 올라가는 수도회 소속 사제들의 거처로 지은 건물이다. 역사가 오래된 만큼 많은 사연이 간직되어 있는데, 50대의 늙은 왕 루이 12세와 결혼한 영국의 공주 마리 당글레떼르가 16살의 젊은 나이에 과부가 된 후 머물렀던 장소가 이곳이다. 후사 없이 숨을 거둔 루이 12세의 뒤를 이어 왕이 된 프랑수아 1세는 과부가 된 이 젊은 왕비를 세심하게 감시하도록 했다. 자칫 아이라도 낳게 되면 자신의 왕위가 위태로웠기 때문이다. 감시 끝에 왕비가 한 젊은 귀족과 밤에 만나는 장면을 급습한 프랑수아 1세는 강제로 결혼을 시켜 영국으로 추방해 버렸다.

17세기 들어서는 마자랭 같은 교황청 대사들이 머물기도 했다. 대혁명 당시에는 국가 소유가 되었다가 민간에게 팔려 소유권이 여러 사람들에게 넘어간다. 지금과 같은 중세 박물관으로 다시 태어나게 되는 것은 1842년이다. 마지막 소유자였던 알렉상드르 뒤 솜므라드는 약 40여 년 동안 중세와 르네상스 예술품을 모은 수집가였는데, 숨을 거두자 1842년 국가가 건물과 그의 소장품 일체를 구입한다.

당시 로마 시대의 목욕탕 부지는 파리 시 소유였기 때문에 정부와 파리 시는 중세 박물관을 개관하기로 합의를 하고, 원 소유주였던 알렉상드르 뒤 솜므라드의 아들을 박물관장으로 임명해 1844년 마침내 최초의 중세 박물관이 문을 열게 된다. 아

[클뤼니 중세 박물관(좌)과 박물관의 대표 작품 〈일각수 부인 양탄자 연작〉(우)]

들이었던 에드몽 뒤 솜므라드는 탁월한 감각을 발휘해 클뤼니 중세 박물관을 지금과 같은 규모로 발전시켜 놓았다. 벽걸이 양탄자와 벽포, 금은 세공품과 스테인드글라스, 철 공예품과 상아 세공품, 조각, 회화 등 다양한 중세 유물들이 테마별로 전시되어 있다. 특히 네덜란드 양탄자를 전시하고 있는 제13전시실의 〈일각수 부인 양탄자 연작〉은 클뤼니 박물관이 소장하고 있는 가장 귀중한 유물이다. 5,000㎡ 정도 되는 박물관의 정원 역시 중세식으로 꾸며져 있는데 중세의 양탄자에서 볼 수 있는 꽃과 나무들을 거의 그대로 정원에 심어놓아 비교를 해가며 볼 수 있다.

- 위치   6, place Paul Painlevé 75005
- 교통편   지하철 M4 St-Michel 역
- 개관시간   09:15~17:45
- 휴관일   화요일
- 웹사이트   www.musee-moyenage.fr
- 입장료   성인 7.50유로, 학생 4.80유로
                    18세 미만 무료, 매월 첫째 일요일 무료

〈일각수 부인 양탄자 연작〉

동물들과 화초들이 등장하는 배경에 한 젊은 부인이 등장해 촉각, 시각, 후각, 미각, 청각 등 인간의 다섯 가지 감각을 우의적으로 표현하고 있으며, 〈오직 나만의 욕망을 위하여〉라는 제목을 갖고 있는 마지막 여섯 번째 작품은 감각의 지배를 받지 않을 것이라는 메시지를 담고 있다. 흔히 서구 예술사의 정물화 속에서 인간의 덧없는 세속적 삶과 감각을 상징하곤 하던 '바니타스'가 이 양탄자 연작에서는 일각수를 통해 표현되고 있다.

| 몽파르나스 인근 |

몽파르나스는 그리스 로마 신화에 나오는 산으로 예술의 신인 아폴론이 뮤즈들과 어울려 지내던 곳이다. 17세기 때 신학교에서 쫓겨난 젊은이들이 이곳에 와 시를 읊으면서부터 이런 이름이 붙게 되었다. 몽파르나스 지역이 파리뿐만 아니라, 전 세계적으로 알려지게 된 것은 제1차 세계대전 직후 몽마르트르 언덕에서 이곳으로 이주해 온 예술가, 시인들 때문이다. 이들은 단골 카페나 술집을 정해놓고 모여 이야기를 하거나 작품 활동을 했다. 뿐만 아니라 레닌 같은 외국의 정치 망명객이나 헤밍웨이를 비롯한 예술가들도 이곳을 자주 드나들어 그 명성이 널리 퍼지게 된다. 하지만 이런 명성이 지금까지도 계속되는 것은 아니다. 테제베TGV 대서양선의 파리 기점인 몽파르나스 역이 들어선 지금은 파리에서 가장 복잡한 지역 중 하나다. 하지만 이곳의 카페들은 여전히 옛 영광을 간직하고 있고, 인근의 생 제르맹 데 프레 지역과 함께 지금도 많은 문인 예술가들이 즐겨 찾는 장소이다.

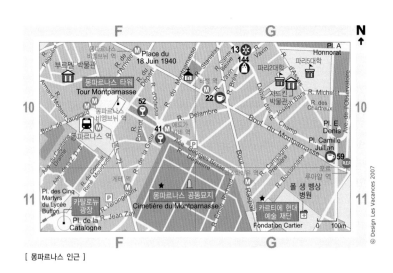

[몽파르나스 인근]

▶ 몽파르나스 타워 Tour Montparnasse

1969년 공사가 시작돼 4년 후인 1973년에 완공된 이 59층의 현대식 빌딩은, 파리에서 가장 높은 빌딩이다. 용도는 사무실 빌딩이다. 파리 시는 특수한 지역을 제외하면 건물의 층수 제한을 받기 때문에 몽파르나스 타워에 올라가 보면 파리 시를 한눈에 내려다볼 수 있다.

▶ 카탈로뉴 광장 Place de la Catalogne

광장에는 〈시간의 용광로〉라는 제목의 분수 조각이 있다. 지름 30m가 넘는 큰 원반 모양의 이 분수는 높은 곳에서 낮은 곳으로 쉼없이 소리를 내며 물이 흘러내리는 특이한 형태를 취하고 있다.

▶ 몽파르나스 공동묘지 Cimetière du Montparnasse ★

1824년 문을 연 이 공동묘지는, 묘지이면서 동시에 하나의 조각공원이라고 할 수 있을 정도로 묘석으로 쓰이는 조각작품이 예술적 가치들을 지니고 있다. 뿐만 아니라 이곳에 안장된 인물들의 면면 또한 세계적으로 유명한 예술계 인사들이 많아 1년 내내 참배객들의 발길이 끊이지 않는 곳이다. 대표적인 인사들을 보면 〈악의 꽃〉의 시인 샤를르 보들레르, 세계 3대 단편 소설가 중 한 사람인 기 드 모파상, 그리고 실존주의 철학가 장 폴 사르트르 이외에 작곡가 생 상, 드레퓌스 사건의 주인공 드레퓌스, 자유의 여신상을 조각한 바르톨디, 루브르에 있는 그 유명한 〈밀로의 비너스〉를 발견한 뒤몽 뒤르빌 등등 유명한 철학자, 역사적 인물 등이 모두 이곳에 있다. 부조리 연극의 현대적 고전이 된 〈고도를 기다리며〉의 사무엘 베케트 역시 이곳 몽파르나스 묘지에 잠들어 있다.

- 교통편   지하철 M6 Edgar Quinet 역
- 개관시간   월~금 08:00~18:00, 토 08:30~18:00,
  일, 공휴일 09:00~18:00(11~3월은 17:30까지)
- 입장료   무료

▶ 카르티에 현대 예술 재단 Fondation Cartier ★

1994년 건축가 장 누벨이 설계해 완성한 이 현대 예술관은 생존 중인 현대 조각가, 화가, 영화인들의 작품을 전시하기도 하고, 예술 세미나를 열기도 하는 문화 공간이다. 건축가 장 누벨은 파리 시 10대 현대건축 중 하나로 손꼽히는 아랍 문화 연구소를 건축한 유명한 건축가이다. 카르티에는 유명한 프랑스 보석상이다. 정원에는 19

세기 초 프랑스 왕당파 낭만주의 소설가인 샤토브리앙이 심은 레바논 산 삼나무가 그대로 보존되어 있다. 카르티에 재단은 1984년 창립된 이래 옛 미국 문화원 자리를 구입해 이 건물을 지었다. 1층과 2층으로 되어 있는 전시 공간은 총 1,200㎡에 달하며 확대, 축소가 가능한 가변형 공간이다. 상설 전시는 없고 기획 전시를 통해 작업 중인 현대 예술가들을 초청 매년 수차례 전시회를 갖는다. 비단 미술만이 아니라 음악, 영화, 발레는 물론이고 퍼포먼스 예술 전시도 한다.

| 생 제르맹 데 프레 인근 |

▶ 생 쉴피스 성당 Église Saint-Sulpice ★★

〈다 빈치 코드〉에 나오기도 했던 생 쉴피스 성당 인근은 봄, 가을에 몇 번씩 서는 골동품 시장으로 유명한 곳이다. 1960년대까지만 해도 이곳은 생 쉴피스 성당 양식

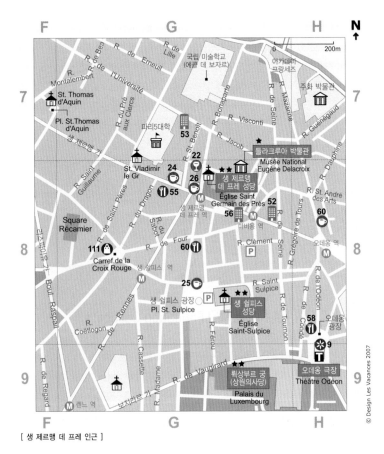

[생 제르맹 데 프레 인근]

이라는 말이 생길 정도로 묵주, 십자가, 성 모자상 등 기기묘묘한 각종 성구들을 구할 수 있는 곳이어서 파리만이 아니라 지방에서도 많은 사람이 올라와 늘 북적대던 곳이었다. 인근에 기적의 메달 성당이 있어 이 성당을 찾는 순례자들도 주요 고객이었다. 하지만 요즘은 성구는 드물고 거의 모든 종류의 골동품들을 볼 수 있는 장이 서곤 한다. 뿐만 아니라 광장 주변에는 20세기 후반 40년 동안 세계 패션계를 이끌었던 이브 생 로랑 등 유명 오트 쿠튀르 부티크들이 들어서 있기도 하다.

생 쉴피스는 부르주 주교였고 성당은 생 제르맹 데 프레 수도원에서 세운 것이다. 건물은 16세기에서 17세기에 이르는 동안 무려 8명의 건축가가 손을 대 양식이 실종된 성당이 되어버렸다. 그리스 로마 양식에 르네상스 식 아치가 올라가고 한쪽 종탑은 완성되었지만 다른 쪽은 미완성으로 남아 있다. 이 성당에서는 보들레르와 사드가 세례를 받았고 빅토르 위고의 결혼식이 거행되기도 했다. 성당의 제단 쪽 바닥에는 구리로 자오선이 지나가는 표시를 해놓았다.

미술 애호가들에게 이곳은 들라크루아의 벽화와 천장화로 유명한 곳이다. 1849년부터 1861년 사이에 그려진 〈사탄을 물리치는 성 미카엘〉, 〈천사와 싸우는 야곱〉 등의 성화들은 낭만주의 특유의 활달하고 거침없는 터치가 느껴지는 19세기 성당화 중 최고의 걸작으로 꼽힌다. 성당 중앙홀 두 번째 기둥에는 베네치아 공화국이 프랑수아 1세에게 선물한 대형 조개로 만든 성수반이 있다. 1745년 루이 15세가 성당에 기증해 이곳에 들어오게 되었다. 생 쉴피스 성당에서 눈여겨보아야 할 또 한 가지는 프랑스에서 가장 큰 파이프 오르간이다.

▶ 오데옹 극장 Théâtre Odéon

뤽상부르 궁 바로 앞에 위치해 있는 오데옹 극장은 프랑스 근현대 연극사를 상징하는 아주 중요한 장소다. 원래 건물은 1782년 코메디 프랑세즈 산하 극장으로 세워졌지만, 혁명을 맞으면서 극단이 분열된다. 당시는 오데옹 극장이 아니라 프랑스 극장으로 불리다 국가 극장이라는 뜻의 나시옹 극장으로 불렸고, 혁명 후 한 민간인이 사들여 그때부터 그리스 로마 신화에 나오는 음악 경연 대회가 열리는 지명을 따 오데옹이라고 부르게 된다.

건물은 1807년 화재로 전소되고 개선문을 세운 샬그랭이 원래 모습대로 복원한다. 20세기 들어 다시 코메디 프랑세즈 산하 극장으로 편입되고, 제2차 세계대전 후 1946년부터 1959년까지는 뤽상부르 극장, 그 이후는 프랑스 극장 등으로 불리다가 1983년부터 유럽 극장으로 다시 개명되게 된다. 하지만 여전히 오데옹 극장이라는 옛 이름에 익숙한 이들이 많아 흔히 오데옹 극장으로 불린다. 낭만주의 때 유명한 배우 탈마가 공연을 한 곳이며, 20세기 들어서는 장 루이 바로, 마들렌 르노 등의 연출가들이 활동했던 곳이다. 잔느 모로 등이 이곳에서 활동하며 이름을 날리기도 했다. 1983년 앙드레 마쏭이 그린 천장화 역시 볼 만하다.

▶ 생 제르맹 데 프레 성당
Église Saint Germain des Prés ★★

채소밭 한가운데 세워진 거대한 수도회 건물, 그것이 생 제르맹 데 프레였다. 생 제르맹은 576년에 죽은 파리 주교였다. 지금 성당 건물 중 파사드라 불리는 정면만 11세기 건물이고 종탑이나 기타 부분은 19세기 때 복원한 것들이다. 이 일대는 19세기 말에서 20세기 중엽까지 많은 시인, 소설가, 정치가들이 자주 드나들던 유명한 카페가 많은 곳이다. 몽마르트르 시대가 저물며 화가들도 몽파르나스와 생 제르맹

© Photo Les Vacances 2007

[생 제르맹 데 프레 성당. 이 주변에는 유명한 문학가, 정치가들이 즐겨 찾던 카페가 많다.]

데 프레 쪽으로 옮겨왔다.

카페 드 플로르, 카페 레 되 마고, 맥주집인 리프 등이 대표적인 곳이다. 카페 드 플로르는 제2제정 때 세워진 카페인데 아폴리네르, 브르통 같은 초현실주의 시인과 예술가들이 즐겨 찾던 곳이고, 사르트르, 시몬 드 보부아르, 알베르 카뮈, 자크 프레베르 등도 자주 모습을 보였다. 카페 드 플로르와 이웃하고 있는 카페 레 되 마고 역시 문인들이 많이 찾던 곳이다. 사르트르가 앉아서 글을 쓰던 곳에는 이름이 새겨져 있기도 하다. 1933년부터 매년 1월 카페 이름을 딴 문학상이 시상되기도 한다. 리프 카페 역시 앞의 두 곳 못지않은 곳인데, 1880년에 문을 연 이후 베를렌느, 프루스트, 지드, 말로 등이 드나들었고 헤밍웨이가 〈무기여 잘 있거라〉를 탈고한 장소가 바로 이곳이다. 20세기 초 벨 에포크 실내 장식을 그대로 유지하고 있는 이 카페는 현재 역사 기념물로 지정되어 있다. 이외에도 인근의 작은 재즈 바 등에서는 제2차 세계대전을 전후해 불어닥친 재즈 열풍에 매료된 많은 젊은이들이 모이곤 했다. 작가인 보리스 비앙도 그 중 한 사람이었다.

- 위치   3, place Saint-Germain-des-Prés
- 교통편   지하철 M4 St-Germain-des-Prés 역
- 개관시간   월~토 08:00~19:45, 일 09:00~18:00
- 입장료   무료

▶ 들라크루아 박물관 Musée National Eugène Delacroix ★

생 제르맹 데 프레 성당 뒤, 퓌르스탕베르그라는 작은 광장에 위치해 있는 들라크루아 박물관은 화가가 1858년부터 숨을 거둔 해인 1863년까지 살았던 집을 개조해 박물관으로 문을 연 곳이다. 최근에 아틀리에와 정원이 대대적으로 보수되어 매년 들라크루아와 동시대 화가들의 전시회가 열리곤 한다.

- 위치   6, rue de Furstenberg 75006
- 교통편   지하철 M10 Mabillon 혹은 M4 St-Germain-des-Prés 역
- 입장료   5유로

카페들 (레 되 마고 / 카페 드 플로르 / 라 클로즈리 데 릴라 / 라 로통드)

카페는 프랑스 인들의 생활에서 매우 중요한 부분을 차지하고 있는 공간이며 중요한 경제 활동 영역이기도 하다. 프랑스에는 약 6만 개의 카페가 있고 매일 500만 명 정도가 카페를 이용한다. 엄청난 수치임에 틀림없다. 파리에만 약 1만 개 정도의 카페가 있다. 카페는 원래 카이로나 이스탄불 같은 아랍 도시에서 16세기경 먼저 문을 열었고, 유럽에 전파된 것은 훨씬 훗날의 일이다. 처음 아랍 도시에 문을 연 카페들도 게임이나 시 낭송 같은 것을 할 수 있는 흥겨운 장소였다. 1670년을 전후에 유럽에 카페가 선보이기 시작하는데, 처음에는 아르메니아나 시리아 사람들이 경영하는 카페였다. 유럽 카페 중 이 당시에 문을 연 가장 유명한 카페들이 바로 베네치아의 플로리안Florian, 파리의 르 프로코프Le Procope, 빈의 데멜Demel 등으로 주로 예술가와 지식인들이 즐겨 찾았다.

카페는 처음 생길 때부터 지금까지 단순히 커피를 마시는 장소가 아니라 만나서 이야기하는 장소였고, 그 이야기의 주제는 흔히 정치적 성격을 띤 것이었다. 프랑스 대혁명도 카페에서 시작되었다고 해도 지나친 말이 아니다. 프랑스 혁명이 일어나기 이틀 전인 1789년 7월 12일, 팔레 루아알 인근에 있는 카페 드 푸아Café de Foy에서 카미유 데물랭은 민중들을 상대로 무기를 들라고 일장 연설을 했다. 19세기 중엽 인상주의 화가들이 살롱 전에서의 거듭된 낙선을 성토하며 급기야 자기들끼리 독립 전시회를 열기로 입을 맞춘 것도 역시 카페 게르부아에서였다. 20세기 들어서도 이런 전통은 계속 이어져 아폴리네르, 앙드레 브르통, 도스 파소스, 헤밍웨이, 피카소, 모딜리아니, 샤갈 등 시인, 예술가들이 몽파르나스 인근의 돔Dôme, 로통드Rotonde, 쿠폴Coupole 등에 자주 모였다. 제2차 세계대전 후에는 생 제르맹 데프레 인근의 카페 드 플로르Café de Flore, 레 되 마고Les Deux Magots 등의 카페에 보리스 비앙, 사르트르, 보부아르, 카뮈 등 실존주의 작가나 시인 음악가들이 모여들었다. 사르트르 같은 이는 카페에 지정 좌석이 별도로 있을 정도였다.

카페에서 일하는 보이를 프랑스 어로 갸르송Garçon이라고 하는데, 대개 어느 카페를 가든 복장이 일정하다. 하루 8시간 일을 하는 것으로 계산할 때 갸르송이 하루에 걷는 거리가 평균 12km 정도 된다고 한다. 매년 파리에서는 이 갸르송들이 쟁반 위에 음료를 받쳐 들고 달리기 시합을 한다. 음료를 흘리지 않고 누가 먼저 골인을 하는지를 다루는 경기인데, 근무 중에는 절대 앉을 수 없는 갸르송이 되기 위해서는 무엇보다 튼튼한 다리가 필요하다.

갸르송의 3대 품성으로는 능숙함, 상냥함, 신중함을 꼽는다. 유명한 갸르송도 많았다. 이곳 저곳에서

찾는 사람이 많아 늘 "네 갑니다!"을 외치고 다녀야 하는 갸르송들에게는 프랑스 어로 "위, 자리브 Oui, J'arrive!" 라는 별명이 따라다니곤 한다.

복장은 흰 셔츠에 검은색 조끼와 바지를 걸친다. 검은색 조끼에는 좌우로 10여 개가 넘는 호주머니들이 있어 동전과 지폐를 구분해 넣을 수 있는 것은 물론이고 포도주 따개, 행주, 영수증 등을 넣을 수 있게 되어 있다. 대개 한 카페에 일하는 갸르송들은 각자 맡은 서비스 구역이 있게 마련인데, 손님들이 놓고 가는 팁은 일이 끝난 후 공동으로 나눠 갖는다. 샹젤리제나 오페라 혹은 몽파르나스나 생 제르맹 데 프레 같은 유명 카페 촌에서 일하는 갸르송들은 개인적으로 카페 주인인 경우도 있고 한달 수입도 3,000~4,000유로가 넘는 고소득자들이다.

■ 레 되 마고 Les Deux Magots

[베를렌느와 피카소 등 많은 문학 · 예술인들이 즐겨 찾았던 카페 레 되 마고]

중국산 도자기 인형을 뜻하는 카페 이름에서 알 수 있듯이, 지금의 카페 자리에 원래는 중국산 비단을 파는 가게가 있었다. 1875년 그 자리에 카페가 들어섰지만 원래 비단 가게 이름을 그대로 유지해 카페 이름이 되어버렸다. 지금 카페의 실내외 장식은 1915년에 한 것을 그대로 유지하고 있다. 이 카페에 드나들었던 유명인사들의 이름을 대자면 아마도 한 권의 책으로 써도 모자랄 것이다.

19세기 말인 1885년경에는 베를렌느, 랭보, 말라르메 등 상징주의 시인들이 자주 찾았고 양차대전 사이에는 브르통, 데스노스, 바타이유, 아르토 등도 초현실주의자들이 드나들었다. 뿐만 아니라 피카소, 생 텍쥐페리, 자코메티 등도 카페 레 되 마고의 단골들이었다. 유명한 '장 지로두의 10시' 는 극작가인 지로두가 하루도 거르지 않고 정확하게 아침 10시면 찾아와 아침을 먹었기 때문에 생긴 말이다. 이렇게 문학 예술인들이 자주 드나들었기 때문에 1933년에는 레 되 마고 문학상이 제정되기에 이른다. 제2차 세계대전 이후에는 사르트르, 보부아르 등이 이곳의 단골이 되어 매일 2시간 이상씩 틀어박혀 글을 쓰곤 했다. 그 동안 카페 보이들은 여러 차례 재떨이를 갈아 주어야만 했다고 한다.

이른 아침 카페 레 되 마고에서 먹는 아침식사는 기억에 남을 것이다. 비싼 가격 때문이기도 하지만 이제 막 밤의 정적에서 깨어나는 파리를 가장 잘 만끽할 수 있는 곳이 바로 카페 레 되 마고이기 때문이다. 이곳은 단순한 카페가 아니라 하나의 명소이며, 파리 시민들에게는 거의 공공건물 같은 곳이다.

• 6, place Saint-Germain-des-Prés 75006

• ☎ (01)4548-5525

- 지하철 St-Germain-des-Prés 역
- 07:30~01:30, 연중 무휴(1월 중 일주일 정기 휴일)

■ 카페 드 플로르 Café de Flore

1890년에 문을 연 카페 드 플로르는 처음에는 정치가들이 자주 드나들었지만 후에는 카뮈, 사르트르, 자크 프레베르 등 시인, 작가들이 자주 찾는 곳이었다. 몇 년 전 주인이 바뀌었는데 대략 1,400만 프랑, 한화로 약 200억 원에 거래가 성사되었다고 한다. 터무니없이 비싼 가격이긴 하지만, 그만큼 유명해 찾는 이들이 많다는 반증도 된다. 주인은 바뀌었지만 옛날 카페의 몰레스킨 의자나 독일식 분위기 등은 그대로 유지되고 있다. 리모나드가 인기 있는 음료다.

- 172, boulevard Saint-Germain 75006
- ☎ (01)4548-5526
- 지하철 St-Germain-des-Prés 역
- 07:30~01:30, 연중 무휴

■ 라 클로즈리 데 릴라 La Closerie des Lilas

한 여인이 반짝반짝 윤이 나는 새 자전거를 몰고 막 카페 앞 마당에 도착했다. 가쁜 숨을 몰아쉬며 막 카페로 들어선 여인은 어디서 오는 길이냐고 묻는 카페 주인에게 노르망디에서 그날 아침 막 결혼식을 올리고 오는 길이라고 했다. 카페에 있던 사람들의 시선이 모두 햇빛에 그을고 땀 범벅이 된 그녀에게로 향했다. "결혼 선물에 자전거가 있는 거에요. 그냥 한 번 타본다는 것이 어떻게 하다 보니 파리까지 오고 말았어요, 글쎄." 그날 카페 손님 중에는 유명한 화가 페르낭 레제가 있었고 이 노르망디 신부에게 반한 레제는 얼마 지나지 않아 이 여인을 자신의 아내로 맞게 된다. 물론 레제는 자전거 같은 것은 선물하지 않았다. 유명한 이 일화가 벌어진 곳이 옛날에 마차가 떠나고 도착하던 곳에 있는 라 클로즈리 데 릴라이다. 클로즈리란 옛날에 있던 파리의 무도회장을 뜻한다. 이 카페는 고티에 같은 고답파 시인들은 물론이고 베를렌느, 보들레르 같은 시인들과 모딜리아니, 막스 자콥, 그리고 혁명가 레닌 등이 드나들던 곳이다. 나중에는 초현실주의자들도 모습을 나타내곤 했다. 이들의 이름은 지금도 카페의 테이블 위에 새겨져 있다. 다만 헤밍웨이의 이름만 없는데, 그의 이름은 테이블이 아니라 유명한 아메리칸 바의 구리로 만든 카운터에 새겨져 있다. 헤밍웨이가 1925년 〈태양은 다시 떠오른다〉를 쓴 곳이 바로 이곳이었다.

- 171, boulevard du Montparnasse 75006
- ☎ (01)4051-3450
- 지하철 Vavin 역 혹은 RER-B Port-Royal 역
- 레스토랑 12:00~14:00, 19:00~23:00, 브라스리 11:30~01:00

■ 라 로통드 La Rotonde

로통드는 원형 정자를 뜻한다. 이 카페는 레닌이 처음 파리에 와 갸르송 즉, 카페 보이로 일을 했던 곳이다. 스탈린의 정적이었던 트로츠키도 이 카페를 자주 찾았다. 화가로는 피카소, 모딜리아니와 야수파 화가들인 마티스, 드랭, 블라맹크 등이 이곳의 단골이었다.

- 105, boulevard du Montparnasse 75006
- ☎ (01)4326-4826
- 지하철 Vavin 역
- 카페 - 매일 07:15~02:00, 레스토랑 - 매일 12:00~01:00

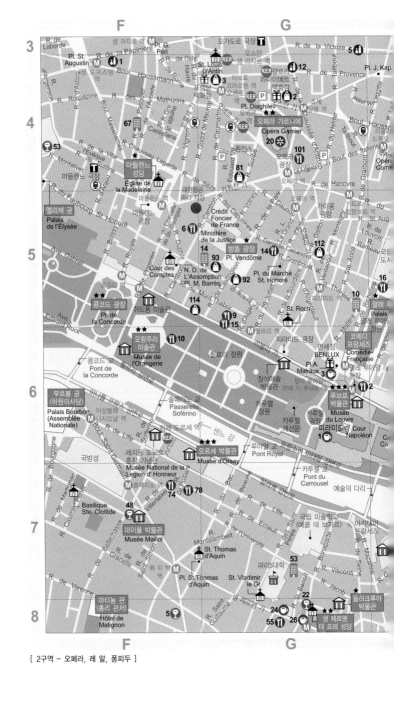

[2구역 – 오페라, 레 알, 퐁피두]

2구역

오페라, 레 알, 퐁피두

[오페라 인근] [레 알, 퐁피두 인근]

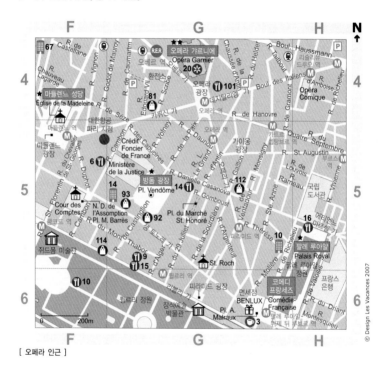

[오페라 인근]

© Design Les Vacances 2007

| 오페라 인근 |

▶ 오페라 갸르니에 Opéra Garnier ★★

1862년 서른 일곱 살의 신예 건축가 샤를르 갸르니에에 의해 건립이 시작되어 1875년 완공된 파리 오페라 하우스, 오페라 갸르니에는 19세기 말 절충주의 양식의 최대 걸작으로 꼽힌다. 각 건축 양식 중 가장 아름다운 부분만 모두 모아놓은 동화 속의 궁전 같은 건물이다. 제2제정 당시 부르주아들의 취향에 맞추어 파리 시장 오스만의 도시 계획의 일환으로 건설된 오페라 하우스 주변은 고급 레스토랑, 대형 백화점, 화랑, 유명 카페, 보석상들이 자리잡고 있는 가장 파리다운 거리이다. 이와 동시에 프랑스를 비롯한 전 세계 유명 은행과 증권사들의 지점이 있는 금융가이기도 하다.

파리 오페라 하우스는 히틀러가 가장 좋아했던 건물로 알려져 있다. 히틀러가 처음이자 마지막으로 파리를 방문한 것은, 프랑스와 휴전 협정에 조인한 지 며칠 뒤인 1940년 6월 28일이다. 일요일이었던 그날 새벽 5시 30분, 메르세데스에 몸을 실은 히틀러는 그가 가장 좋아했던 건물인 파리 오페라 하우스 앞에 당도했다. 건물의

© Photo Les Vacances 2007

[오페라 가르니에는 19세기 말 절충주의 양식의 최대 걸작으로 꼽힌다.]

아름다움에 매혹된 히틀러는 황홀경에 사로잡혔고 두 눈은 흥분으로 빛나고 있었다. 그날 저녁 히틀러는 친구이자 건축가인 슈페르에게 이렇게 털어놓았다. "파리를 보는 것이 내 평생의 꿈이었어. 오늘 그 꿈이 실현되어 내가 얼마나 행복한지 자넨 모를 걸세……."

오페라와 발레를 주토 공연했던 이 건물은 현재 밤레만 전무으로 공연하는 장소로 바뀌었다(오페라는 정명훈이 지휘자로 취임한 바 있었던 바스티유 오페라에서 공연된다). 지금은 바스티유와 갸르니에 두 오페라 하우스를 합쳐 파리 국립 오페라단으로 통합되어 있다. 지금 오페라 갸르니에는 160명으로 구성된 전속 국립 발레단이 있고 독자적인 발레 학교를 운영하고 있다. 카라얀으로부터 '신이 내린 목소리'라는 찬사를 들은 조수미가 한국인으로서는 처음으로, 1987년 마리아 칼라스 서거 10주년 기념 공연 때 오페라 갸르니에 무대에 올랐다.

건물 전면은 당시 건축가가 선정한 조각가들의 조각품들이 장식하고 있다. 이 중에서 가장 유명하고 예술적 완성도가 빼어난 것은 오른쪽 끝에 있는 카르포의 〈춤〉이다. 원본은 오르세 박물관에 소장되어 있고 지금 오페라 하우스에 있는 것은 모각

한 복제품이다. 프랑스와 프러시아의 전쟁 후 오페라 하우스가 개관했을 때 이 조각 작품의 음란성을 두고 논란이 일기도 했다. 또 야음을 틈타 누군가가 작품에 검은 잉크를 뿌려 한동안 지워지지 않은 채 남아 있기도 했다. 춤의 환희에 사로잡힌 인물들의 묘사는 음란과는 무관했는데, 단지 옷을 벗고 있다는 이유 하나만으로 한 독실한 가톨릭 신자로부터 봉변을 당한 것이다. 오페라 건물 옆으로는 카리에 벨뢰즈가 만든 램프의 여인들이 머리 위에 램프를 들고 도열해 있다. 19세기 말에는 측면 계단을 통해 입장하는 일등석 손님들이 램프 값을 따로 지불하고 전용 출입구로 이용했으며, 반대편 출입구는 황제가 마차를 탄 채 직접 입장하도록 하기 위해 나선형 길이 만들어져 있다. 하지만 나폴레옹 3세를 위해 건축된 오페라 하우스에서 정작 당사자는 한 번도 오페라를 구경하지 못했다.

오페라 내부에서 가장 아름다운 부분은 두 군데다. 입구를 통과하면 나오는 '명예의 계단'이 그 중 하나이며, 다른 하나는 러시아 태생으로 파리에서 활동했던 마르크 샤갈이 1964년에 그린 공연장 내부의 천장화이다. 오페라 하우스 외부의 꼭대기에는 음악의 신인 아폴론이 악기를 높이 쳐들고 있다. 오페라 갸르니에 인근은 오스만이 계획한 파리 도시 계획의 중심에 해당하는 지역이다. 오페라 가, 오스만 가 등이 이때 모두 정비되며 인근의 민간 아파트도 동일한 양식에 동일한 규모로 함께 건축된다. 이로써 파리 중심가는 오직 돈 많은 부자들만 살 수 있는 거리가 되었고, 이전에 다락방이나 일층에 함께 살았던 가난한 사람들은 모두 파리 동쪽이나 북쪽으로 쫓겨나게 된다. 같은 건물에서도 발코니가 있는 층이 가격이 비싼 층이다. 지금은 일반인들이 사는 집은 거의 없으며 대부분 임대 사무실로 쓰인다.

- 위치   Place de l'Opéra
- 개관시간   10:00~18:00(입장은 ~17:30)
                   (공연이 있을 때는 리허설 관계로 오전에 개방하지 않을 수도 있음)
- 휴관일   공휴일
- 웹사이트   www.operadeparis.fr
- 입장료   성인 8유로, 학생 4유로

오페라 인근의 숨어 있는 명소

■ 가이옹 광장 Place Gaillon

오페라 광장에서 루브르 박물관 쪽으로 내려 가면서 왼쪽의 두 번째 골목으로 들어가면 가이옹 광장이 있다. 이 광장에 매년 가을 그 유명한 공쿠르 문학상을 발표하는 레스토랑 드루앙이 있다. 19세기 말 작가였던 공쿠르 형제의 유언을 받들어 제정된 이 상은 오랜 역사의 권위 있는 문학상이다. 마르셀 프루스트, 앙드레 말로, 시몬 드 보부아르, 로맹 가리 등 쟁쟁한 작가들이 이 상을 수상했다.

■ 카페 드 라 페 Café de la Paix

우리나라 말로 옮기면 '평화 다방'인 이 카페는 오스만 지사가 파리 시를 정비하던 당시 문을 연 유명한 카페다. 특히 오페라 갸르니에 앞에 있어 많은 사람들의 미팅 장소일뿐만 아니라 성악가와 음악인들이 자주 드나드는 곳이다.

▶ 방돔 광장 Place Vendôme ★

루이 14세를 기리기 위한 기마상이 세워져 있던 이 광장은 원래 땅 소유주였던 귀
족의 이름을 따 방돔 광장으로 불리고 있다. 긴 변의 길이가 224m에 달하는 이 아
름다운 광장은 베르사유 궁과 앵발리드를 완성시킨 루이 14세 치세 말기의 건축가
쥘 아르두엥 망사르의 작품으로 1720년 완성된다.

광장 한가운데 서 있는 탑은, 대혁명 당시 파괴된 루이 14세의 기마상 자리에 나폴
레옹이 현재의 체코 지방인 오스테를리츠에서 거둔 승리를 기리기 위해 당시 노획

© Photo Les Vacances 2007

[방돔 광장은 전 세계 유명 보석상이 모여있는 고급 쇼핑 장소로 유명하다.]

한 1,200여 문의 청동 대포를 녹여 만든 탑이다. 44m 높이의 탑은 로마에 있는 것
을 모방한 것이고 그 위에 로마 황제 복장을 한 나폴레옹 자신을 올려놓았다. 나선
형으로 된 탑신에는 전투 장면이 부조로 묘사되어 있다. 왕정복고 당시 앙리 4세
상이 올라갔다가, 루이 필립이 다시 나폴레옹을 군인 복장으로 만들어 올려놓았고
나폴레옹 3세 때 원래이 모습으로 다시 복구된다. 하지만 파리 코뮌 당시, 귀스타브
쿠르베를 비롯한 일군의 코뮌 지지자들에 의해 탑은 물론이고 나폴레옹 상도 무너
져 버린다. 파리 코뮌이 진압되고 쿠르베는 이 일로 손해배상 판결을 받아 전 재산
을 빼앗기고 스위스로 망명길을 떠나 그곳에서 쓸쓸히 만년을 보내다 죽는다.

지금 이 광장에는 프랑스를 비롯한 전 세계 유명 보석상들이 금은방을 열고 있어
아랍의 부호나 일본인들이 많이 찾는 고급 쇼핑 장소로 유명하며, 특급 호텔인 리
츠 호텔이 자리잡고 있다. 광장 11~13번지는 프랑스 법무부 건물로 국새 보관소이
기도 하고, 12번지에서는 1849년 피아노의 시인 쇼팽이 숨을 거둔 곳이다. 인근의
캉봉 가에는 코코 샤넬이 반 세기 동안 파리 여성 패션을 리드했던 작업장 겸 가게
가 있었다.

▶ 마들렌느 성당 Église de la Madeleine ★

콩코드 광장에서 오페라 하우스 쪽으로 들어가는 길목에 위치해 있는 이 성당은 언뜻 봐서는 성당이 아니라 그리스 신전 같아 보인다. 성당 이름은 막달라 마리아를 지칭한다. 오늘날과 같은 건물이 들어서게 되는 것은 1806년 나폴레옹이 자신의 군대를 기념하는 기념관으로 건립을 명령하면서부터다. 지지부진하던 공사는 이전의 기초 부분을 다 헐어내고 다시 시작해 활기를 띠는가 싶더니 나폴레옹의 퇴위와 함께 다시 공사가 중단된다. 왕정복고 당시 루이 18세가 용도를 성당으로 하는 조건

[마들렌느 성당. 성당 계단에 서면 콩코드 광장이 한눈에 들어온다.]

으로 다시 건립을 추진하게 되고 우여곡절 끝에 1842년 건물이 완성된다.

건물은 신고전주의 양식으로 20m 높이의 52개 코린트 양식의 기둥이 받치고 있다. 전면의 삼각형 합각머리에는 조각가 르메르의 작품인 〈최후의 심판〉이 묘사되어 있다. 이 건물은 특히 건물 정면에서 바라다 보는 풍경으로 많은 이들의 사랑을 받는다. 계단에 서면 콩코드 광장의 오벨리스크와 하원의사당인 부르봉 궁이 한눈에 들어온다.

마들렌느 인근에는 유명한 맞춤 음식점인 포숑이 있어 고급 포도주나 진귀한 과일 및 거위간 같은 고급 음식을 구입하는 사람들로 항상 북적댄다. 성당에서 오페라 쪽으로 통하는 왼쪽의 큰 길이 마들렌느 가인데, 11번지가 알렉상드르 뒤 피스의 소설을 베르디가 오페라로 작곡해 유명해진 〈라 트라비아타〉의 실제 모델, 알퐁신느 플레시스가 살았던 곳이다. 마들렌느 가에 이어 계속되는 길이 카푸신 가인데, 19번지는 〈적과 흑〉으로 유명한 소설가 스탕달이 1842년 숨을 거둔 곳이다. 28번지 올랭피아 홀은 유명한 프랑스 샹송 가수들이 출연하는 쇼장이며, 14번지는 1895년 12

월 28일 뤼미에르 형제가 처음으로 16밀리 영화를 대중들에게 선보인 곳이다. 당시 영화는 스토리가 있는 영화가 아니라 '기차가 들어오는 장면'과 같은 단편적인 장면들이었지만 위대한 영화의 탄생을 알리기에는 충분한 사건이었다.

- 위치 　　　　　Place de la Madeleine 75008
- ☎ 　　　　　　(01)4265-5217
- 교통편 　　　　지하철 M12 Madeleine 역
- 개관시간 　　　매일 08:30~18:00
- 휴관일 　　　　공휴일
- 입장료 　　　　무료

© Photo Les Vacances 2007

[팔레 루아얄. 18세기엔 파리 사교계의 중심으로, 19세기엔 유명 도박장으로 이름을 날렸던 곳이다.]

▶ 팔레 루아얄 Palais Royal ★

팔레 루아얄은 말 그대로 왕궁을 뜻한다. 왕이 살던 그 어떤 궁전에도 왕궁이라는 보통 명사를 사용하는 경우가 없다는 점을 염두에 둔다면 왕궁이라는 이름이 붙게 된 경위에 대해 의심을 해볼 만하다. 다시 말해 이 '왕궁'이라는 이름은 왕이 사는 곳이라는 것을 강조하기 위한 의도가 엿보이는 이름인 것이다. 실제로 지금의 궁은 루이 13세 때 총리 대신이 된 리슐리외 추기경이 자신의 권위를 나타내기 위해 1629년에 지은 건물이다. 당시 루이 13세는 이탈리아의 대 은행가인 메디치 가 출신의 모후 마리 드 메디시스와 리슐리외 추기경 사이에서 왕권을 지키기 위해 힘든 나날을 보내고 있었고, 상대적으로 왕권은 그리 강력하지를 못했다. 지금은 왕궁이라는 이름으로 불리고 있지만, 처음 건물을 지을 때는 추기경 궁으로 불렸다.
왕비는 1642년 숨을 거두면서 자신의 궁을 루이 13세에게 물려주었지만 허약했던 왕 역시 바로 숨을 거두고 만다. 이어 등극한 루이 14세는 어린 나이였기 때문에 잠시 어머니인 안느 도트리슈의 섭정 기간을 거치게 되는데, 섭정이란 어느 때나 왕권이 가장 위협받는 시기이기도 하다. 어린 루이 14세는 프롱드의 난이라는 귀족들의 반란을 겪게 되고, 난리를 피해 마구간 같은 곳에서 잠을 자는 경우도 있었다. 섭정을 맡은 안느 도트리슈는 이로 인해 어린 루이 14세와 함께 리슐리외 추기경이 지은 새롭고 화려한 왕궁에 머물며, 이제 왕이 친정을 베푼다는 사실을 천하에 나타낼 필요가 있었다. 이런 이유로 지금의 건물은 평범한 보통 명사인 왕궁이라는 이름을 갖게 된 것이다.

1652년 14살이 된 루이 14세는 아직 어린 나이였지만, 루브르 궁으로 거처를 옮기게 되고, 이 '왕궁'에는 왕의 애첩들과 두 사람 사이에서 태어나게 되는 아이들이 기거하게 된다. 왕궁은 루이 14세가 숨을 거둔 1715년 이후 왕위를 계승할 루이 15세의 삼촌인 필립 도를레앙의 섭정 기간 동안 파리 사교계의 중심이 되어 당시 정치가, 외교관, 학자, 예술가들이 자주 드나드는 곳으로 변모한다. '왕궁의 야식'이라는 것이 유행한 것도 이때다. 연극, 만찬, 야식, 그리고 무엇보다 노름이 밤새 이 왕궁에서 열렸다. 많은 사람들이 어울리면서 주변에는 지금도 영업을 하고 있는 카페들이 처음 문을 열었는데, 그 중 가장 유명한 곳은 럼주를 팔던 카페 드 푸아다. 이 일대의 한 카페에서 화가 프라고나르가 당시 막 유행하기 시작한 아이스크림을 먹다가 숨을 거두기도 했고 계몽주의자 디드로, 작가 레티프 드 브르통느 등이 즐겨 산책을 나왔던 곳이기도 하다.

왕궁은 혁명을 몇 년 앞둔 1780년 한 왕족에 의해 확장되어 지금과 같은 모습을 갖추게 되는데, 주변에 골동품상이나 여타 가게들이 들어서게 된 것도 이때다. 직사각형인 정원 양쪽을 둘러싸고 있는 현재의 건물들은 모두 1780년 당시 세워진 건물이다. 이는 돈이 궁한 왕족이 세를 주기 위해 지은 건물들로 지금도 이 건물들 1층에는 많은 가게들이 들어서 있다. 혁명을 무사히 넘긴 건물은 나폴레옹 당시에는 행정 관서와 당시 막 설립된 증권거래소로 사용되었고 이런 전통은 지금까지도 이어져 문화성, 헌법 재판소 및 행정 재판소 등이 들어서 있다.

파리 시민들에게 왕궁은 19세기 때 가장 유명한 도박장으로 기억되고 있다. 19세기 소설 속에도 자주 등장하는 이 노름은 당시 패가망신한 많은 이들이 자살하는 소동으로 이어져, 마침내 루이 필립이 주변의 홍등가와 함께 폐쇄 조치를 내리기도 한다. 현대 조각가인 다니엘 뷔랑이 1986년 260개의 검은 줄이 간 높고 낮은 대리석 기둥들을 뜰 안에 세웠다. 많은 논란이 있었지만, 지금은 이 현대 조각으로 인해 왕궁을 찾는 사람들이 부쩍 늘어났다. 많은 파리 시민들이 이 현대 조각을 찾아와 내기를 하곤 한다. 동전을 던져 기둥 위에 동전이 올라가면 행운이 따르고 그렇지 않으면 액운이 온다고 한다.

- 위치   6, rue de Montpensier 75001
- 교통편   지하철 M1, 7 Palais Royal-Musée du Lovre 역

▶ 코메디 프랑세즈 Comédie-Française

코메디 프랑세즈란 말은 프랑스 식 코미디를 뜻하는 말이 아니라 연극 일반을 지칭하는 말이다. 지금 건물은 1790년에 완성된 것인데, 몰리에르 같은 고전주의를 중심으로 한 극단의 연극이 공연되던 곳이었다. 루이 14세는 연극에 관심이 많은 군주였고 몰리에르를 총애했다. 왕은 절대군주답게 몰리에르 극단과 당시 그에 못지않은 명성을 누리고 있던 부르고뉴 극단을 통합해 코메디 프랑세즈를 설립한다. 하지만 이 코메디 프랑세즈는 왕도 어쩔 수 없는 많은 논쟁의 중심지이기도 했다. 기존 사회 질서를 뒤집고 위협하는 내용을 지닌 몰리에르의 연극들은 소르본느의 보수적인 성직자와 학자들로부터 거센 비난을 받아 체포 영장이 발부되기도 했다. 〈돈 주앙〉, 〈타르튀프〉, 〈수전노〉 등 지금도 단골 레퍼토리로 공연되는 그의 연극들은 18세기 계몽주의 시대를 예고하는 날카로운 풍자와 해학을 담고 있다. 이후 이 극단은 명실상부한 프랑스 국립 극단으로 명성을 이어오다. 프랑스 혁명 당시 유명한 배우 탈마에 의해 창설된 배우 협회, 연극 학교 등이 들어서게 된다. 파리에서 가장 아름다운 공연장 중 하나다. 특히 18세기에 조각된 우동의 그 유명한 〈볼테르〉 상이 이곳에 있고, 몰리에르가 자신의 희극 〈상상 환자〉를 공연하며 앉았다는 의자도 그대로 보존되어 있다. 연극을 좋아하는 이들의 발걸음이 끊이지 않는 곳이다.

- 위치   Place Colette 75001
- 교통편   지하철 M1, 7 Palais Royal–Musée du Louvre 역
- 개관시간   수~월 11:00~22:00
- 웹사이트   www.comedie-francaise.fr

| 레 알, 퐁피두 인근 |

이곳의 공식 명칭은 보부르Beauxbourg이다. 직역을 하면 '아름다운 동네'인데, 사실은 동네가 아름다워서가 아니라 거리의 여인들이 많던 곳이었기 때문에 붙여진 이름이다. 인근에는 도살장도 있었고, 소설가 에밀 졸라가 〈파리의 배〉라는 소설에서 묘사한 바 있는 파리 시 중앙 시장이 있던 곳으로, 파리에서 가장 서민적인 지역이었다. 1977년 지금의 조르주 퐁피두 센터가 들어서면서 시장이나 홍등가는 사라졌지만, 여전히 파리에서 가장 서민적인 곳으로 남아 있다. 중세 때부터 있던 옛날의 새 시장이나 묘목 시장 등이 아직도 그대로 명맥을 유지하고 성업 중이다.

▶ 퐁피두 센터 Centre Pompidou ★★★

퐁피두 센터는 단순한 박물관이 아니라 현재 진행 중인 문화 예술을 생산하는 공장 같은 곳으로 거리의 악사, 각종 퍼포먼스, 현대 미술 전시회 등이 쉴새 없이 열려

젊은이들이 많이 찾는 곳이다.

드골 장군에 이어 프랑스 대통령을 지낸 퐁피두 대통령의 이름을 따 흔히 퐁피두 센터로 불리는 이곳은, 국립 현대 미술관을 제외하고 모두 무료이다. 전체 입장객의 약 65%가 35세 이하의 신세대들이다. 무료이기 때문에 그 수를 정확하게 헤아릴 수는 없지만, 프랑스에서 노트르담 성당 다음으로 가장 많은 입장객을 맞이하는 곳이 바로 퐁피두 센터이다. 지금 퐁피두 센터 내에는 국립 현대 미술관MNAM, 대중 정보 도서관BPI, 음향음악조율 연구소Ircam와 같은 기관이 있고, 기획 전시실과 공연장 등도 마련되어 있으며 식당, 카페 등도 있다. 다시 말해 미술, 문학, 음악이라는 3대 예술 장르가 종합적으로 한 건물 안에 들어와 있는 것이다.

건물은 영국 건축가인 리처드 로저와 이탈리아 건축가 엔조 피아노 두 사람이 맡았으며 1977년에 완공되었다. 건물의 기능적 역할을 하는 부분을 모두 건물 외부에 노출시킨 아방가르드 건축의 효시로 간주되는 건물이다. 전기 배선(황색), 엘리베이터와 에스컬레이터 등의 이동 시설(적색), 공조 시스템과 상하수도(청색) 등이 모두 건물 밖으로 나와 있고 고유의 색을 칠해 오히려 강조해 놓았다.

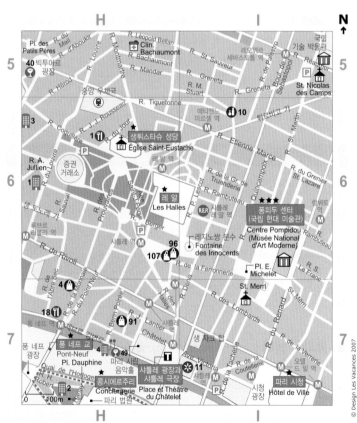

[레 알, 퐁피두 인근]

퐁피두 센터 옆에는 장난감들이 들어가 있는 작은 분수가 생 메리 성당을 배경으로 사시사철 물을 뿜고 있다. 이 분수는 스트라빈스키 분수로, 분수 안에 들어가 있는 장난감처럼 생긴 오브제들은 현대 조각가인 탱글리와 니키 드 생 팔의 조각 작품들 이다. 러시아 현대 작곡가인 스트라빈스키의 〈봄의 제전〉을 분수 조각으로 표현한 것이다. 분수 뒤로 보이는 성당은 7세기에 지금의 성당 자리에서 순교한 생 메리를 기리는 생 메리 성당이다. 15세기 화염 고딕 양식으로 17세기에 지어진 성당으로 특 히 내부의 목공예가 뛰어나다.

• 위치 　　　　　 Place Georges-Pompidou 75004

© Photo Les Vacances 2007

[퐁피두 센터는 현대의 문화 · 예술이 끊임없이 생산되는 곳이다.]

• 교통편 　　　　　 지하철 M11 Rambuteau 혹은 M1, 11 Hôtel de Ville 역
• 개관시간 　　　　 수~월 11:00~22:00
• 웹사이트 　　　　 www.centrepompidou.fr
• 입장료 　　　　　 미술관 – 성인 10유로, 학생 8유로

▶ 국립 현대 미술관 Musée National d'Art Moderne ★★★

20세기 현대 예술 작품을 소장하고 있는 국립 현대 미술관은, 루브르 박물관과 오 르세 박물관에 이어 프랑스 문화와 예술을 감상하는 마지막 코스가 된다.

미술관은 퐁피두 센터 4, 5층에 자리잡고 있다. 각 전시실에는 작품에 대한 자세한 설명문이 준비되어 있다. 약 5만 점의 현대 예술품을 소장하고 있는 퐁피두 국립 현대 미술관은 세계에서 가장 체계적이고 규모가 큰 현대 미술관이다. 프랑스에서 는 고대에서 낭만주의까지의 작품을 소장하고 있는 루브르와 1848년에서 1914년까 지의 근대 미술을 보관하고 있는 오르세 박물관과 함께 3대 미술관으로 꼽힌다. 사 조상으로 보면 마티스, 드랭의 야수파, 피카소, 브라크의 입체파 이후 표현주의, 추상, 설치 미술 등 거의 모든 현대 미술 사조들을 한눈에 볼 수 있는 곳이며 그 외에 건축 설계도, 데생 등도 소장하고 있다. 백남준의 작품도 소장되어 있다.

1905년에서 1960년까지의 예술품은 5층에, 1960년 이후의 컨템퍼러리 작품들은 4층에 전시되어 있다. 내부 유물 배치는 오르세 박물관의 실내를 설계한 가에 아울렌티가 맡았다. 난해한 현대 예술이라고 하지만 퐁피두 센터만큼 자유스러운 분위기로 충만한 미술관은 세상 어디에도 없다. 광장은 늘 각국에서 온 젊은이들로 초만원이다. 음악을 틀어놓고 춤을 추는 일본 청년도 볼 수 있고, 그 옆에서는 차력시범을 보이는 독일과 프랑스의 건장한 아저씨들은 영화 〈길〉에서 차력사로 나왔던

[퐁피두 센터 옆의 스트라빈스키 분수. 분수 안의 오브제들은 탱글리, 니키 드 생 팔의 작품이다.]

앤소니 퀸을 연상시킨다. 그뿐만 아니라 옛날 손풍금을 들고 나와 모자를 거꾸로 벗어놓은 채 에디트 피아프의 흘러간 노래를 연주하는 아저씨나, 현란한 차림의 펑크족들, 이것이 모두 퐁피두 센터에서만 볼 수 있는 풍경들이다. 그런데 이 풍경들이 단순히 풍경이 아니라 그 자체로 퐁피두 현대 미술관의 살아 숨쉬는 소장품으로 보아야 한다. 다시 말해 퐁피두 센터는 흘러간 예술품을 단순히 보관하는 곳이 아니라, 지금 진행 중인 생활과 예술을 생산하는 문화 공장인 것이다.

예술이 되어버린 거리의 낙서, 폐품이 된 타이어나 철근을 이용한 조각들, 부서진 피아노 밖으로 튀어나온 철사들, 텔레비전을 이용한 설치 미술 등 퐁피두 센터에 있는 소장품들은, 난해한 현대 예술이 아니라 생활 그 자체인 것이다. 퐁피두 센터의 예술품들은 루브르나 오르세의 소장품들과는 다른 또 하나의 특징을 갖고 있는데, 그것이 바로 예술 장르 간의 통합 현상이다. 서로가 서로에게 영향을 미치고 있는 조각, 회화, 건축, 디자인 등이 한 곳에서 함께 전시되고 있다. 퐁피두 센터 4, 5층의 전시실 외에 광장 북쪽 끝에 있는 루마니아 태생의 현대 조각가 브랑쿠시의 작업실을 재현해 놓은 브랑쿠시 관이 따로 마련되어 있다.

■ **4층 컨템퍼러리 미술**

4층에는 기계와 폐품을 활용한 조각가 탱글리, 앤디 워홀을 중심으로 한 팝 아트, 이브 클랭, 아르망, 니키 드 생 팔 등의 신사실주의, 키네틱 아트 작품 등이 전시되고 있다. 자료실로 쓰이는 살롱 뒤 뮈제Salon du Museé와 기획 전시를 여는 두 개의 갤러리, 그리고 34개의 상설 전시실로 구성되어 있다. 4층에 들어서면 입구에 있는 장 탱글리의 〈낙엽을 위한 진혼곡〉이라는 작품이 관람객을 맞는다. 입구의 넓은 홀에는 스웨덴 태생의 미국 작가 클레이스 올덴버그의 1970년작 〈대형 얼음 주머니Giant Ice Bag〉가 전시되어 있다. 이곳이 순서상 제1전시실이다. 제31전시실에

© Photo Les Vacances 2007

[퐁피두 국립 현대 미술관은 약 5만 점에 이르는 현대 예술품을 소장하고 있다.]

백남준 전시실이 있다.

■ **5층 현대 미술**

1905년에서 1960년까지의 20세기 전반부 예술 작품을 전시하고 있다. 40개의 전시실에 약 900점의 현대 미술 작품들이 상설 전시되어 있으며 10년 단위로 야수파, 입체파, 다다이즘과 초현실주의, 나이브 아트, 표현주의, 추상, 바우하우스 등 20세기 전반부의 중요한 예술 사조들을 감상할 수 있다. 피카소, 루오, 마티스, 레제, 술라즈 등의 예술가들에게는 별도의 개인 전시실이 마련되어 있다. 기타 작가들은 정물화, 누드 등의 주제별로 전시되어 있다.

▶ 레 알 Les Halles ★

알Halle이란 중세 때인 12세기부터 존재했던 시장을 뜻하는데, 특히 19세기 중엽 나폴레옹 3세 때 들어서는 철골 지붕이 덮인 시장을 뜻했다. 파리 시민들은 자신들

의 시장이 여느 지방의 작은 시장과 달리 여러 개라는 뜻에서 복수로 레 알이라고 불렀다. 이전에는 일주일에 두 번 서는 3일장이었고, 식료품만이 아니라 여러 가지 물품들이 거래되었지만, 16세기 들어 상설장이 되면서 점차 식료품 위주의 장으로 변모하게 된다. 당시 파리 인구가 대략 30만 명 정도 되었고 따라서 레 알 같은 큰 시장이 설 수밖에 없었다. 20세기 초까지만 해도 파리 시민들은 새벽 5시에 이곳에 나와 따끈한 양파 수프와 돼지 다리 혹은 달팽이를 즐겨 먹곤 했다. 당시 간판 중에 는 '담배 피우는 개'라든가 '돼지 다리' 등 재미있는 것들이 많았다. 하지만 제2차 세계대전 후 파리 인구가 급격히 늘어나고 교통 문제가 제기되자 레 알 시장을 시

[상설장이 서던 레 알. 지금은 현대적인 시설로 재개발되어 젊은이들이 많이 찾는다.]

© Photo Les Vacances 2007

외곽으로 이전하게 된다. 1969년 파리 남부 오를리 공항 인근의 렁지스로 모든 도매 시장이 이전하게 되었고 옛날의 레 알 자리는 지하철과 지하상가로 재개발되었다. 지금 레 알 지하에는 파리에서 가장 많은 7개의 지하철 노선이 겹쳐 지나간다. 하 지만 옛 시장 건물을 철거하면서 역사를 보존하기 위해 그 중 건물 한 채를 그대로 파리 교외의 노장 쉬르 마른느에 옮겨 다시 조립해 놓았다. 지상은 정원과 산책로 로 쓰이고 있으며, 지하에는 프낙FNAC이라는 대형 서점과 전자상품점을 비롯해 중저가 상품을 파는 여러 부티크들이 있다. 이곳은 주로 젊은이들이 많이 찾는 곳 이다.

- 교통편 　　　　　 지하철 M4 Les Halles 역

▶ 생튀스타슈 성당 Église Saint-Eustache ★

리슐리외 추기경, 17세기 최대의 극작가 몰리에르, 루이 15세의 애첩이자 문예 보호 자였던 퐁파두르 부인 등이 세례를 받은 곳이 레 알 인근에 있는 생튀스타슈 성당

이다. 1532년 공사가 시작되어 1640년에 공사가 끝난 성당은, 처음에는 파리의 노트르담 성당을 모방해서 지어졌으나 성당 전면은 미완성으로 남아 있다가 18세기 들어 고딕과는 어울리지 않는 고전 양식으로 완성된다. 1844년 화재로 소실되었다가 다시 복원된다. 이때 르네상스 양식으로 지어진 작은 두 개의 종루가 보태진다. 성당 내부에는 시몽 부에, 루벤스, 마네티 등의 성화와 피갈 등의 조각이 장식되어 있다. 성당 밖 광장에는 현대 조각가 앙리 드 밀레가 조각한 두상이 놓여 있다.

- 위치 2, rue du Jour 75001
- 교통편 지하철 M4 Les Helle 역

▶ 샤틀레 광장과 샤틀레 극장 Place et Théâtre du Châtelet

샤틀레는 성을 뜻하는 옛말이다. 이 말에서도 알 수 있듯이 이곳은 파리 북부에서 파리 시로 들어오는 관문이었고, 옛날에는 통행세를 걷는 곳이기도 했다. 광장에는 1862년 다비우가 지은 두 개의 쌍둥이 건물이 광장을 중심으로 서로 마주보고 있다. 센느 강을 바라보며 왼쪽에 있는 극장이 유명한 사라 베른하르트 등이 19세기 말 유명한 라신의 극을 공연했던 연극 전문 극장이다. 극장 이름도 원래는 사라 베른하르트 극장이었다가 '시 극장'으로 바뀌었다. 반대편 건물은 콘서트 홀인 파리 음악 극장TMP이다. 이곳에서는 스트라빈스키의 〈불새〉가 초연되기도 했고, 디아길레프 러시아 발레단이 공연을 가졌던 곳이기도 하다. 1910년에는 구스타프 말러의 제2교향곡이 초연되었다. 광장 중앙에는 1807년 나폴레옹의 승전을 기리는 개선탑과 이집트 정복을 상징하는 분수가 세워져 있다.

- 위치 1, place du Châtelet 75001
- 교통편 지하철 M1, 4, 7 Châtelet 역

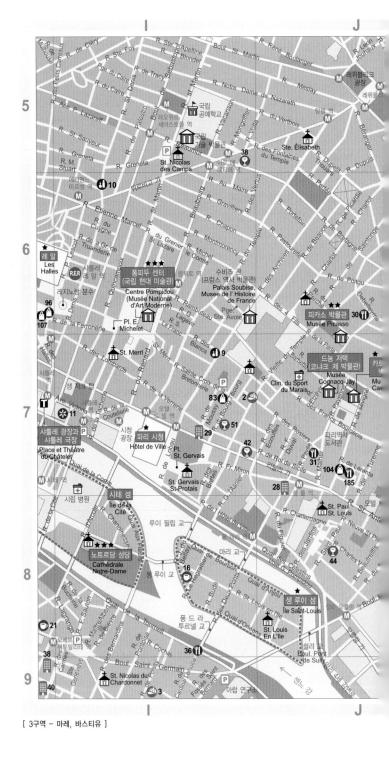

[3구역 - 마레, 바스티유]

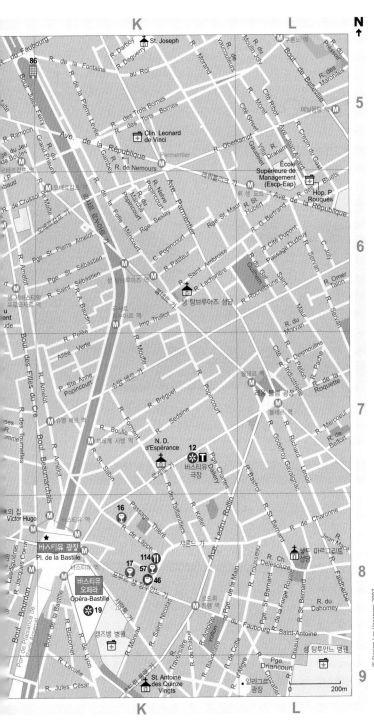

© Design Les Vacances 2007

3구역

마레, 바스티유

[마레, 바스티유 인근]

[많은 예술가와 정치가가 살았던 보주 광장. 6번지에는 박물관으로 지정된 프랑스의 대문호 빅토르 위고의
집이 있다.]

| 마레, 바스티유 인근 |

길모퉁이를 돌아설 때마다 프랑스 역사의 크고 작은 사건들과 인물을 만날 수 있는
곳, 그곳이 마레 지역이다. 특히 17세기와 18세기의 생생한 역사들을 만날 수 있다.
하지만 그렇다고 해서 이 지역을 과거의 거리로 생각하면 오산이다. 수많은 레스토
랑, 카페, 박물관, 그리고 화랑은 이곳을 파리 어느 곳보다 활기차고 지적인 곳으로
만들어놓고 있다. 16세기 중엽인 1559년, 앙리 2세가 기마 시합을 하다 근위대장의
창에 찔려 죽은 후 이곳은 버림받은 곳이 되었지만, 17세기 들어 앙리 4세에 의해
다시 활기를 되찾게 된다. 사실 파리 시는 루브르에서 지금 마레 지역이 위치한 동
쪽으로 먼저 확장해 나갔다. 하지만 프랑스 대혁명 당시 바스티유 감옥이 점령되면
서부터 이쪽 지역은 결정적으로 버림받게 되고 반대로 파리는 지금 샹젤리제, 콩코
드, 오페라를 중심으로 한 서쪽으로 발전해 나간다.

오랜 세월 동안 파리 동쪽은 상대적으로 가난한 사람들이 사는 동네로 인식되어 왔

다. 하지만 동쪽 지역의 중요성을 인식한 앙드레 말로 이후, 특히 1981년부터 14년 동안 프랑스를 통치한 프랑수아 미테랑 시절, 파리의 균형적인 발전을 위해 동쪽이 집중적으로 개발된다. 조르주 퐁피두 대통령 시절 시작된 퐁피두 문화센터, 그리고 미테랑 당시 개관한 바스티유 오페라 하우스, 또한 실내 경기는 물론이고 윈드서핑과 모터 사이클 경기까지 실내에서 치를 수 있는 파리 실내 체육관 베르시, 프랑스 국립 도서관, 유럽에서 가장 큰 관공서인 재경부 건물 등이 모두 미테랑 시절 들어서게 된다. 드골 정부 하에서 문화성 장관을 역임한 앙드레 말로는, 이곳이 문화 역사적으로 유서 깊은 곳이고 보존해야만 할 곳이라는 인식을 하게 된다. 그 후 이 지역은 거의 모든 계층의 사람들이 각자의 취향에 맞춰 모여서 함께 이야기하고 즐길 수 있는 곳으로 변모하게 된다. 게이, 전문 연구자, 학생, 청소년, 은퇴한 노인들, 작가와 예술가들, 직장인들과 주부들까지 모두 자신들에게 어울리는 공간을 갖고 있는 곳이 이곳이다.

▶ 보주 광장 Place des Vosges ★

세비녜 부인, 보쉬에, 리슐리외, 빅토르 위고, 테오필 고티에, 알퐁스 도데 등 많은 작가, 예술가, 정치인들이 평생을 살았던 이 광장은, 아마도 파리에서 가장 고즈넉하면서도 활기찬 광장일 것이다. 서로 붙어 있는 4층짜리 건물 36채가 사각형 광장을 형성하고 있다. 앙리 4세의 명에 의해 건축된 건물과 광장은 기이하게도 건축가가 확실하게 알려져 있지 않다.

보주 광장은 생 탕투안느 가에서 약간 들어간 곳에 있다. 생 탕투안느 가는 앙리 2세가 근위대장인 몽고메리와 마상시합을 하다 실수로 한쪽 눈이 찔리는 부상을 입어 얼마 후 사망한 곳이기도 하다. 미신을 믿었던 왕비는 이곳을 헐어버리고 다시는 찾지 않았다. 근위대장 몽고메리는 잠시 영국으로 피신을 갔다가 다시 소환되어 1574년 지금 파리 시청 앞 광장이 있는 곳에서 참수형을 받는다. 실수였지만 어쩔 것인가. 과실치사라는 죄목도 없는 시대였지만, 일부러 져 주었어야 할 왕과의 시합에서 왕을 죽였으니 참수를 당할 수 밖에 없었을 것이다.

빅토르 위고의 집 Maison de Victor Hugo

보주 광장 6번지에 있는 위고의 집은 1903년 박물관으로 지정되어 방문해 볼 수 있다. 빅토르 위고는 17세기 초에 건립된 건물 2층에서 1832년부터 1848년까지 살았다. 〈파리의 노트르담Notre-Dame de Paris〉을 집필한 직후 이곳으로 이사를 왔다. 3층에는 빅토르 위고의 일생을 보여주는 그림, 조각, 사진 및 기타 유품들이 전시되어 있다.

- 6, place des Vosges 75004
- 지하철 M1, 5, 8 Bastille 역, 버스 20, 29, 65, 69, 76, 96번
- 10:00~18:00 • 월요일, 공휴일 휴관
- 무료(특별 전시회는 유료)

▶ 피카소 박물관 Musée Picasso ★★

토리니 가 5번지에 자리잡고 있는 피카소 박물관은 원래는 소금에 부과되는 염세를 거두어들이던 징세 청부인의 저택으로써, 이를 비웃기 위해 살레 관이라는 이름으로 불리던 곳으로 1659년에 지어진 건물이다. '살레' 라는 말은 짜다는 뜻으로 염세를 거두어들이는 사람의 지독한 징수 방법을, 구두쇠를 의미하는 소금에 빗대어 붙인 이름이다. 또한 살레라는 말 속에는 더럽다는 뜻도 있다. 지금은 20세기 최대의 화가 피카소 박물관으로 쓰이고 있다. 1881년 스페인의 말라가에서 태어난 파블로 피카소는 바르셀로나, 마드리드 등에서 공부를 한 후 1904년 파리로 온다. 그 후 1973년 세상을 떠날 때까지 한번도 프랑스를 떠난 적이 없었다.

프랑스는 1968년 특별 세법을 적용하기 시작한다. 다름 아니라 유명 예술가들이 상속세를 현금이 아닌 자신들의 작품과 저작권으로 대납할 수 있는 법이었는데, 피카소에게도 이 법이 적용되어 피카소의 작품을 많이 갖고 있지 못한 프랑스가 이 20세기 최대 화가의 작품을 다량 소유할 수 있게 된다. 약 250점의 회화, 가장 체계적인 피카소의 조각 작품, 3,000점에 달하는 데생 및 삽화, 필사본 등을 소장하고 있다. 프랑스 정부는 이렇게 대납받은 피카소의 작품을 보존, 전시하기 위해 살레 관을 대대적으로 보수해 박물관으로 꾸며 놓았다.

피카소 박물관의 작품은 1층에서부터 창작 연대를 따라가며 전시된다. 그래서 1층에서는 청색 시대로 불리는 초기에 제작된 작품 〈푸른색 자화상〉을 볼 수 있다. 한국전쟁을 그린 그림도 이곳에 있다. 박물관에는 비단 피카소 자신의 작품만이 아니라 그가 소장하고 있던 다른 화가들의 희귀한 명작도 함께 전시되어 있다. 샤르댕, 코로, 르누아르, 브라크, 그리고 누구보다 피카소가 존경했던 세잔느 등의 작품들도 이곳에서 볼 수 있고, 일명 세관원 루소라 불리는 나이브 아트 화가 앙리 루소의 작품도 소장되어 있다. 4층에서는 피카소 관련 기록 영화들을 상영한다.

- 위치　　　　5, rue de Thorigny 75003
- 교통편　　　지하철 M1 St-Paul 혹은 M8 Chemin Vert 역
- 개관시간　　4~9월 – 수~월 09:30~18:00
　　　　　　　10~3월 – 수~월 09:30~17:30
- 입장료　　　성인 5.50 유로, 학생 4유로

▶ 드농 저택 (코냐크 제 박물관) Musée Cognacq-Jay

엘제비르 가 8번지에 있는 이 박물관은 16세기 말 드농이라는 귀족이 살던 저택이었다. 지금은 18세기 예술 박물관으로 지정되어 있다. 19세기 때 가장 큰 백화점인 사마리텐느 백화점을 운영해 엄청난 부를 모은 코냐크 제 부부가 평생 모은 18세기 예술품을 파리 시에 기증해 세워진 박물관이다.

1층에는 와토와 같은 프랑스 화가들은 물론이고 렘브란트, 로이스달 같은 북구 플

랑드르 화가들의 작품도 전시되어 있다. 루이 15세 관에는 왕비인 마리 레진스카와 공주 아델라이드의 초상화가 걸려 있어 루이 15세 관임을 쉽게 알 수 있다.

2층에는 연극적 구도로 명성을 날린 화가 그뢰즈의 작품들과 프라고나르의 초상화들이 돋보인다. 조각 역시 걸작 일색인데 우동, 팔코네, 클로디옹 등의 작품들이 소장되어 있다. 19세기 작품으로는 거대한 유적지와 폐허를 주로 그린 위베르 로베르와 에로틱한 신화화의 대가 부셰 등의 그림이 걸려 있다.

3층에는 18세기까지 유일한 프랑스 여류 화가였던 마담 비제 르 브룅의 초상화들이라 투르의 파스텔화와 영국 화가들의 작품들과 함께 걸려 있다. 참나무로 된 뛰어난 목공 장식이 돋보이는 이 방에는 고가구들도 전시되어 있다.

- 위치   8, rue Elzévir 75003
- 교통편   지하철 M1 St-Paul 혹은 M8 Chemin Vert 역
- 개관시간   화~일 10:00~17:45
- 휴관일   월요일, 공휴일
- 입장료   무료

▶ 카르나발레 박물관 Musée Carnavalet ★

세비녜 가 23번지에 있는 이 박물관은 선사시대에서부터 현대에 이르기까지 파리라는 한 도시의 역사 전체를 보여주는 유물들을 소장하고 있는 곳이다. 유물에는 회화, 가구, 판화, 각종 서류와 자료, 모형, 조각, 민속 공예품 등 거의 모든 종류의 예술품과 자료들이 망라되어 있다. 선사 유물들과 중세 유물들은 파리 시의 옛 모습을 보여준다. 가장 오래된 유물은 기원전 4400년의 것이다. 하지만 카르나발레 박물관이 소장하고 있는 가장 의미 있는 유물들은 회화 작품들이다. 이들 작품은 파리를 중심으로 발달한 프랑스 역사 전체를 일러준다. 각종 전쟁, 축제, 혁명과 내란 등을 묘사한 회화들은 미학적 가치를 떠나 당시의 상황과 인물들을 마치 사진처럼 생생하게 전해주고 있다. 특히 프랑스 대혁명과 파리 코뮌을 증언해 주는 그림들은 중요한 사료적 가치를 지니고 있다. 카르나발레 박물관은 동시에 문학 박물관이기도 한데, 프랑스 문학사를 빛낸 위대한 작가 시인들의 내밀한 삶을 엿볼 수 있는 각종 유품들이 전시되어 있다. 코르크로 방음 장치를 하고 글을 썼던 프루스트의 방 등이 좋은 예다. 루이 14, 15, 16세 시대의 가구들과 실내 장식을 모아놓은 방에 들어가면 한눈에 프랑스 실내 장식의 역사를 볼 수 있다.

- 위치   23, rue de Sévigné 75003
- 교통편   지하철 M1 St-Paul 혹은 M8 Chemin Vert 역,
                   버스 29, 69, 76, 96번
- 개관시간   화~일 10:00~18:00
- 웹사이트   www.carnavalet.paris.fr
- 휴관일   월요일, 공휴일
- 입장료   무료(특별 전시회 제외)

▶ 바스티유 광장 Place de la Bastille ★

세계사의 물줄기를 바꿔 놓은 프랑스 대혁명은 1789년 7월 14일, 바스티유 감옥을 점령하면서 시작된다. 7월 14일은 혁명 기념일로 지금도 프랑스에서 가장 성대한 기념 행사가 벌어지는 최대의 축일이다. 샹젤리제 거리에서 군사 퍼레이드가 벌어지기도 한다. 바스티유 감옥은 혁명 당시 점령된 후 몇 달 뒤 완전히 철거된다. 이렇게 해서 나온 돌은 혁명을 기념하기 위해 여러 가지 용도로 사용되었다. 바스티유 감옥을 헐어서 나온 돌을 사용해 지은 가장 대표적인 건축물이 콩코드 다리다.

© Photo Les Vacances 2007

[바스티유 광장. 바스티유 오페라가 들어서면서 음악인들이 즐겨 찾는 카페, 상점 등이 주위에 생겨났다.]

구 체제를 짓밟고 다니자는 의미로, 가장 왕래가 많은 다리를 짓는데 이 돌을 사용했던 것이다. 이러한 유래가 있는 곳이어서, 지금도 바스티유 광장은 시위나 파업 등을 할 때 집결지로 흔히 이용된다. 이곳에 모인 시위대가 파리 시청을 거쳐 콩코드로 진행하는 것이 파리 시에서 일어나는 시위의 전통적인 코스다. 바스티유 광장은 파리 동부의 가장 중요한 교통 중심지이기도 하다. 지금 바스티유 광장에는 정명훈 씨가 음악 감독을 맡은 적이 있는 바스티유 오페라 하우스가 들어서 있다. 바스티유 오페라 하우스는 오페라가 공연되는 명실상부한 파리 오페라 하우스이고, 19세기 말에 세워진 일명 갸르니에 오페라로 불리는 파리 오페라 하우스는 발레가 공연되는 곳이다.

광장 한가운데는 1830년 7월혁명을 기념하는 47m 높이의 탑이 세워져 있다. 왕정복고를 물리치기 위해 일어났던 7월혁명은 7월 26, 27, 28일 3일간에 걸쳐 가장 극렬한 양상을 보였고, 그래서 이 3일을 프랑스 역사에서는 흔히 '영광의 3일'로 부른다. 하지만 공화국은 세워지지 못했고 대신 입헌군주인 루이 필립의 7월왕정이 들어선다. 낭만주의 화가 으젠 들라크루아의 〈민중을 이끄는 자유의 여신〉이라는 유명한 그림 역시 이 혁명을 묘사한 그림이다. 탑 밑으로는 옛날에 바스티유 감옥이 있던 자리가 표시되어 있다. 알라브완느가 설계해 1840년에 완성되는 이 탑의 높이는 47m이며 탑 정상부에는 뒤몽이 조각한 자유의 수호 정령이 올라가 있다. 탑신에는 1830년 혁명과 1848년 혁명 당시 희생된 사람들의 이름이 각인되어 있고, 탑 지하에는 그들의 유해가 묻혀 있다. 바스티유 광장은 지금은 파리 동부 지역의 교통 중심지일 뿐만 아니라, 바스티유 오페라 하우스가 들어서면서 음악인들이 즐겨 찾는 카페, 식당 등이 들어서고 악보와 악기를 취급하는 고급 전문 상가가 형성되어 있다. 뿐만 아니라 주위에는 고급 화랑가도 형성되어 있어 이제는 파리에서 가장 파리적인 시가지로 변모했다.

© Photo Les Vacances 2007

[세계적인 지휘자 정명훈 씨가 음악 감독을 맡았던 바스티유 오페라]

▶ 바스티유 오페라 Opéra Bastille

2,700석의 객석을 갖고 있는 오페라 홀은 브르타뉴 산 청색 화강석과 중국에서 수입한 배나무로 마무리했다. 2,700석의 홀에 비해 건물의 외관은 엄청난 규모를 보이고 있는데, 이는 오페라 역사상 세계 최초로 공연되는 오페라에 필요한 모든 것을 바스티유 오페라 자체에서 제작 조달하기 때문이다. 다시 말해 바스티유 오페라 전속 교향악단은 말할 것도 없고, 신발이나 가발과 같은 소도구를 만드는 부서에서부터 전기공 같은 기술자와 무대 미술, 의상 디자이너에 이르기까지 74개에 달하는 모든 부서가 바스티유 오페라에 들어와 있는 것이다.

- 위치   120, rue de Lyon 75012
- 교통편   지하철 M1, 5, 8 Bastille 역
- 휴관일   공휴일
- 웹사이트   www.opera-de-paris.fr
- 입장료   가이드 투어 11유로, 학생 9유로(각 공연은 각기 다르므로 확인 필요)

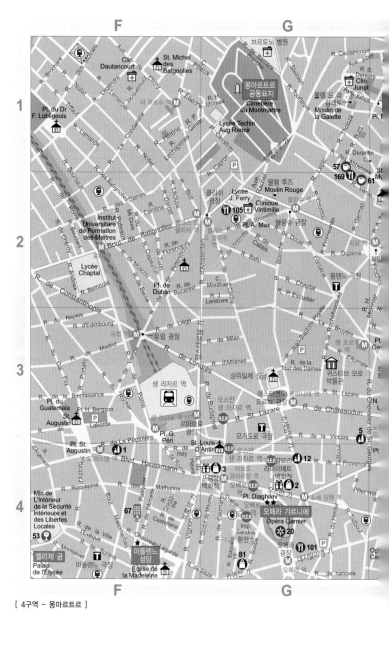

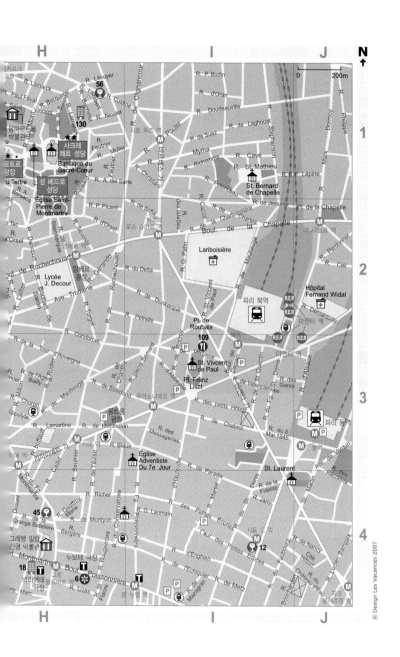

4구역

몽마르트르

[몽마르트르 인근]

[파리에서 가장 높은 언덕, 몽마르트르. 언덕 위에 서면 파리 시내가 한눈에 들어온다.]

© Photo Les Vacances 2007

| 몽마르트르 인근 |

파리에서 가장 높은 언덕이지만 해발 180m 정도밖에 되지 않기 때문에 걸어서 올라가며 이곳저곳을 둘러보아야 하는 곳이다. 시간이 촉박한 사람이나 몸이 불편할 경우에는 지하철 티켓을 이용할 수 있는 후니퀼레르라는 작은 열차를 타거나 사크레 쾨르 성당 아래에서 출발하는 전동 관광 열차를 이용할 수 있다.

몽마르트르라는 말은 '순교자의 언덕'이라는 뜻을 갖고 있다. 로마 점령 시기인 서기 250년경 생 드니 성자가 이곳에서 참수형을 받고 순교를 한 후, 잘려진 자신의 머리를 들고 지금 파리 북부의 생 드니 성당이 있는 곳까지 걸어갔다는 전설에서 언덕의 이름이 유래했다. 생 드니는 1998년 프랑스 월드컵 개회식과 폐회식이 열린 파리 근교의 도시다. 해발 180m 정도 되는 몽마르트르 언덕은 파리 일대에서는 가장 높은 곳으로 옛날 로마 점령 시대부터 신전이 많이 들어섰던 곳이다.

그 이후 이곳은 포도밭, 야채밭 등이 널려 있는 가난한 동네였고 곳곳에 풍차도 있었다. 프랑스 대혁명 당시 몽마르트르라는 행정 구역으로 정식 등록이 되는데 당시 거주자가 고작 638명 정도에 불과했다. 몽마르트르 언덕이 파리 시로 편입된 것은 오스만이 파리 지사일 당시인 1860년이다. 오스만은 부임하자마자 바로 파리 시 전체를 공사장으로 만들며 도시 계획을 시작했고, 도시 중심부에서 밀려난 노동자와 빈민들이 몽마르트르 언덕으로 모여들기 시작했다. 당시는 집값이 싼 달동네였고 특히 몽마르트르에서 만드는 포도주는 신고 대상에서 제외되어 있었기 때문에 빈민들이 살기에는 안성맞춤인 지역이었다. 몽마르트르의 유일한 산업이 있었다면 석고 채취였는데, 인근 광장 이름에 하얀색을 뜻하는 블랑쉬 광장이 있어 몽마르트르 언덕이 석고 채취장이었음을 일러준다.

몽마르트르는 파리 코뮌이라는 역사적 사건과 밀접한 관련을 맺고 있는 곳이다. 1870년 9월 4일 나폴레옹 3세는 스당 전투에서 적군의 포로가 되고 전쟁은 패색이 짙었다. 공화정이 선포되었지만 새로운 정부는 전쟁을 수행할 능력이 없었고 보르도에서 소집된 국민 의회는 보수파 일색이었다. 게다가 이 의회는 국민 방위군의 월급을 지급하지 않겠다는 무모한 결정을 내려 시민들을 분노하게 했다. 많은 이들이 이 월급으로 먹고 살고 있었기 때문이다. 1871년 1월 28일, 마침내 프랑스 정부가 프러시아에게 항복을 하자 파리 시민들은 궐기하기 시작했다. 보르도로 내려가 있던 의회는 파리 시민들을 폭도로 간주했다.

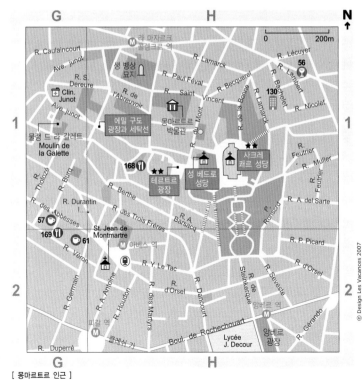

[몽마르트르 인근]

처음에는 몽마르트르 언덕에 있던 국민 방위군 대포를 반납하라는 명령에 반대해 일어났던 작은 규모의 소동은, 대포를 반납받으러 왔던 정부군이 장교들을 감금하고 시민군에 합류해버리자 걷잡을 수 없게 되어가고 있었다. 왕당파와 부르주아들은 베르사유로 가 정부군을 지휘했고 파리 시청에서는 파리 코뮌이 선포되었다. 이를 두고 마르크스는 그의 글 〈프랑스 내전〉에서 '파리 코뮌이야말로 새로운 사회의 영광스러운 용광로'라고 불렀다. 하지만 5월 21일에서 28일까지 계속된 베르사유 군과 코뮌 군과의 전투는, 이른바 '피의 일주일'이라는 처참한 결과를 남긴 채 베르사유 군의 승리로 끝났다. 투항한 시민들을 포함해 수만 명의 시민들이 죽었고 튈르리 궁과 파리 시청 등 많은 건물들이 화재로 불타버린다.

19세기 말에서 제1차 세계대전이 시작되는 1914년까지 몽마르트르는 가난한 예술가들이 즐겨 찾는 곳이 된다. 르누아르는 이곳에 거주하며 〈물랭 드 라 갈레트의 무도회〉 등 많은 그림을 그렸고 위트릴로 역시 많은 풍경화를 남겼다. 20세기가 시작되자 피카소, 브라크, 마티스 등 이제 막 파리에 도착한 젊은 화가들이 '세탁선'이라는 별명이 붙은 허름한 집에 모여 그림을 그리기 시작했다. 1907년 피카소의 그 유명한 그림 〈아비뇽의 처녀들〉이 완성된 곳도 이곳이었다. 이들 젊은 화가들 이전에 이미 반 고흐, 고갱 등이 19세기 말 몽마르트르를 드나들었다.

1889년에 문을 연 유명한 카바레 '물랭 루즈'는 툴루즈 로트렉 등의 화가들이 자주 드나들던 곳이었고, 무희들은 인근의 창녀들과 함께 화가들의 모델이 되어주기도 했다. 이미 몽마르트르는 축제와 술의 동네가 되어갔고 집값도 옛날처럼 싸지가 않았다. 엄청난 주량 때문에 술고래라는 뜻의 '라 굴뤼'라는 별명으로 불린 여인을 비롯해, 많은 술집 여인들의 노래와 춤을 보기 위해 사람들이 몰려들었다. 제1차 세계대전 이후 시인, 예술가들은 몽마르트르를 떠나 파리 중심가에 있는 몽파르나스로 이동하게 된다.

▶ 사크레 쾨르 성당 (성심 성당)
Basilique du Sacré-Cœur ★★

몽마르트르 언덕은 파리 시내가 한눈에 내려다보이는 파리에서 가장 높은 곳이다. 1871년 보불 전쟁에 이어 파리 코뮌이라는 동족 간의 비극까지 겪은 프랑스는, 당시 저질러진 모든 죄와 민족 통합을 위해 수도인 파리에서 가장 높은 몽마르트르 언덕에 전 국민이 거둔 성금으로 성당을 짓기로 한다. 모금 결과 4,000만 프랑에 달하는 거금이 걷혔다. 사크레 쾨르, 즉 성심 성당은 이렇게 해서 지어진 회개와 화합을 위한 성당이다. 하지만 쉽게 아물지 않는 비극의 상처처럼 이 건설 계획도 많은 이들의 반대에 부딪치게 된다. 1876년 첫 돌이 놓인 후 제1차 세계대전이 발발하는 1914년에 완공되는데, 19세기 말 성당 축성식이 있던 어느 날 시인들이 이곳을 찾아와 '악마 만세'를 불렀다고 한다. 그 정도로 이 성당은 미학적으로나 정치적 의미로나 반대가 많았던 성당이었다. 에밀 졸라도 반대했던 이들 중 한 사람이었다.

1914년 완공되어 제1차 세계대전이 끝난 이후 신도들이 주야로 교대를 해가며 기도를 드리고 있고 지금도 이 릴레이 기도는 끝나지 않고 있다.

건축가 폴 아바디에 의해 지어진 사크레 쾌르는 비잔틴 양식을 취하고 있다. 성당 내부도 비잔틴 양식에 따라 모자이크로 장식되어 있다. 종탑에는 프랑스 성당에 있는 종 중 가장 규모가 큰, 알프스 인근의 사부아 지방 사람들이 주조해 기증한 무게 19t짜리 종이 들어가 있다. 성당 전면의 현관 위 좌우에는 각각 성 루이 왕과 잔 다르크 상이 올라가 있다. 지하 입구에서 300개 계단을 올라가면 성당의 돔에 오를수 있다. 날씨가 맑은 날에는 30km까지 보인다.

[프랑스 시민들은 민족 통합을 위해 파리에서 가장 높은 몽마르트르 언덕에 사크레 쾌르 성당을 지었다.]

- 위치 　　　　　Place Saint-Pierre 75018
- 교통편 　　　　지하철 M2 Anvers 혹은 M12 Abbesses 역
- 개관시간 　　　성당 06:45~23:00, 돔 09:00~18:00
- 입장료 　　　　성당 무료, 돔 5유로

▶ 성 베드로 성당 Église Saint-Pierre de Montmartre

몽마르트르 언덕에는 사크레 쾌르 성당 바로 옆에 작은 크기의 성 베드로 성당이 있다. 1134년에 첫돌이 놓인 이래 여러 번 파괴되고 보수된 이 성당은 여러 양식이 뒤섞인 묘한 형상을 하고 있다. 중앙홀의 천장은 15세기 것이고 서쪽 면은 18세기, 그리고 청동으로 주조된 세 개의 중앙문은 1980년에 만들어진 것이다. 내부의 가로축과 세로축이 교차하는 제단의 천장을 받치고 있는 첨두형 지붕은 파리에서 가장 오래된 것으로 1147년에 완성된 것이다.

▶ 테르트르 광장 Place du Tertre ★★

흔히 화가들의 광장으로 불리는 이곳은 몽마르트르 거리의 화가들이 초상화를 그리기도 하고 파리 풍경화를 그려서 팔기도 하는 곳이다. 사각형 광장 주위에는 카페와 기념품 가게들이 있어 잠깐 앉아 휴식을 취할 수도 있다. 카페에 너무 오래 앉아 있지 않는 것이 좋다. 오래 앉아 있다 보면 부탁을 하지도 않았는데, 길거리 화가들이 찾아와 이미 반쯤 그린, 모델과는 별로 닮지도 않은 초상화를 보여주며 흥정을 시작하기 때문이다.

© Photo Les Vacances 2007

['화가들의 광장'으로 불리는 테르트르 광장. 주위에는 카페와 기념품 가게가 늘어서 있다.]

유일한 몽마르트르 화가, 모리스 위트릴로 Maurice Utrillo (1883~1955)

몽마르트르에서 그림을 그린 화가는 많지만 모두들 한때 이곳을 거쳐갔을 뿐, 몽마르트르에서 태어나 그림을 그린 화가는 오직 위트릴로 한 사람밖에 없다. 어머니 수잔 발라동도 역시 모델 역할을 하다가 그림을 그리기도 했는데, 위트릴로는 한 화가의 사생아였다. 위트릴로라는 성은 이를 불쌍히 여긴 한 스페인 신사가 자신의 이름을 빌려준 것일 뿐이다. 어려서는 할머니의 손에서 자랐는데, 아이가 보챌 때마다 우유에 포도주를 섞어서 먹이는 바람에 위트릴로는 열 살 때부터 술을 입에 대기 시작해 중학교에 입학하면서부터는 압생트 같은 독주를 벌컥벌컥 들이키게 된다. 한 독실한 가톨릭 신자인 부인을 만나기 전까지 위트릴로의 삶은 말 그대로 술주정뱅이의 그것이었다.

정신과 의사의 권고를 받아들여 그림을 그리기 시작했으나, 미술 교육을 받지 못한 그는 몽마르트르 언덕의 골목길과 풍경을 많이 그렸고, 1900년에서 1912년까지 10년 동안 그려진 그림들이 가장 시적이고 예술성이 강한 작품들로 남아 있다.

위트릴로는 몽마르트르 언덕의 한 술집 아가씨를 좋아했는데, 그 집에 찾아가 화장실 벽에다 많은 그림과 낙서들을 했다. 어느 날 이를 안 아가씨는 위트릴로를 불러 그림과 낙서를 다 지우라고 했다. 당시 이런 식으로 몽마르트르 화가들은 자신들의 그림을 그렸다. 간판도 그렸고 나무 판자에다 그리기도 했고 술값으로 그림을 주기도 했으며 길거리 여인에게 화대로 주기도 했다. 오늘날 위트릴로의 그림은 대략 한 점당 100만 유로 정도 값이 나간다.

▶ 에밀 구도 광장과 세탁선 Place Émile-Goudeau

에밀 구도 광장 13번지의 일명 '세탁선'으로 불리는 집이 바로 피카소, 브라크, 후안 그리스 등의 화가들이 20세기의 새로운 미술 운동인 입체파 그림을 처음으로 그렸던 아틀리에이다. 세탁선이라는 별명은 피카소의 친구였던 시인 막스 자콥이 너저분한 집을 놀리기 위해 붙인 이름이다. 〈미라보 다리〉로 유명한 시인 아폴리네르도 자주 드나들며 전통적인 시작법을 부정하며 새로운 시를 썼다. 안타깝게도 이 '세탁선'은 1970년 화재로 소실되어 지금 건물은 다시 복원한 것이다. 안에 들어가면 화가들의 작업실과 기거했던 방들이 복원되어 있다.

▶ 몽마르트르 공동묘지 Cimetière du Montmartre

파리 시 3대 묘역 중 하나인 이곳에는 프랑스 유명 문화 예술인들의 묘가 안장되어 있다. 1908년 팡테옹으로 이장된 에밀 졸라의 묘도 처음에는 이곳에 있었다. 그 외에 중요한 인물들을 열거하면 다음과 같다. 낭만주의 음악가 베를리오즈, 18세기 화가 그뢰즈, 시인 테오필 고티에, 소설가 뒤마 피스, 철학가 르낭, 화가 에드가 드가, 음악가 오펜바흐, 문학상으로 유명한 공쿠르 형제, 〈적과 흑〉의 소설가 스탕달, 시인 비니, 연극인 루이 주베와 영화 감독 프랑수아 트뤼포, 발레리노 니진스키 등이다.

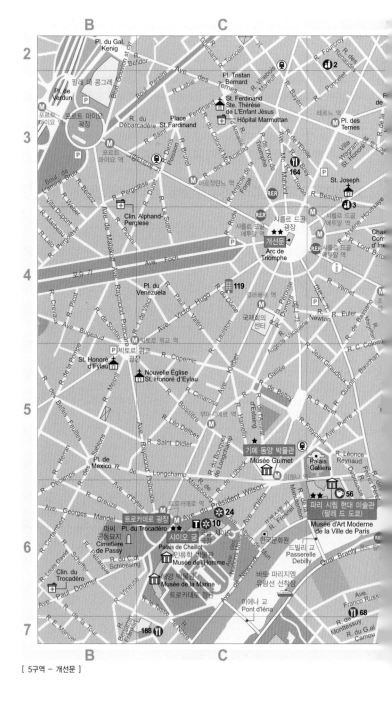

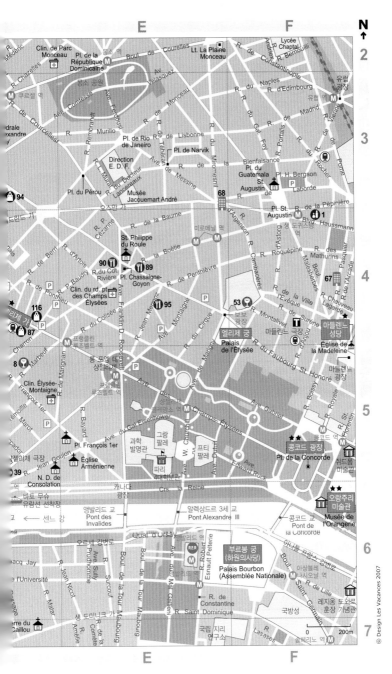

© Design Les Vacances 2007

5구역

개선문

[개선문 인근]

© Photo Les Vacances 2007

[수많은 역사적 순간을 지켜본 개선문. 옥상에 오르면 에펠 탑과 몽마르트르 등 파리 곳곳을 감상할 수 있다.]

| 개선문 인근 |

▶ 개선문 Arc de Triomphe ★★

1806년 나폴레옹은 파리가 한눈에 내려다보이는 언덕에 개선문을 지으라는 명령을 내린다. 그 후 3년 뒤인 1809년이 되어서야 장 프랑수아 샬그랭의 안이 채택되어 공사가 시작된다. 하지만 1815년 백일천하를 끝으로 나폴레옹 시대가 끝나자 왕정 복고기 동안에는 공사가 중단된다. 개선문은 그 후 30년이 흘러 1836년 루이 필립 시대에 들어 완성된다. 따라서 나폴레옹은 자신이 건립을 명령한 개선문이 완성되는 것을 보지 못하고 눈을 감았다. 1840년 나폴레옹의 관이 개선문을 지나 앵발리드로 가게 된다. 하지만 개선문이 겨우 기초만 놓였을 때인 1810년 새로 황비가 된 마리 루이즈가 파리로 입성하는 날, 그녀를 맞이하기 위해 천과 나무로 미리 완성될 개선문을 실물 크기로 만들어야만 했다.

개선문을 세우는 전통은 고대 로마 시대부터 내려오던 것으로 당시에는 대부분 문을 3개씩 냈다. 하지만 나폴레옹은 중앙에 문 하나만을 내는 강인한 인상을 주는 단순한 양식을 택했고, 이는 많은 나라에서 정치적 기념물을 세울 때 모델이 된다. 평양에 있는 개선문 역시 이를 모방한 것이다. 개선문이 세워질 당시에는 문 주위로 다섯 개의 도로만 형성되어 있었을 뿐, 지금처럼 12개의 대로가 방사선 모양으로 형성된 것은 나폴레옹 3세 때 파리 지사를 지낸 오스만의 도시 계획 때이다. 다섯 개의 길을 갖고 있을 때부터 별 모양으로 생겼다고 해서 흔히 에투알 광장으로 불렸고, 지금도 정식 명칭은 샤를르 드골 광장이지만 에투알 광장으로 불린다. 샹젤

© Photo Les Vacances 2007

[개선문의 기둥 조각, 뤼드의 〈라 마르세예즈〉]

리제를 포함해 12개의 도로가 형성되어 있는 광장은 콩코드 광장과 함께 파리 어느 곳으로도 방향을 틀어 갈 수 있는 교통의 중심축이다.

개선문은 수많은 역사적 사건을 지켜본 프랑스 근현대사의 증인이다. 1885년 빅토르 위고가 서거하자 개선문을 통과해 팡테옹으로 들어갔고, 1921년에는 개선문 밑에 제1차 세계대전 때 전사한 무명 용사비가 들어서고, 2년 후인 1923년부터 24시간 '추모의 화염'이 타오르고 있다. 이 불은 가스 장치를 통해 지금도 365일 24시간 타오르고 있다. 하지만 프랑스 인들만이 아니라 전 세계 사람들의 기억에 남아 있는 개선문은 아마도 1944년 8월 26일, 개선문을 지나 나치 점령으로부터 해방된 파리로 들어오는 드골 장군의 행진 모습일 것이다. 그로부터 물론 4년 전 메르세데스 벤츠에 몸을 실은 히틀러도 새벽 공기를 가르며 이곳을 지나갔다.

개선문은 전체 높이가 50m이고 폭은 45m이다. 4개의 조각이 각 기둥 앞뒤에 장식되어 있는데, 가장 유명하고 예술적으로 높이 평가를 받는 작품은, 개선문을 바라보며 오른쪽 기둥에 올라가 있는 뤼드가 조각한 〈라 마르세예즈〉이다. 프랑스 혁명 당시인 1792년 의용군의 출정을 기념하는 조각이며 프랑스 국가 제목이기도 하다.

개선문 내부 벽에는 660명의 장군들의 이름이 각인되어 있는데, 이름 밑에 밑줄이 그어져 있는 장군들은 전장에서 전사한 장군들이다. 빅토르 위고는 평생 이 개선문을 저주하며 살았는데, 장군이었던 그의 아버지 이름이 명단에서 빠졌기 때문이다. 개선문은 옥상까지 올라가 볼 수 있다. 이곳은 에펠 탑과 몽마르트르 언덕과 함께 파리 모습을 한눈에 볼 수 있는 장소다. 특히 라 데팡스 신시가지와 이른바 그랑 닥스Grand Axe 즉, 바스티유에서 시작되어 파리 도심을 가로질러 교외까지 이어지는 '대축'을 볼 수 있는 유일한 곳이다. 국경일만 되면 높이가 30m 정도 되는 개선문 중간에는 대형 삼색기가 걸린다. 혁명 기념일인 7월 14일, 국사 퍼레이드가 열리

© Photo Les Vacances 2007

[세계적으로 유명한 샹젤리제 거리. 개선문에서 콩코드 광장까지 이어져 있다.]

는 곳도 이곳이며, 프랑스 인들이 가장 좋아하는 스포츠 경기인 프랑스 일주 자전거 경주 '투르 드 프랑스'의 종착점이기도 하다.

- 교통편　　　　지하철 M1, 2, 6, RER-A Charles de Gaulle Étoile 역
- 개관시간　　　4월~9월 09:30~23:00,
　　　　　　　　10월~3월 10:00~22:30
- 휴관일　　　　공휴일
- 입장료　　　　성인 8유로, 학생 5유로

▶ 샹젤리제 가 Avenue des Champs-Élysées ★★

샹젤리제만큼 한 거리의 이름이 전 세계 사람들에게 알려진 예는 없다. 길이 1.9km 폭 71m인 샹젤리제는 개선문에서 콩코드 광장까지의 길을 지칭한다. 나폴레옹 3세 때인 19세기 후반 파리의 부호들과 정치인, 예술가들이 개인 저택을 갖게 되면서 세련된 취향과 그들을 만족시키기 위한 레스토랑, 유명 브랜드 숍, 화랑들이 들어서면서 일약 세계적인 거리로 이름을 알리게 된다. 이후 모파상의 〈벨 아미〉나 마르셀

프루스트의 〈잃어버린 시간을 찾아서〉 등의 소설에 등장하며 거의 신화적인 장소가 되었다.

샹젤리제라는 거리 이름은 용사들의 영혼이 머무는 그리스 로마 신화에 등장하는 장소 이름이다. 샹젤리제 거리는 지금은 미국식 패스트푸드점이나 영화관 혹은 각 나라를 대표하는 항공사와 관광안내소 등이 있는 대중적인 장소가 되었지만, 아직도 오래 전에 문을 열었던 카페들이 남아 있다. 개선문과 콩코드 광장 사이의 중간 지점에 롱 포엥이라는 교차로가 있고, 이 교차로를 따라 각각 최고급 부티크들이 늘어서 있는 두 개의 거리가 시작된다. 센느 강 쪽으로 나 있는 몽테뉴 가와 프랑스 대통령궁인 엘리제 궁부터 시작되는 포부르 생 토노레 가이다. 롱 포엥 교차로를 지나 콩코드 광장 쪽으로 내려오면 좌우로 마로니에가 우거진 영국식 정원이 펼쳐진다. 왼쪽은 엘리제 궁이며 오른쪽은 1900년 만국박람회를 치렀던 그랑 팔레와 프티 팔레다. 지금도 미술 전시회를 비롯한 여러 행사가 열리고 있다.

▶ 엘리제 궁 Palais de l'Élysée

프랑스 대통령궁인 엘리제 궁은 1718년 한 귀족의 저택으로 지어진 건물이다. 얼마 후 루이 15세의 애첩이었던 퐁파두르 부인이 구입했고, 이어 한 금융업자에게 팔려 지금과 같은 규모로 확장된다. 대혁명 때 대중 무도회장으로 쓰이는 바람에 파괴되지 않은 채 남아 있을 수 있었던 건물은, 조제핀이 구입해 잠시 살면서 지금과 같은 장식을 하게 된다. 벨기에의 워털루 전투에서 패한 나폴레옹이 1815년 6월 22일 두 번째 양위 문서에 서명을 하고 유배를 떠난 곳이 바로 이곳이기도 하다. 또한 그의 조카 루이 나폴레옹 보나파르트가 1851년 12월 2일 쿠데타를 일으키기 위해 음모를 꾸미며 머물렀던 곳이기도 하다. 나폴레옹 3세는 황제가 된 후에는 지금은 불타서 없어진 튈르리 궁을 황궁으로 쓰게 된다. 프랑스 대통령 관저로 쓰이기 시작한 것은 1873년부터다.

엘리제 궁에서부터 유명한 부티크들이 들어서 있는 포부르 생 토노레 가가 이어진다. 영국, 일본 대사관도 이 거리에 있다. 이 거리에는 13번지가 없다. 미신을 믿었던 나폴레옹의 황후 조제핀의 명령으로 13이라는 숫자를 번지수에서 빼버렸기 때문이다.

▶ 콩코드 광장 Place de la Concorde ★★

건축가 가브리엘이 루이 15세를 기리기 위해 1753년에서 1763년 사이에 건설한 이 광장은 여러 번 이름이 바뀌게 된다. 처음에는 루이 15세 기마상이 세워진 루이 15세 광장이었다가, 대혁명 때는 단두대가 놓인 혁명의 광장이었고, 1795년 이후 지금의 이름인 콩코드 광장으로 불리게 된다. 광장 한가운데는 이집트가 프랑스에 선물한 룩소르의 오벨리스크가 세워져 있다. 기원전 1300년경 이집트를 통치했던 람세스 2세 때 만들어진 태양신을 숭배하는 이 탑은 높이 23m의 화강암 덩어리로 무게가 무려 230t이나 나간다. 당시의 수송 수단으로는 도저히 옮길 수 없는 무게였는데 프랑스 툴롱 항에 도착하는데 25개월이 걸렸고, 그 후 1836년 10월 25일 지금의 위치에 세워지는 데는 3년을 더 기다려야만 했다. 결국 5년이 더 걸린 셈인데, 당시의 수송 과정을 오벨리스크 하단에 금박으로 기록해 놓았다.

오벨리스크를 중심으로 양 쪽에 두 개의 분수대가 세워져 있는데, 로마 바티칸의 성 베드로 광장에 있는 분수를 모방해 루이 필립 때 세워졌다. 84,000㎡에 달하는 광장 주위에는 각 모서리마다 두 개씩 8개의 여인 조각이 올라가 있는데, 리옹, 보

[콩코드 광장의 분수와 오벨리스크. 높이 23m, 무게 230t인 오벨리스크는 이집트가 선물한 것이다.]

르도, 툴루즈, 마르세유, 브레스트 등 프랑스 8대 도시를 상징한다. 콩코드라는 말은 '조화', '화합'을 뜻하는 단어로 프랑스 전체가 하나라는 국민 화합을 다지기 위해 8대 도시를 상징하는 조각들을 이곳에 갖다 놓게 된 것이다.

광장에서 개선문을 바라보면 샹젤리제 가가 시작되는 입구 양쪽의 좌대에 두 점의 날 소각이 올라가 있는 것을 볼 수 있다. 조각가 기욤 쿠스투(1677~1748)가 조각한 이 조각은 원래는 마를리 궁에 있던 것을 1795년 콩코드 광장으로 갖고 왔다. 조각의 원본은 공해를 피해 루브르 박물관에 소장 중이며 샹젤리제 입구에 세워져 있는 것은 복제품이다. 1950년대 중반 한 사기꾼이 어리숙한 미국인에게 이 조각을 팔아 넘겼다. 계약서까지 작성한 이 미국인은 약속한 날 인부들을 데리고 조각을 떼어내기 위해 콩코드 광장에 도착했다. 이미 사기꾼은 거액을 챙겨 도망간 후였고 경찰의 제지를 받은 미국인은 계약서를 내보였지만, 국가 재산이라는 말을 듣고서야 속은 것을 알았다고 한다.

샹젤리제를 바라보면서 오른쪽으로 루브르 궁을 모방해 지은 두 채의 건물이 보인다. 오른쪽 건물은 프랑스 해군성이고, 그 옆 건물은 크리옹 호텔이다. 두 건물 사이

로 보이는 성당이 오페라 가로 이어지는 마들렌 성당이다. 콩코드 광장을 건너 마들렌 성당 맞은편에 보이는 건물은 부르봉 궁으로 프랑스 하원의사당이다. 의사당 앞의 다리는 콩코드 다리로 바스티유 감옥을 헐어서 나온 돌로 지어진 다리다. 파리 시민들이 구 체제의 상징인 바스티유 감옥을 밟고 다녀야 한다는 취지에서 일부러 그 돌만을 갖다가 썼다고 한다.

콩코드 광장은 혁명 당시 기요탱이라는 외과 의사가 만든 단두대가 설치된 곳으로 유명하다. 단두대는 크리옹 호텔 앞에 설치되었는데, 1793년 1월 21일 루이 16세가 처형되고 이어 단두대는 틸르리 궁의 철책 쪽으로 옮겨져 1794년까지 무려 1,200

[모네의 〈수련 연작〉을 볼 수 있는 오랑주리 미술관]

명이 넘는 왕족, 귀족, 성직자들이 단두대의 이슬로 사라진다. 루이 16세의 왕비 마리 앙투아네트도 그 중 한 사람이었고, 혁명을 주도했던 인물들인 당통, 로베스피에르 등도 남의 목을 자르던 칼날에 자신의 목을 내주어야 했다.

▶ 오랑주리 미술관 Musée de l'Orangerie ★★

오랑주리는 오렌지 등 열대수들을 키우는 온실을 뜻한다. 옛날 유럽의 군주들은 궁을 지으면 정원 한쪽에 오랑주리를 짓곤 했다. 따라서 지금 모네, 르누아르 등의 인상주의 회화를 소장하고 있는 오랑주리는 인근에 왕궁이 있었다는 것을 일러준다. 그 왕궁이 바로 루브르와 틸르리 궁이다. 지금은 루브르 궁만 남아 박물관으로 쓰이고 있고 틸르리 궁은 1871년 일어난 파리 코뮌 당시 화재로 소실되고 만다. 틸르리는 기와를 굽는 가마를 뜻하는데, 옛날 이곳에 기와 공장이 있었기 때문에 붙여진 이름이다. 지금 틸르리 정원은 마이욜 등 현대 조각가들의 작품이 전시된 조각 공원으로 쓰이고 있다. 오랑주리 건너편에는 비슷하게 생긴 기획 전시용 건물인 죄

드 폼 미술관이 있다.

오랑주리 미술관은 인상주의의 발상지인 파리를 찾는 이들에게 인상주의 걸작들을 가장 조용한 분위기 속에서 음미할 수 있는 기회를 제공하는 곳이다. 세계적인 오르세 박물관이나 마르모탕-모네 박물관 등에 비하면 규모가 작고 찾는 이도 많지 않아 명작들을 가까이에서 천천히 감상할 수 있는 곳이다. 오랑주리가 지금과 같이 미술관으로 사용되기 시작한 것은 양차대전 사이인 1927년경으로, 장 발테르의 소장품들이 주축을 이루어 개관했다. 이후 1984년에는 화상인 폴 기욤의 소장품이 들어와 소장품이 늘어났다. 주요 소장품은 모네, 르누아르, 세잔느 등의 인상주의 회화 작품을 비롯해, 일명 세관원 루소로 불리는 나이브 아트 화가 앙리 루소, 야수파의 마티스, 드랭, 그리고 20세기 중엽에 활동했던 여류 화가 마리 로랑생, 몽마르트르 화가 위트릴로 등의 작품들이 전시되고 있다. 특히 모네의 전체 길이 91m에 달하는 최후의 대작 〈수련 연작〉은 큰 감동을 준다. 또한, 리투아니아 화가 수틴의 작품은 20여 점이나 소장되어 있어 수틴을 좋아하는 이들의 발길이 끊이지 않는 곳이다.

- 위치　　　튈르리 정원, Place de la Concorde 75001
- ☎　　　　(01)4477-8007
- 교통편　　지하철 M1 Concorde 역,
　　　　　　버스 24, 42, 72, 73, 84, 94번
- 개관시간　12:30~19:00(금 ~21:00)
- 휴관일　　화요일, 5월 1일, 12월 25일
- 웹사이트　www.musee-orangerie.fr
- 입장료　　성인 6.50유로, 학생 4.50유로

▶ 기메 동양 박물관 Musée Guimet ★

기메 박물관은 리옹 출신의 프랑스 사업가로 페쉬네 그룹 회장을 지낸 에밀 기메 Emile Guimet(1836~1918)가 소장품을 정부에 기증하면서 탄생한다. 에밀 기메는 이집트를 여행하면서 종교에 심취하기 시작했고, 그 후 1876년에는 외방 전교팀과 함께 일본, 중국, 인도 등지의 종교를 알아보기 위해 여행을 한다. 그는 여행을 끝내고 돌아오면서 다량의 조각과 회화 작품들을 가져왔고, 이때 가져온 이 동양의 작품들로 리옹에 동양 박물관을 열었다. 1889년에는 리옹에 있던 유물들을 파리로 이전해 박물관을 열었다. 당시는 만국박람회 등을 통해 동양에 대한 관심이 고조될 때였다. 루브르 박물관에도 동양 예술실이 개설되었고, 에펠 탑을 한눈에 볼 수 있는 트로카데로 광장에도 인도차이나 박물관이 들어서던 때였다. 에밀 기메는 샤를르 바라 등이 가져온 한국 예술품들과 이어 티벳 유물도 박물관에 소장했다.

1920년 에밀 기메가 숨을 거둔 후 박물관은 동양 예술품 전문 박물관으로 진로를 결정한다. 1927년에는 모든 유물이 정부에 기증되어 중앙아시아와 중국 등에서 가져온 귀중한 예술품들이 속속 박물관에 들어온다. 동시에 트로카데로에 있던 동양 유물들도 모두 기메 박물관으로 이전된다. 아프가니스탄 유물들이 들어오는 것도 이 당시다. 자연히 기메에 있던 이집트 작품들은 모두 루브르로 이전되고 대신 동양 유물들이 기메로 들어온다. 1970년대 말 박물관이 개조된다. 이후 박물관은 1997년, 분산 전시되던 유물들을 국가와 지역별로 통합해 전시하기 위해 진행된 대대적인 공사를 시작해 2001년 새롭게 문을 열었다. 지금 기메 박물관에는 한국, 중국, 일본, 동남아시아, 티벳, 아프가니스탄 등의 귀중한 불상과 불화를 비롯해 도자기, 서책류 등이 들어와 있다.

중국, 일본 작품과 함께 박물관 3층에 전시되어 있는 한국의 작품으로는 삼국시대의 〈반가사유상〉을 비롯한 불상들, 1954년 일본에서 프랑스 인이 구입한 신라금관, 고려청자, 여말선초의 철제 불상인 〈천수관음보살상〉, 조선백자 및 고가구, 이한철의 〈화조도〉와 〈조만영의 초상〉, 그리고 무엇보다 가장 귀중한 작품인 김홍도의 〈민화 팔폭 병풍〉 등이 소장되어 있다. 한국 유물들이 프랑스 기메 박물관에 들어오게 된 경로는 대개 세 가지다. 첫 번째는 구한말과 일제 시대 당시 조선을 여행하며 프랑스 인들이 개인적으로 수집한 유물이고, 두 번째는 박물관에서 돈을 투자해 국제 경매에 나온 작품을 구입한 유물들이며, 마지막으로는 코리아 재단의 후원으로 보수하거나 수집한 유물들이다.

- 위치   6, place d'Iéna 75016
- ☎   (01)5652-5300 / F (01)5652-5354
- 교통편   지하철 M6 Boissière 혹은 M9 Iéna 역,
              버스 22, 30, 32, 82, 63번
- 개관시간   수~월 10:00~18:00
- 휴관일   화요일
- 웹사이트   www.museeguimet.fr
- 입장료   상설 전시를 포함 모든 전시 성인 8.50유로, 학생 6.50유로
              (매월 첫째 일요일에는 상설 전시 무료)

▶ 파리 시립 현대 미술관 (팔레 드 도쿄)
Musée d'Art Moderne de la Ville de Paris ★★

처음 파리에 현대 미술관을 세워야겠다는 주장은 오래 전부터 있어왔다. 지금 상원 의사당으로 쓰고 있는 뤼상부르 궁이 원래는 생손 작가의 작품을 보관하는 곳이었다. 하지만 장소가 협소해 이전이 결정되자 장소를 놓고 많은 논의가 따랐다. 1937년 만국박람회를 치르기 위해 공사를 끝내고 현재의 위치에 미술관이 들어서게 된다. 1937년 5월 개막된 만국박람회 당시, 프랑스는 의미 있는 대규모 미술전을 열었다. 우선 430점의 회화와 170점의 조각은 물론이고, 그 이외에도 수많은 소묘와 판화들을 동원해 르네상스에서 현대까지 프랑스 미술사를 조명하는 전시회를 열었다. 현대 미술관의 필요성을 주장해 온 파리 시는 파리 시의 역사를 보여주는 자료들을 전시했고, 아울러 미술사가 르네 위그의 주도 하에 반 고흐 특별전을 개최했다. 만국박람회 당시 이 건물을 도쿄 궁으로 불렀기 때문에 지금도 이 명칭이 그대

콩코드 광장

로 쓰이고 있다. 11월에 끝난 만국박람회는 적자를 냈지만, 3,000만 명이나 입장하는 대성황을 이루며 44개국이 참가한 가운데 성공적으로 막을 내렸다.

이후 도쿄 궁은 제2차 세계대전 이후 다시 여러 사람의 건축가들이 개보수를 해 마침내 1961년 정식으로 파리 시립 현대 미술관으로 개관을 한다. 당시 약 850점의 회화, 250점의 조각을 비롯해 그 외에 도자기, 판화와 소묘 등이 미술관에 들어온다. 1964년에는 250개의 패널을 붙여 넓이만도 600㎡에 달하는 기념비적인 라울 뒤피의 〈전기의 요정〉이 들어온다. 뒤이어 마티스의 미완성 〈춤〉이 들어오고 이를 위해 건물 일부를 보수해야만 했다. 지금 파리 시립 현대 미술관은 국립 현대 미술관인 조르주 퐁피두 센터와 함께 프랑스는 물론이고, 전 세계 20세기 예술가들의 작품을 소장하고 있는 굴지의 미술관으로 자리를 잡았다.

마티스, 앙드레 드랭의 야수파에서부터, 피카소와 브라크의 입체파를 거쳐, 페르낭 레제, 로베르 들로네, 그리고 초현실주의의 데 키리코, 앙드레 마쏭, 파리 파의 모딜리아니, 샤갈, 조각가 자드킨, 현대 추상화가 피에르 술라즈 등에 이르기까지 수천 점의 현대 작품들을 소장하고 있다. 이외에도 폐자동차를 이용한 세자르의 현대 조각과 20세기 말의 설치 작품과 루이즈 부르주아의 유명한 〈거미〉 같은 포스트모던 작품까지 20세기 미술 전반을 조망해 볼 수 있는 흔치 않은 미술관이다.

- 위치　　　　　13, avenue du Président Wilson 75116
- ☎　　　　　　(01)4723-3886, 5401
- 교통편　　　　지하철 M9 Alma Marceau 혹은 Iéna 역,
　　　　　　　　버스 32, 42, 63, 72, 80, 92번
- 개관시간　　　화~일 12:00~24:00
- 휴관일　　　　월요일, 일부 공휴일
- 웹사이트　　　www.palaisdetokyo.com
- 입장료　　　　성인 6유로, 26세 미만 4.50유로

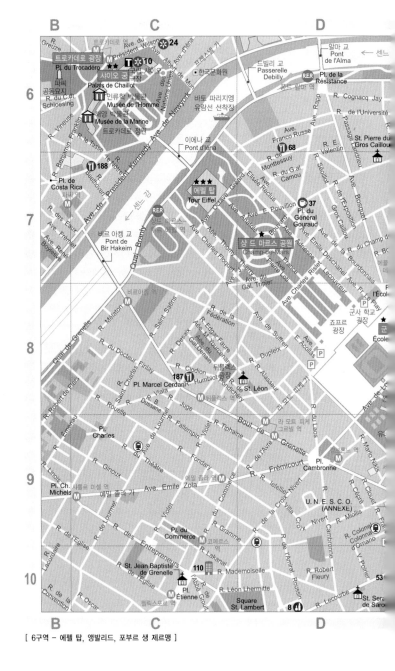

[6구역 - 에펠 탑, 앵발리드, 포부르 생 제르맹]

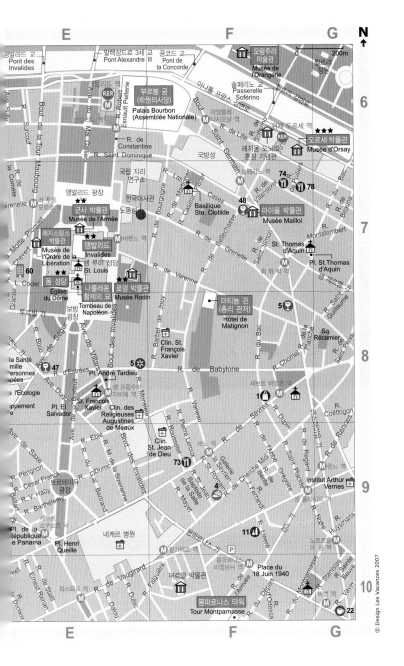

6구역

에펠 탑, 앵발리드, 포부르 생 제르맹

[에펠 탑 인근] [앵발리드 인근] [포부르 생 제르맹 인근]

© Photo Les Vacances 2007

[에펠 탑에서 바라본 트로카데로 광장과 샤이오 궁. 트로카데로 광장에선 에펠 탑 전체를 한눈에 볼 수 있다.]

트로카데로 광장과 샤이오 궁, 그리고 강 건너의 에펠 탑은 20세기 초 만국박람회를 계기로 재정비된 곳으로 당시의 문화 예술과 건축을 볼 수 있는 곳이다. 군사 학교는 18세기 건물로 나폴레옹 등 프랑스의 영광을 가능하게 했던 장군들을 배출한 곳이다. 이곳의 상징은 물론 에펠 탑이다.

| 에펠 탑 인근 |

▶ 트로카데로 광장 Place du Trocadéro

정확한 광장 이름은 '트로카데로 11월 11일 광장'이다. 프랑스는 1823년 스페인에 절대왕정을 확립하기 위해 안달루시아 지방의 카디스에 있는 트로카데로라는 요새를 점령한다. 전승을 기리기 위해 4년 후인 1827년 점령 상황을 재현하는 군사 퍼레이드가 열렸고, 이 행사의 일환으로 점령 당시를 그대로 재현하는 모의 전투 시

범이 있었다. 지금 트로카데로 광장이 있는 샤이오 언덕이 트로카데로 요새로 꾸며
졌고 이런 이유로 광장 이름에 트로카데로라는 이름이 남게 되었다. 매년 11월 11일
은 제1차 세계대전 종전 기념일로 이 광장에서 기념 행사가 열린다. 광장은 여러 차
례 모습이 바뀌다가 1937년 만국박람회를 치르면서 광장을 에워싸고 있는 샤이오
궁이 건립되어 지금과 같은 모습을 갖추게 된다.

▶ 샤이오 궁 Palais de Chaillot ★★

© Photo Les Vacances 2007

[샤이오 궁이 자리한 트로카데로 광장은 에펠 탑 전경을 감상하기에 좋은 장소다.]

트로카데로 광장을 중심으로 양쪽에 세워져 있는 궁이 샤이오 궁이다. 건물은 카를
뤼, 브왈로, 아제마 등 세 명의 건축가가 설계했고 당대 최고의 예술가들이 동원되
어 장식을 맡았다. 테라스 양쪽 건물 벽에는 금박을 입힌 8개의 청동 조각들이 세
워져 있다. 양쪽 건물은 지금은 모두 박물관으로 쓰고 있다. 에펠 탑을 보면서 오른
쪽에는 해양 박물관, 인류학 박물관이 들어가 있다. 왼쪽은 프랑스 기념물 박물관이
있다. 두 건물 사이의 광장 바닥에는 자유와 인권을 선언하는 내용의 선언문들이
각인되어 있는데, 이곳이 종종 파업이나 시위 장소로 이용되는 것도 이 때문이다.
에펠 탑을 향해 계단을 내려가면 금박을 입힌 8개의 청동 조각을 볼 수 있다. 왼쪽
건물 앞에 있는 앙리 부샤르의 아폴론이 가장 아름다운 수작으로 꼽힌다. 각 건물
상단에는 20세기 프랑스 시인인 폴 발레리가 쓴 시구(詩句)가 금박 글씨로 적혀 있
다. "예술을 모르는 자들은 이곳에 들어올 자격이 없다." 테라스 밑에는 국립 샤이
오 극장이 있다. 1920년에 창단된 국립 민중 극단이 활동했던 극장으로 20세기 프
랑스 연극에 지대한 공헌을 한 곳이다. 특히 장 빌라르가 극단장을 역임한 1951년

부터 1963년까지 마리아 카자레스, 제라르 필립 등의 명배우들을 데리고 전성기를 누렸다. 미남 배우 제라르 필립 덕택에 많은 파리 여인들이 이곳을 찾았다고 한다. 분수대 역시 1937년 만국박람회 때 조성된 것이다. 오후에는 50m가 넘는 사정거리의 물대포가 발사되는데 야간에 조명이 들어오면 장관을 이룬다. 분수대 주변은 햇볕이 귀한 파리 시민들이 아슬아슬한 복장으로 일광욕을 즐기는 곳이기도 하다. 요즈음은 롤러 블레이드 광들의 경연장으로 사용되기도 한다. 왼쪽으로 화단을 건너면 한국 문화원이 있다.

- 위치　　　　　Place du Trocadéro 75016
- 교통편　　　　지하철 M6, 9 Trocadéro 역
- 개관시간　　　해양 박물관 – 10:00~17:50(화요일 휴관)
　　　　　　　　인류학 박물관 – 09:45~17:15(화, 공휴일 휴관)
- 입장료　　　　해양 박물관 7유로, 인류학 박물관 7유로

▶ 에펠 탑 Tour Eiffel ★★★

"유럽을 상징하는 조형물이 무엇이냐"고 유럽 인들에게 물었더니 대부분의 사람들이 에펠 탑이라고 답을 했다고 한다. 에펠 탑은 이렇게 파리나 프랑스의 상징이 아니라 이젠 유럽을 상징하는 탑이 되어 있다.

300m 높이의 에펠 탑은 1889년, 프랑스 대혁명 100주년과 같은 해에 열린 만국박람회를 기념하기 위해 건립되었다. 후일 방송 안테나가 올라가 24m 정도 높아졌다. 철탑이기 때문에 기후에 따라 약 15cm 정도 높이가 변한다. 3개 층으로 나뉘어져 있고 올라가 볼 수 있다. 입장은 유료이며 2층까지는 걸어서 올라갈 수도 있다. 1층의 높이는 57m, 중간층인 2층은 115m, 가장 높은 3층은 276m다. 건설자인 귀스타브 에펠(1832~1923)이 지어 그의 이름을 따 에펠 탑이라고 부른다. 가장 높은 3층에 올라가면 밀랍 인형으로 제작한 에펠과 토마스 에디슨이 담소하는 장면을 볼 수 있다. 쾌청한 날은 60km까지 전망이 가능하며 가장 아름다운 풍경은 일몰 한 시간 전에 볼 수 있다. 탑의 무게는 약 9,700t 정도이고 7년마다 한 번씩 56t 가량의 방청 페인트를 칠한다. 언뜻 보면 한 가지 색으로 칠한 것처럼 보이지만 층마다 약간씩 다르다. 지상에서 보았을 때 탑이 더욱 높게 보이도록 하기 위해 1층에는 가장 진한 색이 칠해져 있고 3층은 가장 밝은 색으로 칠했다.

유명한 에펠 탑이지만 그만큼 사연도 많다. 우선 당시에는 공개되지 않았지만, 처음 에펠 탑을 설계한 사람은 귀스타브 에펠이 아니었다. 만국박람회 공모전에 탑을 설계해 응모한 사람은 에펠 건축 사무소에서 일하던 쾨슐랭과 누기에였다. 이들의 안이 당선되자 자신의 이름을 덧붙이는 조건으로 에펠은 투자를 약속했다. 그 후 에펠은 오직 자신의 이름만 거명되도록 일을 추진해 나갔다. 하지만 에펠 역시 뛰어난 공학도였다. 그는 이미 하노이에 철교를 놓았고 미국 맨해튼에 있는 바르톨디의 작품 〈자유의 여신상〉 내부의 골조를 제작한 이도 에펠이었다.

처음 에펠 탑 건립이 공표되자 모파상, 베를렌느, 르 콩트 드 릴르, 구노 등 문인과 음악가들은 물론이고 오페라 하우스를 지은 갸르니에 등 건축가들은 일제히 '300 인 성명'이라는 반대 성명을 냈다. 탑 높이가 300m였기 때문에 300명을 모은 것 이다. 특히 베를렌느는 길을 걷다가도 에펠 탑만 보이면 손으로 가리고 걸었다고 한다. 이러한 반대로, 건립 당시에는 20년간 사용한 후 철거하기로 되어 있었다. 하 지만 높은 고도로 인해 에펠 탑은 무선 전신에 최적의 조건을 제공하고 있었기 때 문에 철거를 면할 수 있었다. 20세기 초에 세계 최초로 라디오 방송 전파가 발송된 곳이 에펠 탑이기도 하다. 또 이미 세월이 흘러 300인 성명을 낸 사람들 중 생존자

© Photo Les Vacances 2007

[파리뿐 아니라 유럽 전체를 상징하는 탑인 에펠 탑]

© Photo Les Vacances 2007

[에펠 탑의 엘리베이터]

는 한 사람도 없었으며, 피사로, 들로네, 아폴리네르, 피카소, 뒤피 등 많은 현대 화 가와 시인들은 그들의 작품 속에서 에펠 탑을 묘사하며 새로운 시대를 찬양하고 있 었다.

어느 날 식당에서 우연히 작곡가 구노를 만난 에펠은 그를 거의 억지로 끌다시피 해서 자신의 사무실로 데리고 갔다. 에펠의 사무실은 다름 아닌 에펠 탑 맨 꼭대기 276m에 있었다. 없는 것이 없이 모든 것이 갖춰진 에펠의 사무실에는 피아노도 있 었다. 구노는 결국 파리의 하늘에 올라가 피아노 즉흥곡을 연주했고, 이는 그가 에 펠 탑에 대한 생각을 바꾸는 계기가 되었다. 유료 입장을 하는 전 세계 관광 명소 중 가장 많은 방문객이 찾는 곳이 바로 에펠 탑이다. 1년에 약 650만 명이 돈을 내 고 탑에 올라간다. 관광철이 되면 하루에 3만 명 정도가 한꺼번에 몰려 한두 시간 정도 줄을 서서 기다려야만 올라갈 수 있을 정도다. 게다가 에펠 탑은 SNTE 즉, 신 에펠 탑 회사라는 민간 기업의 사유 재산이기도 하다. 지금까지 에펠 탑에 올라간 총 인원은 약 2억 명으로 추산된다.

탑은 2층까지만 걸어서 올라갈 수 있다. 225명의 조립공들이 2년 2개월 5일만에 에펠 탑을 세웠는데, 18,038개의 조각을 대략 250만 개의 리벳으로 조립했다. 공사를 위해 에펠이 그린 도면만 무려 5,300장에 달했다. 하루하루 높아 가는 에펠 탑을 보는 것은 당시 파리 사람들에게는 굉장한 기쁨이었다고 한다. 건립 당시 공사비는 850만 프랑이 들었다고 한다. 네 기둥은 정확하게 동서남북 네 방향으로 자리 잡고 있고 기둥 사이의 거리는 네 변 모두 125m다. 북쪽 기둥 밑에 부르델이 조각한 에펠의 금빛 흉상이 서 있다. 2층에는 에펠 탑 박물관과 함께 기념품점, 식당, 카페 등이 있다. 가장 높은 3층에 올라가기 전에 이곳에서 화장실을 들러가는 것이 좋다. 화장실 사용은 물론 유료인데, 3층에도 있긴 하지만 바람으로 인해 좌우로 약 8cm쯤 흔들리는 화장실보다는 아무래도 2층 화장실을 이용하는 게 나을 것이다. 지금까지 에펠 탑에서 뛰어내린 370명 중 두 명만 목숨을 건졌다고 한다. 사고가 날 때마다 철책의 높이가 높아졌고 그물이 새로 쳐졌다.

- 위치   Champ-de-Mars 75007
- ☎   (01)4411-2323
- 교통편   지하철 M6 Bir Hakeim, Trocadéro 혹은 M8 École Militaire 역,
  RER-C Champ de Mars-Tour Eiffel 역,
  버스 42, 69, 72, 82, 87번
- 개관시간   1월 1일~6월 14일 – 09:30~23:45(엘리베이터), 09:30~18:30(계단)
  6월 15일~9월 1일 – 09:30~00:45(엘리베이터), 09:00~00:30(계단)
  9월 2일~12월 31일 – 09:30~23:45(엘리베이터), 09:30~18:30(계단)
- 웹사이트   www.tour-eiffel.fr
- 입장료   엘리베이터 이용 시 – 1층까지 4.50유로, 2층은 7.80유로, 3층은
  11.50유로
  계단 이용 시(2층까지) – 25세 이상 4유로, 25세 미만 3.10유로

에펠 탑도 다이어트를 한다?

에펠 탑도 다이어트를 한다. 에펠 탑은 처음 건설할 당시에는 9,700t이었지만, 1981년에 측정한 결과 1,300t이 늘어나 11,000t의 무게를 보였다. 이는 정기적으로 녹을 방지하기 위해 칠하는 페인트 무게와 탑의 관리와 상업적 운영을 위한 시설들이 들어선 결과였다. 40명의 에펠 탑 관리 특수팀이 운영되고 있는데, 이들은 지난 몇 년 동안 2층에 설치되어 있던 콘크리트 구조물을 경량의 다른 구조물로 대체하는 식으로 에펠 탑 다이어트를 진행해 무려 1,340t의 무게를 줄일 수 있었다고 한다. 이 관리팀이 하는 중요한 일 중 하나가 정기적으로 빗물 홈통을 점검하는 일인데, 이 홈통을 분해해 안을 청소하면 오만 가지 물건들이 쏟아져 나온다고 한다. 사진기, 담뱃갑과 수십 킬로그램에 달하는 꽁초, 스카프, 장갑 등이 주종을 이루는데, 어떤 때는 속옷 같은 옷가지들도 나온다고 한다. 간혹 반지도 나오는데, 에펠 탑에서 결혼을 약속한 연인들이 실연당한 후 에펠 탑에 올라와 반지를 버린 것으로 추정된다고 한다.

| 앵발리드 인근 |

▶ 군사 학교와 샹 드 마르스 공원
École Militaire / Champ-de-Mars ★

1773년 완공된 이 건물은 루이 15세의 애첩이었던 퐁파두르 부인의 건의를 받아들여 500명의 가난한 귀족 자녀들을 장교로 양성하기 위해 세워진 왕립 군사 학교다. 건축가는 베르사유 궁의 소 트리아농 성을 지은 건축가 자크 앙주 가브리엘이다. 건물 양쪽 날개 끝의 돔은 19세기 중엽 제2제정 때 추가된 부분이다. 한 군납업자의 제안을 받아들인 퐁파두르 부인은 왕의 허가를 얻어내긴 했지만 왕은 군사 학교에 거의 관심이 없었다. 부인은 당시 공주들에게 하프를 가르치던 보마르셰의 도움을 받아 트럼프 판매에 세금을 부과하고 복권을 발행하여 건축비를 충당하게 된다. 나폴레옹 보나파르트도 이 학교 출신이다. 아직 프랑스 어가 서툴렀던 15살의 나폴레옹은 1784년 입학해 다음해 졸업과 함께 포병 장교로 임관한다. 그의 성적표에 기록된 교수의 의견 란에는 다음과 같은 기록이 남아 있다. "때만 잘 만나면 대성할 것으로 사료됨."

대혁명 당시 폐쇄되었지만 이후 다시 군사 학교로 문을 열어 지금은 프랑스 국방 고등원, 프랑스 군사 연구소 등이 들어가 있다. 외국군에 대한 위탁 교육이나 교환 교육 등도 이곳에서 담당한다(사관 학교는 다른 곳에 별도로 있다). 에펠 탑 뒤의 넓은 공원 즉, 샹 드 마르스는 군사 학교의 연병장이었다. 이곳에서는 양궁 대회 등이 열리기도 했는데, 대혁명 당시에는 혁명의 현장이기도 했다. 바스티유 점령 1주년이 되는 1790년 7월 14일, 성대한 시민 축제가 개최되었고 루이 16세는 이 행사에 나타나 헌법에 서약을 하게 된다. 나폴레옹 역시 1804년 노트르담 성당에서 대관식을 한 이튿날 이곳에서 휘하 부대에게 군기를 나누어주는 의식을 갖는다. 군사 학교를 졸업한 지 만 20년만의 일이었다. 성적표에 기록된 것처럼 확실히 그는 '때를 잘 만났다.' 하지만 군사 학교에서 한 블록만 가면 그의 무덤이 있는 앵발리드가 나온다. 프랑스 어 앵발리드는 군인에게 적용되면 쓸모 없는 군인, 즉 부상병이나 노병을 뜻한다.

▶ 앵발리드 Invalides ★★

루이 14세가 부상 당한 군인이나 은퇴한 노병들을 위해 지은 건물이 앵발리드다. 건물은 1670년에 공사를 시작해 1678년에 끝났고, 이후 별도로 지어지는 돔 성당은 쥘 아르두엥 망사르에 의해 1706년 완공된다. 프랑스 대혁명 당시 시민들은 바스티유 감옥을 점령하기 위한 무기를 얻기 위해 1789년 7월 14일 새벽 이곳으로 몰려와 무기들을 집어갔다.

폭 250m에 길이 500m인 앵발리드 광장 끝에 있는 건물에 가까이 가면 건물 앞에 호가 파여져 있고 그 호 위에 18문의 청동 대포들이 놓여 있다. 17세기와 18세기 때 사용되었던 이 대포들은 제1차 세계대전 승전 기념 행사 때 축포를 내뿜기도 했지만 장식용일 뿐이다. 제2차 세계대전 당시 독일군이 빼앗아간 것을 전후 다시 돌려받았다.

명예의 광장에는 15세기 때 주조된 대포로부터 시작해 유명한 대포와 전차 등이 전시되어 있다. 20세기 들어 앵발리드 건물은 최초의 목적이었던 부상병 치료와 노병 보호를 위한 시설로 다시 사용되고 군사 박물관도 들어서게 된다.

- 위치　　　　　　　　 129, rue de Grenelle 75007

© Photo Les Vacances 2007

© Photo Les Vacances 2007

[프랑스 혁명 당일 새벽, 시민들은 앵발리드에 몰려와 무기를 집어갔다.]

- ☎　　　　　　　　　(01)4442-3877
- 교통편　　　　　　　지하철 M8, 13 Invalides, Varenne, La Tour Maubourg 역 혹은
　　　　　　　　　　　RER-C Invalides 역,
　　　　　　　　　　　버스 28, 49, 63, 69, 82, 83, 87, 92, 93번
- 개관시간　　　　　　10:00~17:00(4~9월 ~18:00)
- 휴관일　　　　　　　매월 첫째 월요일, 1월 1일, 5월 1일, 11월 1일, 12월 25일
- 웹사이트　　　　　　www.invalides.org
- 입장료　　　　　　　성인 8유로, 학생 6유로
　　　　　　　　　　　(군사 박물관, 돔 성당, 나폴레옹 묘 관람 가능)

▶ 군사 박물관 Musée de l'Armée ★★

군사 관계 자료와 무기 등을 전시하고 있다. 50만 점에 달하는 전체 소장품이 무기와 갑옷, 절대왕정과 19세기, 군기와 포병, 제1차 세계대전, 제2차 세계대전 등 5개의 주제별로 나뉘어 전시되고 있다. 프랑수아 1세의 칼과 갑옷, 터키 오토만 황제 바자제의 갑옷 등이 눈여겨볼 만하다. 19세기 관에서는 나폴레옹의 유품들을 둘러

볼 수 있다. 이와 아울러 1/600로 축소시킨 도시, 항구 등의 모형이 루이 14세 때 제작된 것에서부터 최근에 만들어진 것까지 별도의 관에 전시되고 있다.

▶ 돔 성당 Église du Dôme ★★

앵발리드에는 두 개의 성당이 있다. 하나는 흔히 '병사들의 성당'으로 불리는 앵발리드 성 루이 성당Église Saint Louis이고 다른 하나는 돔 성당이다. 나폴레옹의 묘는 돔 성당 지하에 있다. 앵발리드 성 루이 성당은 건물이 지어질 때 함께 지어진 부속 성당이다. 돔 성당은 무미건조한 건물에 활기를 불어넣으라는 루이 14세의 명

[루이 필립은 7년에 걸친 협상 끝에 나폴레옹의 시신을 프랑스로 이장할 수 있었다.]

을 받아 망사르가 1706년 완성시킨 돔 하나로 이루어진 성당이다. 이 돔 성당은 프랑스 고전주의 양식을 대표하는 건물로서 이후 전 세계 의사당이나 정부 청사 건축에 모델 역할을 한다. 성당 외부는 거의 변화가 없었지만 내부는 19세기 들어 대대적인 변화를 맞게 된다. 특히 나폴레옹 무덤 안치와 1873년에 이루어진 스테인드글라스 공사 때 크게 변한다. 하지만 천장과 대리석 바닥 등은 건립 당시 그대로 보존되고 있다.

▶ 나폴레옹 황제의 묘 Tombeau de Napoléon

프랑스로 돌아온 나폴레옹 황제의 유해는 약 20년을 기다린 후 1861년이 되어서야 7중의 관 속에 입관된 후 돔 성당 지하에 안치된다. 관과 돔 성당 지하의 기념관을 짓는 데 20년이 걸린 것이다. 전체 설계는 비스콘티가 담당했다. 1840년 12월 15일 눈발이 휘날리는 겨울, 나폴레옹의 유해를 실은 마차가 개선문을 통과해 앵발리드로 향한다. 7년간 끌어온 영국과의 긴 담판 끝에 루이 필립은 세인트 헬레나에서

나폴레옹을 프랑스로 이장할 수 있었다. 세인트 헬레나 섬에 도착한 루이 필립의 아들 조엥빌 일행은 2분간 황제의 묘를 열어 시신을 확인한 후 운구 작업에 돌입했다. 관 뚜껑을 열었을 때, 황제는 근위병 복장을 하고 있었다. 시신 운구는 르 아브르 항에 도착한 후 센느 강을 따라 파리 근교, 지금의 라 데팡스 지역의 쿠르부아 포구에 도착했고 이어 개선문을 통과한다.

관의 가장 외부는 붉은 반암으로 되어 있고 납, 아카주, 흑단, 참나무 등의 재료로 만든 6중의 관이 시신을 감싸고 있다. 관을 중심으로 프라디에가 제작한 12점의 승리의 여신이 장식되어 있는데, 이는 나폴레옹이 치렀던 전투를 상징한다. 돔 성당 1층에는 보방, 포슈, 뒤로크, 베르트랑, 리요테, 튀렌느, 제롬 보나파르트 등 역대 유명 프랑스 장군들의 묘가 안치되어 있다.

▶ 레지스탕스 박물관 Musée de l'Ordre de la Libération

돔 성당을 나오면 왼쪽으로는 로댕 박물관이 있고, 오른쪽으로는 레지스탕스 박물관이 있다. 이곳에는 레지스탕스 당원들의 활동상, 르 클레르크 기갑 부대의 아프리카 전투, 노르망디 상륙 작전 등에 관련된 유물과 자료들이 전시되어 있다. 전설적인 레지스탕스 지도자 장 물랭에 관한 자료와 유물도 이곳에서 볼 수 있다.

| 포부르 생 제르맹 인근 |

이 지역은 지금은 국회의사당, 총리 관저, 행정 부처 등 프랑스 관청과 한국, 스위스, 스웨덴 등의 외국 대사관들이 모여 있는 파리 최고의 행정 구역이다. 정부 부처와 각국의 대사관들이 사용하는 건물은 모두 18세기 전반기에 지어진 귀족들의 저택들이다.

지역 이름은 556년에 파리 주교를 지낸 성자, 생 제르맹에서 유래했다. 낭만주의 시대의 유명한 여류 문인 스탈 부인과 극작가이자 시인이기도 했던 알프레드 뮈세, 20세기 작가인 쥘 로맹 등이 이 지역에서 살았고 프랑스 최대의 문학 출판사인 갈리마르 사가 이곳에 있다.

▶ 마티뇽 관 (총리 관저) Hôtel de Matignon

바렌느 가에 자리잡고 있는 마티뇽 관은 지금 프랑스 총리의 공식 관저로 사용되고 있다. 1721년, 장 쿠르톤느라는 건축가가 지은 건물을 자크 드 마티뇽이 구입했기 때문에 주인 이름을 빌려 지금도 마티뇽 관으로 불리고 있다. 이후 건물은 19세기 초의 정객인 탈레랑에게 팔렸고 다시 1885년부터 1914년까지는 오스트리아 대사관으로 사용되었으며 총리 관저로 쓰이기 시작한 것은 1935년부터다.

▶ 마이욜 박물관 Musée Maillol

아리스티드 마이욜(1861~1944)은 로댕 이후 프랑스 현대 조각을 대표하는 조각가
이다. 그의 작품은 마이욜 박물관만이 아니라 튈르리 정원의 야외에도 20점이 전시
되어 있다. 처음에는 화가로 미술에 발을 들여놓았던 마이욜은 로댕의 격렬한 표현
위주의 양식과는 반대로 여성 육체에 대한 시적인 부드러움과 조화를 강조했다. 대
표작으로는 〈지중해〉가 있다.

마이욜 박물관은 조각가의 모델이자 상속 집행인이기도 한 러시아 출신의 디나 비
에르니의 주도 하에 만들어졌다. 마이욜 박물관에는 조각가가 생전에 친교를 맺었
던 19세기 후반에서 20세기 초에 활동한 화가들의 작품도 함께 전시되어 있다. 대
표적인 화가들을 보자면 세잔느, 고갱, 마티스, 보나르 뒤피 등이다.

- 위치　　　　　　59–91, rue de Grenelle 75007
- 교통편　　　　　지하철 M12 Rue du Bac 역, 버스 63, 68, 83, 84, 94번
- 개관시간　　　　11:00~18:00
- 휴관일　　　　　화요일, 공휴일
- 웹사이트　　　　www.museemaillol.com
- 입장료　　　　　성인 7유로(할인 요금 6유로), 16세 미만 무료

▶ 부르봉 궁 (하원의사당)
Palais Bourbon (Assemblée Nationale)

지금의 자리에 처음으로 건물을 지은 사람은 루이 14세와 그의 애첩 몽테스팡 부인
사이에서 태어난 부르봉 공작부인이다. 1722년에 완성된 건물은 이후 지금의 콩코
드 광장으로 불리는 루이 15세 광장과의 조화를 꾀하기 위해 루이 15세가 구입한
다. 이후 여러 번 소유권이 이전되다가 나폴레옹 때 들어와 지금과 같은 12개의 코
린트 양식의 기둥이 있는 그리스 식 건물 외관을 갖추게 된다. 입법부가 이 건물을
사용한 것은 왕정복고 때인 1827년부터다. 여러 개의 방으로 구성된 실내에서 가장
아름다운 곳은 국회 도서관인데 들라크루아가 1838년부터 1847년까지 문명 발달사
를 주제로 제작한 장식을 볼 수 있다. 본관은 577석의 의석을 갖추고 있다.

▶ 오르세 박물관 Musée d'Orsay ★★★

〈역사〉

센느 강을 경계로 루브르 박물관과 마주보고 있는 오르세 박물관은 원래 약 1세기
전인 1900년 만국박람회 당시 기차역과 호텔로 쓰기 위해 지어진 건물이었다. 대대
적으로 개조를 해 박물관으로 문을 연 것은 1986년이다. 2월혁명이 일어난 1848년
에서 제1차 세계대전이 끝나는 1918년까지의 미술작품과 19세기 후반을 지배했던
문학, 음악, 사진, 영화 및 건축과 장식 예술품 일체를 보관 전시하고 있다. 오르세

© Photo Les Vacances 2007

[원래 기차역과 호텔로 쓰였던 오르세 박물관은 1986년 박물관으로 문을 열었다.]

박물관은 따라서 고대 이집트에서 19세기 중엽의 낭만주의까지의 유물과 예술품을
보관하고 있는 루브르 박물관과 20세기 국립 현대 미술관인 퐁피두 센터를 연결하
는 중간 지점에 위치한 박물관이다. 루브르부터 관람을 하고 이어 시대순으로 오르
세, 퐁피두 센터를 보는 방법이 가장 고전적인 순서가 되겠지만, 고대와 현대의 중
간 역할을 하는 오르세 박물관부터 보는 것도 한 가지 방법이다. 어느 쪽으로도 갈
수 있기 때문에 더 좋은 방법인지도 모른다.

지금의 박물관 건물은 19세기 파리에서 지어진 몇 안 되는 철골 구조의 건물로 건
축적 의미가 큰 건물이었다. 에펠 탑을 지을 때 들어갔던 7천보다 더 많은 철골이
들어갔다. 파리와 오를레앙을 연결하는 기차역으로 건설되었고 만국박람회를 치르
기 위해 호텔이 들어섰지만 급속한 철도망의 확대와 기술 발달로 인해 얼마 지나지
않아 오르세 역은 폐쇄되고 자연히 호텔 역시 문을 닫게 된다.

건축은 현상 응모에 참가한 3명의 건축가 중 빅토르 달루의 작품이 선정되어 건축
은 물론 실내 장식까지 그에게 맡겨진다. 이 건물을 박물관으로 개조해 박물관학에
자신의 이름을 남긴 사람은 응모한 6개 팀 중에서 선정된 ACT 건축 연구소 팀의

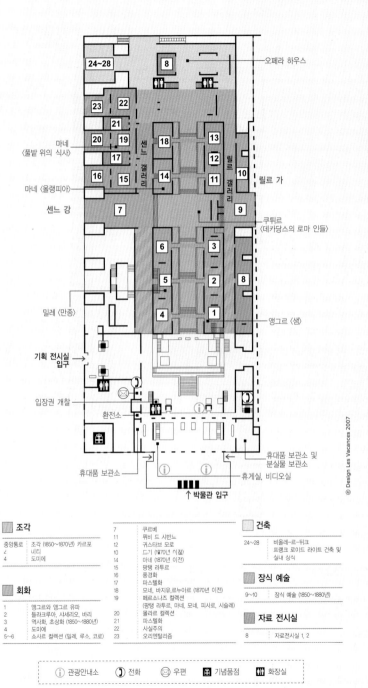

오페라 하우스

마네
〈풀밭 위의 식사〉

릴로 가

마네 〈올랭피아〉

센느 강

쿠튀르
〈데카당스의 로마 인들〉

밀레 〈만종〉

앵그르 〈샘〉

기획 전시실
입구

입장권 개찰

환전소

휴대품 보관소 및
분실물 보관소

휴대품 보관소

휴게실, 비디오실

↑ 박물관 입구

© Design Les Vacances 2007

조각	
중앙통로	조각 (1850~1870년) 카르포
2	니티
4	도미에

회화	
1	앵그르와 앵그르 유파
2	들라크루아, 샤세리오, 뷔리
3	역사화, 초상화 (1850~1880년)
4	도미에
5~6	쇼샤르 컬렉션 (밀레, 루소, 코로)

7	쿠르베
11	퓌비 드 샤반느
12	귀스타브 모로
10	도기 (1870년 이절)
14	마네 (1870년 이전)
15	팡탱 라투르
16	풍경화
17	파스텔화
18	모네, 바지유,르누아르 (1870년 이전)
19	페르소나즈 컬렉션 (팡탱 라투르, 마네, 모네, 피사로, 시슬레)
20	몰라르 컬렉션
21	파스텔화
22	사실주의
23	오리엔탈리즘

건축	
24~28	비올레-르-뒤크 프랭크 로이드 라이트 건축 및 실내 상식

장식 예술	
9~10	장식 예술 (1850~1880년)

자료 전시실	
8	자료전시실 1, 2

ⓘ 관광안내소	◐ 전화	⊗ 우편	📮 기념품점	🚻 화장실

[오르세 박물관 1층]

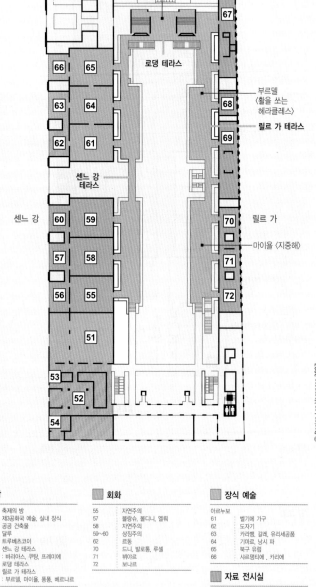

로댕 〈지옥의 문〉

67

로댕 테라스

부르델
〈활을 쏘는
헤라클레스〉

66 65

63 64

68

릴르 가 테라스

62 61

69

센느 강
테라스

센느 강

60 59

70 릴르 가

57 58

71 마이욜 〈지중해〉

56 55

72

51

53

52

54

© Design Les Vacances 2007

조각

51	축제의 방
52~53	제3공화국 예술, 실내 장식
54	공공 건축물
56	달루
57	트루베츠코이
	센느 강 테라스
	: 바리아스, 쿠탕, 프레미에
	로댕 테라스
	릴르 가 테라스
	: 부르델, 마이욜, 퐁퐁, 베르나르

회화

55	자연주의
57	블랑슈, 볼디니, 엘뢰
58	자연주의
59~60	상징주의
62	르동
70	드니, 발로통, 루셀
71	뷔야르
72	보나르

장식 예술

아르누보
61	벨기에 가구
62	도자기
63	카라뱅, 갈레, 유리세공품
64	기마르, 낭시 파
65	북구 유럽
66	사르펭티에 · 카리에

자료 전시실

67~69	자료 전시실

[오르세 박물관 2층]

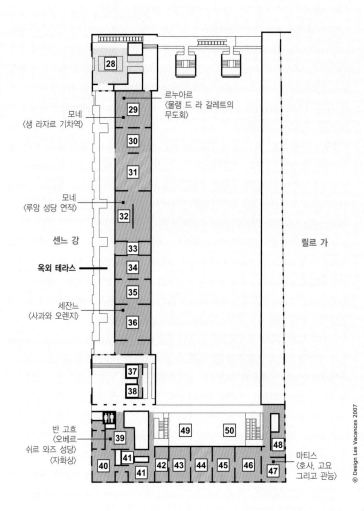

마티스
〈호사, 고요
그리고 관능〉

반 고흐
〈오베르
쉬르 와즈 성당〉
〈자화상〉

세잔느
〈사과와 오렌지〉

옥외 테라스

센느 강

모네
〈루앙 성당 연작〉

모네
〈생 라자르 기차역〉

르누아르
〈물랭 드 라 갈레트의
무도회〉

릴르 가

© Design Les Vacances 2007

	조각	
31	드가	
33	드가, 르누아르	
44	고갱	

	건축	
28	건축 및 실내 장식	

	회화			
29	모로-넬라통 컬렉션		41	가세 컬렉션
30	카유보트, 휘슬러		42	루소
31	드가, 마네		43	퐁타벤 파
32	모네, 르누아르, 피사로, 시슬레		44	고갱
34	모네 (1880년 이후)		45	쇠라
35	르누아르 (1880년 이후)		46	시냐크, 크로스
36	세잔느		47	툴루즈 로트렉
37~38	드가 (파스텔화)		48	소형 회화작품
39	반 고흐		49	신문, 사진자료
40	파스텔화 (마네, 르동, 몬드리안)		50	카가노비치 컬렉션

[오르세 박물관 3층]

르노 바르동, 피에르 콜보크, 장 폴 필립퐁이었다. 그리고 내부의 전시실 설계는 퐁피두 센터의 현대 미술관을 설계하기도 했던 이탈리아 건축가 가에 아울렌티가 담당했다. 오르세 박물관이 기차역이었다는 것은 센느 강을 바라보고 있는 두 개의 대형 시계탑과 7개의 대형 아케이드 위에 올라가 있는 보르도, 툴루즈, 낭트 같은 기차의 행선지를 상징하는 세 개의 조각을 통해 알 수 있다. 오르세 역은 건축 즉시 미국 건축가들에 의해 모방되어 뉴욕의 펜실베이니아 역, 그랜드 센트럴 스테이션에 거의 그대로 응용되었고 1907년에 완공된 워싱턴의 유니언 스테이션 역시 오르세 역을 모방하여 지어진다.

오르세는 처음부터 단순히 회화 조각만을 위한 미술관이 아니라 문학, 사진, 건축, 장식 미술, 영화까지 전시하는 19세기의 문화사 박물관으로 출발하게 된다. 따라서 일본인들이 오르세 박물관을 오르세 미술관으로 지칭하는 것은 잘못된 경우이다. 왜냐하면 오르세 박물관은 백과사전식 박물관 개념이 처음 도입된 박물관이기 때문이다. "빛은 건물이 아니라 작품을 위해 존재해야 한다." 건축가 가에 아울렌티가 내부 전시실을 설계하며 했던 말이다. 이는 정확한 지적이었다. 오르세에 들어갈 작품 목록 중에는 가장 값나가는 인상주의 작품들이 즐비하게 들어 있었기 때문이다. 다른 그어떤 작품들보다 빛의 회화인 인상주의 회화를 중심에 두어야만 했던 것이다. 따라서 자연 채광과 실내 조명은 서로 어울려 최적의 상태를 만들어내야 했으며 따라서 천장이나 벽의 색깔 등도 모두 여기에 초점이 맞춰져야 했다.

이런 대원칙에 입각해 플랫폼으로 쓰였던 중앙홀은 자연 채광을 위해 다시 사용되었다. 그리고 양쪽에 2개 층의 발코니를 두어 위에는 인상주의 작품을, 그 아래에는 관전에서 입선한 작품들과 자연주의, 상징주의, 1900년 이후의 회화 등 비교적 빛에 덜 민감한 그림들과 조각을 배치하게 된다. 그래서 오르세 박물관에 들어가게되면 19세기라는 이름의 거대한 기차역에 들어온 것 같은 인상을 받게 된다. 아마도 이런 이유로 오르세 박물관이 가장 아끼는 소장품이 모네의 인상주의를 대표하는 그림인 〈생 라자르 역〉인지도 모른다. 따라서 관람은 1층의 중앙홀에 전시된 1870년까지의 작품을 좌우로 왕래하며 본 후, 박물관 끝에 있는 계단을 통해 가장 위층인 3층으로 올라가 인상주의를 보고 내려오면서 마지막으로 로댕, 마이욜, 부르델 등의 조각이 놓여 있는 2층 발코니를 보는 것이 가장 바람직하다. 이 방식은 소장품을 시대별로 감상할 수 있는 이점도 있다.

- 위치   62, rue de Lille 75007
- ☎   (01)4049-4814
- 교통편   지하철 M12 Solférino 혹은 RER-C Musée d'Orsay 역, 버스 24, 63, 68, 73, 83, 84, 94번
- 개관시간   화, 수, 금, 토, 일 09:30∼18:00, 목 09:30∼21:45
- 휴관일   월요일, 1월 1일, 5월 1일, 12월 25일
- 웹사이트   www.musee-orsay.fr
- 입장료   성인 7.50유로, 학생 5.50유로, 매월 첫째 일요일 무료

〈특징〉

오르세 박물관의 진정한 가치는 당시로서는 혁신적인 아방가르드였던 사실주의 화가 쿠르베와 마네, 그리고 모네를 비롯한 인상주의 작품들을, 아카데미즘의 영향 아래에서 제작되어 당시 살롱 전 등에서 큰 인기를 끌었지만 현대에 들어 미학적 가치는 별로 없는 공식 화가들의 고전적 작품들과 함께 볼 수 있다는 데 있다. 예를 들어 살롱에서 떨어진 작품만 모아 별도로 전시한 낙선전에서조차 웃음거리였던 마네의 〈풀밭 위의 식사〉와, 같은 해 살롱에 출품되어 나폴레옹 3세가 현장에서 바로 구입한 알렉상드르 카바넬의 〈비너스의 탄생〉을 동시에 볼 수 있는 곳이 오르세 박

© Photo Les Vacances 2007

© Photo Les Vacances 2007

['빛의 회화' 인상주의의 걸작들을 볼 수 있는 오르세 박물관]

물관이다. 지금 이 두 작품의 미학적, 문화사적 가치는 굳이 설명이 필요없을 정도이다. 마네의 〈풀밭 위의 식사〉 이후의 미학적 변화는 하나의 혁명에 버금가는 것으로 진정한 의미의 현대의 출발점이었다.

인상주의라는 사조는 미술작품만의 문제가 아니었다. 인상주의를 보다 풍부하게 이해하려면 당시 산업화의 상징인 철도, 사진술의 발달, 그리고 부르주아 층의 확산과 이로 인한 도시화 문제 등 문명사적 변화들을 종합적으로 고려해야 한다. 기차가 없었다면 인상주의 화가들은 감히 북프랑스의 바다나 파리 교외의 강가로 나갈 엄두를 내지 못했을 것이다. 이런 물리적 이유에 덧붙여 인상주의 화가들이 즐겨 다루었던 철교와 기차가 등장하는 그림들은 풍경화에 새로운 구도를 도입했다. 하지만 철도가 끼친 가장 의미 있는 영향은 차창을 흘러가는 풍경, 다시 말해 공간과 시간의 인위적인 만남이 허락하는 풍경에 대한 독특한 감각이었다.

자연주의 소설가 에밀 졸라의 소설 〈작품〉은 한 편의 소설이기 이전에 인상주의를 이해하는 데 없어서는 안될 자료이기도 하다. 마네가 그린 졸라의 초상화와 졸라가 마네를 모델로 해서 쓴 소설은 서로 떨어뜨려 놓고 이해할 수가 없는 것이다. 이 당

연한 접근 방식이 모든 대중을 위해 박물관학적으로 적용된 박물관이 오르세 박물관이다. 또한 보들레르의 〈악의 꽃〉과 로댕의 관계는 말할 것도 없고 인상주의와 시인 말라르메, 소설가 프루스트, 음악가 드뷔시의 연관성은 서로를 이해하는 데 매우 소중한 역할을 한다. 모파상의 유명한 소설 〈벨 아미〉에서 읽을 수 있듯이, 당시 파리는 권력과 언론이 긴밀한 유착 관계를 맺고 사회를 지배하던 때였다. 19세기 언론의 큰 흐름 역시 오르세 박물관에서 볼 수 있다.

1874년 제1회 인상주의 전시회가 열린 곳은 사진가 나다르의 스튜디오에서였다. 이 점은 사진의 발명과 확산이 인상주의에 끼친 영향을 상징적으로 보여준다. 범박한 사실주의에 종언을 고한 사진의 발명은 현실 재현이라는 개념에 중요한 전환점을 제공했고, 때마침 휴대 가능한 튜브물감이 발명되어 화가들을 야외로 내몰았다. 따라서 인상주의는 회화 내부의 문제만이 아니라 20세기에 진입하기 위해 몸부림치던 19세기 후반의 문명사적 움직임의 결과라고 보아야 한다.

나폴레옹 3세의 제2제정은 이른바 파리 건축사에서 흔히 '그랑 불르바르 건축기' 즉, 간선도로 건축기로 불리는 대규모 공공 공사가 파리 전역에서 벌어졌던 시기다. 때마침 1851년 영국에서 시작된 만국박람회가 파리에서도 자주 개최되어 그때마다 대형 건물과 기념물이 세워져야만 했다. 샤이오 궁, 그랑 팔레, 에펠 탑, 오르세 박물관 등등이 이런 기념물 중 살아남은 것이고 오페라 가, 오스만 가, 샹젤리제 등이 파리의 간선도로로 새로 개통된 길들이다.

이런 대규모 가로 정비의 또 한 가지 목적은 혁명군이나 시위대들에게 유리한 좁고 구불구불한 골목길들을 정비하는 데 있었다. 많은 시인과 작가들이 한탄했던, 졸부들과 독재 정권의 합작품인 이 대로 정비는 세계에서 가장 아름다운 건물로 꼽히는 파리 오페라 하우스를 중심으로 펼쳐져 있다. 지금도 파리 오페라 하우스 인근에는 최고급 부티크와 레스토랑, 갈르리 라파이예트 등 대형 백화점들이 줄지어 서 있다. 오르세 박물관 1층 끝에는 당시 오페라 하우스를 건설하며 거리를 정비했던 도시계획 모형이 두꺼운 유리 상자에 넣어져 관람자들이 발 밑으로 볼 수 있도록 지하에 전시되어 있다. 오르세 박물관은 19세기 말에 등장한 유럽 최초의 산업적 장식 예술인 아르누보를 가장 체계적으로 감상할 수 있는 곳이기도 하다. 파리 지하철 입구 역시 아직도 엑토르 기요마르가 디자인한 아르누보 양식을 그대로 간직하고 있는 곳이 있다. 오르세 박물관은 마티스, 블라맹크 등의 야수파까지를 전시하며, 다음 세대의 문화 즉, 20세기 현대 예술은 퐁피두 센터에서 이어진다.

주요 작품

장-오귀스트 도미니크 앵그르(1780~1867), 〈샘〉, 1820~1856, 캔버스에 유채, 80×163cm

앵그르의 작품은 대부분 루브르 박물관에 있다. 하지만 워낙 장수를 한 화가인데다 신고전주의의 거장으로서 화단에 끼친 영향력이 엄청나기 때문에, 1848년부터 1918 년까지의 작품을 전시하는 오르세 박물관과도 관련이 있다. 특히 오르세 박물관의 진주 같은 작품인 앵그르의 〈샘〉은 무려 30년 가까운 시간 동안 화가가 정성을 들

© Photo Les Vacances 2007

[오르세 박물관의 진주, 앵그르의 〈샘〉]

여 그린 그림으로, 완성 연도로 보아 당연히 오르세 박물관에 들어올 작품이다. 이 작품은 전시되자마자 일반인은 물론이고 평론가와 시인, 소설가들로부터 찬사를 받아 수도 없이 복제되었다. 뿐만 아니라 점묘파의 창시자인 쇠라, 피카소 그리고 초현실주의자 마그리트 등에 의해 재해석되곤 했다.

프랑스 19세기 미술을 논할 때 앵그르의 들라크루아를 비교해가며 이야기하는 것은 하나의 전통으로 되어 있다. 그만큼 낭만주의와 신고전주의를 대표하는 두 사람의 영향력이 크다는 반증이 되겠지만, 이는 실제에 있어서는 르네상스 이후의 서구 미술사 전체와 관련된 미학 논쟁이기도 하다. 다시 말해, 들라크루아를 수장으로 삼고 있는 색과 표현을 중시하는 낭만주의는 베네치아 파의 전통을 이은 것이고, 앵그르로부터 그림을 배우면서 데생과 형식을 중요시한 신고전주의 계열의 화가들은 피렌체 파의 전통을 따르고 있다고 볼 수 있다. 오르세 박물관에는 이들 두 대가의 작품 중 각 유파를 대표하는 전형적인 작품 두 점만이 전시되고 있다. 하지만 이 두 작품은 각 유파의 판이하게 다른 미학은 물론이고, 이데올로기의 차이점까지 일러줄 정도로 상징적인 작품들이다.

1820년 앵그르가 이탈리아 피렌체에 머물 때 그리기 시작한 〈샘〉은 전형적인 신화화로, 여체의 곡선이 보여주는 유려하고 부드러운 곡선은 찬탄을 자아내기에 충분하다. 이는 인물 초상화에 각별한 재능을 보인 앵그르가 그린 거의 모든 누드에 등장하는 요소이다. 그리스 물병인 앙포르를 어깨에 올린 채 물을 흘려 보내고 있는 신화적 우의는 사실은, 지그재그로 몸을 비튼 여체의 곡선이 그리는 물결치는 듯한 아라베스크를 강조하기 위한 미학적 전략에 불과하다. 인물은 조각처럼 매끈하게 다듬어져 있고, 물에서 태어난 비너스와의 관련성을 암시하기 위해 발 밑에는 거품이 그려져 있다. 체모는 모두 제거되어 있고 여인은 수줍은 듯 거의 눈에 띄지 않게

[묘한 빛에 둘러싸여 종교적 성스러움을 느낄 수 있는 밀레의 〈만종〉]

입술을 약간 벌리고 있다. 이제 막 사춘기를 벗어난 젊은 여인은 그 자체로 샘인 것이다. 앵그르의 영향은 이후 플랑드랭, 제롬, 귀스타브 모로, 퓌비 드 샤반느, 드가 등에게 미쳐 이른바 앵그르 유파를 형성할 정도가 된다.

장 프랑수아 밀레(1814~1875), 〈만종〉, 1879, 캔버스에 유채(장식 패널),
60×55cm

이 작품은 밀레가 1849년부터 파리 남쪽 퐁텐느블로 숲 인근의 작은 마을 바르비종에서 그림을 그리기 시작한 지 10년 후 제작된 작품이다. 북프랑스의 농촌에서 태어난 밀레는 화가였고, 지식인이었지 결코 농부는 아니었다. 하지만 그는 도시화로 인해 자연스러움을 상실한 파리를 떠나 시골로 내려갔다. 〈만종〉은 바르비종 인근의 전원에서 늦은 오후 일을 끝낼 즈음 울려오는 성당의 종소리에 잠시 일을 멈추고 기도를 드리는 부부를 묘사하고 있다. 더 이상의 설명이 필요 없는 단순하고 소박한 그림이다. 농부들의 삶, 특히 소작농들의 삶은 무척이나 견디기 힘든 거칠고 각박한 것이었다. 하지만 농부들에게 땅과 그곳에서 나오는 소출은 경제적으로

만 따질 수 없는 별도의 의미를 지니고 있다. 농부들을 그린 밀레의 그림에서 느낄 수 있는 것은 바로 이 별도의 의미다. 노동으로 지친 얼굴을 밀레는 단 한 번도 클로즈업 시키지 않는다. 그래서 그의 그림에 등장하는 모든 인물들은 무뚝뚝하고, 심한 경우는 바보처럼 보이기도 한다. 하지만 멀리 보이는 성당에서 들려오는 종소리, 땅거미가 지기 직전의 황혼, 그리고 마치 조각처럼 서 있는 부부와 그들의 일용할 양식인 감자들은 모두 묘한 빛에 둘러싸인 채, 종교적 성스러움을 느끼게 한다. 이 그림은 한때 시골 이발소에 단골로 걸려 있기도 했고, 이제 너무 유명해져 모두들 거들떠보지도 않는 작품이 되어버렸다. 미국에 팔려간 그림을 백화점 사업으로 부

[쿠르베의 사실주의 선언서 같은 작품, 〈아틀리에〉]

자가 된 알프레드 쇼샤르가 다시 구입해 1906년 루브르에 기증했고, 이후 오르세 박물관으로 옮겨졌다.

귀스타브 쿠르베(1819~1877), 〈화가의 아틀리에, 나의 지난 7년간의 예술적 윤리적 삶을 결산하는 실제의 알레고리〉, 1855, 캔버스에 유채, 598×361cm

긴 제목 때문에 흔히는 간단하게 줄여서 〈아틀리에〉로 불리는 이 작품은 쿠르베의 사실주의 선언서 같은 작품이자, 그에 동조하는 지식인, 예술가, 정치가들의 집단 시위이기도 하다. 이 작품 역시 우선 그 큰 크기로 인해 당시는 물론이고 지금도 보는 이들을 당황하게 한다. 쿠르베는 화가 앞에 앉아 풍경화를 그리고 있다. 쿠르베 뒤에는 한 여인이 누드의 몸으로 서 있고, 그 앞에는 한 소년이 신기한 듯 그림과 여인에게서 눈을 떼지 못하고 있다. 그림을 보는 이들은 이 여인의 누드 때문에, 우선은 그림의 중앙 부분을 차지하고 있는 이 세 명의 인물들에게 시선을 주게 되고 그러자 묘한 모순을 만나게 된다. 여인은 모델처럼 옷을 벗고 포즈를 취하고 있지만 화가는 정작 누드가 아니라 풍경화를 그리고 있다. 뿐만 아니라 여인의 누드 앞에 소년이

서 있다는 것도 모순이다. 게다가 소년은 나막신에 찢어진 옷을 입고 있는 거지 소년이다. 이런 모순은 의도적인 것으로, 화가가 그리고 있는 그림 뒤에 숨어서 힘든 포즈를 취하고 있는 남자 누드 모델은, 신고전주의 그림에 자주 등장하는 고대의 신화적 인물에 대한 조롱이다. 쿠르베는 그런 그림은 그리지 않겠다는 것이다.

그림 〈아틀리에〉의 오른쪽 끝에 서 있는 머리가 벗겨진 인물이 당시 사회주의자이자 화가 쿠르베의 친구였던 프루동이다. 왼쪽 남자 누드의 발 밑에는 신문지 위에 해골이 놓여 있다. 이는 당시 언론 사찰에 의해 어용 언론만 득세하는 상황에 대한 비유다. 그 뒤로 장사치, 노인, 사냥꾼, 노동자 등이 사실적 표현으로 등장하고 있

[현대 미술의 시작을 알리는 마네의 〈풀밭 위의 식사〉]

다. 그림의 오른쪽 끝에서 책을 읽고 있는 사람은 시인 보들레르인데, 당시 '살롱'이라는 미술 비평을 하기도 했고 쿠르베의 친구이기도 했다. 보들레르와 그 옆의 숄을 걸친 귀부인 사이의 벽에는 그렸다가 지워버린 그림의 흔적이 남아 있는데, 보들레르의 흑인 애인이었던 잔느 뒤발이다. 여자 누드 뒤에 웅크리고 앉아 있는 사람은 역시 쿠르베의 친구로 소설가 샹플뢰르다.

에두아르 마네(1832~1883), 〈풀밭 위의 식사〉, 1863, 캔버스에 유채,
264.5×208cm

1863년은 비단 프랑스 회화사에서만이 아니라 서구 미술사 전체에서 하나의 분수령이 되는 해다. 1863년은 바로 마네의 〈풀밭 위의 식사〉가 살롱 전에 출품되어, 이 작품과 함께 거부당한 3,000여 점의 작품이 별도로 마련된 '낙선전'에 전시된 해다. 당시 나폴레옹 3세는 출품작 중에서 가장 호평을 받았던 알렉상드르 카바넬의 〈비너스의 탄생〉을 즉석에서 구입했지만, 마네를 이해하지 못한 그는 대다수 비평가와 관객들과 함께 미술사의 걸작을 몰라본 악역으로 기록된다.

이 그림은 사실 라파엘로의 그림을 판화로 제작한 모델이 있던 그림이었고, 또 보기에 따라서는 그 당시에도 전혀 이해를 할 수 없을 정도로 노골적인 그림도 아니었다. 이미 사람들은 각종 형태의 누드를 신화화를 통해 감상해오고 있었기 때문이다. 〈풀밭 위의 식사〉는 루브르에 있는 300년 전의 그림 조르조네의 〈전원 협주곡〉보다 더 노골적이지도 덜 노골적이지도 않다. 그러나 벨라스케스로부터 많은 영향을 받은 마네의 터치는, 아카데믹한 화풍에 익숙해져 있던 당시 예술가나 비평가들의 눈에는 마치 그리다 만 그림처럼 비쳐졌다. 여인의 몸은 얼룩이 져 있었고 접힌 목살에서 등을 타고 내려오는 선은 부자연스러웠다. 전체적으로 인물들이, 특히 옷을 벗

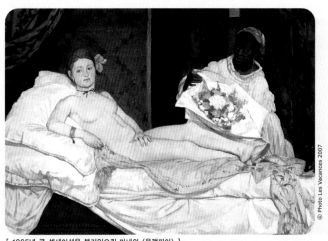

[1865년 큰 센세이션을 불러일으킨 마네의 〈올랭피아〉]

© Photo Les Vacances 2007

은 왼쪽의 여인이 풍경 위에 마치 가위로 오려 붙인 것 같은 인상을 주고 있었다. 신속한 붓놀림과 검은색조차 유채색만큼 빛을 발하고 있는 채색의 신선함을 못 느꼈던 자들은, 옷 벗은 여인과 옷 입은 남자 인물들이 함께 있는 장면을 트집잡아 마치 그림 속의 인물들이 혼음이라도 한다는 듯이 풍속 문란을 이야기하며 그림 앞에서 삿대질을 해댔다. 이 그림에 대한 당시 분위기는 에밀 졸라의 장편 소설 〈작품〉에 감동적으로 묘사되어 있다. 주인공 랑티에가 그리려고 평생을 매달렸던 그림이 바로 마네의 이 그림 〈풀밭 위의 식사〉였다. 소설에서 주인공은 끝내 그림을 완성하지 못하고 목을 매 자살하고 만다.

에두아르 마네(1832~1883), 〈올랭피아〉, 1863, 캔버스에 유채, 190×130.5cm
마네는 〈풀밭 위의 식사〉가 스캔들을 일으킨 1863년에 이어 1864년과 1865년에도 계속 작품을 낸다. 1863년에 이미 완성되어 있었지만 2년 후인 1865년에 출품된 〈올랭피아〉는 〈풀밭 위의 식사〉보다 더 큰 센세이션을 불러일으킨다.
그림을 보면 올랭피아가 몸 파는 여인임이 여러 가지 상징을 통해 분명히 드러나

있다. 벗은 몸이야 누드화이니까 그렇다고 하더라도, 머리에 꽂고 있는 큰 꽃과 특히 단골 손님이 주고 간 것이 틀림없는 상당히 비싼 꽃다발이 우선 눈에 띈다. 흑인 하녀 역시 올랭피아가 하녀를 둘 정도로 고급 창녀였음을 일러준다. 발 밑에 웅크리고 있는 검은 고양이가 등을 구부리고 꼬리를 세우고 있는 자세는 누가 봐도 섹스를 상징한다. 칙칙한 살, 흑백의 강렬한 대비, 벗은 몸의 나신을 더욱 두드러져 보이게 하는 목걸이, 팔찌와 발끝에 간신히 걸려 있는 슬리퍼, 그리고 무엇보다 수치심 없이 한 손으로 음부를 지그시 누른 채 멍한 눈으로 정면을 보고 있는 여인의 유난히 큰 얼굴과 잔잔한 미소……. 결국 분노한 관람객들로부터 그림을 보호하기

[절충주의 양식의 대표작, 토마 쿠튀르 〈데카당스의 로마 인들〉]

위해 두 명의 경관이 나란히 경비를 서야만 했고 나중에는 할 수 없이 철거해 뒷방에다 갖다 놓아야만 했다.

토마 쿠튀르(1815~1879), 〈데카당스의 로마 인들〉, 캔버스에 유채, 775×466cm
그의 작품 〈데가당스의 로마 인들〉은 우선 그 크기로 인해 보는 이들을 압도한다. 뒤로 열 걸음 물러서서 보아야만 그림 전체가 눈에 들어올 정도로 크다. 신고전주의 화가 그로, 들라로슈에게서 그림을 배우며 에콜 데 보자르를 졸업하고, 로마 대상에서 2등을 차지한 쿠튀르는 개혁적인 성향의 인물은 아니었지만 개방적이고, 너그러운 인품으로 많은 제자들을 문하생으로 두고 있었다. 마네도 그의 제자였다. 또한 그의 작품이 암시하듯이, 그는 당시 부르주아의 방탕한 생활에 대해 나름대로 비판적인 시각을 갖고 있던 사람이기도 했다. 흔히 절충주의 양식의 대표작으로 거론되곤 하는 이 그림은, 토마 쿠튀르를 '토마 베로네세' 라는 별명으로 부르게 할 정도로 크기, 구도 등에서 루브르에 있는 파올로 베로네세의 대형화 〈가나의 혼인잔치〉로부터 많은 영향을 받아 제작된 그림이다.

배경에는 가장 안정된 구도를 위해 삼등분된 주랑이 위치해 있고, 기둥은 호사로운 분위기를 위해 가장 화려한 기둥 양식인 코린트 양식의 주두(柱頭)를 선택했다. 인물들은 하나하나를 보면 방탕과 무질서의 극치를 보여주지만 전체적으로 보면 화가의 의도에 맞추어 정확하게 배치되어 있다. 또한 묘사된 모든 인물들의 포즈는 완전히 화가 자신의 순수한 창작물이 아니라 고대의 대가들이나 선배 화가들의 그림에서 빌려온 포즈들이다. 이 그림이 이른바 절충주의의 모델로 불리는 이유가 여기에 있다. 하지만 이 작품은 동시에 당시 많은 화가들에게 영향을 주기도 했다. 마네의 〈올랭피아〉에 등장하는 여인 역시 중앙의 여인이 취하고 있는 포즈를 참고했으

© Photo Les Vacances 2007

[19세기 시대상을 묘사한 르누아르의 〈물랭 드 라 갈레트의 무도회〉]

며, 샤세리오의 그림에 등장하는 옷 벗는 여인 역시 왼쪽의 여인과 거의 동일한 자세를 취하고 있다.

피에르 오귀스트 르누아르(1841~1919), 〈물랭 드 라 갈레트의 무도회〉, 1876, 캔버스에 유채, 175×131cm

르누아르의 대표작이자 인상주의를 대표하는 그림이기도 한 이 작품은, 몽마르트르 인근의 한 풍차 옆에 있던 술집 마당에서 열린 무도회를 묘사하고 있다. 당시 몽마르트르는 보헤미안적 분위기로 인해 부자들보다는 평범한 파리 시민들이 주말에 즐겨 찾던 곳이었다. 돈 없는 가난한 화가들이 몽마르트르에 모여들었던 것도 이곳이 물가가 싼 지역이었기 때문이다.

17세기에 고전주의 역사화가 있었고, 18세기에는 로코코 풍의 연애화가 시대를 선도하는 장르였다면, 19세기 후반 인상주의 시대에는 부르주아들의 일상생활을 묘사한 르누아르의 이 그림이 그 시대를 표현하고 있다. 나뭇잎을 헤치고 떨어지는 햇살은 흥겨운 무도회에 참가한 인물들에게 정감어린 분위기를 더해주고 있다. 이 그

림에서 중요한 것은 무엇보다 빛과 색을 마치 음악의 리듬과 멜로디처럼 구사한 르누아르 특유의 인상주의적 표현이다. 그림은 고정되어 있지만, 그림을 보는 순간 모든 이들은 햇빛과 그늘이 자아내는 화음에 어깨를 들썩이게 된다. 인물들은 아무런 걱정없는 표정으로 자유스럽게 걸터앉거나 기댄 채 이야기를 나누고 있고, 얼굴에는 모두 미소로 가득하다. 화가는 놀라운 구성력으로 백여 명이 넘는 많은 인물들을 자연스럽게 배치하여 혼란스러운 인상을 피하고 있다. 또한, 청색 계통의 한색과 황색 계열의 난색은 옷과 모자를 통해, 혹은 여인의 드레스와 남자의 재킷을 통해 함께 화면을 물들이고 있다.

© Photo Les Vacances 2007

[클로드 모네 〈생 라자르 기차역〉. 기차는 근대와 진보를 상징하는 요소였다.]

클로드 모네(1840~1926), 〈생 라자르 기차역〉, 1877, 캔버스에 유채, 104×75.5cm

1877년 제3회 인상주의전에 출품된 이 그림은 가장 많이 알려진 모네의 작품 중 하나로 파리 시에 있는 기차역 생 라자르 역을 그린 것이다. 철도는 인상주의와 깊은 관련을 맺고 있다. 이동을 손쉽게 했을 뿐만 아니라 풍경에 대한 새로운 관념을 갖게 했고, 나아가 기차와 역사는 그것들 자체로 도시와 근대를 상징하는 풍경의 중요한 한 부분이었다. 하얀 수증기를 하늘 높이 내뿜고 굉음을 내면서 달리는 기차는 진보의 상징이었다. 19세기 중엽 이후 건설된 모든 기차역은 그 규모나 장식에 있어 예외 없이 옛날의 왕궁 수준이었다. 기차의 발달은 갖고 다니며 기차 안에서 쉽게 읽을 수 있는 포켓판 책을 가능하게 했고, 유통망을 통해 신문이나 잡지 등이 널리 퍼지게 했다. 문화 혁명이 일어나고 있었던 것이다. 파리의 패션은 이전에는 상상도 못할 속도로 지방으로 퍼져갔다. 인상주의 화가들이 기차역을 그리거나 철교를 그린 것은 그러므로 당연한 결과다. 졸라는 "우리 시대의 화가들은 그들의 아버지 세대가 숲과 강에서 찾았던 시정(時情)을 기차역에서 찾는다."고 쓴 바 있다.

또한 시인 테오필 고티에는 "기차역은 이 세기의 종교인 철도와 근대 산업의 궁전"이라고도 했다. 모네는 기차역이 내려다 보이는 곳에 방을 빌려 놓고 오랜 시간 기차가 역으로 들어오고 나가는 장면을 관찰하며 작업을 했다, 현재 오르세에 있는 작품이 가장 완성도가 높은 그림이며 습작에 해당하는 10여 점의 그림들이 세계 여러 미술관에 흩어져 있다.

클로드 모네(1840~1926), 〈루앙 성당 연작〉, 1894, 캔버스에 유채, 73×107cm
모네는 이 야심찬 연작을 그리기 위해 1892년과 1893년 두 차례에 걸쳐 루앙 성당

[풍경화의 새로운 지평을 연 모네의 〈루앙 성당 연작〉]

을 찾는다. 모네의 야심은 하루의 아침에서 늦은 저녁에 이르기까지 햇빛의 양과 각도가 달라질 때마다 그에 따라 함께 변하는 성당의 모습을 거의 시간대별로 그리겠다는 것이었다.
모네는 악몽을 꾸기도 했다. "난 어느 날인가 악몽을 꾸었다. 성당이 내 몸 위로 무너져 내렸는데, 무너진 성당은 푸르기도 했고 붉기도 했고 노랗기도 했다." 모네는 각각 다른 세 장소에서 성당을 관찰했고, 매번 그 거리는 불과 몇 십 미터 안 되는 가까운 거리였다. 하지만 작업은 더디게 진행되었고 모네는 기진맥진한 상태였다. 그림들은 지베르니의 화실로 옮겨져 1894년 내내 차례로 완성된다.
스무 점의 성당이 완성되었고 그 사이 마음에 들지 않는 것들은 파괴해 버렸다. 전체 연작은 1895년 5월 10일 뒤랑 뤼엘 화랑에 전시되었다. 당시 이 그림을 본 같은 인상주의 화가 피사로는 그의 아들에게 보낸 편지에서 다음과 같이 자신이 받은 감동을 적어 보냈다. "이 그림은 한 작품 한 작품 따로 따로 보아서는 안되고 전체를 보아야 한다. 지금까지 어떤 예술가도 실현하지 못했던, 도저히 붙잡을 수 없는 빛의 섬세한 뉘앙스들을 모네는 침착하고 강한 의지로 이루어냈다." 모네는 한 풍경

을 시차를 두고 연작 형식으로 그림으로써 풍경화에 새로운 지평을 열어 놓았다. 마치 저속 촬영을 하듯, 모네는 하루동안 시시각각 달라지는 성당의 모습 모두를 한 폭의 화면 속에 담고 싶었는지도 모른다. 피사로가 정확히 본 것이다.

거대한 돌덩어리들인 성당은 수많은 사람들의 눈물과 한숨, 탄식과 감사가 묻어있는 범상치 않은 공간이다. 하지만 모네의 야심은 성당 내부가 아니라 돌덩어리 자체를 향해 있었다. 비바람에 씻기고 손때가 묻고, 먼지와 이끼가 쌓인 시간의 두터운 층들이 빛을 받아 어떻게 변하는지 보고 싶었던 것이다.

클로드 모네(1840~1926), 〈수련 연못, 녹색 하모니〉, 1899, 캔버스에 유채, 93.3×89cm

모네라는 이름은 수련과 떼어놓을 수가 없다. 1883년 파리 북부의 작은 마을 지베

© Photo Les Vacances 2007

[모네의 〈수련 연못, 녹색 하모니〉. 모네는 수련 한 가지 소재로 무려 삼백 점이 넘는 작품을 그렸다.]

르니에 손수 연못을 파고 나무와 화초를 심어 정원을 만들고, 그곳에 칩거하며 죽을 때까지 정원에 핀 꽃과 물 위를 떠가는 수련들을 묘사했다.

지베르니에 들어간 지 4년 정도 지났을 때 모네는 정원의 수련을 그린 그림으로 벽화를 제작할 야심찬 계획을 세운다. 이 계획은 이후 우여곡절 끝에 더 큰 규모로 확대되어 완성되고 노화가 모네는 1918년 이 대작을 국가에 기증하기로 한다. 현재 튈르리 정원의 오랑주리에 있는 스물 두 점의 대형 그림들이 그것이다. 모네의 작품을 전시하기 위해 특별히 꾸며진 오랑주리에 들어가면 마치 물 속의 용궁에 들어온 것만 같다. 모네는 수련이라는 한 가지 모티프를 두고 무려 삼백 점이 넘는 작품을 그렸다. 미술사상 이런 일은 전무후무한 기록이다. 〈수련 연못, 녹색 하모니〉도 이 연작을 구성하는 작품 중 하나다. 이 그림에는 수련만이 아니라 버드나무 등 다른 나무와 화초들이 함께 등장하고, 화면을 가로지르는 녹색의 일본 다리도 등장해 산만할 수도 있는 그림에 견고함을 부여하고 있다. 작품의 부제가 일러주는 그대로 녹색의 하모니다. 물 위의 세계와 물 밑의 세계는 거의 구분이 없고 좌우의 구분도 다리를 통해 해소되어 있다.

폴 세잔느(1839∼1906), 〈사과와 오렌지〉, 1895∼1900, 93×74cm

물병은 정면에서 본 대로 그려졌지만 그 옆의 과일 접시는 위에서 내려다 본 상태로 그려져 있다. 역삼각형의 흰 식탁보 위에 놓여 있는 과일들은 지금이라도 밑으로 굴러 떨어질 것만 같다. 이렇게 해서 사물들은 원래부터 그곳에 있었던 것이 아니라 이제 막 캔버스 속으로 들어온 것 같은 느낌을 유지하고 있다. 다시 말해 이 그림은 단일한 시공간 속에 존재하는 사물들을 그린 것이 아니라 한 화면 속에 여러 개의 시공간을 그린 것이다. 식탁보는 흘러내릴 것 같지만 과일들은 고정되어 있고 접시는 한없이 불안하지만 그 옆의 목이 있는 또 다른 과일 접시나 물병은 견고하게 고정되어 있다.

© Photo Les Vacances 2007

[폴 세잔느의 〈사과와 오렌지〉는 20세기 현대 회화의 문을 연 작품이다.]

색도 마찬가지여서 한색과 난색, 어둠과 밝음 역시 그림 속에 함께 들어와 있으며 공간 역시 빈 공간과 충일한 공간, 깊이와 평면이 동시에 존재한다. 묘사된 오브제들은 이러한 다양한 시점과 색과 공간 구성을 통해 역동적이고 총체적인 전혀 다른 시공간을 만들어낸다. 이는 예술사적으로 큰 혁명이었다. 자연히 이 그림을 비롯해 여러 작품에서 실험된 새로운 회화를 당시 사람들은 이해할 수 없었고, 친구 졸라마저도 그의 소설 〈작품〉에서 주인공 클로드 랑티에를 빌어 마네와 함께 세잔느를 인정받지 못하는 저주받은 천재로 묘사한다. 죽마고우였던 두 사람은 이 소설이 발표된 후 절교를 하게 되고 끝내 다시는 만나지 못한다. 법학을 공부하라던 아버지의 말을 거역하고 미술에 뛰어든 세잔느는 거듭된 실패로 낙향하고 마르세유 인근에서 평생을 은자처럼 생활하게 된다. 하지만 당시 화가들은 대부분 세잔느가 일으킨 혁명을 이해하고 있었다. 폴 고갱은 증권거래소에서 일하며 일요 화가로 그림을 그리던 당시 벌써 여섯점의 세잔느 그림을 구입했고, 그 중에서도 특히 〈과일 그릇〉을 아낀 나머지 한 친구에게 다음과 같은 말을 하기도 했다. "나는 이 그림을 정말 아끼고 있네. 정말로 가난해져서 어쩔 수 없다면, 마지막 속옷까지 다 판 후에야 마지막으로 이 작품을 팔걸세." 세잔느의 〈사과와 오렌지〉는 20세기 현대 회화의 문을 연 선구자적인 작품이다. 특히 피카소, 브라크 등의 입체파 화가들에게는 지대한 영향을 주게 된다.

빈센트 반 고흐(1853~1890), 〈오베르 쉬르 와즈 성당〉, 1890, 캔버스에 유채, 74×94cm

센느 강의 작은 지천 와즈 천이 흐르고 있어 오베르 쉬르 와즈로 불리는 이 작은 마을은, 반 고흐의 〈오베르 쉬르 와즈 성당〉이라는 그림 한 장으로 전 세계에 이름

© Photo Les Vacances 2007

[고흐의 〈오베르 쉬르 와즈 성당〉. 황홀하면서도 비장한 분위기를 느끼게 한다.]

을 알리게 되었다. 이곳에는 또한 반 고흐와 그의 동생 테오가 나란히 묻혀 있는 무덤도 있어 많은 이들이 이곳을 찾아와 꽃을 바치곤 한다. 저주받은 화가 반 고흐가 가셰 박사의 집이 있는 이곳에 도착한 것은 1890년 5월이었고, 권총으로 가슴을 쏘아 생을 끝낸 것은 약 두 달 후인 7월 29일이다. 두 달 남짓한 시간 동안 반 고흐는 기의 초인적인 열정으로 무려 70섬이 넘는 작품을 그렸다. 〈오베르 쉬르 와즈 성당〉도 그 중 하나이며 이 시기에 그려진 최대 걸작으로 꼽힌다. 굵고 요동치는 선으로 둘러싸인 성당은 이미 푸른 하늘을 향해 용솟음치듯 상승하고 있다. 하늘을 자신의 내부로 받아들인 성당은 보색 대비를 이루는 화려한 색채에도 불구하고 입체감을 주는 대신 평면화되어 있다. 이렇게 해서 성당은 이미 자신의 생명을 요구하는 거대한 초월적 힘에 승복한 화가 자신을 나타내고 있다. 극단에 이른 단순화와 그에서 나오는 야릇한 긴장감으로 인해, 그림을 보는 이들은 황홀하면서도 비장한 분위기로 인도된다. 반 고흐는 이미 누에넨Nuenen 시절 때부터 교회와 종탑을 그렸고 그 자신이 전도사로 활동하기도 했었다. 성당은 그에게 평생 동안 마음 깊은 곳에 자리 잡고 있었던 '아버지의 집' 같은 곳이었다. 실제로 그의 아버지 역시 목사였다.

빈센트 반 고흐(1853~1890), 〈자화상〉, 1889, 캔버스에 유채, 54.5×65cm

렘브란트는 백여 점의 자화상을 그렸다. 반 고흐 역시 40점이 넘는 자화상을 그렸다. 이 숫자는 그의 짧은 생을 감안하면 실로 놀라운 것이다. 그만큼 그는 자신의 얼굴을 정면으로 응시해야만 했던 것이다. 많은 이들이 모델을 구할 수가 없어서 자화상을 그렸다는 어조로 반 고흐의 자화상을 설명하려는 것은 어처구니 없는 일이다. 때론 밀짚모자를 쓴 멋쟁이로, 때론 귀가 잘린 후 평온을 되찾은 모습으로, 그리고 때론 광기에 사로잡힌 모습으로 그는 변화무쌍한 자신을 그때마다 캔버스에 옮겼다. 생 레미 정신병원에서 그려진 이 그림은 반 고흐의 자화상 중 가장 비장한 그림이다. 활활 타오르는 듯한 배경은 반 고흐의 영혼이 피워내는 불꽃인 것만 같

[빈센트 반 고흐 〈자화상〉]

[앙리 루소 〈뱀을 부리는 여인〉]

다. 지친 모습이지만 강인한 표정은 그림을 보고 있는 누군가에게 뭔가를 묻고 있는 듯한 집요함이 느껴진다.

앙리 루소(1844~1910), 〈뱀을 부리는 여인〉, 1907, 캔버스에 유채, 189×169cm

울창한 열대림에서 한 여인이 뱀을 목에 걸친 채 피리를 불고 있다. 때는 한낮이 아니라 밝은 달이 뜬 한밤이다. 뱀들은 여인의 목만이 아니라 나무에도 있고 풀밭 위에도 있다. 하지만 마치 마술피리 같은 여인의 음악에 맞추어 춤을 추고 있을 뿐 전혀 위협적으로 보이지는 않는다. 시간이 정지된 것 같은 고요함, 이국적 풍경과 시원(始原)으로 돌아간 것 같은 원시성, 그리고 무엇보다 낮과 밤의 경계를 허물어 버린 몽환적 분위기 등은 고갱, 아폴리네르, 피카소 등이 이 그림에 열광했던 이유를 짐작하게 한다. 피카소는 1908년 몽마르트르에 있는 자신의 아틀리에 '세탁선'에서 앙리 루소를 위한 주연을 베풀기도 했다. 루소는 파리 세관원으로 일을 하며 틈나는 대로 그림을 그렸다. 이러한 그의 경력 때문에 테오도르 루소 등 같은 이름을 갖고 있는 화가와 구별하기 위해서 그는 흔히 세관원 루소로 불린다.

폴 고갱(1848~1903), 〈아레아레아〉, 1892, 캔버스에 유채, 94×73cm

이국적인 제목부터가 흥미로운 이 그림은 전경에 자리잡고 있는 크고 붉은 개 때문에 속칭 '붉은 개'라고 불리기도 한다. 또한 고갱이 그린 그림 중 가장 아름다운 그림으로 평가받고 있다. 그림 뒤로는 원주민들이 우상에게 제사를 올리는 장면이 그려져 있는데 일상의 일이라는 듯이 그림 전경의 두 여인은 무심한 표정이다. 두 여인의 옆으로는 파란색 나무가 한 그루 서 있다. 붉은 개, 파란 나무, 우상, 타히티 여인들은 모두 환상적 색채를 띠고 있다.

앙리 마티스(1869~1954), 〈호사, 고요, 그리고 관능〉, 1904, 캔버스에 유채, 116×86cm

후기 인상파의 점묘 기법이 눈에 띄는 마티스의 이 작품은 화가가 자신만의 독특한 양식을 찾아 떠나는 출발점이 되는 작품이다. 당시 이미 20세기는 시작되었고, 후기 인상파는 그 영향력을 상실해가고 있었다. 하지만 일부 화가들이 후기 인상파로

[폴 고갱 〈아레아레아〉]

[강렬한 색과 서정성으로 가득 찬 마티스의 〈호사, 고요, 그리고 관능〉]

부터 받은 영향은 결코 과소평가할 수 없다. 이 작품은 2년 후 그려지는 〈삶의 환희〉 습작에 해당하는 작품이라고 볼 수 있다. 하지만 〈호사, 고요, 그리고 관능〉의 강렬한 색과 서정성은 오히려 〈삶의 환희〉를 능가하며, 특히 후일 마티스의 작품 세계를 지배하는 반추상적 변형의 기미마저 엿볼 수 있다.

19세기 프랑스 시인 샤를르 보들레르의 유명한 시 〈여행에의 초대〉에서 주제를 가져온 이 작품은, 유토피아에 대한 향수와 시적 정취가 점으로 분할되면서 약해지기도 하고 강해지기도 하는 색들의 리듬에 맞추어 춤을 추는 듯한 착각을 불러일으키고 있다. 마티스는 피카소와 함께 20세기 프랑스 미술계를 양분한 대가였다. 그의 작품은 따라서 오르세 박물관을 벗어나 현대 미술에 속하며 퐁피두 센터 등 현대 미술관에 많은 작품들이 소장되어 있다.

아리스티드 마이욜(1861~1944), 〈지중해〉, 1923~1927, 대리석(1905, 원본은 석고), 117×110cm

이 작품의 석고 원형은 1905년 살롱 전에 출품되었다. 원래 이 조각의 이름은 〈지

중해〉가 아니라 〈생각, 라틴적 생각Pensé, pensée latine〉이었다. 마이욜은 회화를 하다가 나이 마흔이 되어 조각으로 전향했고 그 후 4년만에 이 걸작을 만들어냈다. 조각은 그 후 문인, 예술가들 사이에서 대단한 인기를 모았고 지금의 제목 〈지중해〉도 문인들이 지어준 것이다. 1927년 이후에는 튈르리 정원에 전시되어 왔다. 남성의 육체를 묘사한 로댕의 〈생각하는 사람〉과 쌍벽을 이루는 이 작품은 여인의 몸이 지닌 부드러움과 풍만함을 건축적 구도로 묘사한 작품이다.

오귀스트 로댕(1840∼1917), 〈지옥의 문〉, 1880∼1917, 석고, 400×635cm
1840년생인 로댕은 나이 마흔이 되던 해인 1880년 프랑스 정부로부터 장식예술 박물관 정문을 제작해 달라는 공식 주문을 받는다. 주문서에는 '단테의 〈신곡〉을 표현

[아리스티드 마이욜 〈지중해〉]

[오귀스트 로댕 〈지옥의 문〉]

한 부조 작품들로 장식을 할 것'이라는 제작 조건이 명시되어 있었다. 1880년 주문을 받은 로댕은 아이디어를 얻기 위해 애를 쓰면서 피렌체에 있는 기베르티가 만든 〈천국의 문〉을 참고하기도 했고 또 바티칸의 시스티나 성당의 벽화 〈최후의 심판〉을 참고하기도 했다.

〈지옥의 문〉은 한국에서도 볼 수 있다. 한국은 전 세계에서 청동으로 주조된 〈지옥의 문〉을 보유한 일곱 번째 나라다. 파리, 취리히, 미국 필라델피아와 캘리포니아의 스탠퍼드, 일본 도쿄에 이어 서울에도 로댕 박물관이 문을 열었다.

〈지옥의 문〉보다는 작품의 일부인 〈생각하는 사람〉이 더 유명하다. 로댕은 지금 〈생각하는 사람〉이 앉아 있는 자리에 시인이라는 제목이 붙은 조각을 올려놓을 계획이었다. 여기서 시인이란 물론 〈신곡〉을 쓴 단테를 말한다. 그러나 자신이 만들어낸 인간 군상을 비참한 심정으로 굽어보고 있는 시인이 어울릴 것이라는 생각에 계획한 이 조각은, 주문을 받은 지 9년이 지나 1889년 만국박람회 때 인상주의 화가 클로드 모네와의 합동 전시회에 〈지옥의 문〉이 전시되면서 〈생각하는 사람〉으로 제목이 바뀌게 된다.

에밀 앙투안느 부르델(1861～1929), 〈활을 쏘는 헤라클레스〉, 1909, 브론즈, 247×248cm

1908년 그리스 여행에서 돌아온 부르델은 고대 조각의 균형미와 단순함에 크게 영향을 받아 이를 자신의 작품에 반영하기 시작한다. 이런 영향으로 제작된 작품이 그의 이름을 세상에 널리 알린 〈활을 쏘는 헤라클레스〉였다. 공간을 분할하는 놀라운 구도와 인물의 긴장된 육체를 단순화한 양감으로 사실주의와 이상주의, 힘과 절제, 그리고 무엇보다 공간과 충만 등 서로 상충하는 양립하기 힘든 이질적인 것들을 한 작품 속에서 구현해내고 있다. 시위와 살이 없는 활은 조각에 묘한 깊이를 더

[에밀 앙투안느 부르델 〈활을 쏘는 헤라클레스〉]

해준다. 또한 몸에 비해 거대한 활은 무한을 향한 인간의 의지를 느끼게 한다.

▶ 로댕 박물관 Musée Rodin ★★

지금 로댕 박물관으로 사용되고 있는 건물은 1728년에 세워진 귀족의 저택이다. 이후 여러 사람의 손을 거치다가 비롱 원수가 구입하게 되었고, 지금도 비롱 관으로 불린다. 이후 수녀원과 교육 시설 등으로 사용되다가 로댕 박물관으로 문을 연 것은 1927년이다. 오귀스트 로댕은 자신의 작품을 기증해 박물관으로 만든다는 조건 하에 숨을 거둘 때까지 사용하기로 국가와 계약을 하고 실제로도 숨을 거두는 해인 1917년까지 사용했다.

건물 내부에는 로댕의 석고와 대리석 작품들과 함께 엄청난 양의 데생이 전시되고 있고, 실외의 정원에는 지옥의 문과 같은 대형 청동 조각들이 전시되고 있다. 파리 인근 므동에도 로댕 박물관이 있는데, 이곳에는 주로 원형 석고상들과 습작품들이 보관되어 있다. 〈생각하는 사람〉이 묘석에 올라가 있는 로댕의 묘도 므동에 있다.

- 위치   79, rue de Varenne 75007
- 교통편   지하철 M13 Varenne 역
- 개관시간   4월 1일~9월 30일 09:30~17:45, 10월 1일~3월 31일 09:30~16:45
                     (폐관 30분 전까지만 입장 가능)
- 휴관일   월요일, 공휴일
- 웹사이트   www.musee-rodin.fr
- 입장료   성인 6유로, 학생 4유로, 매월 첫째 일요일 무료,
                     정원만 관람하는 것도 가능(1유로)

로댕 박물관 정원에 있는 이 조각 〈생각하는 사람〉은 너무나 유명해 아이러니하게

[로댕의 걸작들이 모여 있는 로댕 박물관]

© Photo Les Vacances 2007

[박물관 정원에 있는 〈생각하는 사람〉]

© Photo Les Vacances 2007

도 보는 이들이 많지 않다. 원래는 대작 〈지옥의 문〉을 위해 제작된 것이었으나 이
후 헤아릴 수 없을 정도로 복제되었다. 가장 먼저 던져야 할 질문은 "왜 옷을 벗고
있는 나체의 형상을 하고 있는가"이다. 두 번째 질문은 레슬링 선수를 연상시키는
생각하는 사람의 우람한 근육질 체격이다.

이 두 질문에 대한 답은 나체와 근육을 함께 생각하면 풀린다. 다시 말해, 로댕은
유일하게 생각하는 동물인 인간 일반을 표현하기 위해 계층이나 신분, 빈부 등을
나타내는 모든 것을 생략한 것이고, 인간의 생각이 태초부터 이어져왔다는 메시지
역시 전하려고 했던 것이다. 이렇게 보면 〈생각하는 사람〉은 최초의 인간이었던 아
담일 수도 있다. 우람한 근육은 최초의 인간부터 시작된 고뇌, 그 자체를 나타낸다.
〈지옥의 문〉 위에 올라가 나락으로 떨어지는 인간 군상을 내려다 보던 그 자세, 그
고뇌가 잔뜩 긴장한 근육을 통해 표출된 것이다.

이외에 〈발자크〉, 〈칼레의 시민들〉, 〈청동시대〉, 〈다나이드〉, 〈파올로와 프란체스카〉
등과 해부학적 충격을 던져주는 〈이리스, 신들의 메신저〉 등 로댕의 거의 모든 걸작
들이 모여 있다.

파리 기타 명소

[불로뉴 숲] [마르모탕-모네 인상주의 박물관] [프랑스 국립 도서관] [뱅센느 숲] [뱅센느 성]
[아프리카 오세아니아 예술 박물관] [벼룩시장] [파리 하수도 박물관] [몽수리 공원과 대학 기숙사촌]
[페르 라셰즈 공동묘지]

[마르모탕-모네 인상주의 박물관에 있는 모네의 〈인상, 떠오르는 태양〉. 인상주의라는 말을 만들어낸 작품이다.]

▶ 불로뉴 숲 Bois de Boulogne ★★

파리는 긴 지름 12km, 짧은 지름이 9km 정도 되는
타원형 도시이다. 파리 시 외곽 서쪽에는 불로뉴 숲이,
동쪽에는 뱅센느 숲이 자리잡고 있어 파리 시에 맑은
공기를 공급하는 허파 같은 역할을 하고 있다. 두 숲
에는 각종 놀이시설과 동물원 등이 있고 호수와 오솔

> **숫자로 보는 불로뉴 숲**
> * 면적 : 863ha
> * 고목 수령 : 평균 200년
> * 총 나무 수량 : 14만 그루
> * 주요 수종 : 참나무

길을 따라 시민들이 조깅이나 자전거 하이킹을 할 수도 있다. 두 숲에는 역사적 사
건의 흔적들이 많이 남아 있기도 하다.
14세기 초 필립 4세는 북프랑스의 불로뉴 쉬르 메르에 있는 노트르담 성당으로 순
례를 갔다 온 후, 파리 근교의 숲에 똑같은 성당을 세웠다. 이후 이 숲은 불로뉴 숲
으로 불리게 된다. 지금은 성당이 없어지고 파리 서쪽에 위치한 거대한 휴양림이자
많은 시민들이 조깅이나 산책을 하는 휴식 공간으로 사용되고 있다. 주말이면 많은
시민들이 자전거 하이킹을 하는 곳으로 유명하며, 야간에는 게이들이 만남의 장소

로 사용하기도 한다.

불로뉴 숲은 루이 14세 때인 17세기에는 왕의 사냥터였고 이후 별 모양의 도로를 냈다. 지금과 같은 모습을 갖춘 것은 나폴레옹 3세 때, 오스만 남작이 파리 지사로 부임하는 19세기 중엽이다. 경마장도 이때 건설되는데 지금은 롱샹과 오퇴이 두 개의 경마장이 있다. 호수와 늪지대가 건설된 것도 이 무렵이다.

20세기 들어서는 인근에 세계 4대 메이저 테니스 대회 중 하나인 파리 오픈 롤랑가로스 대회장이 들어서고, 파리 생 제르맹 프로 축구팀PSG의 홈 구장인 파크 데프랑스 축구장이 건설된다. 파리의 개선문에서 불로뉴 숲으로 통하는 대로인 포슈가는 개선문을 중심으로 형성되어 있는 12개의 도로 중 가장 넓은 대로인데, 이 길가에 자리잡고 있는 아파트들이 파리에서 가장 비싼 고급 아파트들이다. 인상주의 화가 오귀스트 르누아르는 불로뉴 숲에서 승마를 하는 사람들을 자주 그렸고, 소설가 프루스트 역시 불로뉴 숲을 산책하는 부인들을 묘사하곤 했다. 카페, 고급 레스토랑 등이 숲 곳곳에 있어 단체 모임이나 손님 접대 등 파티가 자주 열리기도 한다. 불로뉴 숲 입구 콜롱비 광장 인근에는 OECD 본부가 있다. 이곳은 원래 유명한 유대계 은행가인 앙드레 파스칼(본명은 앙리 드 로트쉴드)의 저택이었는데, 1948년 이후 OECD 본부 건물로 쓰이고 있다.

- 교통편　　　　　　지하철 M2 Porte Dauphine 역

▶ 마르모탕–모네 인상주의 박물관
Musée Marmottan-Claude Monet ★★

지금의 건물과 소장품은 1932년 예술사가인 폴 마르모탕이 보자르 아카데미에 기증함으로써 박물관으로 문을 열게 된다. 마르모탕은 저택만이 아니라 르네상스와 나폴레옹 제정 당시의 예술품들을 함께 기증했다. 이어 1950년 도노프 드 몽쉬 부인이 인상주의 미술가들의 작품을 기증하고, 1971년에는 클로드 모네의 아들인 미셸 모네가 부친의 작품 65점을 기증해 모네 박물관으로 자리잡게 된다. 그 후 빌덴스타인은 228권의 중세 세밀화와 고서들을 기증하고, 두엠이 고갱과 르누아르 작품들을 기증하다

인상주의라는 말을 만들어낸 모네의 유명한 그림 〈인상, 떠오르는 태양〉이 바로 이곳에 있고, 그 외에도 지베르니 정원을 묘사한 그림과 〈영국 국회의사당〉, 〈유럽 교〉, 〈루앙 성당〉 등 기타 모네의 걸작들이 소장되어 있다. 나폴레옹 당시의 가구들도 볼 수 있다.

- 위치　　　　　　2, rue Louis–Boilly 75016
- 교통편　　　　　지하철 M9 La Muette 혹은 RER–C Boulainvilliers 역,
　　　　　　　　　버스 63, 32, 22, 52번
- 개관시간　　　　매일 10:00~18:00(매표소는 ~17:30)
- 휴관일　　　　　월요일, 5월 1일, 12월 25일
- 웹사이트　　　　www.marmottan.com
- 입장료　　　　　성인 8유로, 학생 4.50유로

▶ 프랑스 국립 도서관
BNF (Bibliothèque Nationale de France)

프랑스 국립 도서관은 단일 조직이지만 파리 루브르 박물관 인근의 옛 도서관인 리슐리외 건물과 20세기 말 프랑수아 미테랑 대통령이 새로 건설한 톨비악 건물 등 두 개의 건물을 갖고 있다.

17세기 때 세워진 옛 국립 도서관은 19세기 들어 철골 구조로 열람실 등을 확장하기는 했지만, 비좁고 현대적인 시설들을 수용할 수 없는 한계를 갖고 있었다. 이로 인해 여러 번 도서관 신축이 거론되어 왔었다. 1988년 7월 14일, 프랑스 혁명 기념일 연설에서 마침내 미테랑은 도서관 신축을 공식 선언하게 된다.

현상 응모 결과 당시 건축가로서는 어린 서른 여섯의 도미니크 페로의 건축안이 당선되어 공사가 개시된다. 하지만 도서관 이전에서부터 건축안은 물론이고 각종 안전 문제와 연구자 중심이냐 대중 중심이냐의 도서관 개념에 이르기까지 논란이 끊이지 않았다. 특히 옛 도서관인 리슐리외 도서관에 있는 장서들을 어떻게 구분해 분산 배치할 것인지도 큰 문제였다. 하지만 이 모든 문제는 첨단 공학을 동원해 극복해 나갔다. 그리고 장서는 필사본이나 지도 메달 같은 유물 성격의 자료들은 옛 도서관에 그대로 두고, 단행본과 잡지를 비롯한 인쇄물만 신 도서관으로 이전하도록 함으로써 문제를 해결한다. 책에는 치명적인 햇볕을 방지하는 시스템이나 공조 시스템을 해결하기 위해 두께가 7cm 되는 페어그라스를 사용하기로 했고, 최신식 공조 시스템을 동원해 온도 18℃에 습도 55%를 항상 유지할 수 있도록 장치가 되어 있다. 건물은 80m 높이의 22층짜리 건물 4개 동으로 구성되어 있다. 각 건물에는 시간의 탑, 수의 탑, 문학의 탑 등의 이름이 부여되어 있다. 모든 건물은 책을 펼쳐놓은 것 같은 형상을 띠고 있고, 중앙에 출입구와 정원 및 광장이 자리잡고 있다. 일반 열람실, 연구자 열람실, 세미나실, 전시실, 사무실, 복원실 등으로 용도가 구분되어 있다. 지하와 지상 1층은 개가식으로 각종 사전류, 정간물 등을 열람할 수 있다. 약간의 입장료를 내야 하며 학생은 반액 할인이 된다. 1년 정기권도 판매한다.

- ☎   (01)5379-5959
- 교통편   프랑수아 미테랑 박물관 – 지하철 M6 Quai de la Gare 역
  리슐리외 박물관 – 지하철 M3 Bourse
  혹은 M1, 7 Palais Royal-Musée du Louvre 역
- 개관시간 09:00~19:00(각 부서별로 상이함, 웹사이트에서 확인 필요)
- 웹사이트 www.bnf.fr

▶ 뱅센느 숲 Bois de Vincennes

불로뉴 숲이 파리 서쪽에 있는 부르주아적인 공원이라면, 동쪽에 있는 뱅센느 숲은 상대적으로 서민적인 공원이라고 할 수 있다. 하지만 그 아름다움이나 특히 역사적 의미에 있어서는 뱅센느 숲이 불로뉴 숲을 능가한다. 이곳에는 14만 6천 그루가 넘

는 나무가 심어져 있는데 불로뉴 숲처럼 참나무가 주종이다. 안타깝게도 1999년 12월 태풍으로 인해 약 5만 그루 정도의 나무가 쓰러져 다시 식목을 했다.

무엇보다 뱅센느 숲은 뱅센느 성이 자리잡고 있는 파리 근교의 유적지 중 한 곳이며, 아프리카 오세아니아 예술 박물관 역시 뱅센느 숲에 위치해 있어 19세기에서 20세기 중엽까지 진행된 프랑스 식민 정책을 엿볼 수 있다. 이곳도 원래는 중세 때 왕의 사냥터였다. 12세기 때 필립 오귀스트는 숲 인근에 12km에 달하는 성을 쌓고 수천 마리의 사슴과 노루들을 풀어놓아 길렀다고 한다. 샤를르 5세 역시 이곳에 자주 사냥을 나왔고 성을 지어 기거를 하기도 했다.

이 성은 18세기 때 철거되고 루이 15세 때 나무들을 다시 심어 지금의 모습을 갖추게 했다. 1860년 나폴레옹 3세 당시, 오스만의 도시 계획의 일환으로 인공 호수를 조성하게 되고 동물원도 들어선다. 지금은 프랑스 선수촌과 국립 스포츠 연구소가 있다. 또한 뱅센느 숲에는 유럽에서 가장 큰 불상이 봉안되어 있는 국제 불교 연구소가 있기도 하다.

- 교통편　　　　지하철 M1 Château de Vincennes 혹은 RER-A Vincennes 역

▶ 뱅센느 성 Château de Vincennes

11세기부터 이곳에는 왕들의 크고 작은 성들이 많이 들어섰다. 12세기 필립 오귀스트는 작은 저택을 하나 짓기 시작했고 성 루이 왕 때는 성당이 추가된다. 그 유명한 성 루이 대왕의 나무가 바로 이곳에 있던 참나무를 말한다. 왕의 나무란 억울한 백성들이 보좌들의 저지를 받지 않고 들어와 참나무 아래에서 기다리면 왕이 나와 억울한 사정을 듣고 판결을 내리는 곳이었다. 파리 동쪽을 경비하는 요새는 1396년 샤를르 5세 때 완공된다. 샤를르 5세는 귀족들을 불러 함께 살기 위해 왕궁을 건설하려고 했지만 귀족들의 반대로 뜻을 이루지 못했다.

이어 17세기 루이 14세 때 들어 마자랭이 왕을 위해 왕의 대전과 왕비전을 나란히 건설한다. 막 결혼한 젊은 국왕 루이 14세가 신혼을 보낸 곳이 이곳이다. 하지만 루이 14세는 파리에 머물렀다 베르사유로 옮겨갔고 그 이후 쓸모가 없어진 뱅센느 성은 1784년까지 감옥소로 쓰였다. 장세니스트, 프롱드 난에 연루된 귀족들, 철학자, 자유주의적인 풍속 사범들이 주로 이곳에 갇혔다. 하지만 바스티유만큼 악명이 높은 곳은 아니었다.

뱅센느 성은 유명한 세브르 도자기 공방의 전신이기도 하다. 왕궁이 옮겨지면서 공방 역시 세브르로 옮겨갔지만, 1738년부터 세브르로 옮겨가는 해인 1756년까지 약 20년 동안은 이곳에서 프랑스 왕궁과 귀족들이 사용하는 도자기를 생산했다.

나폴레옹 황제 때는 파리 수비를 위해 성의 탑들을 제거하고 대신 대포를 놓기 위해 총안과 진지가 마련된다. 그리고 루이 필립 역시 성 옆에 요새를 별도로 쌓아 파리 수비를 도모했다. 성이 17세기 때의 원래 모습을 되찾게 된 것은 나폴레옹 3세 때인데 비올레 르 뒤크의 책임 하에 복원 작업이 이루어진다.

- 교통편   지하철 M1 Château de Vincennes 혹은 RER-A Vincennes 역
- 개관시간   5~8월 매일 10:00~18:00, 9~4월 매일 10:00~17:00
- 휴관일   공휴일
- 입장료   내성 관람 성인 7.50유로, 학생 4.80유로,
                  18세 미만 무료

"내 다리를 돌려주면 성을 내주겠다."

뱅센느 성이 오늘날까지 거의 원형대로 보존될 수 있었던 것은 19세기 초반 이 성을 관리하던 한 용감한 사람 때문에 가능했다. 이 사람은 본명보다는 목발이라는 별명으로 더 유명한데, 나폴레옹 휘하의 병사로 바그람 전투에서 부상을 당해 불구가 된 사람이었다. 1814년 나폴레옹이 퇴위한 후 연합군이 성을 내놓으라고 하자, 이 사람은 "내 다리를 돌려주면 성을 내주겠다."라고 하면서 끝까지 성을 지켰고, 1830년 7월혁명 때는 성의 종루에 갇혀 있던 샤를르 10세의 장관들을 내놓으라고 요구하는 혁명 군중에게 문을 열어 주지 않았다. "더 이상 가까이 오면 난 성과 함께 폭발해 버리겠다. 공중에서 다시 만나자."고 하면서 성문을 열어주질 않았던 것이다. 만일 당시 성문을 열어주었다면 투옥된 사람들이 죽은 것은 물론이거니와 성도 상당 부분 파괴되었을 것이다.

▶ 아프리카 오세아니아 예술 박물관
Musée National des Arts d'Afrique et Océanie

지금의 박물관 건물은 1931년 식민지 박람회를 개최하기 위해 지어진 건물이다. 오세아니아 관에는 오스트리아 원주민 예술, 현대 예술 등이 소장되어 있고 나무 뿌리를 이용한 폴리네시아 예술품들도 볼 수 있다. 카메룬 등의 중부 및 동부 아프리카의 목각과 가면, 청동 작품과 상아 공예품 등도 이곳에 있다.

북부 아프리카 예술품을 전사하는 마그레브 관에서는 특히 보석류와 도자기류, 양탄자 등을 볼 수 있다. 마그레브 예술은 단일하지 않고 농촌 예술과 도시 예술의 차이가 상당한데, 마그레브의 도시 예술은 그 세공 수준이나 장식성이 서구 예술을 능가할 정도로 예술적이다. 1층에는 아프리카 수족관이 있어 열대어들을 관상할 수 있다.

- 위치   293, avenue Daumesnil 75012
- ☎   (01)4474-8480
- 교통편   지하철 M8 Porte Dorée

▶ 벼룩시장 Marché aux Puces

벼룩시장이라는 말은 벼룩이 생길 정도로 오랫동안 집안에 두었던 물건을 내다 파는 곳이라는 뜻에서 붙여진 이름이다. 하지만 지금은 벼룩 같은 것은 없고 오히려 주의를 해야 한다면 소매치기나 위조 상표가 붙은 가짜 물건들을 조심해야 한다. 어쨌든 이곳에는 철 지난 물건이면 모든 것을 구입할 수 있다. 고가구, 옛 음반, 오래 전에 유행했던 모자나 옷, 중고 책, 그림 엽서, 옛 메달이나 동전, 옛 제복이나 운동 유니폼 등등 재미있는 물건들이 많다. 자주 있는 일은 아니지만 가끔 횡재를 하는

수도 있다. 고가의 그림이나 고서 혹은 가치 있는 물건을 살 수도 있기 때문이다. 파리에 살다 보면 평생 한번은 가보게 된다는 이곳에 가려면, 파리 지하철 4호선을 타고 포르트 드 클리냥쿠르 역에서 내려 파리 순환도로를 통과하면 바로 도착할 수 있다. 혹은 버스 85번을 이용할 수도 있다. 수많은 가게들이 자리 잡고 있는 이곳에서 시간을 절약하려면 다음과 같은 시장들을 먼저 들러보는 것도 한 방법이다.

- 베르네종 상가 : 1885년부터 장사를 시작한 이곳은 고서와 고가구들을 판다.
- 비롱 상가 : 1925년 70개의 골동품상들이 모여 공동으로 문을 연 이곳은 벼룩시장에서 가장 그럴듯한 분위기를 내는 곳이다. 고가구 전문 상가다.

[고가구를 비롯해 재미있는 중고 물품들을 구경할 수 있는 벼룩시장]

- 캉보 상가 : 그림이나 고가구를 취급한다.
- 로지에 상가 : 고가구, 그림, 고서 취급. 아르누보 계열 전문점이다.
- 세르페트 상가 : 전통은 얼마 안 되지만 고가구 및 시골 가구와 옛 무기들을 취급한다.
- 쥘 발레스 상가 : 시골 가구 전문점. 비교적 저렴한 가격에 물건을 구입할 수 있다.
- 말리크 상가 : 음반, 안경, 옛 의상 등을 판매한다.
- 도핀느 상가 : 판화, 고서화 가구, 고서 등 취급. 종류가 가장 다양하다. 원하는 사람들에게 물건 보증서를 발급한다.
- 말라시스 상가 : 골동품 상가인데 레스토랑도 있다.

▶ 파리 하수도 박물관 Musée des Égouts de Paris

지하철 9호선 알마 마르소 역에서 하차해 알마 마르소 다리를 건너면 바로 나온다. 혹은 지역간 고속 전철인 RER–C선을 타고 퐁 드 랄마 역에서 하차해도 된다. 에펠탑을 본 사람들은 센느 강을 약 10분 정도 거슬러 올라오면 된다. 입장할 때는 더운 여름이라 해도 두꺼운 스웨터 같은 것을 걸치는 것이 좋다. 온도가 낮고 습기가 많기 때문이다.

나폴레옹 3세가 통치하던 제2제정 때 벨그랑이라는 기술자가 설계해 만들어 놓은 하수도이다. 이 하수도는 지금 방문 가능한 하수도 중에서는 세계에서 가장 크며, 전체 길이가 2,100km에 달한다. 우수(雨水)와 하수를 상수도와 분리하고, 국회에서 관보 발행소까지 이어지는 10km에 달하는 문서 운송 튜브도 하수도 시설에 매설되어 있다. 지상에 어떤 길이 있는지를 알 수 있도록 표시가 되어 있으며, 1시간 15분 정도의 시간이 소요되고 파리의 수자원 관리에 관한 비디오 감상으로 끝이 난다.

- ☎ (01)4705-1029
- 교통편 지하철 M9 Alma Marceau 역
- 개관시간 11:00~16:00(5~9월 ~17:00)
- 휴관일 목, 금, 1월에 2주간
- 입장료 3.80유로로

▶ 몽수리 공원과 대학 기숙사촌 Parc Montsouris et la Cité

지하철 4호선을 이용해 종점인 포르트 도를레앙 역에서 하차하거나, RER-B선을 타고 시테 위니베르시테르 역에서 내리면 된다. 국제관에서 전체 기숙사촌 안내 지도를 얻을 수 있다.

프랑스 지방을 포함한 전 세계 120개국에서 온 유학생들이 이용하는 국제 기숙사촌이다. 전체 이용자 수는 약 5500명 정도이며 이 중 30%가 프랑스 학생이다. 각 나라가 운영하는 기숙사 건물 37동이 들어서 있으며, 각 관에서는 일정 수를 타국 학생들을 위해 할애한다. 건물마다 자국의 전통을 나타내는 독특한 양식으로 지어져 있다. 1925년 첫 기숙사가 완공되었고 마치 성을 연상시키는 국제관은 존 록펠러의 도움으로 1936년 문을 열었다. 스위스 관은 유명한 건축가 르 코르뷔지에의 작품이다. 약 40ha에 달하는 광활한 면적에 도서관, 실내 수영장, 테니스장, 운동장, 식당 등을 갖추고 있어 유학 생활을 저렴하고도 알차게 할 수 있는 곳이다. 식당이나 기타 시설은 국가 보조금 지급으로 상당히 싼 편이다. 기숙사 체류자일 경우 한끼 식사값이 2.50유로 정도이다. 프랑스 수상을 지냈던 레이몽 바르, 유명한 패션 디자이너 피에르 발맹 등이 이곳 기숙사 출신이다. 때론 어떤 국가관에는 고유명사 이름이 붙은 경우도 있는데, 이는 기증자나 후원자 이름들이다. 여름 바캉스 동안에는 여름 여행을 하는 학생들에게 빈 방을 임대하기도 한다.

길 하나를 마주하고 자리잡고 있는 공원이 몽수리 공원이다. 공원 이름은 직역을 하면 '쥐의 산'이라는 뜻이 되는데, 공원에 쥐는 없다. 오스만이 센느 강 지사를 역임했던 제2제정 때 조성된 공원이다. 넓은 잔디밭, 인공 호수, 화단 등이 갖춰져 있는 영국식 공원이다. 인공 호수를 만들어놓고 처음 문을 여는 날 갑자기 호수 물이 빠져버려 창피를 당한 건축가가 수치를 견디지 못하고 자살했다고 한다. 몽수리 공원은 러시아 혁명을 일으킨 레닌이 밀린 집세로 고민을 하면서 자주 산책을 하던 공원이기도 하다. 레닌은 인근의 보니에 가 24번지와 마리 로즈 가 4번지에서 살았었다. 브라크, 앙드레 루소, 수틴 등 화가들도 인근에서 살았다.

- 교통편　　　　　지하철 M4 Porte d'Orléans 혹은 RER-B Cité 역

▶ 페르 라셰즈 공동묘지 Cimetière Père-Lachaise ★★

파리에 있는 공동묘지 중 가장 유명한 페르 라셰즈 묘지는 장례 조각 박물관이라고
할 수 있을 정도로 다양하고 기묘한 묘석과 묘비들로 인해 묘지임에도 불구하고,
관광객들의 발길이 끊이지 않는 곳이다. 지하철 2, 3호선 페르 라셰즈 역이나 필립
오귀스트 역에서 내리면 된다. 혹은 버스 23번, 76번을 타고 페르 라셰즈에서 내려
도 된다. 전체 면적이 약 40ha 정도이고 입구는 여러 곳으로 나뉘어져 있다. 안내
지도를 무료로 얻을 수 있다. 묘지 내의 길에는 모두 이름이 부여되어 있어 어렵지
않게 자신이 가고자 하는 묘소를 찾을 수 있다.

프랑스 어로 페르Père는 '아버지'라는 뜻인데, 가톨릭 신부도 페르라고 부른다. 페르
드 라셰즈는 루이 14세의 고해 신부였다. 원래 이곳은 루이 14세 당시 은퇴한 예수
회 신부들이 기거하던 곳이었다. 나폴레옹 황제 때 이곳에 처음 묘지가 들어서기 시
작한다. 유명한 발자크의 소설 〈고리오 영감〉 마지막 대사에 나오는 묘지가 바로 이
곳이다. 두 딸로부터 버림을 받은 채 가련하게 숨을 거둔 고리오 영감을 이곳에 묻
은 다음 라스티냐크는 파리를 향해 소리친다. "파리야, 이제 우리 둘이서 겨뤄보자!"
페르 라셰즈 묘지에서 가장 큰 묘석을 갖고 있는 무덤은 펠릭스 드 보주르인데, 부
유한 외교관이었던 이 사람은 자신의 이름을 역사에 남기고 싶어했지만 평생 큰 일
을 해내지 못한 채 숨을 거두었다. 대신 높이 20m가 넘는 거대한 묘석으로 무덤을
장식해 달라는 유언을 남기고 숨을 거두었다고 한다. 그의 이 높은 묘석을 '펠릭스
드 보주르의 남근석'이라고 부른다. 제3공화국 당시 대통령을 지낸 펠릭스 포르는
복상사를 당한 인물인데, 그래서 그의 묘를 덮고 있는 러시아와의 친선을 상징하기
위한 양국기를 사람들은 '엘리제 궁의 침대보'로 부르며 혀를 차거나 침을 뱉고 지
나가곤 한다. 그의 갑작스런 죽음 직후, 실패로 끝났지만 군사 쿠데타가 일어난다.

- ☎　　　　　(01)4474-8480
- 교통편　　　　지하철 M2, 3 Père Lachaise 역
- 개관시간　　　3월 16일~11월 5일 – 월~금 08:00~10:00
　　　　　　　　　　　　　　　　(토요일은 30분, 일요일은 1시간 늦게 개방)
　　　　　　　　11월 6일~3월 15일 – 월~금 08:00~17:30
　　　　　　　　　　　　　　　　(토요일은 30분, 일요일은 1시간 늦게 개방)

페르 라셰즈에 묻힌 유명인들

- 문인 : 콜레트, 발자크, 프루스트, 뮈세, 베르나르댕 드 생 피에르, 몰리에르, 라 퐁텐느, 오스카 와
　일드, 아폴리네르
- 예술가 : 모딜리아니, 페르낭 레제, 피사로, 쇼팽, 에디트 피아프, 이사도라 던컨, 사라 베른하르트
- 정치가 : 오스만, 펠릭스 포르, 펠릭스 드 보주르
- 연예인 : 이브 몽탕, 시몬느 시뇨레, 질베르 베코

파리 근교

[라 데팡스] [베르사유] [보 르 비콩트 성] [퐁텐느블로 성] [바르비종] [말메종] [샹티이 성] [지베르니]
[오베르 쉬르 와즈] [디즈니랜드 파리]

[그랑 다르슈는 파리 도시계획의 직선축을 마무리하는 의미를 지닌다.]

| 라 데팡스 |

La Défense

지하철 1호선과 RER–A를 타면 가장 신속하고 편리하게 갈 수 있는 곳이 라 데팡
스다. 하차할 역은 라 데팡스 그랑 다르슈La Defense Grand Arche다. 버스는 73,
141, 144, 161, 174, 178, 28, 262, 272번을 이용할 수 있다. 단, 라 데팡스 지역이 사
무실 밀집 지역이기 때문에 가능한 한 출퇴근 시간은 피해 가는 것이 좋다.

라 데팡스는 파리 서쪽에 형성된 신시가지이다. 사무실 건물들이 밀집되어 있지만,
체계적인 개발, 특별한 공법, 그리고 무엇보다 미학적 배려를 통해 적지 않은 휴식
공간과 행사장 그리고 야외에 현대 조각 공원들을 갖추고 있다.

특히 라 데팡스의 상징인 그랑 다르슈Grande Arche는 세계적인 건물로 파리의
개선문과의 일직선 상에 위치하며 이른바 그랑 닥스Grand Axe로 불리는 파리 도
시 계획의 직선축을 마무리하는 의미를 지닌 건물이다. 그랑 다르슈 앞의 광장은

길이만 1,200m에 달하는 거대한 산책로이자 여러 가지 행사가 열리는 행사장이기도 하다. 이곳은 1871년 프러시아와의 전쟁 당시 파리 수비를 위해 치열한 전투가 벌어졌던 곳이다. 조각가 바리아스의 기념 조각이 음악 분수대 앞에 세워져 있다. 이 인근 지역의 이름인 라 데팡스는 국가 수호를 뜻한다. 라 데팡스 광장 밑에는 지하철, 철도, 자동차 도로가 자리잡고 있고, 지하상가와 각종 음식점 등이 들어가 있다.

▶ 그랑 다르슈 (신 개선문) Grande Arche

한 변의 길이가 110m에 달하는 30만 톤 무게의 이 엄청난 철근 콘크리트 건물은 가운데 1ha에 달하는 사각형 구멍이 뚫려 있다. 이 공간으로는 파리 노트르담 성당이 그대로 들어갈 수 있다. 외부는 카라라 백색 대리석과 유리로만 마감되어 있다. 덴마크 건축가 오토 폰 스프라켄셀이 설계했는데, 설계도 시안만 제출한 채 숨을 거두는 바람에 시공 당시 많은 애를 먹었다고 한다. 이 설계안은 오토 폰 스프라켄셀의 첫 작품이기도 했다. 기술적인 문제로 인해 대 아치는 나폴레옹의 개선문까지 이어지는 직선축에서 약간 옆으로 틀어진 상태로 지어졌다. 중앙의 공간에는 강철 와이어와 유리를 이용한 전망 엘리베이터가 설치되어 있어 정상까지 올라가 볼 수 있다. 이 대 아치에는 정부 부처들과 공기업 및 국제 기구 등이 들어가 있다.
그랑 다크슈 정상에는 카페와 전망대가 있다. 정상에 오르면 파리 시의 도시 계획의 기본 축인 그랑 닥스를 볼 수 있을 뿐만 아니라, 레이노J. P. Raynaud가 그린 별자리도 볼 수 있다.

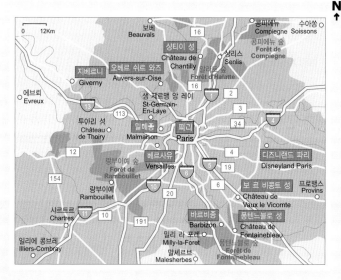

[파리 근교]

- 위치   1, place du Parvis de La Défense 75015
- 개관시간   10:00~18:00
- 입장료   성인 9유로, 학생 7.50유로

▶ 신 산업 기술 센터 CNIT

그랑 다르슈 즉, 신 개선문을 바라보며 오른쪽에 있는 조개 모양의 백색 건물이 CNIT(Centre des Nouvelles Industries et Technologies)이다. 1958년에 세워진 이 건물은 라 데팡스에서 가장 오래된 건물이자 가장 유명한 건물이기도 하다. 제르퓌스, 카믈로, 마이 등의 건축가가 합동으로 설계한 작품이다. 내부의 전체 면적은 8만m²에 달하며, 기둥을 사용하지 않고 지어진 실내의 가장 긴 축은 길이가 220m에 달한다. 건물 앞에는 높이 15m의 붉은색 현대 조각이 놓여 있다. 모빌 조각의 대가 칼더Calder의 마지막 작품이다. 이는 고정되어 있는 작품이어서 작품의 제목은 모빌이 아닌 〈붉은색 스타빌Stabile Rouge〉이다.

▶ 프라마톰 빌딩 Framatome

그랑 다르슈를 제외하고는 엘프 타워와 함께 라 데팡스에서 가장 높은 건물이다. 표면을 연마한 화강석으로 마감해 야간에 조명이 비치면 마치 거대한 체스판 같은 느낌을 준다. 프라마톰은 프랑스의 핵 연료 회사다. 건물 밑에는 폴로네 미토라츠의 브론즈 흉상인 〈거대한 토스카노〉가 있다.

▶ 엘프 타워 Tour Elf

빛의 방향과 강도에 따라 변화를 보이는 외관으로 인해, 낮이나 밤이나 이 건물은 마치 마술을 보는 것 같은 느낌을 준다. 다른 회사를 합병해 토탈 피나 엘프가 된 이 회사는 프랑스 최대의 석유 회사이다. 이외에 라 데팡스에는 세계적인 보험 회사, 은행, 기타 각종 기업들이 입주한 고층 빌딩들이 들어서 있다. '거울들'이라는 뜻의 레 미루아르Les Miroirs 빌딩 광장에는 면적이 2,500m²에 달하는 세계에서 가장 큰 모자이크가 장식되어 있다.

| 베르사유 |

Versailles ★★★

- 개관시간   4~10월 09:00~18:30, 11~3월 09:00~17:30
- 휴관일   월요일, 공휴일

- 교통편 171번 버스가 파리 시내의 퐁 드 세브르Pont de Sèvres 15구와 베르사유 궁을 연결한다. 그러나 지하철을 이용하는 것이 훨씬 더 빠르다. 파리 시내와 교외를 연결하는 고속전철 RER를 이용, 샤틀레, 오르세 박물관, 에펠 탑 아래 등에서 출발하면 편리하다. RER 베르사유 Versailles-Rive Gauche 역은 베르사유 궁에서 남동쪽으로 700m 떨어진 지점에 위치한다. 하루 70편 이상이 운행되며, 파리로 돌아오는 막차는 자정 이전까지 있다.

  승용차로 가는 경우는 A13을 이용하면 평균 20분이면 갈 수 있다. 3 인이 출발하는 경우나 시간이 그다지 많지 않으면 파리에서 택시를 이용하는 것도 방법이다. 요금은 편도 20~25유로 선이다.

© Photo Les Vacances 2007

[태양왕 루이 14세는 정치, 경제의 중앙 집권을 위해 베르사유 궁을 지었다.]

- 입장료 전체 패스 – 4~10월 주중 20유로, 주말 25유로,
  　　　　　　　11~3월 16유로, 18세 미만 무료
  　　　　　　궁 – 성인 13.50유로, 18세 미만 무료
  　　　　　　대 트리아농과 소 트리아농 – 4~10월 9유로, 11~3월 5유로
  　　　　　　정원 – 무료(4~9월 중 분수 축제가 열리는 요일 제외)
- 웹사이트 www.chateauversailles.fr

〈역사〉

베르사유는 숲과 늪지로 덮여 있어 사냥감이 많았던 지역으로 16세기 말, 프랑스 마지막 왕조인 부르봉 왕조를 세운 앙리 4세 이후 모든 왕들이 자주 사냥을 나왔던 곳이다. 베르사유를 지금의 규모로 완성시킨 왕은 흔히 루이 대왕Louis le Grand 으로 불리는 태양왕 루이 14세다. 루이 14세는 치세 초기에는 베르사유를 별로 좋아하지 않았지만 결혼한 이후로는 왕비와 신하들을 대동하고 자주 들렀다. 특히 총애하던 애첩과의 밀회 장소로 베르사유만큼 좋은 곳은 없었다. 하지만 베르사유를 짓게 된 가장 직접적인 동기는 다른 데 있었다. 당시 재무 담당 대신이었던 푸케는

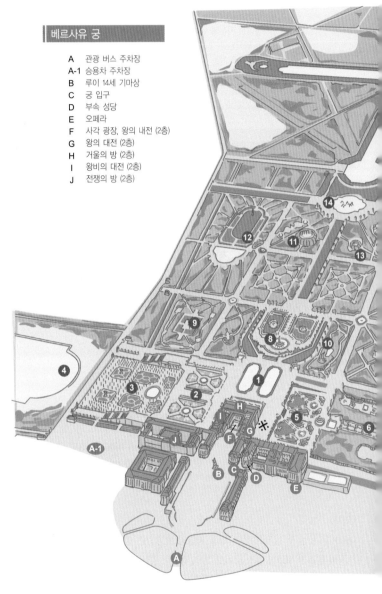

베르사유 궁

A	관광 버스 주차장
A-1	승용차 주차장
B	루이 14세 기마상
C	궁 입구
D	부속 성당
E	오페라
F	사각 광장, 왕의 내전 (2층)
G	왕의 대전 (2층)
H	거울의 방 (2층)
I	왕비의 대전 (2층)
J	전쟁의 방 (2층)

[베르사유 궁]

© Design Les Vacances 2007

트리아농 궁

K 대 트리아농
L 소 트리아농
M 사랑의 사원
N 왕비의 오두막

베르사유 정원
관광 기차 출발 위치

베르사유 정원

1 중앙 운하
2 남쪽 화단
3 오랑주리
4 스위스 용병 호수
5 북쪽 화단, 피라미드 분수
6 물의 화단
7 용이 분수, 넵튠 분수
8 라톤느 분수
9 왕비의 숲
10 아폴론의 목욕의 숲
   〈요정들의 시중을 받는 아폴론〉
11 콜로나드 분수 (열주 화랑 분수)
12 왕의 정원
13 돔의 숲
14 아폴론 분수
15 대운하

파리 남쪽에 보 르 비콩트라는 멋진 성을 짓고 축성식을 하는 날 눈치 없게도 왕을 비롯한 궁정 대신들을 초대했다. 파티도 성대했지만, 무엇보다 성의 규모와 화려함은 왕의 심기를 불편하게 할 정도로 호화찬란했다. 얼마 안 있어 푸케는 겨우 사형을 면하고 감옥에 갇히는 신세가 된다. 작은 성을 군주가 머물 수 있는 쾌적한 궁으로 만드는 대공사가 시작된 것은 루이 14세가 즉위한 1661년, 이런 사건이 일어난 직후다. 가구는 물론이고 푸케의 정원에 있던 나무들까지 거의 다 실어와 베르사유를 짓는데 사용되었고 건축가, 정원사 역시 그대로 다시 고용되었다. 이리하여 2층에는 살롱으로 연결된 왕과 왕비의 침실이 대칭으로 자리잡게 되고 새로 지어진 주방과 마구간이 들어가는 부속 건물은 철책으로 닫혀진 마당 양쪽에 자리잡았다. 그리고 그 앞으로 세 갈래의 길이 시작되는 광장 등이 완공되어 서서히 궁으로서의 면모를 갖추어 나가기 시작한다. 궁과 식물원인 오랑주리, 그리고 동물원은 루이 르 보가 맡았고 르 노트르는 새로운 정원을 설계했다. 궁 내부의 전체 장식은 샤를르 르 브룅이 담당했다. 새로 단장된 성은 축제의 장소로 변한다. 1664년 5월의 '마술의 섬의 향락'과 1668년 7월 18일의 '왕궁의 대향연'은 모든 이들을 매료시켰고, 베르사유라는 이름을 전 유럽에 알리는 계기가 된다. 불꽃놀이, 연극, 음악회 등이 연일 공연되었고 왕도 분장을 하고 직접 무대에 올라가 연기를 보여주기도 했다. 희극 작가 몰리에르, 우화로 유명한 라 퐁텐느 등이 연극을 써서 왕을 즐겁게 했고 음악은 주로 이탈리아 출신의 륄리가 맡았다. 하지만 왕은 이에 만족하지 않고 성을 확장하기 위해 루이 르 보 등의 건축가들에게 여러 번 확장 계획을 맡긴다. 그러나 결국 이 모든 계획들은 부분적으로 실현되었을 뿐, 치세 말기에 치러야 했던 수많은 전쟁으로 인해 완성을 보지 못한다. 말기에는 콜베르의 부지런한 관리에도 불구하고 재정 파탄을 맞아 은으로 만든 옥좌 등도 모두 녹여 처분해야만 했다. 전체적으로 보면 약 50년의 세월이 걸려 1710년 부속 성당이 완공되면서 대역사가 마무리된다. 하지만 평생을 공사장에서 살면서 궁을 완성한 루이 14세는 5년 후인 1715년 눈을 감고 만다. 루이 14세 뒤를 이어 등극한 루이 15세와 16세 때는 궁의 전체적인 규모에 있어서는 큰 변화가 일어나지 않는다.

〈정원〉

베르사유 궁은 궁에 못지않게 정원으로 유명한 곳이다. 루이 14세 역시 정원에 더 많은 신경을 썼다. 그는 넓은 정원을 조성해놓은 다음 손수 정원을 산책하는 방법을 집필하기도 했다. 궁이 조금씩 확장되면서 동시에 '프랑스 식 정원'의 최대 걸작이 탄생하게 되고 이를 장식하기 위해 당대 최고의 조각가들이 동원된다. 정원을 가득 채우고 있는 대리석 및 청동 조각들은 고대의 유명한 빌라들을 연상시켰고 베르사유 정원은 이렇게 해서 인간이 상상할 수 있는 최고의 야외 조각관이 된다.

하지만 이 모든 것에도 불구하고 루이 14세는 최초의 베르사유가 간직하고 있던 은밀한 분위기를 즐기기 위해 정원 끝에다가 트리아농이라는 자기로 장식을 한 작은 성관을 하나 건설한다. 엄청난 규모와 몰려드는 인파에 염증을 느낀 것이다. 공사가 진행되는 동안 성 주위에는 도시가 하나 형성되었고, 도시는 성과 운하를 대칭으로 가로지르는 14km에 달하는 중심축을 따라 건설된다. 부속 건물들을 통해 약 5000 명을 수용할 수 있었던 성이었지만 대신들의 종복들까지 수용할 수는 없었기 때문에 시는 성의 필수 불가결한 요소였다. 궁중 대신들을 따라온 종복들은 시에 있는 여관에 투숙했고, 이내 선술집과 파리와 베르사유를 오가는 마차와 역이 생기게 되었다. 베르사유 시 인구는 꾸준히 늘어나 대혁명 직전에는 7만을 헤아리게 된다(당시 파리 시 전체 인구는 약 55만이었고 프랑스 전체는 약 2300만 명이었다).

[베르사유의 루이 14세 기마상]

[프랑스 식 정원의 최대 걸작인 베르사유 정원은 하나의 야외 조각관이다.]

〈최초의 행정수도, 베르사유〉

이러한 시의 번성은 1682년 5월 1일 왕궁과 행정 전체를 베르사유로 옮겨온 루이 14세의 천도와 관계가 깊다. 18세기 초의 섭정기를 제외하고 이후 약 100여 년간 베르사유는 왕국의 정치 및 행정의 중심지가 된다. 이 천도는 워싱턴, 브라질리아 같은 현대적 도시에 행정 수도 개념을 제공하기도 했는데, 루이 14세의 여러 의도가 숨어 있었다. 왕권에 대한 반역이었던 프롱드 난 당시의 위험과 치욕을 잊을 수 없었던 루이 14세는 왕족과 정부를 파리 시로부터 격리시켜 놓고 싶었다. 프롱드 난 당시 어린 황태자였던 루이 14세는 귀족들에게 쫓겨 마구간 같은 곳에서 잠을 자기도 했다. 왕정의 토대 자체를 위협했던 귀족과 영주들의 반란을 기억하고 있던 왕으로서는 그들을 화려한 궁에 초대해 풍요로운 생활에 젖게 함으로써 충직한 하인으로 길들여가며 저항 의지를 꺾어놓을 수 있다고 생각했던 것이다. 나아가 왕은 자신의 치세 흔적을 남기고 싶었다. 하지만 파리에 있는 루브르나 튈르리 궁에는 이미 선왕들의 흔적이 남아 있었고 공간도 충분치 않았다. 루이 14세는 지금 박물관으로 쓰이고 있는 루브르 궁의 사각 광장만 완성한 후 파리를 버리고 베르사유로

오게 된다. 스스로 용감한 기병이자 지칠 줄 모르는 사냥꾼이었던 왕에게는 마음대로 달리고 숨쉴 수 있는 바람과 대지가 필요했던 것이다.

하지만 베르사유 궁은 거대한 정치 경제적 의도에서 태어나게 되었음을 잊어서는 안 된다. 루이 14세는 친정을 통해 중앙 집권을 강화해 약화된 왕권을 추스렸으며, 가까이에 대신을 두고 싶어했다. 또한 이탈리아로부터 대리석, 거울, 벨벳, 양탄자, 골동품 등 사치 산업의 독점권을 빼앗아 오는 보호 무역 정책을 펴게 된다. 그 결과 왕은 로마 제국 이후 폐쇄되었던 대리석 채석장을 재개발했으며, 고블랭, 생 고방 등 옛 왕립 공방들을 다시 가동시켰다. 모든 이들에게 개방된 왕궁은 그 자체로 예술품과 공예품의 전시장이 되었으며, 프랑스는 20년도 채 못되어 유럽 제일의 사치 산업 생산국이자 수출 대국으로 올라서게 된다. 18세기에 프랑스가 누리게 되는 경제적인 번영과 전 세계에 떨친 프랑스 예술의 명성은 요컨대 베르사유 궁이 탄생됨으로써 가능했던 것이다. 루이 15, 16세 당시에는 궁과 정원에 큰 변화가 일어나지 않았다.

〈대혁명 이후의 역사의 현장, 베르사유〉

대혁명이 일어나자 회화, 고대 유물, 보석 등 유물들은 '무제움' 즉, 지금의 루브르 박물관으로 옮겨지게 되고, 각종 메달과 서책류는 국립 도서관으로, 또 괘종시계나 과학 도구들은 공예 콘세르바토리로 가게 된다. 그리고 불행하게도 가구들은 거의 모두 경매에 붙여져 사라지고 만다. 하지만 "국민들의 즐거움과 농업 및 예술 발전을 도모하는 기관을 창설하기 위해 공화국의 경비로 성을 보존하고 유지한다."는 결정이 내려진다. 이후 성에는 자연사 연구소, 도서관, 음악원 및 약 350점의 회화를 소장하고 있던 프랑스 회화파 특별 박물관 등이 문을 연다. 여기에 250여 점에 달하는 야외 조각을 보태야 할 것이다. 하지만 이런 조치들은 임시적인 것이었고 따라서 유물들은 곧 루브르 박물관으로 옮겨지게 된다. 나폴레옹이 집권하자 제국이 선포되었고 베르사유 궁은 다시 왕궁으로서의 면모를 되찾는다. 나폴레옹은 복구를 명령했고 매년 여름을 베르사유에서 보내기로 한다. 하지만 계획이 실현되기 전에 그는 권력을 잃고 만다. 왕정복고 또한 너무 짧아 루이 18세와 샤를르 10세는 그들이 태어난 곳인 베르사유에 들어와 기거할 시간이 없었다. 1830년에는 비록 한 군데도 손상된 곳은 없었지만 성 전체가 위험에 직면했다. 파괴되거나 혹은 다른 용도로 전용될 위험을 간파한 7월왕정의 시민왕, 루이 필립은 민족 화합을 염두에 두고 자신이 직접 일부 경비를 보태면서까지 베르사유 궁을 '프랑스의 모든 영광에 바치는' 역사 박물관으로 개조한다. 초상화와 역사화들이 들어오는데 이 작품들은 약 6,000여 점의 회화와 2,000여 점에 달하는 조각, 그리고 자료와 예술품으로서의 가치에 있어 베르사유를 세계사를 보여주는 가장 중요한 역사 박물관으로 만들어놓는다. 프러시아와의 보불 전쟁에서 패한 프랑스는 프러시아 왕이 베르사유에서 대관식을 하는 치욕을 맛보아야 했고, 이에 복수라도 하듯이 제1차 세계대전 강화협정 때에는 패전국인 독일을 베르사유로 불러 같은 장소에서 조인하게 한다. 그 이전에도 베르사유는 제3공화국 초기 국회의사당으로 쓰이기도 했고 간접선거로 당시 대통령을 선출하기도 했다. 현대 프랑스의 중요한 정치적 사건들이 일어난 곳이다. 요즈음도 국빈 만찬장으로 종종 베르사유가 사용되곤 한다.

오늘날의 베르사유는 두 모습을 보여준다. 한편으로 120여 개에 달하는 방을 갖고 있는 옛날 왕들이 살던 궁으로 중요한 관광 명소이면서, 다른 한편으로는 루이 필립이 '역사 화랑'이라고 불렀듯이 수많은 이야기와 사건이 일어났던 역사의 현장으로서 궁 자체가 역사 박물관이기도 하다.

© Photo Les Vacances 2007

[관광객이 많은 오전에는 정원을 먼저 관람하고 궁을 나중에 돌아보는 것이 방법이다.]

관람 안내　　베르사유 궁과 트리아농 궁을 다 돌아보기 위해서는 최소 이틀이 필요하며 역사 화랑까지 둘러보기 위해서는 그 이상의 시간이 소요된다. 하루밖에 시간이 없는 사람이라면 핵심적인 부분만 골라 볼 수밖에 없다. 즉 왕의 내전, 오페라, 부속 성당, 왕과 왕비의 대전, 거울의 방 등을 보며 성을 관람하고 정원을 산책하며 그 끝에 자리잡고 있는 트리아농 궁 등을 둘러보는 것으로 만족해야 할 것이다. 관광 시즌이 시작되어 인파가 많이 몰릴 때는 정원과 트리아농 성을 먼저 관람하는 것도 고려해볼 만하다. 특히 오전에는 궁에 많은 관광객들이 몰린다.

이보다 더 바쁜 사람들은 부속 성당, 왕의 대전과 거울의 방을 보는 것으로 만족해야 할 것이다. 개인 관람객과 단체가 입장하는 곳이 다르기 때문에 표지판을 잘 참조해야 한다. 안내센터, 입장권 발매 창구, 오디오 가이드 대여소 및 물품 보관소 등이 입구 쪽에 마련되어 있어 이용이 가능하다. 화장실은 유료. 베르사유 전체를 일주하는 유람 기차가 있어 이를 이용하는 것도 시간을 절약하는 한 방법이다. 길을 잃어버릴 염려가 있어 만일을 위해 만나는 장소를 정해두는 것이 바람직한데, 대개 광장에 세워져 있는 루이 14세 기마상 앞에서 상봉을 하곤 한다. 루이 14세 상

앞에서 몇 시쯤 만나기로 미리 약속을 정해놓으면 시간을 허비하는 일을 피할 수 있다. 베르사유 궁이 엄청난 규모를 갖고 있는 궁이며 그 내부가 복잡하다는 것을 잊어서는 안 된다.

정문 양 옆으로는 프랑수아 지라르동의 〈스페인과의 전쟁에서 승리를 거둔 루이 14세〉 상과, 가스파르 마르시의 〈제국 전쟁에서 거둔 승리들〉이 각각 좌우로 버티고 있다. 정문을 지나면 날개처럼 궁전 전면 광장을 감싸고 있는 대신들이 사용하던 건물이 나오고, 이어 성이 보인다. 문을 지나 조금 가다 보면 다시 좌우로 각각 장 바티스트 튀비와 앙투안느 콰즈보가 제작한 〈평화〉와 〈풍요〉라는 조각이 나온다. 원

© Photo Les Vacances 2007

[17개의 창문과 17개의 거울로 장식된 거울의 방]

래는 이 두 조각 사이에 두 번째 철책 문이 있었다. 이 두 번째 철책은 대혁명 당시 파괴되고 1836년 캬르틀리에와 프티토가 조각한 〈루이 14세의 기마상〉이 지금의 자리에 세워지게 된다.

기마상을 지나면 나오는 대리석 광장은 성에서 가장 오래된 부분이며, 이 광장을 둘러싸고 있는 건물들은 루이 13세 때의 것으로 이후 루이 14세 때에 대대적으로 보수된다. 성의 중앙 전면 상단부에는 시계가 있고 좌우로 마르시의 작품인 〈군신 마르스〉와 지라르동의 〈헤라클레스〉 조각이 있다. 양쪽 건물의 2층 난간에 놓여 있는 상징적인 조각들은 르콩트, 콰즈보, 마르시 등 당대 최고의 조각가들의 작품으로 지혜나 자중 혹은 평화, 승리, 풍요 등을 우의적으로 묘사한 것들이다.

▶ 거울의 방 ★★

전쟁의 방과 평화의 방으로 둘러싸인 거울의 방은 베르사유를 완공한 쥘 아르두엥 망사르의 작품이다. 벽은 17개의 창문과 같은 수의 거울로 장식되어 있다. 30점의 그림으로 장식된 천장은 베르사유 예술 책임자였던 샤를르 르 브룅이 제자들과 함

께 그린 것으로, 1661년 즉위에서부터 1678년 니메그 조약이 체결될 때까지 루이 14세의 업적을 우의적으로 묘사한 그림이다. 방은 대규모 만찬이나 무도회장으로 쓰이기도 했고, 외국의 외교사절단이 방문했을 때 대규모 접견실로 사용되기도 했다. 1686년 태국 대사 일행이나 1715년 페르시아 외교단 접견이 이 방에서 거행되었다. 또한 제1차 세계대전을 끝내는 베르사유 조약이 1919년 6월 28일 이곳에서 체결되었다.

▶ 왕의 대전

[순은으로 만든 옥좌가 놓여 있는 아폴론의 방]

© Photo Les Vacances 2007

[화려함을 자랑하는 왕비의 대전]

© Photo Les Vacances 2007

풍요의 방에서 시작되는 6개의 방은 그리스 로마 신화에 나오는 인물들의 이름이 붙어 있다. 이는 스스로를 태양왕으로 불렀던 루이 14세의 옥좌가 있는 아폴론의 방을 중심으로 행성들이 도는 것을 상징한다. 풍요의 방, 비너스의 방, 디아나의 방, 군신 마르스의 방, 헤르메스의 방, 아폴론의 방 등이 왕의 대전들이다. 이 방들에서는 음악회, 저녁 만찬, 게임 등이 열리기도 했고 아폴론의 방의 경우는 순은으로 만든 옥좌가 놓여 있어 왕이 신하들의 알현을 받는 의식이 거행되기도 했다.

▶ 왕비의 대전

왕비의 대전은 왕비의 침실, 귀족의 방, 만찬의 방, 왕비 근위대의 방으로 구성되어 있다. 왕의 침실과 대칭을 이루며 남쪽 화단을 바라보고 있는 왕비의 침실은 실제로 왕비가 잠을 자는 방이 아니라, 취침 의식과 기상 의식을 거행하거나 손님을 접견하는 곳이었다(왕도 공식적인 행사가 진행되는 침실 이외에 정말로 잠을 자는 침실을 별도로 갖고 있었다). 또한 공개하도록 되어 있었던 왕비의 출산도 이곳에서 이루어졌다. 19명의 프랑스 왕세자와 공주들이 이 방에서 출생했다. 지금 장식은 18

세기 말에 마리 앙투아네트가 사용하던 모습 그대로를 복원해 놓은 것이다. 계절에 따라 리옹에서 짠 직물로 벽포를 바꾼다. 침대 왼쪽에 있는 장은 보석함이고 그 위에 놓인 세 점의 초상화는 오스트리아 합스부르크 가문의 딸이었던 마리 앙투아네트의 어머니 마리아 테레지아 여제, 남동생이었던 조셉 2세와 남편인 루이 16세다. 귀족의 방은 귀족이나 귀부인들과 왕비가 만나는 접견소였다. 왕궁에 들어온 귀부인들은 이곳에서 왕비께 문안을 드려야만 했다. 방 한가운데에는 양탄자로 짠 루이 15세의 초상화가 들어가 있다. 만찬의 방은 왕비를 알현하러 온 손님들의 대기실이기도 했지만, 공개적으로 왕가의 식사가 이루어지는 곳이기도 했다.

▶ 왕의 내전 ★

1층과 대리석 계단을 통해 연결된 왕의 내전은 정동쪽을 향해 있는 왕의 침소와 집무실, 도서관 등의 기타 내실들로 구성되어 있다. 왕의 내전 옆에는 왕세자와 공주의 침실이 있다.

▶ 대관식 방 ★

옛날에는 왕과 왕비의 근위대가 근무를 시작하고 끝내는 의식을 거행하던 방이었다. 루이 필립의 7월왕정이 들어서고 베르사유를 프랑스 역사 박물관으로 개조하면서부터 이곳은 대관식 방이 되었다. 지금 루브르에 소장되어 있는 자크 루이 다비드의 대형 역사화 〈나폴레옹의 대관식〉의 복제화가 이곳에 걸려 있다. 이 복제화는 화가가 직접 다시 그린 그림이다. 도한 〈샹 드 마르스에서의 독수리 기(旗) 분배〉도 있다. 창문을 마주보고 있는 벽에는 그로의 작품인 〈아부키르 전투〉가 걸려 있다. 방 한가운데에 있는 청동 도자기로 만든 탑은 현재의 체코 지방인 아우스테를리츠에서 거둔 승리를 기념하기 위해 나폴레옹이 특별 주문해 제작한 승전탑이다.

▶ 전쟁의 방

원래는 1층과 함께 왕자와 왕자의 시종들이 사용하던 방들이 있던 곳을 루이 필립이 역사 박물관으로 만들기 위해 지금과 같이 개조를 했다. 120m의 길이에 35개의 대형 역사화가 걸려 있다. 서기 496년 프랑스 초대왕 클로비스에서부터 1809년 나폴레옹이 바그람에서 거둔 승리까지, 프랑스 역사상 승리한 전쟁 장면을 1830년대에 주문 제작해 걸어놓았다. 82개의 흉상들은 전쟁터에서 전사한 프랑스 장군들이다.

▶ 프랑스 역사 박물관

현재 1층은 17세기에서 루이 필립의 7월 왕정기까지의 역사화를 보관하고 있다. 혁명화실, 나폴레옹 제국실, 19세기실 등이 있다.

▶ 정원 ★★★

정원은 앙드레 르 노트르가 설계하고 분수와 운하는 보방 원수가 건설했다. 물의 화단이 바로 궁 앞에 바로 펼쳐져 있고 궁을 등지고 왼쪽에는 스위스 용병 호수가 있다. 스위스 용병 호수로 내려가는 계단 밑에는 열대수를 보관하던 오랑주리 온실이 자리잡고 있다. 여름이면 온실에서 열대수를 꺼내 야외에 전시를 했다. 1685년에 완공된 물의 화단에는 분수가 마련되어 있고 연못에는 센느 강을 비롯한 프랑스 사대 강을 우의적으로 묘사한 조각들이 장식되어 있다. 콰즈보, 튀비 등의 조각가의 작품을 켈레르 형제가 1687년에서 1694년 사이에 청동으로 주조한 작품들이다.

남쪽에 위치한 스위스 용병 호수와 반대 방향인 북쪽에는 북쪽 정원이 자리잡고 있다. 왕의 대전에서 내려다 보이는 정원이다. 정원 입구에는 콰즈보의 두 작품, 〈부끄

© Photo Les Vacances 2007

[라톤느 분수에서 바라본 정원. 이곳에서 아폴론 분수까지 이어지는 길에는 마로니에 나무와 조각들이 늘어서 있다.]

러워하는 비너스〉와 〈칼을 가는 정원사〉 조각이 세워져 있다. 북쪽 정원은 꽃보다는 용의 분수, 넵튠 분수, 피라미드 분수 등 다양하고 아름다운 분수대로 유명한 곳이다. 중앙 운하를 내려가는 계단 밑에는 원형인 라톤느 분수가 자리잡고 있다. 로마 작가 오비디우스의 〈변신〉 이야기에서 나오는 아폴론과 디아나의 어머니가 당한 수모를 제우스가 복수하는 장면을 묘사하고 있다. 제우스의 저주를 받은 인간들이 흉측한 파충류로 변하고 있는 장면이다. 여전히 여름이면 분수가 가동되는데 예전에는 마력을 이용했지만, 현재는 전기 동력을 이용한다. 라톤느 분수대 주위에는 한쪽에 9개씩 모두 18개의 조각이 들어서 있다. 이 조각들은 베르사유 궁의 총 미술 장식 책임자였던 샤를르 르 브룅이 당시 조각가들에게 의뢰해 제작한 작품으로, 그리스 로마 신화에 등장하는 인물들과 사원소, 예술의 각 장르 등을 우의적으로 표현한 것들이다. 베르사유는 단순히 궁이 아니라 그 자체로 야외 조각 공원이기도 하다.

라톤느 분수대에서 아폴론 분수로 이어지는 335m의 긴 길을 왕도라고 부른다. 양쪽에 마로니에 나무가 벽처럼 높게 자라고 있고 그 끝에 아폴론 분수가 있다. 이 길에는 12개의 조각과 12개의 잔이 좌우 대칭이 되도록 놓여 있다. 17세기 로마에 있

는 프랑스 아카데미에서 유학 중이던 프랑스 조각가들이 제작한 조각 작품이다. 아폴론 분수대에서 솟아 오르는 물줄기는 부르봉 왕가의 문장인 백합처럼 물줄기가 퍼져 나오도록 되어 있다. 이 길을 따라 내려가면 곳곳에 왼쪽과 오른쪽으로 샛길들이 나온다. 이 샛길들은 총림(叢林)이나 분수대 등 크고 작은 정원으로 향해 있다. 아폴론 분수는 조각가 튀비의 1670년 청동 작품으로 아침에 떠오르는 태양을 태양의 신 아폴론을 통해 묘사한 걸작이다. 태양신은 태양왕 루이 14세를 상징한다.

그 뒤의 대운하는 센느 강물을 끌어들인 것인데, 루이 14세 때는 작은 배들을 띄워 놓고 모의 해전을 했을 정도로 규모가 크며, 베네치아 공화국에서는 특별 제작한 곤돌라를 선물하기도 했다. 아폴론 분수와 대운하로 내려가는 길 양쪽으로 많은 샛길이 있고 그 샛길로 들어가면 16개의 크고 작은 분수와 정원들이 나온다. 이곳은 루이 14세 때 만들어진 것이지만 루이 16세 때 크게 수정되고 왕정복고기에 다시 한 번 수정된다. 그리스 로마 신화에 나오는 인물들의 이름을 붙인 이 숨어 있는 작은 정원들은 야회나 불꽃놀이, 산책 등에 사용되었다.

바쿠스 정원, 사티로스 정원, 아이들의 정원, 왕비의 정원, 무도의 정원, 왕세자 정원, 마로니에 정원, 왕의 정원, 콜로나드 정원, 플로르 정원, 오벨리스크 등이 숲 곳곳에 숨어 있다. 이 중 대운하를 바라보며 라톤느 분수 오른쪽 총림 속에 숨어 있는 〈요정들의 시중을 받는 아폴론〉 조각은 놓치지 말고 보아야 할 조각이다. 유명한 조각가 지라르동의 작품으로 프랑스 고전주의의 최대 걸작으로 꼽히는 조각 중 하나다. 원래는 이곳에 있지 않았는데, 루이 16세가 이곳으로 옮겨왔고 주위 경관과 전체적인 설계는 낭만주의 화가 위베르 로베르가 맡았다.

▶ 대 트리아농 ★

트리아농 궁에는 대 트리아농 궁과 소 트리아농 궁 두 개가 있다. 베르사유 궁의 거대한 규모와 몰려드는 사람들을 피해 잠시 쉬기 위해 루이 14세는 정원 끝에 작은 궁을 하나 새로 짓게 한다. 처음에는 자기를 사용해 동화 속에 나오는 건물처럼 지었지만, 기후를 견디지 못하고 파괴되는 바람에 1687 지금과 같은 대리석으로 개축을 한다. 쥘 아르두엥 망사르의 작품으로 오직 왕의 가족들만 드나들 수 있는 곳이었다. 처음 지어진 궁이 대 트리아농 궁이며, 이 궁은 나폴레옹의 두 번째 부인 마리 루이즈가 잠시 사용했다. 오늘날의 모습은 이때 꾸며진 모습이다. 대 트리아농 궁에는 거울의 살롱이 있는데 장식은 루이 14세 때의 것이지만 가구는 역시 마리 루이즈가 주문해 제작한 것들이다. 루이 필립 살롱은 7월왕정 당시 루이 필립과 가족들이 사용하던 공간이다. 그 옆에는 자신의 딸이자 벨기에의 레오폴드 1세와 결혼한 루이즈 마리 도를레앙의 침실이 있다. 황제의 방은 나폴레옹이 잠시 머물곤 하던 방인데, 리옹에서 직조한 천으로 다시 재현해 놓았다. 코텔르 갤러리는 1687년 화가 장 코텔르가 베르사유와 트리아농의 정원과 분수를 주제로 그린 24점의 그림이 걸려 있는 방이다. 이 그림들은 당시의 베르사유를 보여주는 중요한 자료들이다. 1920년 제1차 세계대전을 완전히 종식시키는 헝가리와의 평화 조약이 이곳에서 체결되었다. 베르사유 궁전 입구에서 대 트리아농까지는 도보로 50분이 소요된다.

▶ 소 트리아농 ★

1768년에 루이 15세의 애첩이었던 퐁파두르 부인을 위해 지어진 성이 소 트리아농 이다. 건축가 가브리엘이 설계했으며 신고전주의 양식을 따른 소 트리아농은 루이 16세까지 마리 앙투아네트의 낭만적인 취향으로 유명해진 곳이다. 정원은 루이 15 세의 명령에 따라 영국식과 중국식 정원으로 설계되었다. 환담의 방은 게임, 만남,

[1920년 헝가리와의 평화 조약이 대 트리아농에서 체결됐다.]

음악회 등을 하던 방이다. 이 방에는 프랑스 여류 화가 엘리자베트 비제 르 브룅이 그린 초상화 〈장미꽃을 든 마리 앙투아네트〉가 걸려 있다. 1777년 리샤르 미케가 건 축한 벨베데르와 부샤르동의 조각 〈헤라클레스의 철퇴로 사랑의 활을 만드는 에로 스〉가 들어서 있는 정자 '사랑의 사원'도 볼 만하다.

▶ 왕비의 오두막

1785년에 완공된 이 전원풍의 주택은 열 두 채의 크고 작은 집으로 구성되어 있었 다. 지금은 그 중 열 채가 남아 있다. 18세기 말 낭만주의의 물결에 영향을 받은 많 은 귀부인들은 자연에 가까이 다가가기 위해 초가집을 짓곤 했다. 비둘기집, 물레방 아, 헛간, 마구간 등이 들어선 초가집은 형태만 그랬을 뿐 실제로 왕비가 농사를 지 은 것은 아니다. 대저택과 차갑고 육중한 돌의 성에 염증을 느낀 왕비가 잠시 쉬는 곳이었다. 마리 앙투아네트는 이곳에서 하인들이 소규모로 농사 짓는 풍경을 감상 했다.

| 보 르 비 콩 트 성 |

Château de Vaux le Vicomte ★★

- 위치 　　　　고속도로 – 파리에서 남동쪽으로 50km, 약 30분 거리
　　　　　　　　고속도로 A5를 타고 가다 믈렁 인터체인지에서 빠진다.
　　　　　　　기차 + 택시 – 리옹 역→믈렁 역→보 르 비콩트
　　　　　　　RER-D – 샤틀레 역→믈렁 역→보 르 비콩트
- 개관시간　　3월 중순~11월 중순 – 매일 10:00~18:00(주중 13:00~14:00 휴관)
- 입장료　　　특별 전시를 포함한 성 전체 관람 성인 12.50유로, 6~16세와
　　　　　　　학생 9.90유로(단체는 20인 이상, 사전 예약 필수)
- 웹사이트　　www.vaux-le-vicomte.com
- 파리 시에서 출발하는 투어
　　　　　　　Euroscope ☎ (01)5603-5680, Paris Vision ☎ (01)4260-3001

〈역사〉

프랑스에서 가장 아름다운 성을 꼽으라고 하면 대부분의 사람들은 망설이지 않고 바로 보 르 비콩트 성을 꼽는다. 호를 채우고 있는 잔잔한 물 위에 솟아 있는 고전주의 양식의 성과 융단을 깔아놓은 것 같은 정원, 주위의 울창한 숲, 더욱이 이곳에서 관람하는 야외 오페라나 콘서트는 그야말로 '한여름밤의 꿈'이다. 전형적인 프랑스 식 정원이 있는 최초의 루이 14세 양식인 보 르 비콩트 성은 이후 유럽의 모든 왕들이 모방하면서 유럽 식 궁전과 정원의 모델이 된다. 그 유명한 태양왕 루이 14세의 베르사유 궁도 바로 이 보 르 비콩트 성을 모방한 것이다. 이 성은 서글픈 역사를 갖고 있다. 성주인 니콜라 푸케Nicolas Fouquet(1615~1680)는 루이 14세 치세 초기 재무대신을 지낸 프랑스 귀족이었다. 재정이 고갈된 당시 왕궁의 금고를 책임지게 된 푸케는 자신의 재산을 투자해 가면서 서서히 국고를 불려 나갔고 당시의 관행대로 개인적인 부도 상당히 축적하게 된다. 야심가이자 명민했던 푸케는 왕에게 충성을 다했다. 당시 루이 14세는 아직 모후의 섭정을 받고 있었고 실질적인 권력은 총리 대신인 마자랭이 쥐고 있었다. 푸케는 마자랭이 죽으면 총리대신 자리가 자신에게 돌아올 것으로 확신하고 있었다. 하지만 이는 오산이었다. 마자랭의 비서로 일하고 있던 평민 출신의 콜베르 역시 푸케 못지않게 야심이 많은 인물이었고 푸케는 이 권력 싸움에서 지고 만다. 콜베르는 국가의 재정에 대해 루이 14세에게 쉼없이 보고를 올리면서 푸케를 모함했다. 푸케는 이런 상황에서 또 한가지 결정적인 실수를 하게 된다. 다름 아니라 자신의 승진을 위해 루이 14세가 가장 사랑하는 여인이었던 마드무아젤 드 라발리에르에게 접근해 그녀로부터 다정한 대접을 받곤 했던 것이다.

정적이었던 콜베르의 보고가 아니라 해도 보 르 비콩트 성이 국고에서 빼낸 돈으로 지어진 성이라는 것은 당시 공공연한 비밀이었고 루이 14세 역시 이를 잘 알고 있었다. 성이 완공된 지 얼마 지나지 않은 1661년 8월 17일, 이미 푸케를 제거하기로 마음을 굳힌 왕은 보 르 비콩트 성을 방문하여 성의 완공을 축하하겠노라고 했다.

만인이 보는 앞에서 성의 화려함을 증거로 삼아 국고 횡령 사실을 알리기 위한 계략이었던 것이다. 함정에 걸려든 푸케는 화려한 만찬과 여흥을 베풀었다. 늦은 밤 불꽃놀이로 막을 내린 이 축제는 루이 14세가 왕이 된 이후 가장 화려하고 성대한 축제였다. 3주일 후 낭트에 머물고 있던 푸케에게 왕의 수석 총사 다르타냥이 이끄는 총사들이 들이닥쳤다. 재판에 회부된 푸케는 3년 동안 계속 심리를 받았지만, 사형을 원했던 왕의 뜻을 비켜가기가 힘들었다. 파리 고등법원은 국외 추방을 결정하고 왕에게 보고했지만, 한발 물러난 왕은 종신형을 고집했다. 파리 고등법원의 결정을 뒤집고 더욱 무거운 중형을 내린 것은 프랑스 역사상 최초의 일이었고 이는 앞

[보 르 비콩트 성은 유럽 식 궁전과 정원의 모델이 되었다.]

으로 행해질 루이 14세의 통치를 예고하는 징조였다. 이렇게 해서 100명의 총사들에게 둘러싸인 채 푸케는 알프스 산 인근 사부아 지방의 피뉴롤 성에 갇혀 1680년 숨을 거둔다. 루이 14세는 국가의 일급 기밀들이 들어 있는 푸케의 서류들을 누구도 보지 못하게 했고, 이로 인해 푸케는 후일 알렉상드르 뒤마의 대중 소설 속에 철가면으로 묘사되는 등 시가이 흐를수록 전설적인 인물이 되어갔다.

〈정원〉

건축가는 루이 르 보였고, 회화 조각 및 실내 장식은 샤를르 르 브룅, 그리고 정원은 앙드레 르 노트르가 맡았다. 이들 세 예술가는 모두 베르사유에 그대로 다시 투입되는 사람들로서 당대 최고의 예술가들이었다.

1661년 마지막 축제가 있은 뒤, 루이 14세는 보 르 비콩트 성을 지은 세 명의 예술가들을 불러 베르사유 궁을 짓기 시작한다. 루이 14세는 보 르 비콩트 성 안에 있던 회화, 조각, 가구, 양탄자는 물론이고 정원수와 열대 과수까지 뽑아왔다. 왕의 심기가 어느 정도로 불편했었는지 짐작하게 한다. 여러 번 주인이 바뀌는 우여곡절 끝

에 원래 모습을 되찾게 된 보 르 비콩트 성은 1929년 국가 문화재로 등록되며 1965년에는 인근의 숲으로까지 확대된다. 지금은 성의 일부를 각종 세미나, 회합 장소로 빌려주기도 하고 부속 건물은 합숙 훈련 장소로 사용되기도 한다. 뿐만 아니라 야외 오페라와 콘서트가 열리고 역사 관련 컨퍼런스도 개최된다. 특히 유명한 요리사 프랑수아 바텔이 주방장으로 있던 보 르 비콩트 성의 요리 시범은 볼 만하다. 이 요리사는 푸케가 투옥된 후 샹티이 성의 성주인 콩데 공의 요리사가 되는데, 루이 14세를 위해 만찬을 준비하던 중 생선이 도착하지 않자 조바심을 내다가 그만 자살하고 만 전설 속의 요리사였다. 요즈음도 프랑스에서는 요리사나 제과 전문가들이 최선을 다하지 못한 것을 비관해 종종 스스로 목숨을 끊는 일이 있다. 이는 요리가 프랑스 인들에게 얼마나 중요한 일인지를 일러준다.

관람해야 할 방

중앙 대 살롱, 니콜라 푸케의 침실, 당구장, 왕의 살롱, 뷔페 식당, 지하 식당과 부엌, 정원. 보 르 비콩트 성에는 마차 박물관이 있는데 이 역시 구경할 만하다.

| 퐁텐느블로 성 |

Château de Fontainebleau ★

• 교통편	고속도로 – 파리에서 남쪽으로 45km, 고속도로 A6. 약 1시간 소요 기차 + 버스 – 리옹 역→퐁텐느블로→아봉 역에서 하차, 노선 버스를 타면 15분 정도 거리에 성이 있다. 1일 최대 36회까지 운행되는 파리 리옹 역→퐁텐느블로→아봉 간 근거리 통근 철도가 운행된다(운임 7.32유로, 40~60분 정도 소요). 파리로 돌아가는 마지막 열차는 오후 9시 45분에 있다(일요일이나 공휴일에는 오후 10시 30분). 프랑스 국영철도SNCF에서는 파리-퐁텐느블로 간 왕복 철도 승차권, 퐁텐느블로 성까지의 버스 왕복 이용권, 퐁텐느블로 성 입장권 패키지를 20유로에 판매하고 있다.
• 개관시간	11~2월 09:00~17:00, 3~10월 09:30~18:00
• 휴관일	화요일, 1월 1일, 5월 1일, 12월 25일
• 웹사이트	www.musee-chateau-fontainebleau.fr
• 입장료	성인 8유로, 학생 6유로 소 내전은 별도로 성인 12.50유로, 학생 11유로, 18세 미만 무료 (나폴레옹 3세 극장, 중국 박물관 포함)

도시 전체가 프랑스 르네상스의 발생지인 퐁텐느블로 성을 중심으로 발달해 온 곳으로, 파리 교외의 한적한 분위기와 고성이 주는 이국적인 분위기가 어울려 오래 머물고 싶은 욕망을 자극하는 곳이다. 15,700명의 인구가 사는 작은 마을인 퐁텐느블로 시는 파리에서 남쪽으로 45km 정도 떨어져 있어 고속도로 A6를 타고 한 시간 남짓 내려가면 닿을 수 있다. 파리의 리옹 역에서 수도권 지역 기차를 타고 퐁텐

느블로에 갈 수 있으나, 이 경우 화가들이 살았던 바르비종을 보기가 어렵다.

퐁텐느라는 말은 프랑스 어로 샘을 뜻하며, 블로는 옛날 이 일대 땅을 갖고 있던 소유자의 이름이다. 발음이 변해 지금의 이름이 되었다. 인근은 약 25,000ha 정도 되는, 파리 일대에서는 가장 광활한 숲이다. 수종은 참나무, 너도밤나무, 소나무 등이 주를 이루는 잡목림으로 멧돼지, 사슴, 노루 등 짐승이 많아 중세의 카페 왕조 때부터 프랑스 왕들이 자주 사냥을 나오던 곳이다. 인근의 바르비종이라는 작은 마을은 코로, 루소, 밀레 등 유명한 바르비종 파 화가들이 빼어난 풍광을 배경으로 그림을 그리던 곳으로 인상주의 미술에 많은 영향을 준 곳이기도 하다.

[프랑스 르네상스의 발생지인 퐁텐느블로 성과 정원]

16세기 초 프랑수아 1세는 이탈리아 원정에서 돌아오면서 당시 이탈리아 르네상스를 이끌었던 많은 화가, 조각가, 건축가들을 데리고 이들을 퐁텐느블로에 기거하도록 하면서 성을 개축하게 했고, 회화 조각 등을 통해 성을 장식하게 한다. 뿐만 아니라 프랑수아 1세는 프랑스 예술가들을 그들과 함께 기거하도록 조치해 르네상스를 배우도록 배려했다. 당시 초청된 대표적인 예술가는 레오나르도 다 빈치인데, 레오나르도는 프랑스 르네상스의 또 다른 중심지인 루아르 강 인근에 머물렀다. 대신 퐁텐느블로 성에는 프란체스코 프리마티치오, 로쏘 피오렌티노, 벤베누토 첼리니 등 르네상스 말기의 매너리즘 예술가들이 많이 머물게 된다. 가장 먼저 이곳에 성을 지은 왕을 따지자면 12세기까지 거슬러 올라가야 하지만, 본격적으로 퐁텐느블로 성에 거주한 왕은 프랑수아 1세다. 이후 퐁텐느블로는 부르봉 왕조의 왕들은 물론이고 나폴레옹 황제를 거쳐 나폴레옹 3세에 이르기까지 역대 모든 프랑스 왕들이 잠깐씩이나마 머물며 흔적을 남긴 곳이다. 나폴레옹이 베르사유 대신 이곳을 택했던 이유도 여기에 있다. 프랑수아 1세는 중세풍의 옛 건물을 헐어버리고 르네상스풍으로 새로운 성을 짓는다. 프랑수아 1세와 함께 들어온 이탈리아 예술가들은 그의 사후에도 계속 프랑스에 거주하며 작업을 했다. 프란체스코 프리마티치오, 로쏘 피오렌티노, 벤베누토 첼리니 등이 이들인데 후일 미술사가들은 이들을 퐁텐느블로 파라고 부르게 된다.

이곳은 나폴레옹이 머물던 곳이기도 하고, 엘바 섬으로 유배를 떠날 때 말굽 계단이 있는 광장에서 눈물을 흘리던 휘하 장교들과 이별을 했던 곳이기도 하다. 그래서 이 광장을 아디유Adieu 광장이라 부르기도 한다. 퐁텐느블로 성에는 나폴레옹 박물관이 있어 야전 침대나 즐겨 쓰던 모자는 물론이고 그림 조각들을 볼 수 있다. 성 내부에서는 프랑수아 1세 갤러리와 앙리 2세 무도회장이 볼 만하고, 정원에서는 사냥의 여신 디아나 조각 분수가 볼 만하다. 성을 장식하고 있는 모든 작품들은 앞서 언급했던 예술가들이 제작한 것들이다. 매너리즘의 영향을 받아 인물들에 대한 묘사가 과장되어 있고 특히 여인의 몸을 길게 그린 것이 특징이다. 이는 퐁텐느블로 파의 모든 화가와 조각가들에게서 발견할 수 있는 양식적 특징이기도 하다.

| 바르비종 |

Barbizon ★

- 교통편 　　　　퐁텐느블로 성에서 8km 정도 떨어져 있으며, 퐁텐느블로 성에서 승용차로 약 15분 걸리는 거리이다.

바르비종은 인구 1200명 정도가 사는 작은 마을이다. 물론 지금 이곳에 사는 사람들은 밀레가 그림을 그렸던 시절의 가난한 농민들은 아니다. 지금은 밀레 때문에 유명한 관광지가 되어서 식당이나 카페 혹은 화랑을 운영하는 사람들이 대부분이다. 퐁텐느블로를 보러 오는 사람이면 꼭 한 번씩 들르게 되어 관광 시즌 때는 제법 사람들로 붐빈다.

19세기 중엽 이미 산업화된 파리를 떠나 많은 화가들이 파리 근교의 바르비종에 모여들기 시작했다. 인상주의의 선구자 중 한 사람인 카미유 코로도 이곳의 들녘에 나가 직접 그림을 그렸고 쿠르베도 이곳을 찾았다. 이어 테오도르 루소, 장 프랑수아 밀레, 뒤프레, 디아즈 드 라 페냐, 도비니 등이 가난한 농민이나 퐁텐느블로 숲을 화폭에 담았다. 세잔느, 모네, 르누아르 등도 이곳에서 잠시 그림을 그리곤 했다. 이들이 야외에 나가 직접 그리거나 아틀리에에서 완성한 그림들은 인상주의자들에게 많은 영향을 준다. 조르주 상드나 공쿠르 형제 등의 작가들도 이곳을 찾아 예술가들과 포도주를 나누며 담소를 즐기곤 했다.

마을 중간에 밀레가 살았던 집과 아틀리에가 보존되어 있다. 지금은 개인 소유로 이곳에서 작업을 하는 화가들의 그림을 파는 갤러리도 겸하고 있다. 입구에 들어서면 한국에서 열렸던 밀레 전 포스터도 볼 수 있다. 그만큼 한국 사람들이 많이 찾는다는 증거일 텐데, 한글로 된 포스터까지 걸어놓은 것이 조금은 상업적이라는 인상도 준다.

걸어서 10분이면 다 돌아볼 수 있는 작은 마을, 그러나 미술사에 결코 적지 않은 영향을 남긴 마을이 바로 바르비종이다. 밀레의 〈만종〉과 〈이삭 줍는 여인〉 등이 모두 이곳에서 그려진 작품들이다. 그 밖에도 밀레의 아틀리에와 함께 바르비종에 있는 시립 바르비종 파 박물관을 둘러볼 필요가 있다. 놀랍게도 많은 작품을 기증받아 360점에 이르는 상당한 양의 작품을 소장하고 있고 19세기 중엽의 바르비종 풍경을 찍은 사진도 있어 귀중한 자료실 역할을 하고 있다.

지금 박물관으로 쓰이고 있는, 대로라는 뜻의 그랑 뤼 92번지의 건물은 원래는 1824년부터 석수(石手)였던 간느 영감Père de Ganne이 운영하던 작은 가게 겸 여인숙이었다. 값이 쌌던 이 여인숙은 가난한 예술가들이 몰려 들었고 그 덕에 미술사에서 잠깐이라도 언급되는 행운을 얻게 되었다. 당시 간느 영감보다는 그의 부인의 맛있는 요리 솜씨 때문에 많은 이들이 이곳을 찾곤 했다.

이후 1861년부터 그의 딸이 경영을 하면서 건물을 확장해 다른 곳으로 옮겼고 이 건물은 1959년 철거되고 만다. 하지만 화가들이 밥값 대신 주고 간 많은 양의 그림들과 화가들이 직접 써놓은 각종 낙서, 기록들도 함께 새로 지은 건물로 옮겨졌다.

이후 1930년 대학 교수였던 피에르-레옹 고티에라는 사람이 장소의 중요성을 알고 간느 영감의 후손들로부터 지금 92번지에 있는 옛 건물을 구입한 다음 새로 지은 여관으로 옮겼던 옛 가구, 그림, 장식들을 모두 다시 구입해 들였다. 이 낙서가 되어 있는 판자들과 그림들이야말로 1830년에서 1870년까지 간느 영감 여관에 머물렀던 진정한 의미의 바르비종 파 화가들이 남긴 것이었다. 지금 박물관에 보관 중인 당시 여관 숙박계 덕택에 이런 추적 작업과 화가들을 확인할 수 있었다고 한다. 지금과 같이 박물관으로 문을 연 것은 극히 최근의 일이다. 박물관 공사가 시작되었던 것이 1990년이었기 때문에 공사 당시 덧칠을 한 회벽을 닦아내면서 당시 화가들이 직접 그렸던 그림과 데생들이 드러났다. 비가 오는 날이나, 숲에서 작업을 마치고 돌아온 화가들이 밥값 대신 혹은 심심풀이로 그려 넣은 이 그림과 데생들은 한 시대를 증언하는 귀중한 유산이 되어 있다.

바르비종 파

'바르비종 파'라는 말은 밀레가 숨을 거둔 후 20년이 지난 1895년, 19세기가 거의 끝나 갈 무렵에 나타났다. 바르비종이라는 마을과 이곳에서 작업을 했던 화가들이 미술계의 주목을 거의 받고 있지 못했던 것이다. 일반적으로 야광파로 불리는 이들은 1834년 튜브로 된 물감이 발명되고 또 관전인 살롱에서 거듭 낙방을 경험하며 당시 아카데미즘에 염증을 느껴 바르비종으로 내려왔다고 본다. 물론 퐁텐느블로까지 연결된 철도가 없었다면 불가능한 일이었다. 최초로 이곳에 내려와 작업을 한 사람은 유명한 풍경화가 까미유 코로였고 이어 테오도르 루소와 밀레가 뒤를 이었다. 이들은 역사와 신화에서 주제를 빌려오는 대신 자연과 일상 생활 속에서 그림의 주제와 대상을 구했다. 이런 이유로 인상주의의 가장 직접적인 선구자로 꼽힌다. 인상주의자들도 초기에는 이곳으로 내려와 잠깐씩 작업을 하기도 했다.

Malmaison

• 교통편 파리에서 포르트 마이요로 나가 A13번 고속도로를 이용하면 쉽게 찾아갈 수 있다. 기차는 RER선 A를 타고 셍제르맹 앙레 방향으로 가다 뤼엘 말메종 역에서 하차해 성까지 오가는 버스를 이용하면 된다.

파리에서 서쪽으로 약 8km정도 떨어져 있는 말메종은 나폴레옹 박물관이 있어 많은 관광객들이 찾는 곳이다. 특히 이곳은 나폴레옹의 첫 번째 부인 조제핀과의 추억이 얽혀 있는 곳이다.

나폴레옹이 서인도 제도에서 태어난 조제핀과 결혼을 한 것은 1796년이다. 결혼할 당시 그녀는 나폴레옹보다 연상이었을 뿐만 아니라, 남편과 사별을 한 채 아이들을 키우고 있던 어머니였다. 결혼을 하면서 조제핀은 260ha에 달하는 말메종 성과 인근의 부아 프레오 숲을 구입했다.

나폴레옹은 제1집정이 되어 튈르리에 머물고 있었지만 주말이면 어김없이 말메종으로 달려가 신혼을 즐겼다. 이 당시가 두 사람이 가장 행복했던 시절이다. 500벌이 넘는 옷을 갖고 있던 조제핀은 하루에도 여러 차례 옷을 갈아입고 화장을 고치며 늙어가는 몸을 아름답게 보이기 위해 애를 썼다.

1804년 12월 파리 노트르담 성당에서 대관식을 한 이후 두 사람은 튈르리, 퐁텐느블로, 생클루 성들을 오가며 생활을 했다. 하지만 두 사람은 예전처럼 자주 만날 수 없었고 후사가 없어 고민을 하고 있었다. 원래 낭비벽이 있던 조제핀은 이러한 심적 부담을 돈을 쓰는 것으로 풀면서 하루하루를 보냈다. 엄청난 빚더미를 짊어지게 된 그녀는 매번 나폴레옹을 찾아와 탕감을 요구하고 황제는 '이번이 마지막' 이라는 단서를 달았지만, 매번 돈을 지불해주지 않을 수 없었다.

1809년 두 사람은 이혼을 하고 만다. 조제핀의 질투와 앙탈, 낭비벽도 이유였지만 무엇보다 완전히 독재자가 된 나폴레옹의 야심, 즉 제국을 물려줄 아들이 두 사람 사이에서 태어나지 못한 것이 큰 이유였다. 이혼을 겁낸 조제핀은 종교 의식에 따른 결혼을 강요하다시피 해서 치르긴 했지만 별 효과가 없었다. 조제핀은 51세의 나이로 무려 300만 프랑에 달하는 엄청난 빚을 남긴 채 딸의 집을 찾아가 숨을 거두고 만다. 이때가 1814년 5월이었다.

나폴레옹은 엘바 섬에서 탈출, 100일 천하 직후 잠시 말메종에 들러 모든 것이 수포로 돌아간 참담한 심정을 달랬다. 그리고 바로 세인트 헬레나로 영원히 유배를 떠난다. 말메종은 조제핀 사후 여러 사람의 손을 거치면서 광활했던 땅이 분할되어 팔려나가 작은 성으로 축소되었다. 철거될 위험도 있었지만, 나폴레옹 3세가 구입해 복원을 계획했다. 하지만 실각 후 다시 팔려 오시리스라는 은행가가 구입해 1904년 국가에 기증하게 되고 옛 땅의 일부도 소유자가 국가에 기증해 어느 정도 조제핀 당시의 면모를 되찾게 된다.

원래 건물은 1622년에 완공된 것인데, 조제핀이 구입해 베란다를 올리는 등 손을 보았다. 박물관이 된 것은 1906년으로 여러 곳에서 가져온 물건들과 미술품들로 원래 모습을 복원해 놓았다.

박물관은 3층으로 되어 있다. 1층에는 당구장, 황금의 방, 음악실, 식당, 회의실, 서재 등이 자리잡고 있다. 황금의 방에 걸려 있는 제라르와 그로가 그린 두 점의 그림이 눈여겨볼 만하다. 오시앙의 시를 주제로 그려진 그림은 조국 프랑스의 영광을 위해 전사한 영혼들을 나폴레옹 황제가 만나는 장면을 묘사하고 있다.

2층에는 황제의 방, 황비의 방, 마랑고방, 전시실 등이 자리잡고 있다. 나폴레옹이 세인트 헬레나로 떠나기 직전 마지막 시간을 보낸 방들이다. 황비의 방은 여러 개

© Photo Les Vacances 2007

[물 위에 떠 있는 샹티이 성. 프랑스에서 손꼽히는 승마 클럽이 있는 곳이기도 하다.]

의 작은 방들로 구성되어 있는데, 조제핀이 숨을 거둔 침대도 이곳에 있다.

3층은 조제핀의 의상, 화장 도구 등이 전시되어 있다. 그 옆의 나머지 방들은 조제핀의 아들 으제니와 딸 등이 사용하던 방들이다.

오시리스 정자에는 수집가였던 오시리스가 모은 유품들이 전시되어 있고 제라르가 그린 러시아 왕제 일렉신드르 1세의 초상화가 걸려있다. 마차도 몇 대 전시되어 있는데, 워털루 전투 당시에 나폴레옹이 사용하던 것도 포함되어 있다.

| 샹티이 성 |

Château de Chantilly ★★

- 교통편

기차편으로 가는 경우 파리 북역에서 일반 기차를 타면 30분 거리이고, 샤틀레 레 알Châtelet les Halles에서는 RER–D선을 타면 45분 정도 소요된다. 샹티이 기차역에서 성까지는 택시(6유로)나 버스를 이용한다. 버스 정류장은 기차역 인근에 있으며, '상리스Senlis' 행 버

스펀을 이용하면 된다. 샹티이 성에서 가장 가까운 정류장은 '에글리즈 노트르 드 샹티이Église Notre de Chantilly'이다. 또는 자동차를 타고 파리 북쪽 지역을 연결하는 고속도로 A1(파리-릴르 구간)을 타고 1시간쯤 가면 샹티이 성에 도착하게 된다. 파리에서 출발할 경우는 Chantilly라고 쓰여진 진입로로 나오면 되고 반대로 릴르에서 출발할 경우는 Survilliers에서 빠져 나와야 한다.

행정 구역상으로는 피카르디 지방에 속하지만 파리에서 40km 정도밖에 떨어져 있지 않아 흔히 파리 교외 지역으로 간주된다. 샹티이라는 말은 파리 시민들에게는 신고전주의 양식의 성관, 진귀한 미술품들이 소장되어 있는 박물관과 함께 유명한 경마장을 떠올리게 한다. 먹는 것을 좋아하는 이들은 샹티이 크림 즉, 생크림을 떠올릴 것이다. 샹티이는 인구 11500명 정도의 작은 시로 6,300ha에 달하는 광활한 숲을 갖고 있다. 특히 밤나무가 많아 가을이면 밤을 줍기 위해 많은 사람들이 찾곤 한다. 콩데 박물관이 자리잡고 있고 유명한 조케 클럽의 경마장이 있는 샹티이 성은 물 위에 떠 있는 아름다운 성이다. 루이 14세를 위해 만찬을 준비하다 노심초사한 끝에 자살하고 만 요리사의 전설이 남아 있는 곳이 또한 샹티이 성이다. 또 지금 루브르 박물관에 있는 미켈란젤로의 두 〈노예상〉이 원래 이곳에 있기도 했다(지금은 복제품이 있다).

이 성은 16세기 초 옛 성을 헐어버리고 6명의 왕을 보필했던 프랑스의 유명한 원수 안느 드 몽모랑시 장군이 세웠지만 이후 17세기 들어 부르봉 가와 콩데 가의 영지가 된 후 1830년까지 콩데 가문의 소유로 남아 있으면서 증개축을 거듭한다. 17세기 그랑 콩데 당시 베르사유를 지은 망사르와 앙드레 르 노트르 등이 동원되어 성을 개축하고 정원을 조성했다. 하지만 이 모든 것이 프랑스 대혁명 당시 많이 파괴되었으며, 원래 모습대로 복원되는 것은 7월왕정 루이 필립 왕의 아들 오말 공이 샹티이를 물려받으면서부터다. 오말 공은 아카데미 프랑세즈의 회원이기도 했는데, 오랜 망명 생활 후 고국으로 돌아왔지만 다시 1886년 정치적 좌절을 겪은 후 샹티이 성과 자신이 모은 진귀한 서책류와 예술품들을 모두 프랑스 학사원에 기증한다. 콩데 박물관에는 보티첼리, 라파엘로, 코시모 등 이탈리아 파와 랭부르 형제의 중세 채색화, 18세기 앙투안느 와토와 19세기 앵그르 등 작은 박물관 규모치고는 역사적으로나 미학적으로 상당한 가치를 지닌 작품들을 소장하고 있어 많은 사람들이 찾는 곳이다. 특히 랭부르 형제가 베리 공작을 위해 그린 중세 세밀화인 〈베리 공작의 풍요로운 시대를 위한 기도서〉는 작은 크기에도 불구하고 중세 서양 미술의 최대 걸작으로 꼽히는 작품이다. 이곳은 파리 사람들에게는 박물관보다도 오히려 조케 클럽 대회와 디안느 대회가 열리는 승마장으로 유명한 곳이고 더군다나 18세기의 빼어난 건축물인 대 마구간에는 승마 박물관이 자리잡고 있다. 이곳에서는 연간 3,000마리 정도의 말들이 훈련을 받는다. 제1차 세계대전 당시에는 프랑스 총사령부가 있던 곳이기도 하다.

| 지베르니 |

Giverny ★★

- ☎   (02)3251-2821
- 교통편   파리 생 라자르 역에서 루앙 행 열차를 타고 베르농Vernon 역에서 내리면 된다(약 45분 소요). 베르농 역에서부터 5km 정도 떨어져 있는 지베르니까지는 버스, 택시, 자전거 등을 이용하면 된다. 봄에서 가을까지는 역 앞 정류장에서 지베르니까지 셔틀버스를 운행한다. 약 15분 소요되며 티켓은 버스에서 구입한다. 요금은 왕복 3.20유로다.

[모네의 집(좌)과 수련 연못(우). 모네는 이곳에 손수 연못을 만들고 정원을 꾸몄다.]

베르농 역에서 택시를 타면 지베르니까지 약 12유로의 요금이 나온다. 역 앞에 자전거 대여점이 있어 이를 이용해도 좋고 센느 강을 따라 산책로를 걸어가도 좋다. 자전거는 베르농 역 앞 카페에서 1일 대여료 12유로를 내고 신분증을 맡기면 대여해 준다.

- ＊ 모네의 집
- 개관시간   4월 1일~11월 1일 화~일 09:30~18:00
- 휴관일   월요일
- 입장료   집과 정원 5.50유로, 정원 4유로

1883년 인상주의의 대가 클로드 모네(1840~1926)가 구입해 손수 정원을 꾸미고 그 유명한 〈수련 연작〉을 그린 곳이 바로 지베르니이다. 예술사에서 가장 많이 언급되는 지명 중 하나다. 1966년 클로드 모네의 아들 미셸 모네가 아버지의 재산이었던 지베르니 정원과 아틀리에를 프랑스 보자르 아카데미에 기증해 지금과 같이 일반인들에게 공개하게 되었다. 기증 직후 프랑스와 미국의 후원 단체들의 메세나에 힘입어 전면 복원되었고, 이후 1980년 클로드 모네 재단이 설립되어 지금까지 관리하고 있다. 모네는 1883년 정착한 이후 1926년 숨을 거둘 때까지 이곳에 머물렀다.

아틀리에와 살림집은 물론이고 정원까지 모두 원래 모습대로 복원되었다.

1895년 모네는 손수 연못을 만들고 물을 끌어들였으며 일본식 다리를 놓았다. 이를 위해 직접 파리 식물원까지 가서 모종과 씨앗을 구해 파종하고 직접 가꾸기도 하였다. 클로드 모네는 언젠가 "난 정원과 그림 그리는 것 이외에는 아무 짝에도 쓸모없는 인간"이라는 말을 한 적이 있다. 그 정도로 정원은 그림에 버금가는 그의 중요한 관심사였고 나무와 화초들이 내뿜는 자연 그 자체의 색들은 예민한 모네의 눈에는 신의 창조물로 보였던 것이다.

둘러볼 곳은 수많은 종류의 꽃과 나무가 우거진 정원과 연못, 아틀리에, 그리고 정원 한쪽에 있는 모네의 집 등이다. 모네의 집 입구를 지나면 바로 기념품점이 나오는데, 이곳은 원래 모네의 작업실로 쓰이던 곳이다. 분홍색 벽과 초록색 창문으로 된 2층짜리 모네의 집에는 모네가 생전에 사용하던 가구와 실내 장식이 그대로 보존되어 있다. 1층에서는 작업실과 식당, 2층에서는 모네의 침실과 가족이 생활하던 방들을 볼 수 있다. 집 안에서의 사진 촬영은 금지되어 있다. 집 앞 정원을 관람한 후 정원 끝에서 지하보도를 건너면, 모네의 유명한 작품 〈수련 연작〉의 배경이 된 수련 연못이 나온다. 파리에 있는 오르세 박물관, 오랑주리, 마르모탕 등에서 모네의 그림들을 감상한 다음 이곳을 찾는다면 정원의 의미와 아름다움을 더 깊이 이해할 수 있을 것이다.

| 오베르 쉬르 와즈 |

Auvers-sur-Oise ★★

- 교통편   파리 생 라자르 역에서 기소르Gisors 행 기차를 타고 퐁투아즈 Pontoise에 내려, 크레이유Creil 행 기차로 갈아탄다. 또는 파리 북역에서 페르장 보몽Persan Beaumont 행 기차를 타고 종점에 내려, 퐁투아즈 행으로 갈아탄다. 오베르 쉬르 와즈 역Gare Auvers sur Oise에 내리면 된다. 총 1시간 20분 정도 소요된다.

파리에서 북서쪽으로 35km쯤 떨어져 있는 오베르 쉬르 와즈는 〈해바라기〉의 화가 빈센트 반 고흐(1853~1890)가 생의 마지막 몇 개월을 보내며 그림을 그린 곳으로 유명하다. 오베르 쉬르 와즈는 '와즈 강가의 오베르'라는 뜻이다. 인구는 약 6200명 정도이고 반 고흐 이외에도 코로, 세잔느, 피사로, 기요맹, 도비니 등의 화가들이 친구였던 의사 가셰 박사의 초청으로 이곳에 머물며 그림을 그렸다. 이곳에는 반 고흐가 머물다 숨을 거둔 방, 동생 테오와 함께 묻혀 있는 무덤 등이 있으며 그림의 배경이 된 성당과 시청 등도 그대로 보존되어 있다.

반 고흐가 여관을 겸하고 있는 오베르의 카페 라부에 도착한 것은 1890년 5월 20일이다. 그리고 가슴에 총을 쏴 스스로 목숨을 끊은 것이 7월 29일이니 반 고흐가 오베르에 머문 시간은 세 달이 채 안 된다. 이 짧은 시간 동안 반 고흐는 무려 70여점의 유화와 그 외에도 많은 데생과 판화를 남겼다. 밥 먹고 자는 시간 빼고는 그림만 그린 것이다. 그래서 그의 죽음이 지독한 작업의 결과라는 의심이 들 정도다. 남프랑스의 아를르나 생 레미에서의 일을 생각하면 고흐의 자살이 갑작스러운 것만은 아니었지만, 단순히 광기로 말해버리기에는 그의 그림들이 예사롭지 않기 때문이다. 당시 그려진 그림으로는 오르세 박물관에 소장되어 있는 〈오베르 쉬르 와즈 성당〉, 〈가셰 박사의 초상〉 등이 있고 〈까마귀가 나는 밀밭〉 등도 이때 그려졌다. 그가 묵고 있다가 숨을 거둔 여관의 2층 방은 1992년 한 네덜란드 인이 구입해 보수를 해놓아 옛날 모습 그대로 볼 수 있다. 한없이 초라한 이 방은 어딘지 반 고흐를 닮은 느낌을 준다. 동네의 나지막한 언덕에 있는 공동묘지에는 반 고흐의 묘만이 아니라 형이 죽고 얼마 안 되어 숨을 거둔 동생의 묘도 옮겨져 함께 묻혀 있다. 두 형제의 묘가 나란히 있는 모습은 두 사람이 주고받은 서신들을 떠올리게 한다.

고흐의 그림은 눈이 부시도록 밝고 강렬하며 강한 터치에도 불구하고 투명하다. 거의 터질 것만 같은 단계에 와 있다. 사물들은 거의 마지막으로 만나는 것 같은 긴박함과 비장함을 갖고 있다. 세 달도 머물지 않았지만 오베르라는 마을은 반 고흐의 이름과 뗄래야 뗄 수 없게 되어버렸다. 그 결과 수많은 관광객들이 매년 이곳을 찾는다. 한 점에 우리 돈으로 수백억 원씩 하는 그의 그림값과 무수한 관광객을 보면, 반 고흐가 살아있는 동안 제대로 된 평가 한번 받지 못했던 일이 생각나서 세상이 한없이 헛되고 잔혹하다는 느낌을 지울 수가 없다.

| 디즈니랜드 파리 |

Disneyland Paris

- 교통편   샤틀레 역에서 RER-A를 타고 마른느 라 발레Marne-la-Vallée 역에서 하차한다. 30분 정도 소요된다. 프랑스의 다른 지역에서는 TGV를 타면 파리를 거치지 않고 바로 디즈니랜드로 갈 수 있다. 고속도로는 A4를 이용하면 된다.
- 개관시간   09:00/10:00~18:00/19:00/20:00
 (날짜마다 다르므로 웹사이트 확인)
- 웹사이트   www.disneylandparis.com

파리에서 30km 떨어진 마른느 라 발레에 위치한 유럽 유일의 디즈니랜드이다. 2017년까지 계속 확장될 예정이다. 안에는 미국 각 지역 양식을 따서 지은 6개의 호텔이 있고 캠핑 지역도 마련되어 있다. 27홀의 골프장도 있다. 전체 면적 55ha에 펼쳐진 전형적인 미국식 대규모 위락 시설이다.

INDEX

ㄱ

개선문　Arc de Triomphe · 290
국립 현대 미술관　Musée National d'Art Moderne · · · · · · · · · · · 267
군사 박물관　Musée de l'Armée · · · · · · · · · · · · · · · · · 308
군사 학교　École Militaire · 307
그랑 다르슈(신 개선문)　Grande Arche · 345
기메 동양 박물관　Musée Guimet · · · · · · · · · · · · · · · · · 296

ㄴ

나폴레옹 황제의 묘　Tombeau de Napoléon · · · · · · · · · · · · · · · · 309
노트르담 성당　Cathédrale Notre-Dame · · · · · · · · · · · · · · 194

ㄷ

돔 성당　Église du Dôme · 309
드농 저택(코냐크 제 박물관)　Musée Cognacq-Jay · · · · · · · · · · · · · · · · 276
들라크루아 박물관　Musée National Eugéne Delacroix · · · · · · · · 253
디즈니랜드 파리　Disneyland Paris · 371

ㄹ

라 데팡스　La Défense · 344
레 알　Les Halles · 269
레지스탕스 박물관　Musée de l'Ordre de la Libération · · · · · · · · 310
로댕 박물관　Musée Rodin · 334
루브르 박물관　Musée du Louvre · · · · · · · · · · · · · · · · · 207
뤽상부르 궁과 정원　Palais et Jardin du Luxembourg · · · · · · · · · · · 241

ㅁ

마들렌느 성당　Église de la Madeleine · · · · · · · · · · · · · · · 262
마르모탕-모네 인상주의 박물관　Musée Marmottan-Claude Monet · · · · · · · · 337
마이욜 박물관　Musée Maillol · · · · · · · · · · · · · · · · · · · 311
마티뇽 관(총리 관저)　Hôtel de Matignon · · · · · · · · · · · · · · · · 310
말메종　Malmaison · 366
몽마르트르　Montmartre · 282

몽마르트르 공동묘지	Cimetière du Montmartre	287
몽수리 공원과 대학 기숙사촌	Parc Montsouris et la Cité	342
몽파르나스	Montparnasse	248
몽파르나스 공동묘지	Cimetière du Montparnasse	249
몽파르나스 타워	Tour Montparnasse	249

ㅂ

바르비종	Barbizon	364
바스티유 광장	Place de la Bastille	278
바스티유 오페라	Opéra Bastille	279
방돔 광장	Place Vendôme	261
뱅센느 성	Château de Vincennes	339
뱅센느 숲	Bois de Vincennes	338
베르사유	Versaille	346
벼룩시장	Marché aux Puces	340
보 르 비콩트 성	Château de Vaux le Vicomte	360
보주 광장	Place des Vosges	275
부르봉 궁(하원의사당)	Palais Bourbon(Assemblée Nationale)	311
부키니스트	Bouquinistes	204
불로뉴 숲	Bois de Boulogne	336

ㅅ

사크레 쾌르 성당(성심 성당)	Basilique du Sacré-Cœur	284
생 루이 섬	Île Saint-Louis	205
생 쉴피스 성당	Église Saint-Sulpice	250
생 제르맹 데 프레 성당	Église Saint Germain des Prés	252
생튀스타슈 성당	Église Saint-Eustache	270
생테티엔느 뒤몽 성당	Église Saint-Étienne du Mont	246
생트 샤펠	Sainte-Chapelle	199
샤이오 궁	Palais de Chaillot	303
샤틀레 광장과 샤틀레 극장	Place et Théâtre du Châtelet	271
샹젤리제 가	Avenue des Champs-Élysées	292
샹티이 성	Château de Chantilly	367
샹 드 마르스 공원	Champ-de-Mars	307
성 베드로 성당	Église Saint-Pierre de Montmartre	285

INDEX

소르본느 대학   Sorbonne · 243
시청   Hôtel de Ville · 203
신 산업 기술 센터   CNIT · 346

ㅇ

아프리카 오세아니아 예술 박물관
Musée National des Arts d'Afrique et Océanie · 340
앵발리드   Invalides · 307
에밀 구도 광장과 세탁선   Place Émile-Goudeau · · · · · · · · · · · · · · · · · · 287
에펠 탑   Tour Eiffel · 304
엘리제 궁   Palais de l'Élysée · 293
엘프 타워   Elf Tour · 346
오데옹 극장   Théâtre Odéon · 251
오랑주리 미술관   Musée de l'Orangerie · · · · · · · · · · · · · · · · · · 295
오르세 박물관   Musée d'Orsay · 312
오베르 쉬르 와즈   Auvers-sur-Oise · 370
오페라 갸르니에   Opéra Garnier · 258

ㅈ

지베르니   Giverny · 369

ㅋ

카르나발레 박물관   Musée Carnavalet · 277
카르티에 현대 예술 재단   Fondation Cartier · 249
카탈로뉴 광장   Place de la Catalogne · · · · · · · · · · · · · · · · · 249
코메디 프랑세즈   Comédie-Française · 265
콩시에르주리   Conciergerie · 201
콩코드 광장   Place de la Concorde · · · · · · · · · · · · · · · · · 293
클뤼니 중세 박물관
Musée National du Moyen Âge-Thermes et Hôtel de Cluny · · · · · · · · · · · · · · · · · 246

ㅌ

테르트르 광장   Place du Tertre · 286
트로카데로 광장   Place du Trocadéro · 302

ㅍ

파리 근교 · 344
파리 시립 현대 미술관(팔레 드 도쿄) Musée d'Art Moderne de la Ville de Paris · · · 297
파리 하수도 박물관 Musée des Égouts de Paris · · · · · · · · · · · · · · 341
팔레 루아얄 Palais Royal · 263
팡테옹 Panthéon · 244
페르 라셰즈 공동묘지 Cimetière Père-Lachaise · · · · · · · · · · · · · · 343
퐁 네프 교 Pont-Neuf · 200
퐁텐느블로 성 Château de Fontainebleau · · · · · · · · · · · · · · 362
퐁피두 센터 Centre Pompidou · · · · · · · · · · · · · · · · · · · 265
프라마톰 빌딩 Framatome · 346
프랑스 국립 도서관 BNF(Bibliothèque Nationale de France) · · · · · 338
피카소 박물관 Musée Picasso · 276

기타

1구역 노트르담 성당 · 192
2구역 오페라, 레 알, 퐁피두 · 256
3구역 마레, 바스티유 · 272
4구역 몽마르트르 · 280
5구역 개선문 · 288
6구역 에펠 탑, 앵발리드, 포부르 생 제르맹

· 300

MEMO

MEMO

LES VACANCES

월드와이드 트래블 가이드, 레 바캉스 가이드 북 컬렉션

Worldwide Travel Guides

파리 / 로마 / 런던 / 프라하 / 스페인 / 스위스 / 독일 / 오스트리아 /
프랑스 / 이탈리아 / 영국 / 그리스 / 이집트 / 이스탄불 / 뉴욕 외

직접 발로 뛰어 수집한 구체적인 관광 정보, 살아있으면서도 품격 있는 문화 정보를 제공하는 레 바캉스 가이드 북과 함께라면 아는 만큼 보이는 여행, 진정한 여행을 맛볼 수 있습니다.

'레 바캉스 가이드 북'만의 특징

Special
여행지의 진짜 모습을
볼 수 있는 섬세한
문화 예술 가이드

Sights
구역별 상세 지도와
관광 요령까지
제공하는 명소 소개

Museum & Gallery
풍부한 작품 해설과
생생한 도면으로
만나는 박물관

Information 가는 방법, 교통 정보, 축제 · 이벤트를 비롯한 각종 실용정보 **Special** 키워드, 요리, 영화, 음악, 미술, 건축 등 문화 · 예술 정보 **Services** 레스토랑, 카페, 바 · 나이트, 호텔, 쇼핑 및 엔터테인먼트 정보 **Sights** 명소 · 관광지 소개 및 관광 요령 안내 **Museum & Gallery** 주요 박물관과 꼭 봐야 할 작품에 대한 상세한 해설과 도면